职业教育教学改革系列教材

AutoCAD 2008 机械制图实用教程

（任务驱动式教材）

主　编　王灵珠
副主编　汪哲能　许启高
参　编　颜　珉　丁　雄
主　审　阳益贵

机 械 工 业 出 版 社

AutoCAD 作为一种用户最多，使用最广的计算机辅助设计软件，在设计领域发挥着巨大作用。本书采用“任务驱动式”的教学理念，将实际机械设计工作中提取的具体实例编排为若干项目，在实际操作过程中贯穿知识点的讲解，同时提炼出各种操作技巧，穿插在学习过程中，帮助读者在牢固掌握 AutoCAD 的各种常用功能的同时，了解将这些功能运用到实际工作中的有效方法。因此本书不但解决了“怎么学”的问题，还提供了“怎么用”的方法，强调实际技能的培养和实用方法的学习。本书的主要内容包括二维图形的绘制，三视图的绘制，文字、尺寸的标注，三维实体的创建及图样的打印输出等。

本书配有电子课件，采用本书作为教材的教师可登录机械工业出版社教材服务网（www.cmpedu.com）注册并免费下载，或致电 010-88379197 索取。

本书可作为职业教育机械及其相关专业 CAD 课程的教材，也可作为其他专业技术人员的自学、培训和日常参考用书。

图书在版编目（CIP）数据

AutoCAD 2008 机械制图实用教程/王灵珠主编. —北京：机械工业出版社，2009.7（2024.2 重印）

职业教育教学改革系列教材

ISBN 978－7－111－27120－8

Ⅰ.A…　Ⅱ.王…　Ⅲ.机械制图：计算机制图-应用软件，AutoCAD 2008-职业教育-教材　Ⅳ.TH126

中国版本图书馆 CIP 数据核字（2009）第 108695 号

机械工业出版社（北京市百万庄大街 22 号　邮政编码 100037）

策划编辑：崔占军　王佳玮　责任编辑：王佳玮

版式设计：霍永明　责任校对：李　婷

封面设计：鞠　杨　责任印制：李　昂

北京中科印刷有限公司印刷

2024 年 2 月第 1 版第 28 次印刷

184mm×260mm · 16.25 印张 · 401 千字

标准书号：ISBN 978－7－111－27120－8

定价：44.00 元

电话服务　网络服务

客服电话：010-88361066　机　工　官　网：www.cmpbook.com

010-88379833　机　工　官　博：weibo.com/cmp1952

010-68326294　金　书　网：www.golden-book.com

封底无防伪标均为盗版　机工教育服务网：www.cmpedu.com

前　言

AutoCAD 作为一种用户最多，应用最广的计算机辅助设计软件，在机械设计、建筑装饰设计、轻工化工等领域发挥着巨大作用。针对目前相关书籍种类繁多，但普遍重知识结构而轻应用的现状，编写组特编写了本书。本书有两个目的，一是帮助读者牢固掌握 AutoCAD 的各种常用功能；二是紧密结合应用，让读者了解如何将这些功能运用到实际工作中去。因此本书不但解决了“怎么学”的问题，还提供了“怎么用”的方法，强调实际技能的培养和实用方法的学习。本书最新版《AutoCAD 2014 机械制图实用教程》已上市，同时提供了二维码在线操作视频，在呈现形式上做了较大创新。

在实践操作中学习软件的使用，无疑是最直接、最有效的方法。本书的每个模块既是一个知识单元，也是一项具体的工作，根据 AutoCAD 在实际中的应用，本书精心组织了九个模块，各个模块又包含了若干个任务，具体结构如下：

- **知识目标和能力目标**　让读者充分了解每个模块的内容，了解学习每个模块应该达到的目标，做到目的明确，心中有数。
- **操作实例和操作过程**　本书采用“任务驱动法”，精选了 AutoCAD 典型的应用作为操作实例，通过对操作过程的详细介绍，使读者在实际操作中熟练地掌握 AutoCAD 的使用。在操作过程中，既有简洁提示也有关键说明；既有详细指导也有经验忠告。
- **操作技巧和注意事项**　对于一些经常使用计算机的人来说，很多技巧已经司空见惯，但对于初学者而言，这些知识却非常宝贵，所以编者根据自己的使用和教学经验设置了“操作技巧”、“注意事项”，以使读者掌握要领，少走弯路，尽快上手。
- **知识点**　“任务驱动法”虽然有针对性强的优点，但系统性相对要差一些，为此本书在操作实例之外还安排了知识点，对相关知识进行系统地介绍。由于有了操作实例作铺垫，这些内容将不再是简单枯燥的叙述，因此可以帮助读者在相关内容上进一步提高。
- **同类练习**　作为一种应用软件，很难想象不通过大量的练习就能熟练掌握，因此本书精选了大量的同类练习，由于针对性强，效果不同于一般的练习册，可帮助读者进一步熟悉相关功能的使用，应用所学知识分析和解决具体问题。读者可以根据自己的实际情况，对其中的内容进行有选择的练习。

本书既可以作为初学者的学习教材，无须参照其他书籍即可轻松入门；也可作为有一定基础的 AutoCAD 用户的参考手册，从中了解各项功能的详细应用，从而迈向更高的台阶。由于本书采用了模块式的组织方式，读者在学习时可根据各自专业和学时的不同，进行灵活的选择。

本书由衡阳财经工业职业技术学院执教 CAD 课程多年的专业教师编写，王灵珠任主编，汪哲能、许启高任副主编。参加本书编写的有：汪哲能编写模块一和模块二，王灵珠编写模块三、模块六、模块八和附录，许启高编写模块四，颜珉编写模块五和模块七，丁雄编写模块九，阳益贵对本书进行了认真的审阅。同时对编写本书时所参考书籍的作者表示由衷的谢意。文建平等老师在本书的编写工作中付出了大量的精力，提出了宝贵的意见，在此表示衷心的感谢。

由于编者水平所限，虽然在编写过程中认真核查，反复校对，但难免存在不足和欠妥之处，恳请读者批评指正。

编者

本书说明

一、本书使用符号的约定

1. “→”表示操作顺序。

2. “【 】”表示菜单及其命令。

例如：“【工具】→【选项】”表示使用“工具”菜单中的“选项”命令。

3. “〖 〗”表示工具栏及其按钮。

例如：“〖绘图〗→〖正多边形〗”表示点击“绘图”工具栏上的“正多边形”按钮。

4. “｛｝”表示对话框上的选项卡，“［ ］”表示对话框中的按钮。

例如：“【工具】→【选项】→｛显示｝→［颜色］”表示执行“工具”菜单中的“选项”命令，在弹出的对话框中选择“显示”选项卡，单击选项卡中的“颜色”按钮。

5. “_”表示键盘上的按键。

例如：“键入6”表示按数字键6；用“键入A”表示按字母键“A”（字母用大写表示，实际输入时大小写均可）；“按住SHIFT”表示按“SHIFT”键（键名用大写字母表示）。

6. “↙”表示按回车键。

7. “”表示注意事项。

8. “”表示操作技巧。

9. 按机械制图标准，本书中所有尺寸单位均为mm。

二、操作术语描述

1. “单击”表示单击鼠标的左键。

2. “右击”表示单击鼠标的右键。

3. “移动”表示不按鼠标任何键移动鼠标。

4. “拖动”表示按住鼠标左键移动鼠标。

目 录

模块一　初识 AutoCAD

知识目标

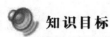

1. 了解 AutoCAD 的作用及使用范围。
2. 掌握 AutoCAD 的启动及退出方法。
3. 熟悉 AutoCAD 的界面。
4. 掌握图形文件的管理。
5. 掌握 AutoCAD 中有关启动命令、响应命令的方法。
6. 掌握图层的设置。

能力目标

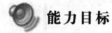

1. 能正确启动和退出 AutoCAD。
2. 能根据需要定制 AutoCAD 的界面。
3. 能对图形文件进行有效的管理。
4. 能使用 AutoCAD 中的各种方式启动命令、响应命令。
5. 能根据需要进行图层的设置。

任务一　了解 AutoCAD

AutoCAD 是在计算机辅助设计领域用户最多，使用最广泛的图形软件，它是由美国 Autodesk 公司开发的，其最大的优势就是绘制二维工程图。随着新版本的不断推出，其三维功能也在逐渐加强，目前的版本完全可以进行三维建模和渲染。

自 1982 年 12 月 Autodesk 公司推出 AutoCAD R1.0 版本以来，经过不断地发展和完善，其操作更加方便，功能更加齐全，在机械、建筑、土木、服装设计、电力、电子和工业设计等行业应用日渐普及。从 DOS 界面到 WINDOWS 界面，AutoCAD 有多个版本，特别是近年来，Autodesk 公司以每年一个新版本的频率加快了 AutoCAD 的更新速度。不过 AutoCAD R14、2000、2004、2005、2006、2007 等各个版本都还有大量的使用者，本书以 AutoCAD 2008 为例进行介绍，绝大部分内容基本适用于 AutoCAD 2000 以后的各个版本，同时兼顾了软件的新增功能，将 AutoCAD 各版本的经典特性与新功能有机地融为一体。

知识点一　启动 AutoCAD 2008

一般情况下，可使用如下两种方法启动 AutoCAD：

- 双击桌面上 AutoCAD 2008 的快捷方式图标。
- 单击 Windows 任务栏上的【开始】→【程序】→【Autodesk】→【AutoCAD 2008 Simplified Chinese】→【AutoCAD 2008】

操作实例

使用上述两种方法启动 AutoCAD 2008，比较两种方法的优劣。

知识点二 AutoCAD 2008 的界面

运行 AutoCAD 2008 后，初始界面如图 1-1 所示。

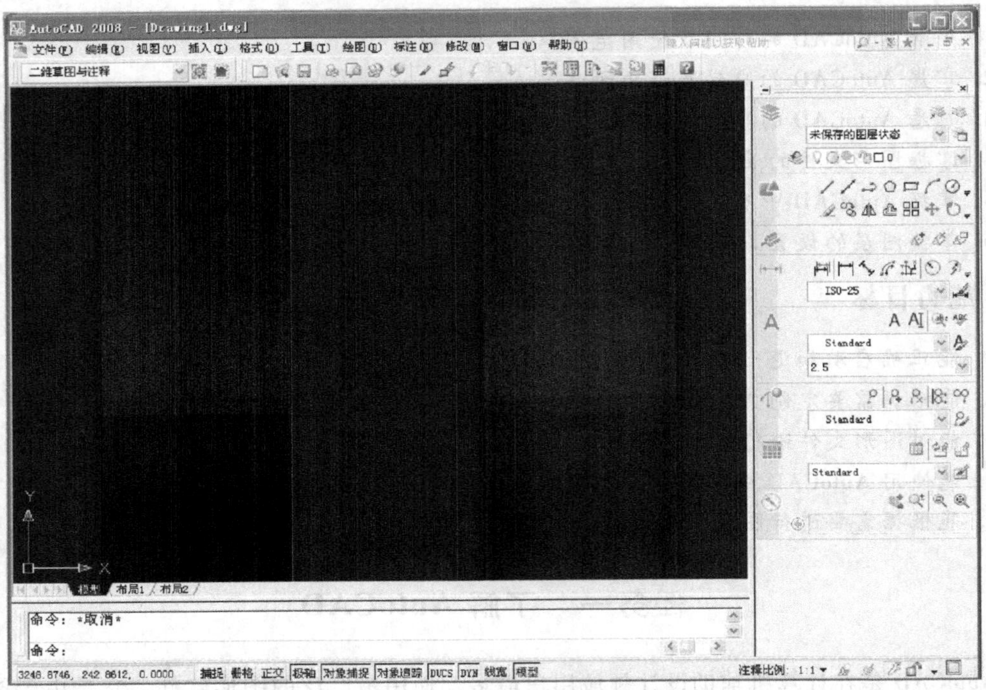

图 1-1 AutoCAD 2008 的初始界面

用户可根据工作需要及个人喜好对程序的界面进行定制。在 AutoCAD 2008 中提供了三种典型界面，可通过如下方法进行设置：单击【工具】→【工作空间】，三种典型界面分别为：AutoCAD 经典、二维草图与注释、三维建模，分别适用于不同的工作要求。

图 1-2 所示为“AutoCAD 经典”界面，一般情况下使用该界面操作最为方便，同时对于使用过 AutoCAD 以前版本的用户，也是最熟悉、最习惯的界面。

在该界面下，主要有以下几个项目：

1. 标题栏

标题栏如图 1-3 所示，位于主界面的顶部，用于显示当前正在运行的 AutoCAD 2008 应用程序名称和控制菜单图标及打开的文件名等信息。如果是 AutoCAD 2008 默认的图形文件，其名称为 Drawing*n*. dwg（其中，*n* 代表数字）。

单击标题栏左端的控制菜单图标，将打开一菜单，该菜单用于控制窗口大小、关闭等操作。

单击标题栏右端的按钮，可进行最小化、最大化、向下还原或关闭应用程序窗口等操作。

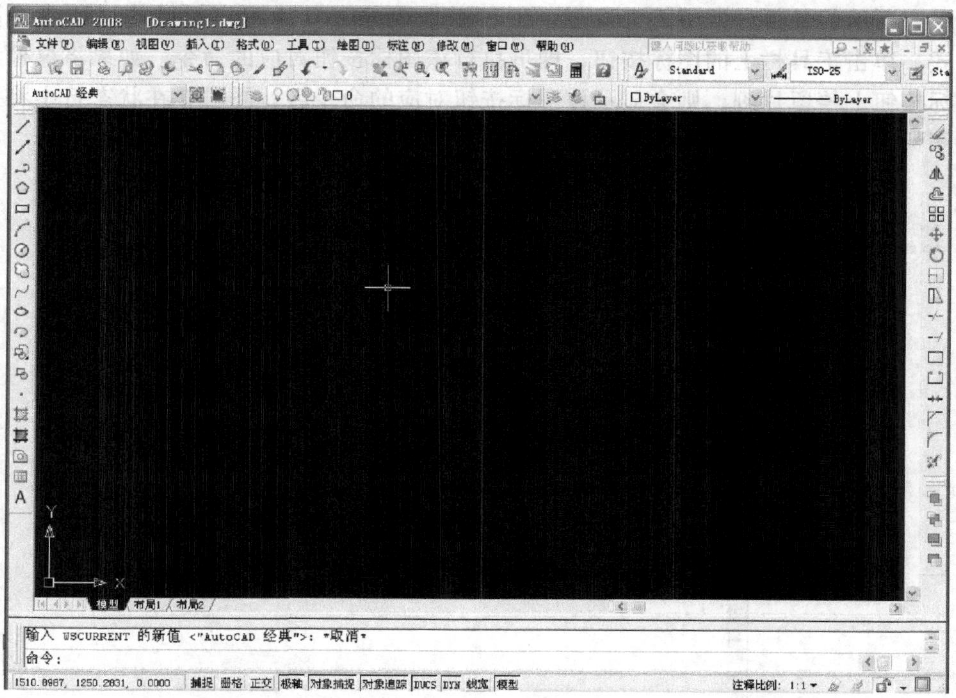

图 1-2　AutoCAD 经典界面

图 1-3　标题栏

2. 菜单栏

菜单栏如图 1-4 所示，AutoCAD 2008 默认菜单栏共有 11 个菜单。单击菜单或按ALT和菜单选项中带下划线的字母（如按ALT + F和单击【文件(F)】是等效的），将打开对应的下拉菜单。下拉菜单包括了 AutoCAD 的各种操作命令。

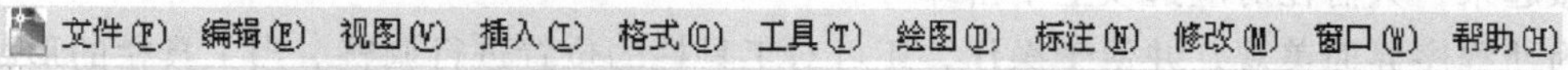

图 1-4　菜单栏

和其他 Windows 应用程序一样，菜单命令后的不同符号有不同的含义。

（1）菜单选项后加“▶”符号，表示该菜单项有下一级子菜单。

（2）菜单选项后加“…”符号，表示执行该菜单命令后，将弹出一个对话框。

（3）菜单选项后加按键组合，表示该菜单命令可以通过按键组合来执行，如“Ctrl + S”表示按CTRL和S键，可执行该菜单选项（保存）命令。

（4）菜单选项后加快捷键，表示该下拉菜单打开时，输入对应字母即可启动该菜单命令，如单击【文件】，打开“文件”菜单后，键入O可执行“打开”命令。

AutoCAD 还提供了另外一种菜单，即快捷菜单。当光标在屏幕上不同的位置或不同的进程中右击，将弹出不同的快捷菜单。

3. 工具栏

图 1-5 所示的是部分常用的工具栏。工具栏是 AutoCAD 为用户提供的一种快速调用命令的方式。单击工具栏上的图标按钮，即可执行该图标按钮对应的命令。如果将鼠标移至工具栏图标按钮上停留片刻，则会显示该图标按钮对应的命令名。同时，在状态行中将显示该工具栏图标按钮的功能说明和相应的命令名。

图 1-5 工具栏

“AutoCAD 经典”工作空间默认显示的工具栏有“标准”、“样式”、“工作空间”、“图层”、“特性”、“绘图”、“修改”和“绘图次序”共 8 个，其他工具栏在默认设置中是关闭的。工具栏显示得越多，用户的工作区域就越小，用户可根据实际需要对工具栏进行取舍，操作方法是在已有任意工具栏图标上右击，弹出如图 1-6 所示菜单，在弹出菜单的各个选项中，前面有对钩的表示该工具栏已经显示，如需显示某个未显示工具栏或将已经显示的工具栏隐藏起来，只需在对应选项上单击即可。

为使程序界面美观，并便于操作，还可对工具栏的位置进行调整。当工具栏的形状如图 1-7a 所示时，可拖动其标题栏，将其放在合适的位置；当工具栏的形状如图 1-7b 所示时，可拖动其前端部位以调整其位置。

4. 状态栏

状态栏如图 1-8 所示，位于屏幕的最底端。其左侧显示当前光标在绘图区位置的坐标值，如果光标停留在工具栏或菜单上，则显示对应命令和功能说明。状态栏从左向右依次排列着 10 个开关按钮，分别对应相关的辅助绘图工具，即“捕捉”、“栅格”、“正交”、“极轴”、“对象捕捉”、“对象追踪”、“DUCS”（动态 UCS）、“DYN”（动态输入）、“线宽”和“模型/图纸”。单击按钮，当其呈按下状态时表示起作用，当其呈浮起状态时则不起作用。各按钮的作用在后面相关内容中将作具体介绍。

右侧的按钮用于对“注释比例”进行相关操作、锁定或解锁“工具栏/窗口位置”及是否进行全屏显示。

5. 命令行窗口

命令行窗口如图 1-9 所示，位于状态栏的上方，是 AutoCAD 进行人机交互、输入命令和显示相关信息与提示的区域。命令行窗口是浮动的，用户可用与改变 Windows 窗口一样的方法来改变命令行窗口的大小，也可以将其拖动到屏幕的其他位置。

命令行窗口还可以被隐藏，单击【工具】→【命令行】→在“隐藏命令行窗口”对话框中单击［是］，命令行窗口即被隐藏。由于命令行窗口可以提供大量信息，因此建议不要将其隐藏。如果已经隐藏，可按下CTRL＋9将其恢复。

6. 绘图区

如图 1-1、图 1-2 所示的黑色区域即为绘图区，用户在这里绘制和编辑图形。AutoCAD 的绘图区实际上是无限大的，用户可以通过缩放、平移等命令在有限的屏幕范围来观察绘图区中的图形。在默认情况下，绘图区背景颜色是黑色的。

在实际操作中建议用户将默认的黑色背景改为白色，这样一方面符合“白纸黑字”的习惯，另一方面在设置线条颜色时也可避免选择那些与白色反差较小而导致将来输出图样时线条不清晰的颜色。

背景颜色设置方法如下：单击【工具】→【选项】→｛显示｝→［颜色］→在弹出对话框中将“二维模型空间”的“统一背景”颜色设置为“白”→［应用并关闭］→［确定］。

操作实例

按上述内容进行各项操作，熟悉 AutoCAD 的界面，了解操作界面上各个组成部分的作用，为今后快速高效地使用该程序打下基础。

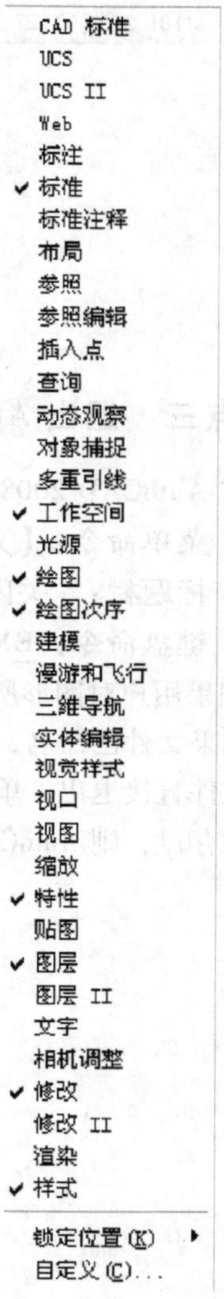

图 1-6　工具栏弹出菜单

a)　　b)

图 1-7　工具栏的不同形状

图 1-8 状态栏

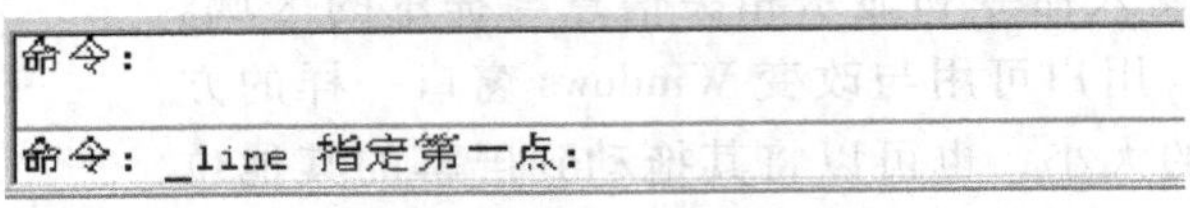

图 1-9 命令行窗口

知识点三 退出 AutoCAD 2008

在 AutoCAD 2008 中可以使用以下方法退出程序:

- 菜单命令:【文件】→【退出】
- 标题栏:[关闭] 
- 键盘命令:EXIT 或 QUIT

如果用户对图形所作修改尚未保存,则弹出如图 1-10 所示的警告对话框,提示用户保存文件。如果文件已命名,直接单击[是],AutoCAD 将以原名保存文件,然后退出。单击[否],不保存文件直接退出。单击[取消],取消该对话框,重新回到编辑状态。如果当前图形文件以前从未保存过,则 AutoCAD 会弹出"图形另存为"对话框(详见任务二的知识点三)。

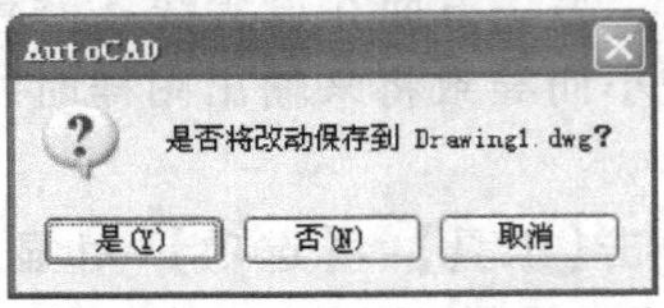

图 1-10 退出 AutoCAD 时的警告对话框

任务二 图形文件的管理

AutoCAD 中图形文件的管理与 Windows 中其他应用程序的管理方法基本相同,包括新建图形文件、打开图形文件、保存图形文件和改名保存图形文件等。

知识点一 新建图形文件

"新建图形文件"即从无到有创建一个新的图形文件。调用命令的方式如下:

- 菜单命令:【文件】→【新建】
- 工具栏:〖标准〗→〖新建〗
- 键盘命令:NEW 或 QNEW

无论使用以上哪种方法,均会弹出如图 1-11 所示的"选择样板"对话框。

在 AutoCAD 给出的样板文件名称列表框中,选择某个样板文件后双击,即可以相应的样板文件创建新的图形文件。如果用户有特殊要求,也可在"搜索"下拉列表框中选择相应路径,使用用户自行创建的样板文件来新建图形文件。

图 1-11 所示为选择最常用的 acadiso. dwt 样本文件来创建图形文件。

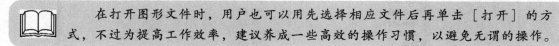

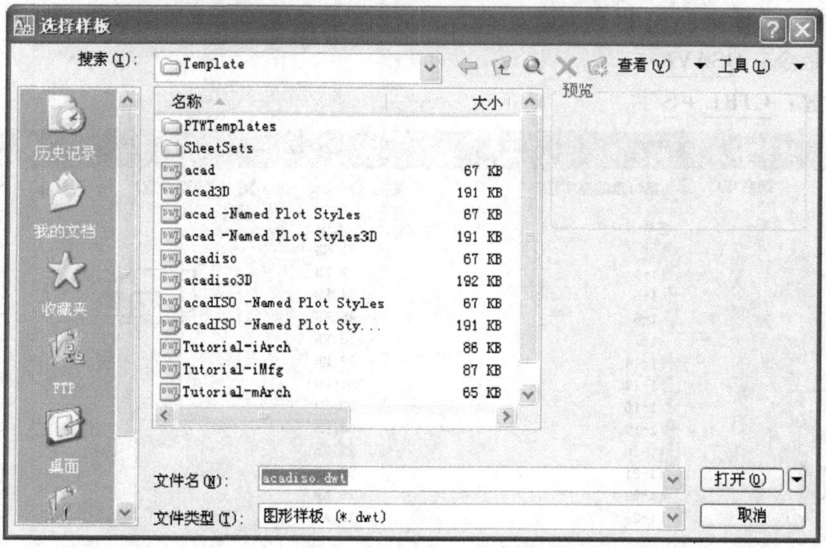

图 1-11 “选择样板”对话框

操作实例

使用上述三种方法新建图形文件，尝试选择不同样板，并比较各样板的不同之处。

知识点二 打开图形文件

“打开图形文件”即将原来已保存的图形文件打开，以进行操作。调用命令的方式如下：

- 菜单命令：【文件】→【打开】
- 工具栏：〖标准〗→〖打开〗
- 键盘命令：OPEN

无论使用以上哪种方法，均会弹出如图 1-12 所示的“选择文件”对话框。

用户可根据已存图形文件的保存位置选择相应路径，找到需要的图形文件后直接双击即可打开。为方便用户了解要打开图形文件的内容，在“选择文件”对话框中还提供了“预览”功能。

> 在打开图形文件时，用户也可以用先选择相应文件后再单击［打开］的方式，不过为提高工作效率，建议养成一些高效的操作习惯，以避免无谓的操作。

操作实例

使用上述三种方法打开图形文件，尝试从不同的路径下打开计算机中已有的图形文件。

知识点三 保存图形文件

“保存图形文件”即将当前的图形文件保存在磁盘中以保证数据的安全，或便于再次使用。调用命令的方式如下：

- 菜单命令：【文件】→【保存】
- 工具栏：〖标准〗→〖保存〗
- 键盘命令：QSAVE
- 快捷键：CTRL + S

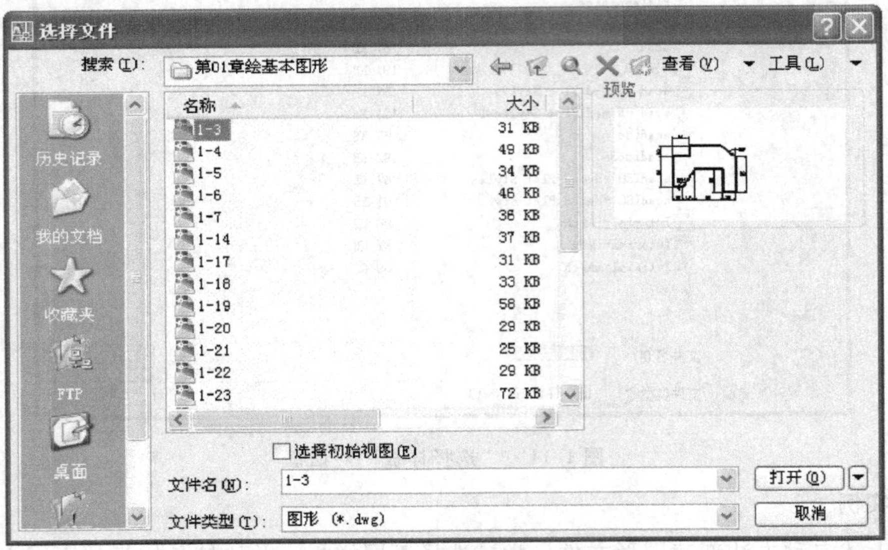

图 1-12 “选择文件”对话框

如果当前图形文件曾经保存过，则系统将直接使用当前图形文件的名称保存在原路径下，而不需要再进行其他操作。如果当前图形文件从未保存过，则弹出如图 1-13 所示的“图形另存为”对话框。在“保存于”下拉列表框中可以指定文件保存的路径。文件名可以用默认的 Drawing*n*. dwg，或者由用户自己输入。

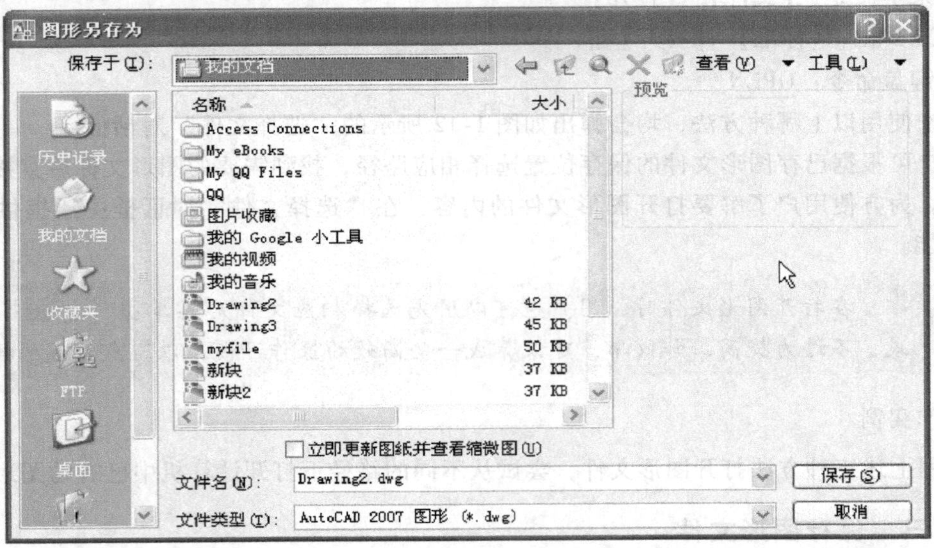

图 1-13 “图形另存为”对话框

如果用户的图形文件需要在低版本的 AutoCAD 中使用，则可在“文件类型”下拉列表框中选择保存文件的格式或不同的版本，如图 1-14 所示。如果用户希望将当前文件保存为样板文件，也可在此处进行选择。

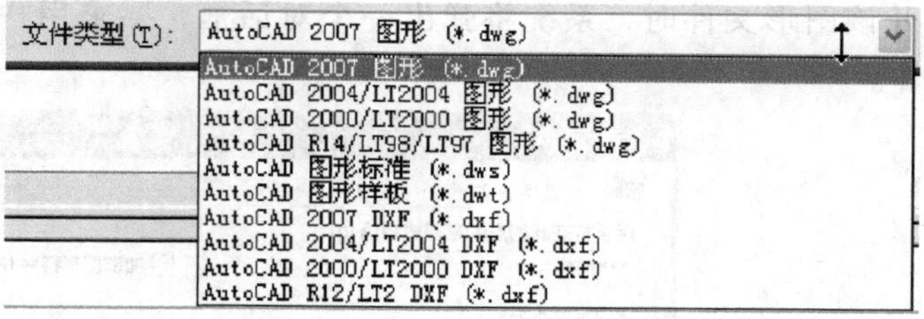

图 1-14　选择文件的保存方式

设置完成后，单击［保存］即可将当前图形文件按用户设定的文件名及路径进行保存。

操作实例

使用上述三种方法保存图形文件，练习对“保存路径”、“文件名”、“文件类型”进行不同的设置。

> 一般情况下，系统的默认保存路径为“我的文档”，为了方便对图形文件进行管理，建议最好保存在指定的文件夹中。AutoCAD 2008 支持中文文件名，为方便管理，可使用汉字对图形文件进行命名，尽量做到“见名知意”。

> 虽然在本书后述的各模块中，只在最后的步骤列出了“保存图形文件”，但用户应养成随时保存的习惯。特别是在绘制大型图形时，应及时保存数据，避免因意外而造成不必要的损失，这一习惯很重要。

知识点四　改名另存图形文件

“改名另存图形文件”即对已保存过的当前图形文件的文件名、保存路径、文件类型进行修改。调用命令的方式如下：

- 菜单命令：【文件】→【另存为】
- 键盘命令：SAVEAS 或 SAVE

无论使用以上哪种方法，均会弹出如图 1-13 所示的“图形另存为”对话框。设置方法同前。

操作实例

对使用知识点三保存的文件分别改变“保存路径”、“文件名”、“文件类型”另行保存。

知识点五　图形文件的密码保护

从 AutoCAD 2004 开始，软件新增了图形文件密码保护的功能，可以对文件进行加密保护，更好地确保图形文件的安全。

在如图 1-13 所示的“图形另存为”对话框中，单击［工具］，在弹出如图 1-15 所示的下拉菜单中选择【安全选项】，弹出如图 1-16 所示“安全选项”对话框，单击｛密码｝→在“用于打开此图形的密码或短语”文本框中输入密码→［确定］。为避免用户无意中输错密码，系统随后弹出如图 1-17 所示的“确认密码”对话框，用户必须将密码再输入一遍，单击［确定］，当两次输入的密码完全一致时，返回到“图形另存为”对话框，单击［保存］即可。下次打开该图形文件时，系统将弹出一个对话框，要求用户输入正确的密码，否则无法打开该文件。

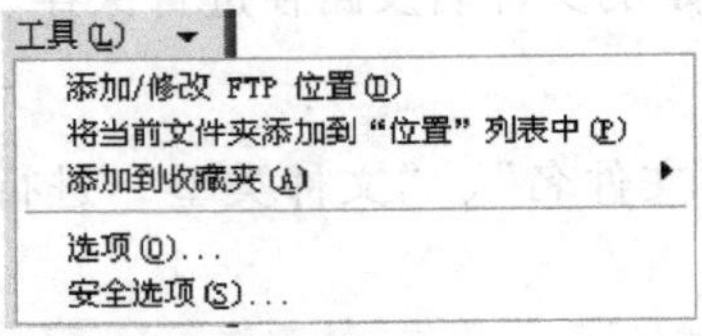

图 1-15　设置密码保护

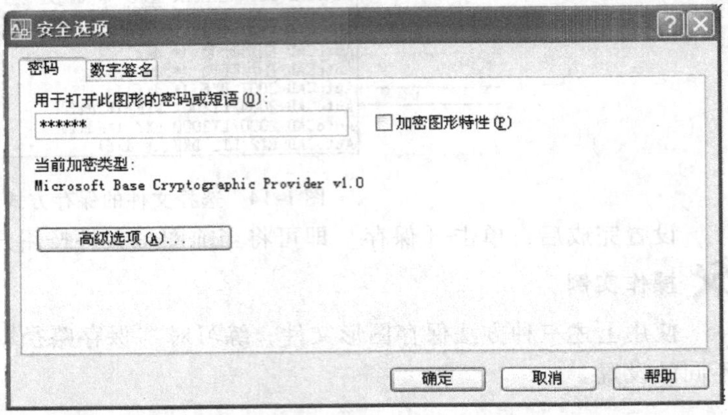

图 1-16　“安全选项”对话框

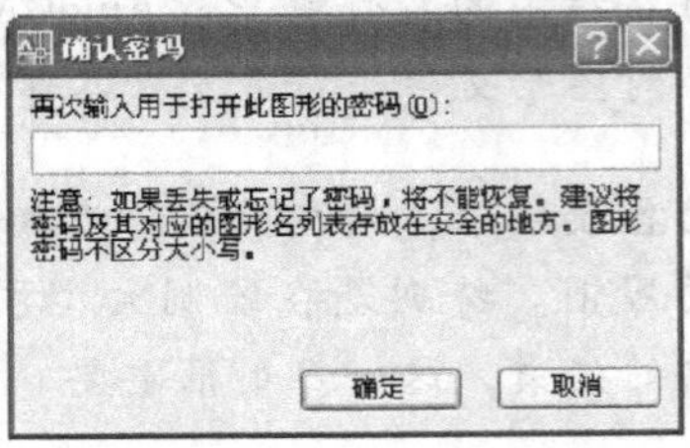

图 1-17　“确认密码”对话框

操作实例

使用上述方法对图形文件设置密码保护。

任务三　AutoCAD 有关命令的操作

知识点一　启动命令的方法

1. 菜单启动命令

单击某个菜单，在下拉菜单中单击需要的菜单命令，即可执行对应命令。

例如单击【绘图】→【直线】即可启动“直线”命令。

2. 工具栏启动命令

在工具栏中单击图标按钮，则启动相应命令。

例如单击〖绘图〗→〖直线〗，即可启动“直线”命令。

3. 命令行启动命令

在 AutoCAD 命令行窗口中的提示符“命令:”后，输入命令名（或命令别名）并按回车键或空格键以启动命令。

例如在命令行窗口中键入命令LINE或命令别名L，回车即可启动“直线”命令。

有些命令输入后将显示对话框，以提示用户做进一步的操作。如果在这些命令前输入“-”，则显示等价的命令行提示信息而不再显示对话框。对话框操作比较直观和灵活，而命令行提示信息则有操作效率高的优点，用户可自行选择不同的操作模式。

使用该方式需要用户记忆相应的命令或命令别名，但这种方式是快速操作的一个有效途径。

操作实例

尝试使用上述三种方法画任意直线，比较各种方法的特点。

知识点二 响应命令的方法

1. 在绘图区操作

在启动命令后，用户需要输入点的坐标值、选择对象及选择相关的选项来响应命令。在AutoCAD中，一类命令是通过对话框来执行的，另一类命令则是根据命令行提示来执行的。从AutoCAD 2006开始，软件新增加了动态输入功能，可以实现在绘图区操作，完全可以取代传统的命令行。在动态输入被激活时，在光标附近将显示动态输入工具栏。单击状态行上的〖DYN〗可打开或关闭动态输入功能。

2. 在命令行操作

在命令行操作是AutoCAD最传统的方法。在启动命令后，根据命令行的提示，用键盘输入坐标值或有关参数后再按回车键或空格键即可执行有关操作。

知识点三 命令的放弃、重做、中止与重复

1. 命令的放弃

“放弃”命令可以实现从最后一个命令开始，逐一取消前面已经执行过的命令。调用命令的方式如下：

- 菜单命令：【编辑】→【放弃】
- 工具栏：〖标准〗→〖放弃〗 
- 键盘命令：UNDO 或 U
- 快捷键：CTRL + Z

2. 命令的重做

“重做”命令可以恢复刚执行的“放弃”命令所放弃的操作。调用命令的方式如下：

- 菜单命令：【编辑】→【重做】
- 工具栏：〖标准〗→〖重做〗 
- 键盘命令：REDO

3. 命令的中止

命令的中止即中断正在执行的命令，回到等待命令状态。调用的方式如下：

- 键盘命令：ESC
- 鼠标操作：右击→【取消】

4. 重复执行命令

重复执行命令即将刚执行完的命令再次调用。比如要画几个圆，在启动“圆”命令画完一个圆后按回车键或空格键即可再次调用“圆”命令。使用该方式能快速调用刚执行完的命令，因此可以提高操作速度。调用命令的方式如下：

- 键盘命令：按回车键或空格键
- 鼠标操作：右击→【重复 XX】（XX 表示命令名）

操作实例

（1）任意执行几个命令，使用“放弃”、“重做”以了解其作用。

（2）尝试“中止命令”和“重复执行命令”的使用。

知识点四　图层的设置

1. 图层的作用

AutoCAD 中的图层相当于完全重合在一起的透明纸，用户可以任意选择其中一个图层绘制图形，而不会受到其他图层上图形的影响。例如在机械制图中，可将轮廓线、中心线、虚线、尺寸线等分别放在不同图层进行绘制；在建筑图中，可以将基础、楼层、水管、电气和冷暖系统等分别放在不同的图层进行绘制；在印制电路板的设计中，多层电路的每一层都可在不同的图层中分别进行设计。

2. 图层的设置

AutoCAD 的图层集成了颜色、线型、线宽、打印样式及状态，用户可在不同的图层中设置不同的样式以方便制图过程中对不同样式的引用，用户还可以根据自己的工作需要自行设置不同的图层。为提高操作效率，最好是将设置好图层的图形保存为样板文件，方便以后的使用，避免每次对图层进行重复的设置。

（1）新建图层并设置图层特性。单击〖图层〗→〖图层特性管理器〗，启动“图层”命令，打开如图 1-18 所示的“图层特性管理器”对话框。单击［新建图层］，创建一个图层，并为其命名，设置线条颜色、线型和线宽等属性。

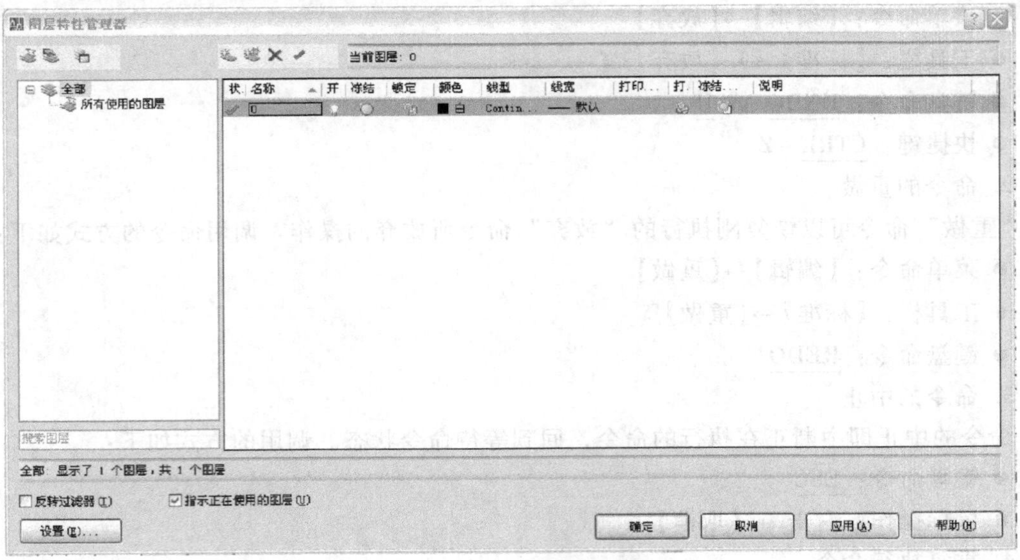

图 1-18　图层特性管理器

① 线条颜色和线型的设置：在如图 1-18 所示对话框中单击“颜色”和“线宽”，即可在弹出的如图 1-19、图 1-20 所示的对话框中分别为对应图层设置颜色和线宽。

② 线型的设置：在如图 1-18 所示对话框中单击“线型”，弹出如图 1-21 所示的“选择线型”对话框，系统默认只提供“Continuous”一种线型，如果需要其他线型，可在此对话框中单击［加载］，在弹出的如图 1-22 所示的“加载或重载线型”对话框中选中需要的线型后单击［确定］，回到“选择线型”对话框，将需要的线型选中后单击［确定］，即可完成线型的设置。

图 1-19 “选择颜色”对话框

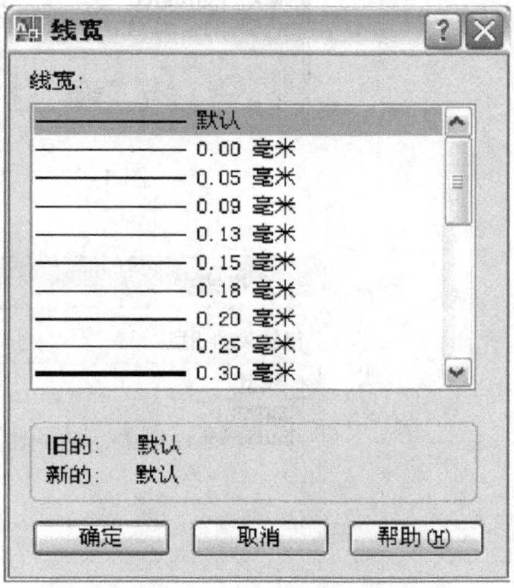

图 1-20 “线宽”对话框

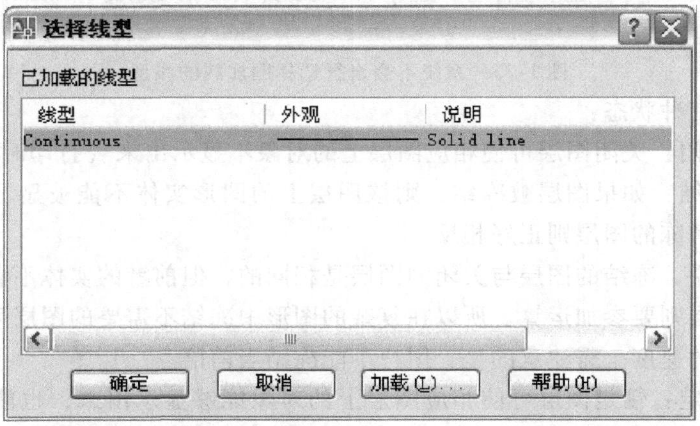

图 1-21 “选择线型”对话框

在加载了所需的线型并返回到“选择线型”对话框时，系统不会直接选中刚加载的线型（图 1-23），需用户自行选择后单击［确定］才能将加载的线型设置到图层中去。

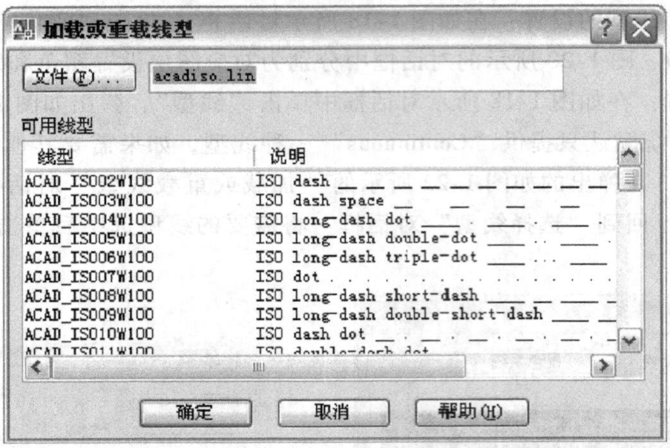

图 1-22 “加载或重载线型”对话框

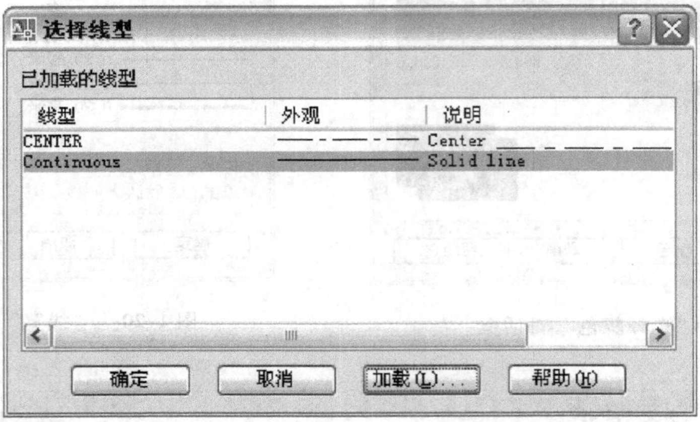

图 1-23 系统不会自行选择刚加载的线型

(2) 图层的三种状态：

① 图层的关闭：关闭图层可使相应图层上的对象不显示出来（打印时也不会打印）。

② 图层的冻结：如果图层被冻结，则该图层上的图形实体不能被显示，也不能参加图形之间的运算。解冻的图层则正好相反。

从可见性来说，冻结的图层与关闭的图层是相同的，但前者的实体不参加处理过程中的运算，关闭的图层则要参加运算。所以在复杂的图形中冻结不需要的图层可以大大加快系统重新生成图形时的速度。需注意的是，用户不能冻结当前层。

③ 图层的锁定：锁定图层可使相应图层上的对象能够显示出来，也能够选择该图层上的对象，但不能对该图层上的对象进行修改。由于能够选择到图层上的对象，所以能利用该图层上的对象作为参考对象进行操作（即能利用对象捕捉功能捕捉到该图层上的对象）。

(3) 当前图层的设置。用户可根据需要设置多个图层，但在绘制对象时只能在某一个图层中进行，这个图层称为当前图层。要将某个图层设置为当前图层，可在选择该图层后单击如图 1-18 所示对话框上的“置为当前”按钮✔。

操作实例

按如图 1-24 所示进行图层的设置，并保存为样板文件，以后打开该文件可直接进行图形的绘制而不必每次重复进行图层的设置。具体设置可参照表 1-1，表中没有对各图层的颜色进行设置，为区分不同的线型，用户可根据自己的喜好自行设置不同的颜色。

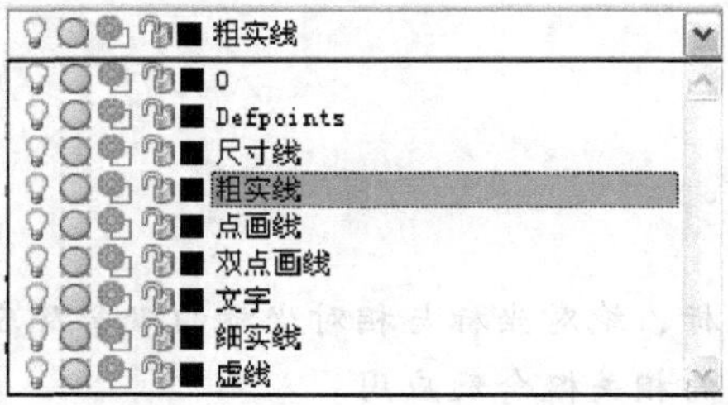

图 1-24　图层的设置

表 1-1　设置图层

层名	线型名	线条样式	线宽	用途
粗实线	Continuous	粗实线	0.3	可见轮廓线、可见过渡线
细实线	Continuous	细实线	默认	波浪线、剖面线等
尺寸线	Continuous	细实线	默认	尺寸线和尺寸界线
文字	Continuous	细实线	默认	文字
点画线	Center	点画线	默认	对称中心线、轴线
虚线	Dashed	虚线	默认	不可见轮廓线、不可见过渡线
双点画线	Phantom	双点画线	默认	假想线

同 类 练 习

1. 按如下要求定制 AutoCAD 2008 的程序界面：

将“标注”“标准”“绘图”“建模”“视图”“文字”“渲染”工具栏显示出来，并放置在合适的位置。

2. 新建一个图形文件，将其保存在新建的“D:\ AutoCAD 练习\ 模块一练习”中，并命名为“保存文件练习”。

3. 新建一个图形文件，将其命名为“密码保护练习”，保存路径为“D:\ AutoCAD 练习\ 模块一练习\ AutoCAD 文件”中，并为其设置密码“123456”。

模块二　简单二维图形的绘制

知识目标

1. 掌握图形界限的概念。
2. 掌握图层的使用。
3. 掌握直角坐标与极坐标、绝对坐标与相对坐标的概念及应用。
4. 掌握图形缩放和平移的相关概念及应用。
5. 掌握二维图形的基本绘制和编辑方法。
6. 掌握对象捕捉、对象追踪和极轴追踪的有关内容。
7. 掌握栅格的概念和操作。

能力目标

1. 能根据图形尺寸正确设置图形界限。
2. 根据需要正确设置和使用图层。
3. 能对图形进行缩放和平移操作。
4. 能根据需要灵活地进行对象的选择。
5. 能正确设置和使用对象捕捉、对象追踪、极轴追踪、栅格来绘制图形。
6. 能使用各种图形绘制和编辑方法绘制简单二维图形。

任务一　简单直线图形的绘制

操作实例（图 2-1）

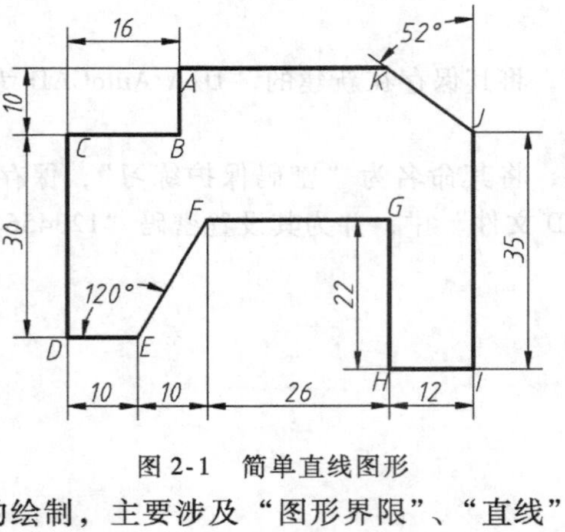

图 2-1　简单直线图形

本例是简单直线图形的绘制，主要涉及“图形界限”、“直线”、“正交”、“对象追踪”、“对象捕捉”等命令。

在绘制图形，特别是复杂图形时，首先应对图形进行分析，了解各部分之间的关系，从而确定各个部分的绘制方法及步骤，做到心中有数是很有必要的。

绘制过程

第 1 步：设置图形界限。

（1）单击【格式】→【图形界限】，根据操作实例中图形的尺寸，将图形界限的两个点分别设为（0，0）和（100，70）。

（2）在命令行窗口中键入ZOOM，回车执行后键入A（即选择“全部（A）”选项），显示图形界限。

由于 AutoCAD 的绘图区是无限大的，在绘图时，为了使所绘图形布局美观、合理，需根据图形的大小设置图形界限（相当于选择合适大小的图纸）。“ZOOM”命令的“全部（A）”选项即可将屏幕上显示的绘图区与设置的图形界限相匹配。

第 2 步：分析图形，确定关键点和绘制方法。

通过对图 2-1 的分析可以看出该图形比较简单，由一些水平线、垂直线和带角度的直线组成，因此只要将各个点的位置确定，即可绘制图形。从该图形的特点来看，可将图中的点 *A* 定为关键点，使用“直线”命令，通过确定各直线的端点来绘制图形。

第 3 步：从关键点开始按逆时针方向绘制。

（1）使用相对坐标绘制直线 *AB*，单击〖绘图〗→〖直线〗，在屏幕的适当位置单击，指定直线的起点 *A*。由于接下来的几条直线都是横平竖直的，因此可单击状态栏上的［正交］，打开正交状态，以便能快速方便地进行绘制。将鼠标向下拖动，当动态输入工具栏中的角度显示为 90°时，在动态输入工具栏中输入长度值10，回车确定，指定直线的终点 *B*，得到直线 *AB*。

由于直线命令可以自动重复，即将上一条直线的终点作为下一条直线的起点，所以在绘制直线 *BC* 时，起点自动定为点 *B*，只需直接确定其终点 *C* 即可。将鼠标向左拖动，当角度显示为 180°时，在动态输入工具栏中输入长度16，回车确定，得到直线 *BC*。

（2）将鼠标向下拖动，当角度显示为 90°时，在动态输入工具栏中输入长度30，绘制直线 *CD*。

（3）将鼠标向右拖动，当角度显示为 0°时，在动态输入工具栏中输入长度10，绘制直线 *DE*。

第 4 步：使用相对极坐标绘制倾斜直线 *EF*。

单击状态栏上的［正交］，关闭正交方式，在命令行窗口中输入@20<60，表示终点距离起点的长度为 20mm（直线 *EF* 的长度使用三角函数可以很简单地计算出来），该直线与 *X* 轴正方向的夹角为 60°。

第 5 步：使用相对直角坐标绘制直线 *FG*。

输入@26，0，输入直线 *FG* 的终点 *G* 相对于起点 *F* 的相对直角坐标，绘制出直线 *FG*。

第 6 步：绘制直线 *GH*、*HI*、*IJ*。

使用相对直角坐标绘制直线 *GH* 时，应注意坐标的正负，由于该直线是从点 *G* 开始沿 *Y*

轴的负方向绘制，因此要输入@0，－22。其他两条直线可按同样的方法进行绘制。

第7步：使用“对象追踪”绘制直线*JK*。

直线*JK*与*X*轴正方向的夹角为142°（90°+52°），但长度不可能像直线*EF*一样通过简单的三角函数计算出来，不过从图形上看，*KA*是一条水平线，即点*K*与点*A*的高度相同，可单击状态栏上的［对象追踪］，打开对象追踪后将鼠标移到点*A*上，然后向右移动，此时出现一条水平的追踪线（显示为一条虚线）即代表点*A*的高度，当极轴夹角显示为142°时，单击即可将直线*JK*的终点确定下来。

第8步：使用“对象捕捉”绘制直线*KA*。

将鼠标移动到直线*AB*的点*A*附近，在出现一个被称为拾取框的矩形框后，单击即可将点*A*捕捉作为直线*KA*的终点，至此图形绘制完毕，保存图形文件。

> AutoCAD不能识别全角的字母、数字和符号，在通过键盘输入命令和参数时，最好将中文输入法关闭，使用英文输入状态，或将输入法设置为半角方式。

> 使用“对象捕捉”可以很方便地捕捉一些特殊点，捕捉对象可通过如下方法进行设置：右击状态栏上的〖对象捕捉〗→【设置】→｛对象捕捉｝，可根据需要对对象捕捉进行设定。通常打开端点、中点、圆心、交点、象限点捕捉，暂时不需要的可以不选，以避免选择时互相干扰。

知识点一　图形的缩放和平移

1. 图形的缩放

在使用AutoCAD绘图时，用户所看到的图形都处在视窗中，使用“缩放”命令可以增大或减小图形在视窗中显示的比例，这样满足了用户既能观察图形中复杂的细部结构，又能观看图形全貌的需求。该命令就像照相机的镜头一样，可以放大或缩小观察的区域，但不会改变图形实际尺寸的大小。调用命令的方式如下：

- 菜单命令：【视图】→【缩放】→在子菜单中选择相应的命令，如图2-2所示
- 工具栏：〖标准〗→选择相应按钮，如图2-3所示。或〖缩放〗→选择相应按钮，如图2-4所示
- 键盘命令：ZOOM 或 Z

以菜单命令为例，对“缩放”菜单中的各命令分别介绍如下：

（1）“实时（R）”命令：该选项使AutoCAD实现了动态缩放功能。

选择此命令后，在屏幕上会出现一个放大镜形状的光标。拖动鼠标向上移动，可放大图形；拖动鼠标向下移动，可缩小图形。通过这个选项，用户可以方便自如地观察图形。

（2）“上一步（P）”命令：该命令可使AutoCAD返回上一视图，连续使用该命令，可逐步后退，返回到前面的视图。

（3）“窗口（W）”命令：该命令允许用户以输入一个矩形窗口的两个对角点的方式来确定要观察的区域，这两个点的指定既可通过键盘输入也可用鼠标拾取。此时窗口的中心变成新的显示中心，窗口内的区域被放大或缩小以满屏显示。

当所选择窗口的高宽比与绘图区的高宽比不同时，AutoCAD将取选择窗口宽与高相对于

当前视图放大倍数的较小者，以确保所选区域都能显示在视图中。

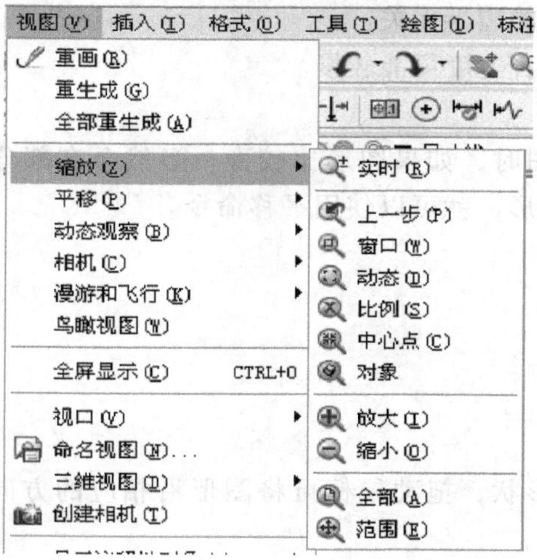

图 2-2　“缩放”菜单命令

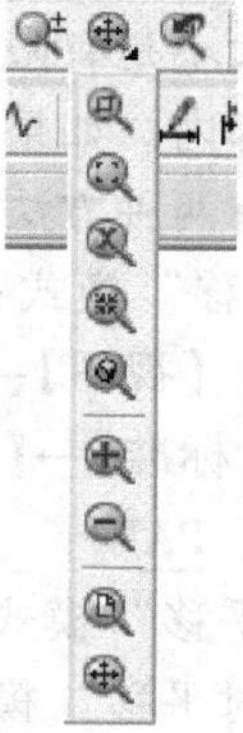

图 2-3　“标准”工具栏的相关按钮

图 2-4　“缩放”工具栏

(4)“动态 (D)”命令：该命令先临时显示整个图形，同时自动构造一个可移动的视图框，用此视图框来确定新视图的位置和大小。

在该方式下，屏幕上有不同的区域：第一个区域是一个蓝色的虚线方框，显示图形界限和图形范围中较大的一个；第二个区域是一个绿色的虚线框，该框区域就是使用这一选项之前的视图区域；第三个区域是视图框，为一个黑色的细实线方框，它有两种状态：一种是平移视图框，其大小不能改变，只可任意移动，另一种是缩放视图框，不能平移，但其大小可以调节。这两种状态通过鼠标的单击进行切换。

通过移动和缩放视图框，可以确定图形的最终显示位置。

(5)“比例 (S)”命令：该命令将保持图形的中心点位置不变，允许用户输入新的缩放比例倍数对图形进行缩放。

AutoCAD 提供了两种输入倍数的方式：一种是数字后加字母 X，表示相对于当前视图的缩放；另一种是数字后加字母 XP，表示相对于图纸空间的缩放。

(6)“中心点 (C)”命令：该命令将根据用户所指定的新的中心点建立一个新的视图。选择该选项后用户可直接在屏幕上选择一个点作为新的中心点，确定中心点后，用户可重新输入放大系数或新视图的高度。如果输入的数值后加上字母 X，表示放大系数；如果未加 X，则表示新视图的高度。

(7)“对象 (O)”命令：该命令用于在缩放时尽可能大地显示一个或多个选定的对象并使其位于绘图区域的中心。

(8)“放大 (I)”、“缩小 (O)”命令：选择一次“放大”，将以 2 倍的比例对图形进行放大；选择一次“缩小”，将以 0.5 倍的比例对图形进行缩小。

(9)“全部 (A)”命令：该命令将依照图形界限或图形范围的尺寸，在绘图区域内显示全部图形。图形显示的尺寸由图形界限与图形范围中尺寸较大者决定，即图形文件中若有图形处在图形界限以外的位置，则由图形范围决定显示尺寸，将所有图形都显示出来。

(10)“范围（E）”命令：该命令将所有图形全部显示在屏幕上，与“全部”选项不同的是本命令将最大限度地充满整个屏幕，且与图形的边界无关。

该方式会引起图形的重新生成，对于大型图而言速度可能较慢。

2. 图形的平移

由于屏幕的大小是有限的，在 AutoCAD 中绘图时，如果图形比较大，必然会有部分内容无法显示在屏幕内。如果想查看处在屏幕外的图形，就可以使用平移命令。

图形的平移有两种方法：

(1)“实时平移”模式：调用命令的方式如下：

- 菜单命令：【视图】→【平移】→【实时】
- 工具栏：〖标准〗→〖实时平移〗
- 键盘命令：PAN

进入“实时平移”模式后，光标变成小手的形状，拖动鼠标可将图形沿相应的方向移动。要退出“实时平移”模式，可按ESC或回车键。

> 如果用户所用鼠标带有滚轮，通过滚动滚轮可以进行实时缩放。
> 按住鼠标滚轮并移动可以进行实时平移。

实时缩放、实时平移均为透明命令（指在执行某一个命令的过程中去执行另一个命令）。

> 透明命令主要用于修改图形设置或打开绘图辅助工具，如在绘图过程中进行“正交”模式设置、“对象捕捉”设置等。

(2)“定点平移”模式：调用命令的方式如下：

- 菜单命令：【视图】→【平移】→【定点】
- 键盘命令：-PAN

在“定点平移”模式下，用户可输入两个点，然后根据这两个点的方向和距离来确定视图移动的方向和距离。

如果用户只输入第一个点，用空格或回车跳过第二个点的输入，AutoCAD 会认为该坐标是图形相对于原点的位移并据此作相应的移动。

知识点二　点的输入方法

在 AutoCAD 中，点的输入既可使用鼠标拾取，也可通过键盘输入。在上述实例中已有所应用，归纳如下：

1. 鼠标直接拾取点

直接拾取即移动鼠标在绘图区单击拾取点（图 2-5）。这种定点方法非常方便快捷，但不能用来精确定点。在实际应用中一般通过借助“对象捕捉”功能来拾取特殊点，操作实例中的第 8 步即是用此种方法捕捉到直线的端点。

图 2-5　鼠标直接拾取点

2. 键盘输入点坐标

使用键盘输入点坐标有 4 种方法，具体介绍如下：

（1）绝对直角坐标：表示某点相对于当前坐标原点的坐标值。通过直接输入 X，Y，Z 坐标值来表示（如果是绘制平面图形，Z 坐标默认为 0，可以不输入）。

例如输入10，10，表示当前点的 X，Y 坐标值均为 10。

> 要动态输入坐标值，可在动态输入工具栏中输入新坐标值，用TAB在不同坐标值之间进行切换。

（2）相对直角坐标：用相对于上一已知点之间的绝对直角坐标值的增量来确定输入点的位置。输入 X，Y 增量时，其前必须加“@”，其格式为“@X，Y”。

比如输入@10，10，表示当前点的 X，Y 坐标值相对于上一点分别增加了 10mm。

如图 2-6 所示，点 A 的绝对坐标为“30，30”，点 B 的绝对坐标为“60，50”，点 B 相对点 A 的相对坐标为“@30，20”，点 A 相对点 B 的相对坐标为“@ -30，-20”。

（3）绝对极坐标：绝对极坐标使用“长度 < 角度”来表示。这里的长度是指该点与坐标原点的距离，角度是指该点与坐标原点的连线与 X 轴正向之间的夹角，逆时针为正，顺时针为负。

（4）相对极坐标：用相对于上一已知点之间的距离和与上一已知点的连线与 X 轴正向之间的夹角来确定输入点的位置，格式为“@长度 < 角度”。

如图 2-7 所示，点 C 的绝对极坐标为“40 < 30”，点 D 相对点 C 的相对极坐标为“@20 < 60”，点 C 相对于点 D 的相对极坐标为“@20 < 240”。

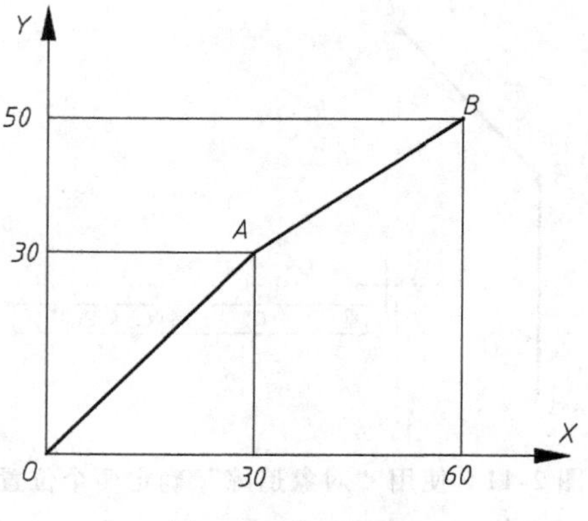

图 2-6 直角坐标

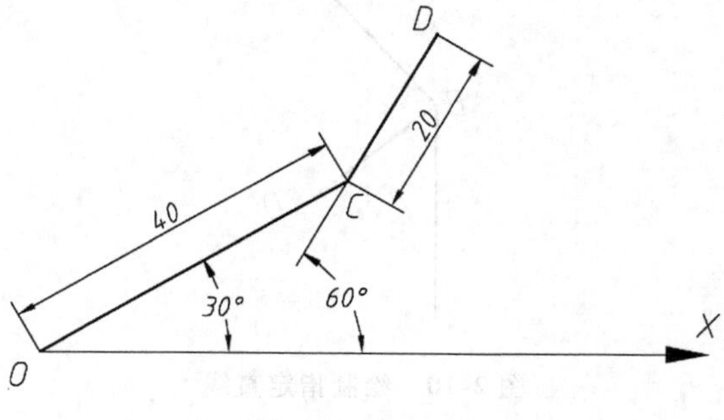

图 2-7 极坐标

知识点三 对象追踪

对象追踪是一种捕捉工具，使用时按照指定的角度或按照与其他对象的特定关系绘制对象。由于可以沿预先指定的追踪方向精确定位，所以可作为有效的精确绘图辅助工具。

使用对象追踪的步骤如下：

（1）单击状态栏中的〖对象捕捉〗和〖对象追踪〗，启用这两项功能。

（2）执行一个绘图命令后将十字光标移动到一个对象捕捉点处作为临时获取点，但此时不要点击它，当显示出捕捉点标识之后，暂时停顿片刻即可获取该点。获取点之后，当移动鼠标时，将显示相对于获取点的水平、垂直或极轴对齐的追踪线。

例 2-1 从点 *C* 绘制一条夹角为65°的直线 *CD*，点 *D* 要求与点 *B* 保持水平，如图 2-8 所示。

启动“直线”命令，指定点 *C* 为起点后，将鼠标移到点 *B* 停留片刻后向右移动，即出现如图 2-9 所示的追踪线，当夹角为 65°时单击，即可在两追踪线相交的位置确定点 *D* 的位置，绘制直线 *CD*。

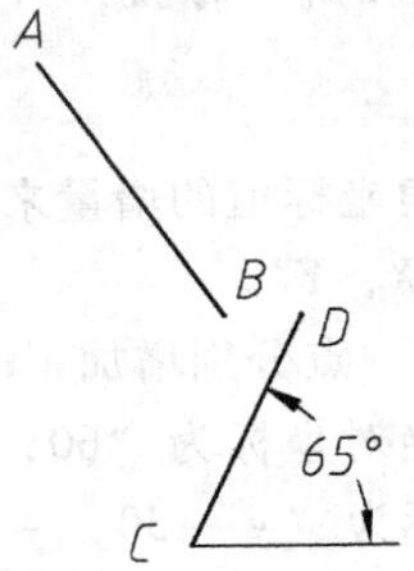

图 2-8 定点、定角度直线

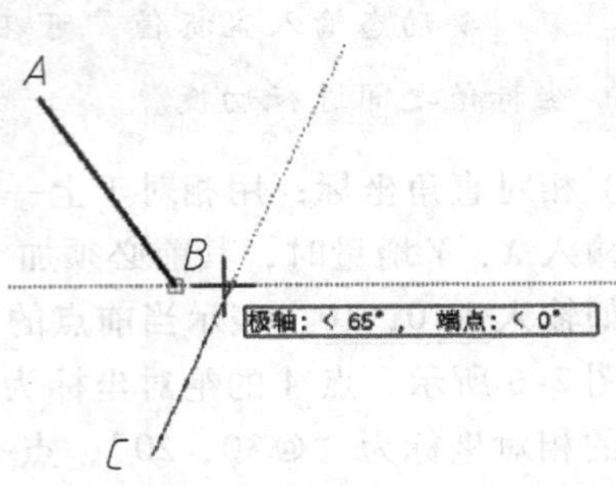

图 2-9 使用“对象追踪”确定直线终点

例 2-2 绘制直线 *BD*，点 *D* 与点 *C* 在垂直方向上对齐且与直线 *AB* 的中点在水平方向对齐，如图 2-10 所示。

启动“直线”命令，在获取了一个端点和一个中点之后，显示出中点的追踪线和端点的垂直追踪虚线，如图 2-11 所示，此时单击，即可在虚线相交的位置确定点 *D*，再捕捉点 *B* 即可绘制直线 *BD*。

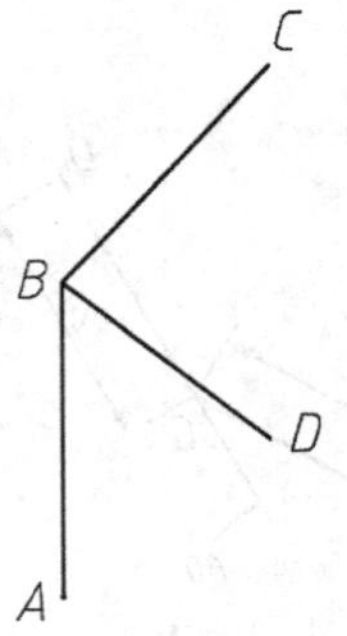

图 2-10 绘制指定直线

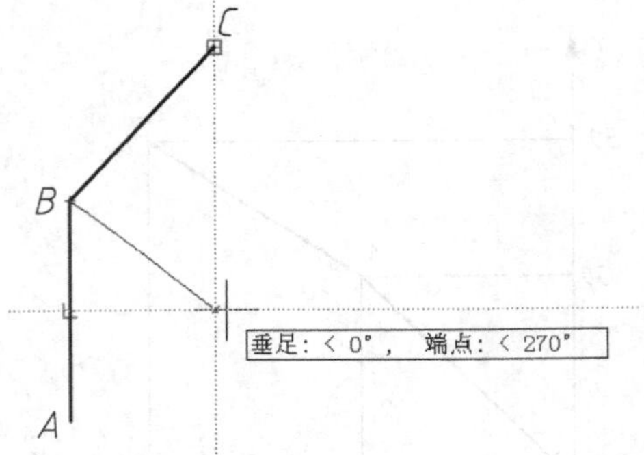

图 2-11 使用“对象追踪”确定两个位置

任务二 复杂直线图形的绘制

操作实例（图 2-12）

本例通过复杂直线图形的绘制，介绍“极轴追踪”、“修剪”等命令。

绘制过程

第 1 步：设置图形界限。

根据图形尺寸，将图形界限的两个点分别设为（0，0）和（100，70）。执行“缩放”命令并选择“全部（A）”选项，显示图形界限。

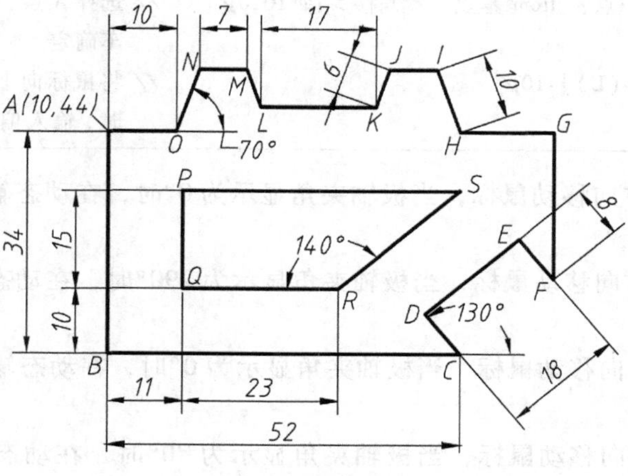

图 2-12　复杂直线图形

第 2 步：分析图形，确定关键点和绘制方法。

通过对图 2-12 的分析可将左上角的 A 点定为关键点。使用“极轴追踪”、“对象追踪”来绘制图形中外形的各条直线。

第 3 步：使用绝对坐标绘制直线 AB、BC。

单击〖绘图〗→〖直线〗，给定第一点 A 的坐标10，44，此处按逆时针方向绘制，因此下一点 B 为10，10，接下来输入坐标62，10，绘制直线 BC。

第 4 步：使用“极轴追踪”和“对象追踪”绘制直线 CD、DE、EF、FG。

(1) 右击状态栏上的〖极轴〗→【设置】→｛极轴追踪｝→将增量角设置为 10°→[确定]。沿直线 CD 方向移动鼠标，当极轴夹角显示为 130°时，在动态输入工具栏中输入长度数值8，回车确定。

(2) 沿直线 DE 方向移动鼠标，当极轴夹角显示为 40°（130° -90°）时，在动态输入工具栏中输入长度数值18，回车确定。

(3) 沿直线 EF 方向移动鼠标，当极轴夹角显示为 310°（130° +180°）时，在动态输入工具栏中输入长度数值8，回车确定。

(4) 由于直线 FG 的 G 点高度与直线 AB 的 A 点高度一致，因此可将鼠标移到点 A 上，然后向右移动，此时出现的一条水平追踪线即代表点 A 的高度，当极轴夹角显示为 90°时，单击即可将直线 FG 的终点 G 确定下来。

第 5 步：绘制直线 GA。

继续直线的绘制，捕捉点 A 后单击，绘制直线 GA，图形中需要的是 OA 和 GH，即需要在点 O 和点 H 处将直线 GA 断开，在后面的操作中再对其进行修剪。

第 6 步：使用“对象捕捉”和“极轴追踪”继续绘制直线。

(1) 单击〖绘图〗→〖直线〗，按住SHIFT并右击，弹出如图 2-13所示菜单→单击【自】，操作步骤如下：

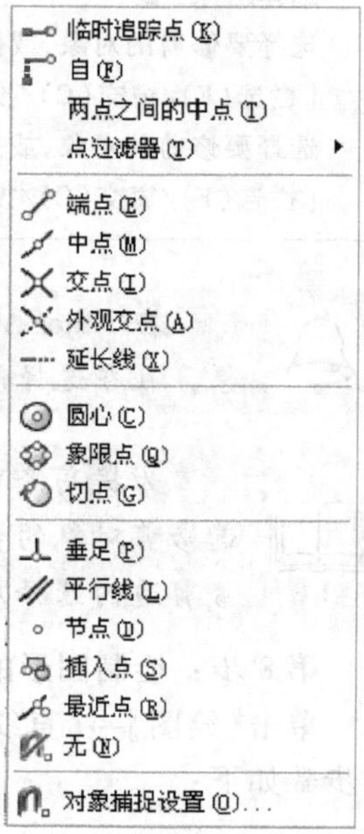

图 2-13　对象捕捉菜单

命令：_line 指定第一点：_from 基点：<偏移>：@10,0↙	// 选择 *A* 点，输入相对 *A* 点的偏移量回车确定
指定下一点或[放弃(U)]：10↙	// 将鼠标向上移动，当极轴夹角为 70° 时，输入偏移量 10mm，绘制直线 *ON*

（2）沿直线 *NM* 方向移动鼠标，当极轴夹角显示为0°时，在动态输入工具栏中输入长度数值7，回车确定。

（3）沿直线 *ML* 方向移动鼠标，当极轴夹角显示为290°时，在动态输入工具栏中输入长度数值6，回车确定。

（4）沿直线 *LK* 方向移动鼠标，当极轴夹角显示为0°时，在动态输入工具栏中输入长度数值17，回车确定。

（5）沿直线 *KJ* 方向移动鼠标，当极轴夹角显示为 70°时，在动态输入工具栏中输入长度数值6，回车确定。

（6）沿直线 *JI* 方向移动鼠标，当极轴夹角显示为0°时，在动态输入工具栏中输入长度数值7，回车确定。

（7）沿直线 *IH* 方向移动鼠标，当极轴夹角显示为 290°时，捕捉到与直线 *GA* 的交点，单击即可绘制直线 *IH*。

第 7 步：修剪直线 *GA* 多余部分。

单击〖修改〗→〖修剪〗，操作步骤如下：

选择剪切边...	
选择对象或 <全部选择>：找到 1 个	// 选择直线 *ON* 作为剪切边界
选择对象：找到 1 个，总计 2 个	// 选择直线 *IH* 作为剪切边界
选择对象：↙	// 回车结束剪切边界的选择
选择要修剪的对象，或按住 Shift 键选择要延伸的对象，或	
[栏选(F)/窗交(C)/投影(P)/边(E)/删除(R)/放弃(U)]：	// 选择直线 *GA* 多余部分
选择要修剪的对象，或按住 Shift 键选择要延伸的对象，或	
[栏选(F)/窗交(C)/投影(P)/边(E)/删除(R)/放弃(U)]：	// 按ESC结束命令

在 AutoCAD 中使用“修剪”命令，必须先选择修剪边界，然后选择修剪对象，且在选择修剪对象时必须选择需删除的部分。

为提高修剪的效率，在熟悉了“修剪”命令的操作后不必按先选修剪边再选修剪对象的步骤进行操作，可先将相关对象全部选中作为修剪边，回车结束修剪边的选择后再选择修剪对象需要删除的部分。

第 8 步：绘制图形的中间部分。

单击〖绘图〗→〖直线〗，按住SHIFT并右击，弹出如图 2-13 所示菜单→单击【自】，操作步骤如下：

命令：_line 指定第一点：_from 基点：<偏移>：@11,25↙	// 点选点 *B* 作为基点后输入点 *Q* 相对点 *B* 的偏移量以确定点 *Q* 的位置
指定下一点或 [放弃(U)]:15↙	// 将鼠标向下移动，当极轴夹角为 90°时，输入偏移量 15mm，绘制直线 *PQ*
指定下一点或 [放弃(U)]:23↙	// 将鼠标向右移动，当极轴夹角为 0°时，输入偏移量 23mm，绘制直线 *QR*
指定下一点或 [闭合(C)/放弃(U)]:	// 捕捉点 *P*，向右移动鼠标，当极轴夹角为 40°时，单击确定，绘制直线 *RS*
指定下一点或[闭合(C)/放弃(U)]:C↙	// 将图形闭合

第 9 步：保存图形文件。

知识点一 对象的选择

在编辑图形时，需要选择被编辑的对象。当命令提示为“选择对象:”时，鼠标变成拾取框，即可开始进行对象的选择。AutoCAD 提供了 7 种选择对象的方法，用户可以在不同的场合灵活使用这些方法。

1. 点选方式

直接移动拾取框至被选对象后单击，即可逐个地拾取所需的对象，而被选择的对象将亮显，回车可结束对象的选择。这是系统默认的选择对象方法。

2. 窗口方式

如果有较多对象需要选择，使用点选方式无疑很繁琐，但若这些对象比较集中，则可使用窗口方式，该方式通过指定两个角点确定一矩形窗口，完全包含在窗口内的所有对象将被选中，与窗口相交的对象不在选中之列。操作时应先拾取左上角，后拾取右下角。在 AutoCAD 2008 中使用“窗口方式”选择时选中区域用蓝色表示。

3. 窗交方式

窗交方式也称交叉窗口方式，操作方法类似于窗口方式。不同之处是在窗交方式下，与窗口相交的对象和窗口内的所有对象都在选中之列。操作时应先拾取右下角，后拾取左上角。在 AutoCAD 2008 中使用“窗交方式”时选中区域用绿色表示。

> “窗口方式”和“窗交方式”在使用上很相似，仅仅是矩形窗口的选择方向不同，但两种方式选中的对象却大相径庭，在实际应用中可以根据需要选用。

4. 栏选方式

使用选择栏可以很容易地选择复杂图形中的对象，选择栏看起来像一条多段线，仅选择它经过的对象。

当命令提示为“选择对象:”时，按如下步骤进行操作：

选择对象:	// 输入 F，回车
指定第一个栏选点:	// 单击拾取第一点
指定下一个栏选点或 [放弃(U)]:	// 单击拾取第二点

根据需要可以拾取多个点，通过各点构成一条折线，与折线相交的对象将被选中，直至

回车结束拾取。如图 2-14a 所示，若要选取图形中的圆，利用该方法在恰当的位置单击确定选择栏的转折点，利用折线（图 2-14b 中的虚线）将图中的圆选中而不选择矩形。

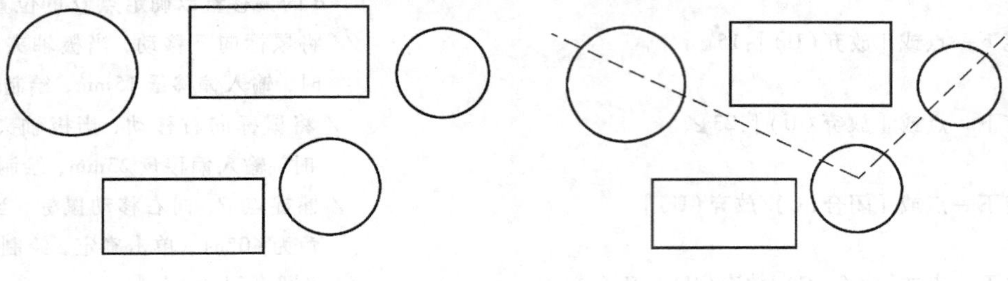

a)　　b)

图 2-14　使用“栏选方式”选择对象

5. 全部方式

使用“全部”方式可将图形中除冻结、锁定层上的所有对象选中。当命令提示为“选择对象:”时，键入ALL，回车即可。也可直接使用快捷键CTRL + A进行全选。

6. 上一个方式

如果需要将图形窗口内可见的元素中最后一个创建的对象选中，可以使用“上一个”方式进行选择。当命令提示为“选择对象:”时，键入L，回车即可。

7. “圈围”和“圈交”方式

当命令提示为“选择对象:”时，键入WP 或 CP将分别对应于“圈围”和“圈交”两种方式，这两种方式允许用户通过构建一个多边形的方式来选择对象。两者的区别与“窗口方式”和“窗交方式”一样，“圈围”只选中完全包含在其中的对象，而“圈交”则将与其相交的对象和包含其中的所有对象都选中。

图 2-15a 所示为通过五个顶点构建的多边形，图 2-15b 和图 2-15c 所示分别为使用图 2-15a的多边形按“圈围”和“圈交”方式选择对象并删除的结果。在图 2-15b 中只有完全被多边形包含的对象才会被选择并删除，在图 2-15c 中与多边形相交和包含其中的对象都被选择并删除。

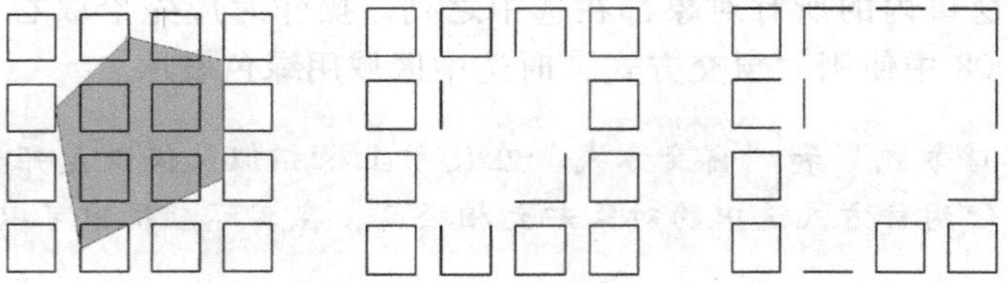

a)　　b)　　c)

图 2-15　“圈围”与“圈交”的区别

知识点二　对象的删除

在绘图过程中，经常需要将多余的或绘制错误的对象删除，调用命令的方式如下：

- 菜单命令：【编辑】→【清除】
- 工具栏：〖修改〗→〖删除〗
- 键盘命令：ERASE

● 键盘按键：DELETE

在删除对象时，既可以先执行命令再选择对象，也可以先选择对象再执行命令。根据要删除对象的具体情况，可灵活使用前文所述方式进行对象的选择。

知识点三 极轴追踪

使用极轴追踪，光标将按指定角度进行移动，沿预先指定角度的追踪方向获得所需的点。使用“极轴捕捉”，光标将沿极轴角度按指定增量移动，在极轴角度方向上出现一条临时追踪辅助虚线，并提示追踪方向及当前光标点与前一点的距离，用户可以直接拾取、输入距离值或利用对象捕捉定点，如图 2-16 所示。

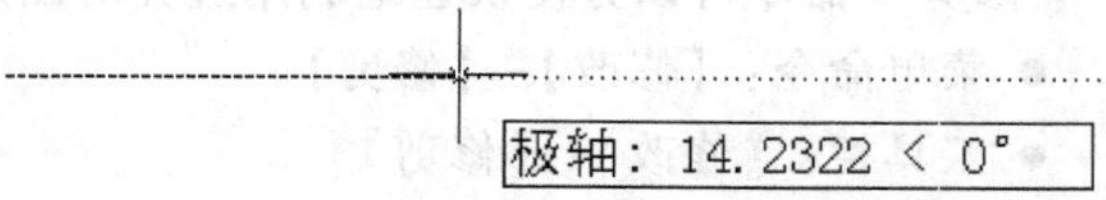

图 2-16 极轴追踪

在绘图过程中，可以随时打开或关闭极轴追踪功能，其方法有以下 3 种：

● 快捷菜单：右击状态行上的〖极轴〗→【设置】→{极轴追踪}→选中(或不选中)“启用极轴追踪”复选框

● 工具栏：单击状态行上的〖极轴〗

● 键盘命令：功能键F10

右击〖极轴〗→【设置】→{极轴追踪}，通过设置极轴角度增量来确定极轴追踪方向，如图 2-17 所示。可以使用的角度有 90°、45°、30°、22.5°、18°、15°、10°和 5°，如果这些角度不能满足要求，可单击“附加角”后的［新建］来指定其他角度。光标移动时，如果接近极轴角，将显示追踪线和工具栏提示。如图 2-18 所示，当极轴角增量设置为 30°时，光标从 0°向 90°移动时显示的对齐路径。

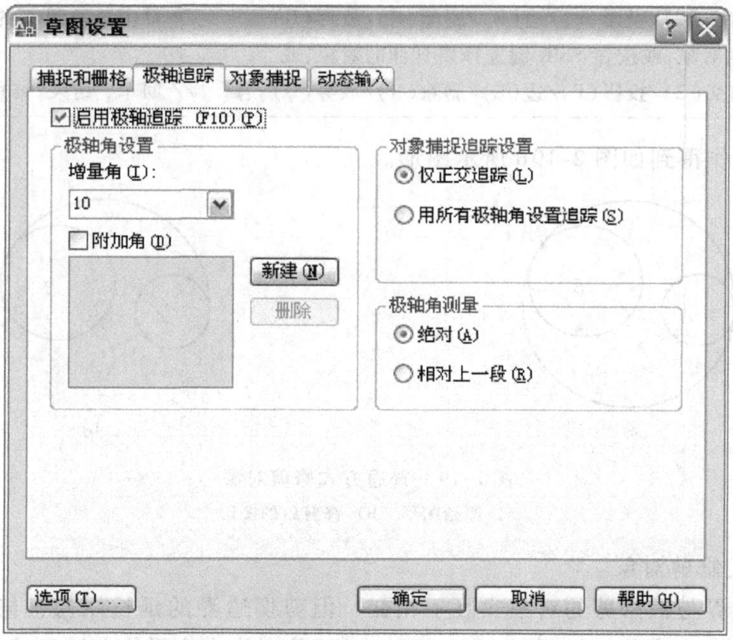

图 2-17 “极轴追踪”选项卡

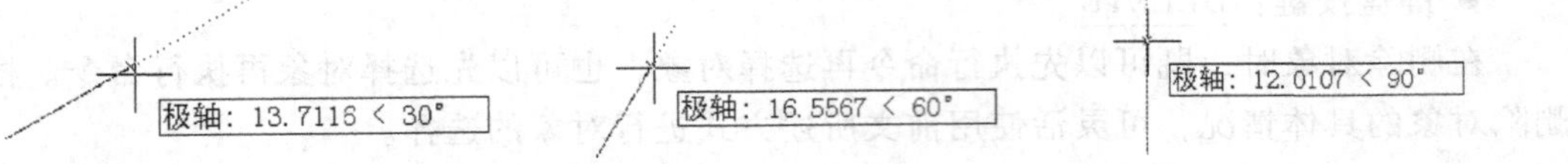

图 2-18　极轴追踪的追踪线和工具栏提示

知识点四　修剪

“修剪”命令可以方便快速地利用边界对图形实体进行修剪。调用命令的方式如下：

- 菜单命令：【修改】→【修剪】
- 工具栏：〖修改〗→〖修剪〗
- 键盘命令：TRIM 或 TR

1. 普通方式修剪对象

普通方式修剪对象，必须首先选择剪切边界，然后再选择被修剪的对象，且两者必须相交。如图 2-19a 所示，以圆 *A*、*B* 为边界修剪圆 *C* 的下半部分。

单击〖修改〗→〖修剪〗，操作步骤如下：

```
命令：_trim                                                   // 启动“修剪”命令
当前设置：投影=UCS，边=无                                      // 系统提示
选择剪切边...                                                 // 系统提示
选择对象或 <全部选择>：找到 1 个                               // 选择圆 A
选择对象：找到 1 个，总计 2 个                                 // 选择圆 B
选择对象：↙                                                   // 回车，结束剪切边界对象的选择
选择要修剪的对象，或按住 Shift 键选择要延伸的对象，或
[栏选(F)/窗交(C)/投影(P)/边(E)/删除(R)/放弃(U)]：             // 单击拾取圆 C 的下半部分
选择要修剪的对象，或按住 Shift 键选择要延伸的对象，或
[栏选(F)/窗交(C)/投影(P)/边(E)/删除(R)/放弃(U)]：↙            // 回车，结束“修剪”命令
```

通过以上操作得到如图 2-19b 所示图形。

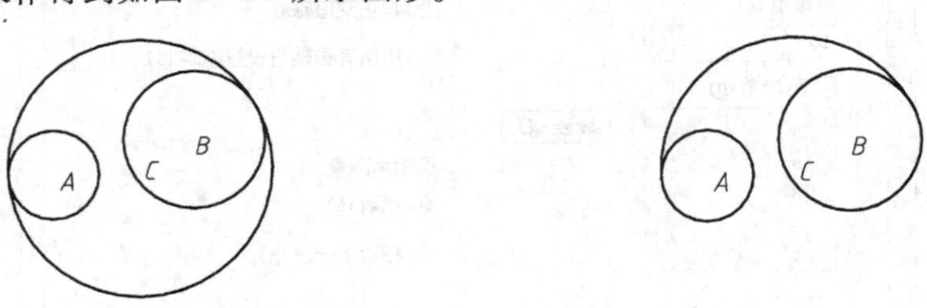

图 2-19　普通方式修剪对象

a）原始图形　b）修剪后的图形

2. 延伸模式修剪对象

如果剪切边界与被修剪的对象实际不相交，但剪切边界的延长线与被修剪对象有交点，则可以采用延伸模式修剪。如图 2-20a 所示，以两条直线为边界修剪圆到隐含的交点处。

单击〖修改〗→〖修剪〗，操作步骤如下：

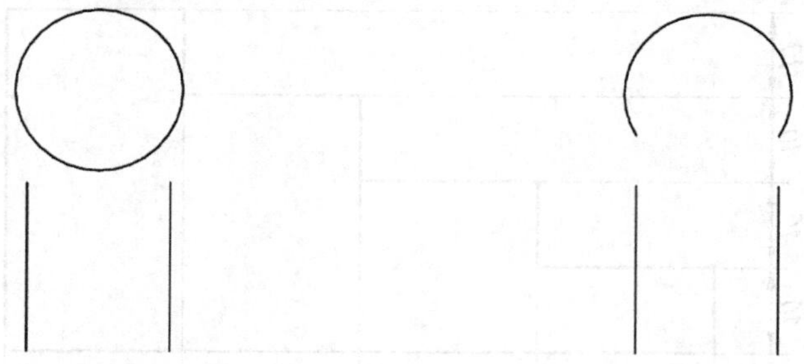

a)　　　　　　　　　　　　b)

图 2-20　延伸模式修剪对象
a) 原始图形　b) 修剪后的图形

```
命令：_trim                                                        // 启动"修剪"命令
当前设置:投影 = UCS,边 = 无                                        // 系统提示
选择剪切边...                                                      // 系统提示
选择对象或 <全部选择>：指定对角点：找到 2 个                       // 选择两条直线
选择对象:↙                                                         // 回车，结束剪切边界对象的选择
选择要修剪的对象,或按住 Shift 键选择要延伸的对象,或
[栏选(F)/窗交(C)/投影(P)/边(E)/删除(R)/放弃(U)]：                  // 选择需修剪的圆弧部分
选择要修剪的对象,或按住 Shift 键选择要延伸的对象,或
[栏选(F)/窗交(C)/投影(P)/边(E)/删除(R)/放弃(U)]:↙                 // 回车，结束"修剪"命令
```

通过以上操作得到如图 2-20b 所示图形。

在 AutoCAD 2008 中默认为"延伸（E）"方式，若使用"延伸"方式修剪对象，可不必改变参数，直接进行操作。

任务三　规则图形的快速绘制

操作实例（图 2-21）

本例通过简单且有规律的图形绘制，新增"栅格的设置"、"栅格的捕捉"等操作。

绘制过程

第 1 步：设置图形界限。

根据图形尺寸，将图形界限的两个点分别设为（0，0）和（100，60）。执行"缩放"命令的"全部（A）"选项，显示图形界限。

第 2 步：设置栅格。

右击状态栏上的〖栅格〗→｛捕捉和栅格｝→将"启用捕捉"和"启用栅格"分别选中，将"捕捉间距"和"栅格间距"分别设置为 10，如图 2-22 所示，单击［确定］。在绘图区出现的小点即栅格。

第 3 步：绘制图形。

单击〖绘图〗→〖直线〗，由于设置了栅格和捕捉，因此直线只能在有栅格的位置绘制，

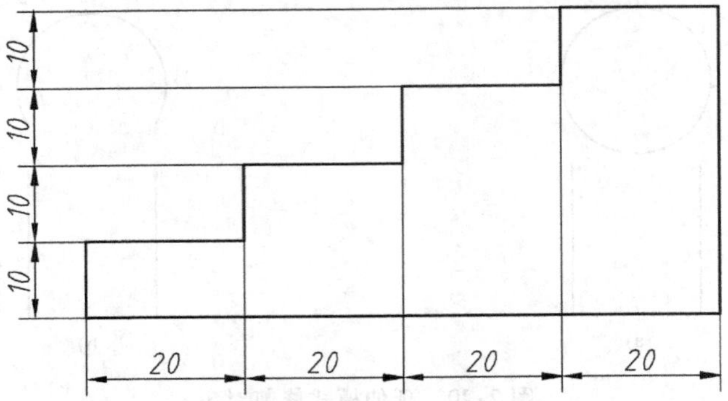

图 2-21　规则图形

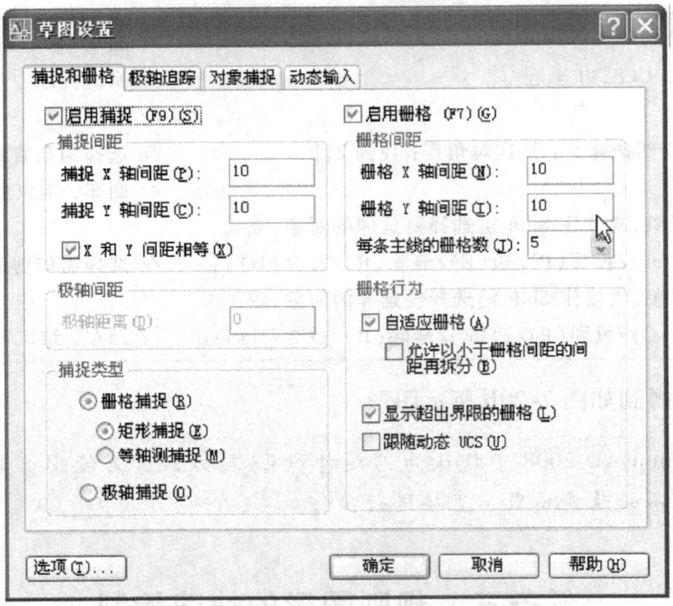

图 2-22　“捕捉和栅格”选项卡

这样可以快速地确定直线。通过以上操作可得到如图 2-21 所示图形，保存图形文件。

由于图形的尺寸各不相同，可根据实际尺寸来设置“捕捉间距”和“栅格间距”，利用栅格将有规律的部分（不一定局限于直线）快速绘制出来。对于不在栅格上的对象，可将栅格关闭后再进行绘制。

知识点一　栅格

1. 栅格的作用

栅格是按照设置的间距显示在图形区域中的点，使用栅格类似于在图形下面放置一张坐标纸。利用栅格可以对齐对象并直观显示对象之间的距离和位置，便于绘图时进行定位。另外，栅格还显示了当前图形界限的范围，因为栅格只在图形界限以内显示。

栅格是一种辅助定位图形，不是图形文件的组成部分，因此栅格在输出时不会被打印。为实现栅格的定位功能，必须将“捕捉”功能打开，使光标只能停留在图形中指定的栅格上。

2. 改变栅格和捕捉间距

如图 2-22 所示，根据需要对“捕捉间距”和“栅格间距”分别进行设置。捕捉间距不需要和栅格间距相同，例如，可以设置较宽的栅格间距用作参照，但使用较小的捕捉间距以保证定位点时的精确性。一般来说，栅格与捕捉的间距应设置为相同的数值。

知识点二 正交

正交可以将光标限制在水平或垂直方向上移动，以便于快速、精确地创建或修改对象。打开“正交”模式时，使用直接距离输入方法可创建指定长度的正交线或将对象移动指定的距离。任务一的实例操作中已经用过正交，本任务的实例操作除了可以使用栅格外，也可利用正交的特性进行快速绘制。

在绘图和编辑过程中，可以随时打开或关闭“正交”。输入坐标或指定对象捕捉时将忽略“正交”。要临时打开或关闭“正交”，可按住SHIFT。使用临时替代键时，无法使用直接距离输入方法。

> “正交”模式和极轴追踪不能同时打开，打开“正交”模式将关闭极轴追踪。

任务四 吊钩的绘制

操作实例（图 2-23）

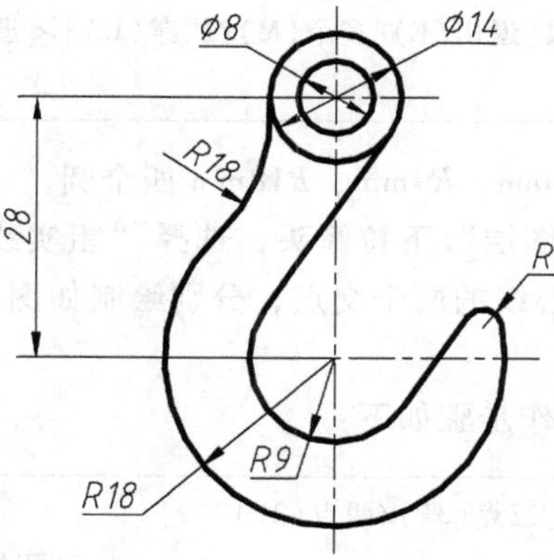

图 2-23 吊钩

本例通过吊钩的绘制，新增“图层”、“偏移”、“圆”、“重生成”、“切线”、“圆角”、“打断”等命令。

绘制过程

第 1 步：设置图形界限。

根据图形尺寸，将图形界限的两个点分别设为（0，0）和（60，80）。执行“缩放”命令的“全部（A）”选项，显示图形界限。

第 2 步：设置对象捕捉。

右击状态行栏上的〖对象捕捉〗→【设置】→{对象捕捉}→设置捕捉模式：圆心、交点和切点。

第 3 步：在适当位置绘制中心线。

(1) 单击〖图层〗工具栏中“图层”下拉箭头，选择“点画线”图层（前提是按照模块一中所述的方法创建了图层）；单击状态栏上的［正交］，打开正交状态；利用“直线”命令绘制如图 2-24a 所示的水平和垂直中心线。

图 2-24 绘制中心线

a) 绘制水平和垂直中心线 b) 偏移复制水平中心线

(2) 单击〖修改〗→〖偏移〗，将水平中心线向下方偏移，复制另一条水平中心线，如图 2-24b 所示。操作步骤如下：

指定偏移距离或[通过(T)/删除(E)/图层(L)] <通过>:28↙ // 输入偏移距离 28mm

选择要偏移的对象,或[退出(E)/放弃(U)] <退出>: // 选择水平中心线

指定要偏移的那一侧上的点,或[退出(E)/多个(M)/放弃(U)] <退出>: // 在刚选中对象的下方单击

第 4 步：绘制 ϕ8mm、ϕ14mm、R9mm、R18mm 四个圆。

单击〖图层〗工具栏中“图层”下拉箭头，选择“粗实线”图层，利用交点捕捉功能先后捕捉水平中心线和垂直中心线的两个交点，分别绘制如图 2-25 所示的 ϕ8mm、ϕ14mm、R9mm、R18mm 四个圆。

单击〖绘图〗→〖圆〗，操作步骤如下：

命令：_circle 指定圆的圆心或[三点(3P)/两点(2P)/相切、相切、半径(T)]: // 利用捕捉功能捕捉上方的交点

指定圆的半径或[直径(D)] <7.0000>：4↙ // 输入 ϕ8mm 圆的半径

命令:↙ // 回车重复执行“圆”命令

CIRCLE 指定圆的圆心或[三点(3P)/两点(2P)/相切、相切、半径(T)]: // 捕捉上面的交点或刚绘制圆的圆心

指定圆的半径或[直径(D)] <4.0000>：7↙ // 输入 ϕ14mm 圆的半径

命令:↙ // 回车重复执行“圆”命令

CIRCLE 指定圆的圆心或[三点(3P)/两点(2P)/相切、相切、半径(T)]: // 利用捕捉功能捕捉下方的交点

```
指定圆的半径或[直径(D)] <7.0000>: 9↙                // 输入 R9mm 圆的半径
命令:↙                                              // 回车重复执行"圆"命令
CIRCLE 指定圆的圆心或[三点(3P)/两点(2P)
/相切、相切、半径(T)]: 18↙                           // 输入 R18mm 圆的半径,回车确定
命令: * 取消 *                                       // 按ESC取消"圆"命令
```

第 5 步：绘制 ϕ14mm 圆与 R9mm 圆的公切线。

单击状态栏上的［正交］，关闭正交状态，单击〖绘图〗→〖直线〗，配合“切点”捕捉绘制如图 2-26 所示的公切线。

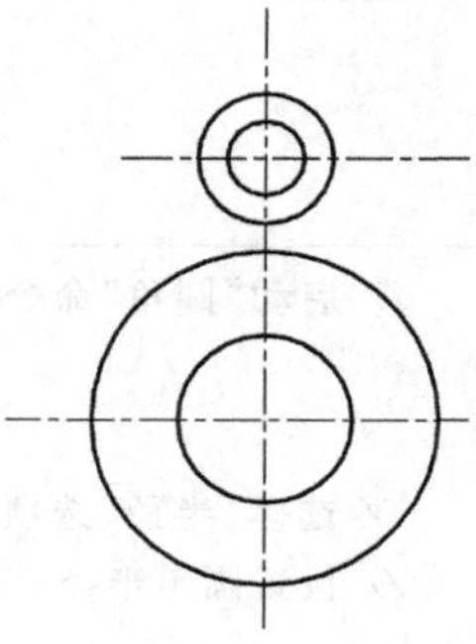

图 2-25　绘制四个圆

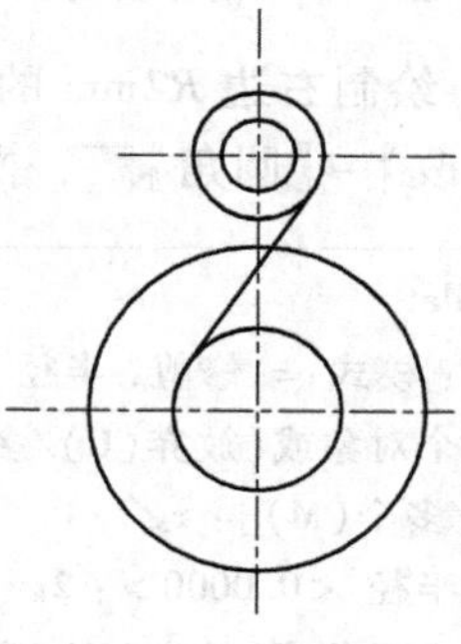

图 2-26　绘制公切线

由于“圆心”捕捉方式对“切点”捕捉方式有干扰，可将“圆心”捕捉方式暂时取消。

第 6 步：偏移公切线。

将刚绘制的公切线向右下方偏移 18mm，如图 2-27 所示。

单击〖修改〗→〖偏移〗，操作步骤如下：

```
指定偏移距离或[通过(T)/删除(E)/图层(L)] <通过>:18↙                  // 输入偏移距离 18mm
选择要偏移的对象,或[退出(E)/放弃(U)] <退出>:                          // 选择第 5 步绘制的公
                                                                      切线
指定要偏移的那一侧上的点,或[退出(E)/多个(M)/放弃(U)] <退出>:        // 在刚选中对象的右下
                                                                      方单击
```

第 7 步：绘制左上角 R18mm 的圆。

单击〖绘图〗→〖圆〗，选择“相切、相切、半径（T）”选项，绘制如图 2-28 所示 R18mm 的圆。操作步骤如下：

```
命令: _circle 指定圆的圆心或[三点(3P)/两点(2P)
/相切、相切、半径(T)]: t↙                          // 选择"相切、相切、半径"选项
指定对象与圆的第一个切点:                          // 在 φ14mm 圆上指定切点
指定对象与圆的第二个切点:                          // 在 R18mm 圆上指定切点
指定圆的半径 <38.0000>: 18↙                        // 输入相切圆的半径
```

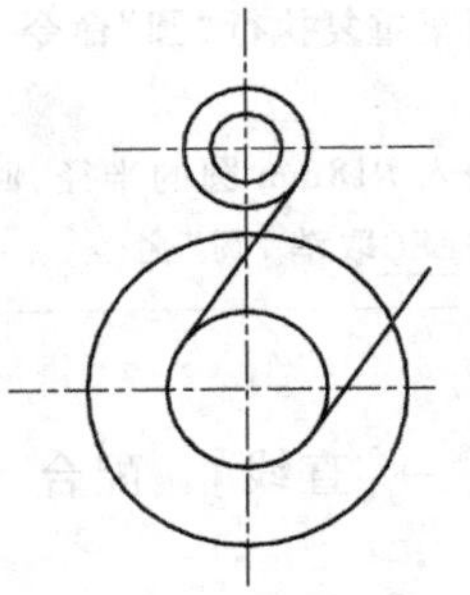

图 2-27　偏移公切线

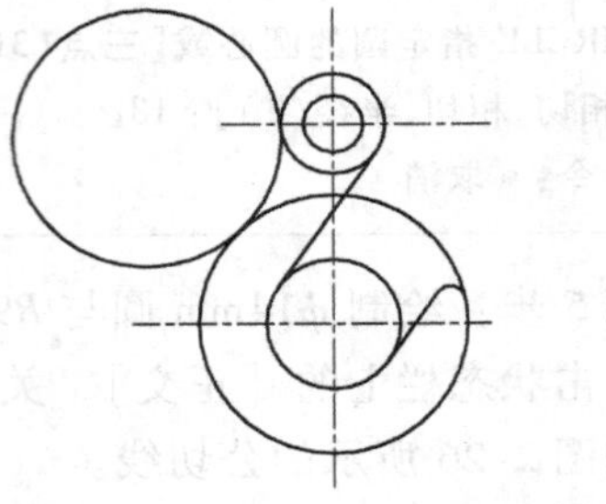

图 2-28　绘制 R18mm、R2mm 的圆

第 8 步：绘制右边 R2mm 的圆。

单击〖修改〗→〖圆角〗，操作步骤如下：

命令：_fillet	// 启动"圆角"命令
当前设置：模式 = 修剪，半径 = 0.0000	
选择第一个对象或[放弃(U)/多段线(P)/半径(R)/修剪(T)/多个(M)]：r↙	// 选择"半径"选项
指定圆角半径 <0.0000>：2↙	// 设置圆角半径
选择第一个对象或[放弃(U)/多段线(P)/半径(R)/修剪(T)/多个(M)]：	// 选择 R18mm 的圆
选择第二个对象，或按住 Shift 键选择要应用角点的对象：	// 选择直线

第 9 步：修剪多余图线，完成全图，如图 2-29 所示。

可按前述方法先将相关对象全部选中作为"修剪边"的对象，回车结束"修剪边"的选择后再选择"修剪对象"需要删除的部分。不过由于修剪边的截断作用，有的修剪对象可能需选择多次才能完全修剪完成。此处为避免中心线在修剪过程中截断修剪对象，在选择"修剪边"时可用"窗口方式"，不完全包含中心线，以避免中心线被选中。

第 10 步：对中心线进行裁剪。

为使图形更加美观，可将过长的中心线进行裁剪。如图 2-30 所示，分别指定裁剪位置，将多余部分删除。

单击〖修改〗→〖打断〗，操作步骤如下：

命令：_break 选择对象：	// 在裁剪对象上需要裁剪的位置单击选择对象
指定第二个打断点或[第一点(F)]：	// 使用端点捕捉功能选择裁剪对象的端点

通过以上操作，即可得到如图 2-23 所示的图形，保存图形文件。

在对中心线进行裁剪时，除了可以使用〖修改〗→〖打断〗命令外，还可使用〖修改〗→〖打断于点〗。用户在操作时可尝试不同的命令、按不同的操作顺序进行操作，以便更深刻地了解这类命令的使用。

图 2-29　修剪多余图线

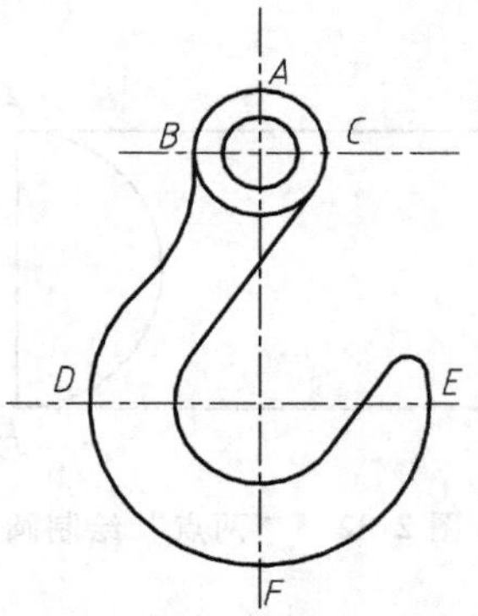

图 2-30　中心线上的裁剪位置

知识点一　圆的绘制

AutoCAD 2008 中提供了 6 种圆的绘制方法，调用命令的方式如下：

- 菜单命令：【绘图】→【圆】
- 工具栏：〖绘图〗→〖圆〗
- 键盘命令：CIRCLE 或 C

菜单命令相对而言功能比较全面，此处以菜单命令为例介绍“圆”命令的使用。单击【绘图】→【圆】，打开如图 2-31所示子菜单。

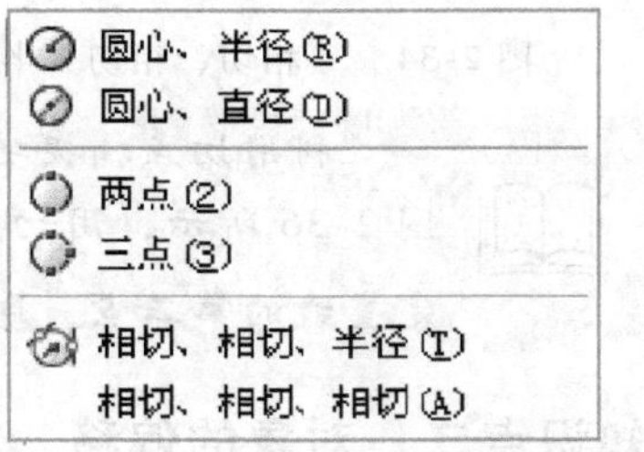

图 2-31　绘制圆的子菜单

1. “圆心、半径”方式画圆

通过指定圆心和圆半径绘制圆，在本任务的操作实例中已有具体应用。

2. “圆心、直径”方式画圆

通过指定圆心和圆直径绘制圆，这种方法与第一种方法完全一样，只是输入的数值为圆的直径。

3. “两点”方式画圆

通过两个点确定一个圆，两点间的距离即为圆的直径，如图 2-32 所示。

4. “三点”方式画圆

通过指定圆周上的三个点绘制一个圆，如图 2-33 所示。

5. “相切、相切、半径”方式画圆

通过指定两个相切对象和半径画圆，本任务的操作实例中已经使用过此方法。由于相同对象可以有不同的相切圆，使用这种方法一定要注意切点的捕捉位置，如图 2-34 所示，对两个小圆 *A*、*B* 分别在不同的位置捕捉切点，使用相同的半径绘制相切圆，分别可得到不同的相切圆 *C*、*D*。如果在其他位置捕捉切点，还可得到别的相切圆。

6. “相切、相切、相切”方式画圆

通过指定 3 个相切对象画圆，该方式只能使用菜单命令，如图 2-35 所示，中间的圆分别与两个圆和一条直线相切，切点分别为 *A*、*B*、*C*。

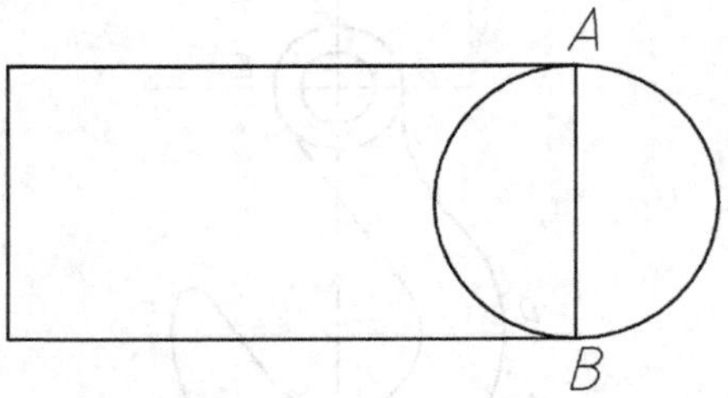

图 2-32 “两点” 绘制圆

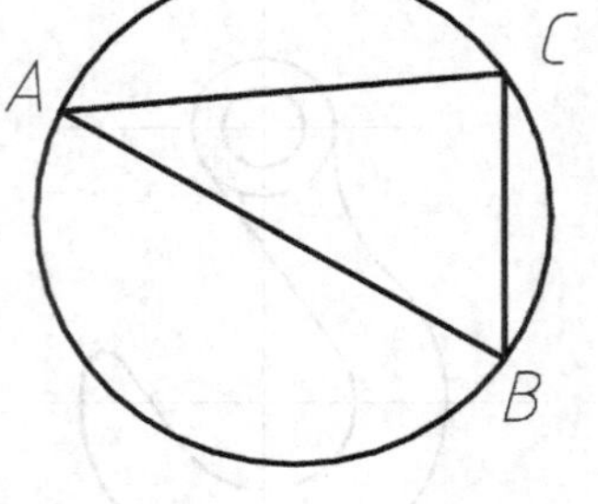

图 2-33 “三点” 绘制圆

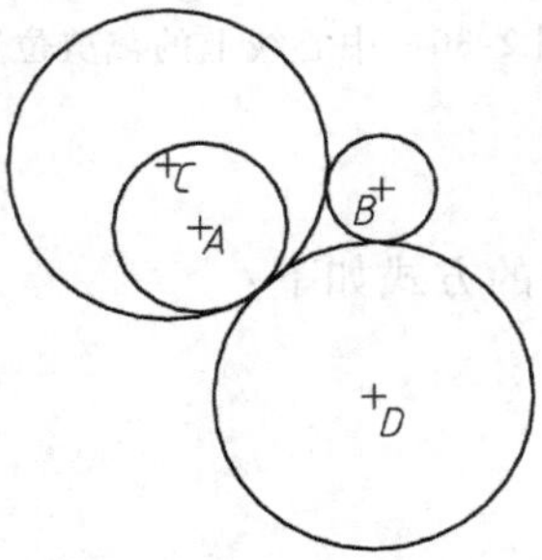

图 2-34 “相切、相切、半径” 绘制圆

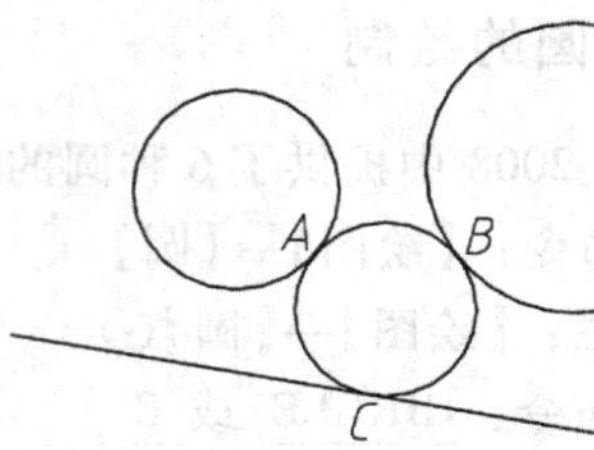

图 2-35 “相切、相切、相切” 绘制圆

> 利用切点捕捉功能可以方便地绘制已知长度和倾角并与圆相切的切线，如图 2-36 所示，用切点捕捉功能在圆上拾取指定直线的第一点，输入@40 <55指定直线的第二点，即可完成该切线的绘制。

知识点二 对象的偏移

偏移对象可将一个图形对象在其一侧作等距复制。在 AutoCAD 2008 中对象偏移的方法有两种，操作方法和结果均有所不同。

1. 使用 “偏移” 命令

单击〖修改〗→〖偏移〗可进行偏移操作。该命令常用的方式有两种：

(1) 指定偏移距离：该方式是通过给定一个具体的数值将已有对象进行偏移，本任务的操作实例中采用的即为此种方法。

(2) 通过：如图 2-37 所示，如果要绘制直线 *AB* 的平行线 *CD*，由于两直线的距离在图样中没有给出，故不能使用第一种方式。在执行 “偏移” 命令后，选择 “通过 (T)” 参数，能快捷地完成图示平行线的绘制。操作步骤如下：

指定偏移距离或[通过(T)/删除(E)/图层(L)] <通过>:t	// 选择“通过”选项
选择要偏移的对象,或[退出(E)/放弃(U)] <退出>:	// 选择直线 *AB*
指定通过点或[退出(E)/多个(M)/放弃(U)] <退出>:	// 捕捉矩形的左上角点

从上述操作步骤中可以看出该方式要求先选偏移对象，然后再指定通过点。

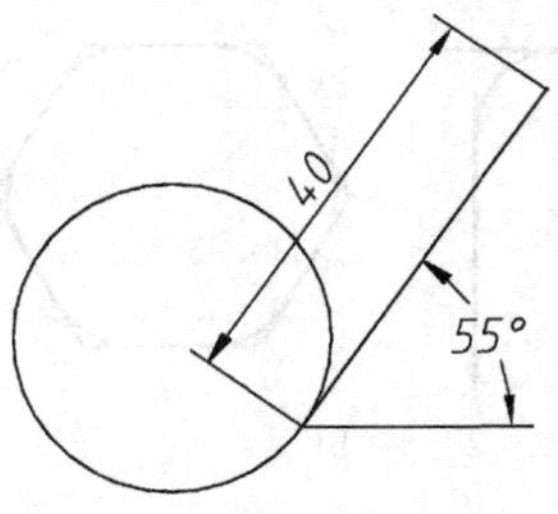

图 2-36 绘制与圆相切并成指定角度的直线

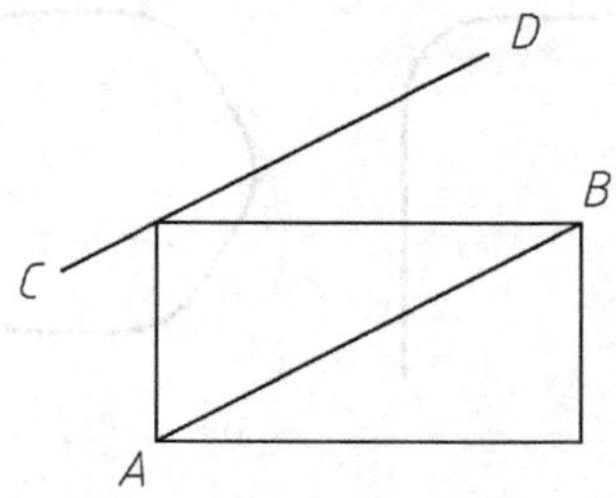

图 2-37 偏移直线到指定位置

2. 使用“构造线”命令

单击〖绘图〗→〖构造线〗→选择“偏移（o)”选项→指定偏移距离将源对象进行偏移。

使用以上两种方法均可实现对象的偏移，但结果有所不同：使用“偏移”命令可将偏移对象的属性保留下来（包括线型、线宽等属性)。使用“构造线”命令生成对象的属性取决于当前图层的属性，与源对象的属性无关。在具体绘制过程中可根据不同的需要进行选择。使用偏移操作，可以提高绘图速度。

如图 2-38 所示，$R16$mm 的圆与 $\phi12$mm 圆的属性相同，可以使用〖修改〗→〖偏移〗来绘制，而右侧的铅垂线与中心线的属性不同，可在粗实线层中使用〖绘图〗→〖构造线〗→选择“偏移（o)”选项的方法来绘制。

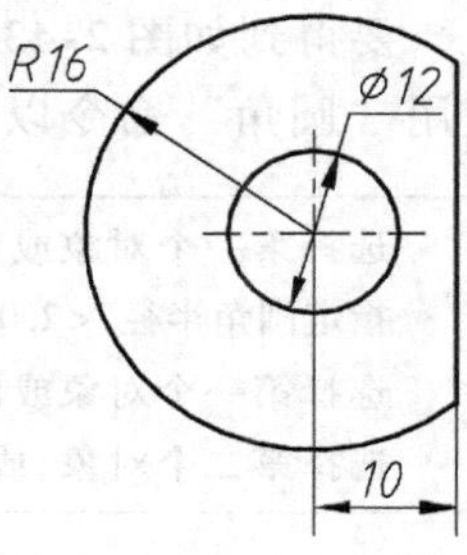

图 2-38 偏移对象

有关构造线其他选项的说明将在模块五中详细介绍。

知识点三 圆角

利用“圆角”命令可以将两对象用一段圆弧光滑过渡。灵活地使用该命令能快捷地完成有关图形的绘制，减少一些辅助性的工作。

调用命令的方式如下：

- 菜单命令：【修改】→【圆角】
- 工具栏：〖修改〗→〖圆角〗
- 键盘命令：FILLET

“圆角”命令的具体使用介绍如下：

1. 指定半径倒圆角

上述实例中使用的即是此种方法。在使用该方法进行倒圆角时，可对其中的“修剪(T)”参数进行设置。对同一组对象执行“圆角”命令，图 2-39a 所示是修剪的结果，图 2-39b所示是不修剪的结果，在实际操作中可根据具体要求进行选择。

2. 由系统自动计算半径

如图 2-40 所示的图形，按一般的方法来绘制，通常是先绘制两条直线，然后绘制两个圆（图 2-41)，最后将圆弧的多余部分进行修剪。

如果使用圆角命令，只需先将两条直线绘制出来，然后分别选择这两条直线作为倒圆角的对象，1/2 圆弧很快就能绘制出来（图 2-42)，圆弧的半径取决于两条直线的距离。右侧可用同样的方法进行绘制。

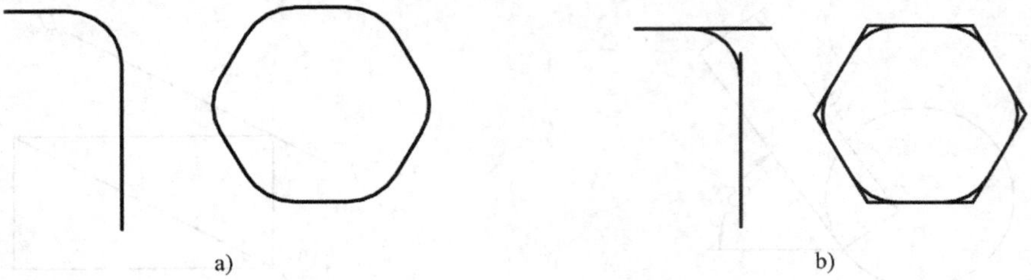

a) b)

图 2-39 指定半径倒圆角

a）修剪 b）不修剪

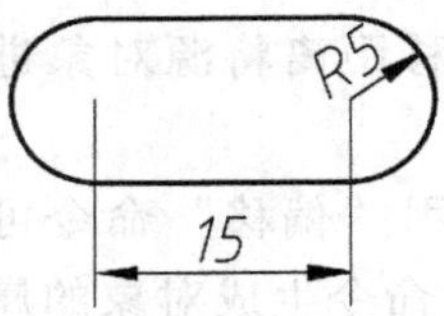

图 2-40 腰圆图形

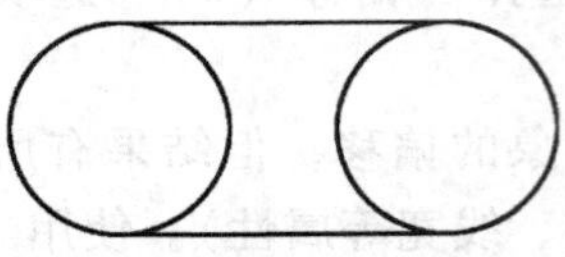

图 2-41 绘制与直线相切的两个圆

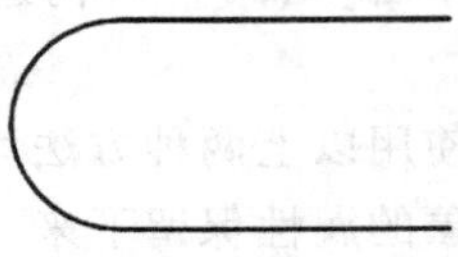

图 2-42 使用“圆角”命令

3. 指定半径为 0

要得到如图 2-43 所示两条直线的交点，除了可使用“延伸”、“修剪”等命令外，还可使用“圆角”命令以大大简化操作步骤。执行“圆角”命令后，操作步骤如下：

```
选择第一个对象或[放弃(U)/多段线(P)/半径(R)/修剪(T)/多个(M)]:r↙   // 选择参数 r
指定圆角半径 <2.0000>:0↙                                         // 指定圆角半径为0mm
选择第一个对象或[放弃(U)/多段线(P)/半径(R)/修剪(T)/多个(M)]:      // 选择第一条直线
选择第二个对象,或按住 Shift 键选择要应用角点的对象:               // 选择第二条直线
```

通过以上操作，得到如图 2-44 所示图形。

4. 绘制外切圆弧

要绘制如图 2-45 所示 $R8$mm 的圆弧，最快捷的方法是使用“圆角”命令，将半径设为 $R8$mm，分别选择两个直径为 $\phi10$mm 的圆作为倒角对象即可。使用此方法比绘制相切圆后再进行修剪要快得多。

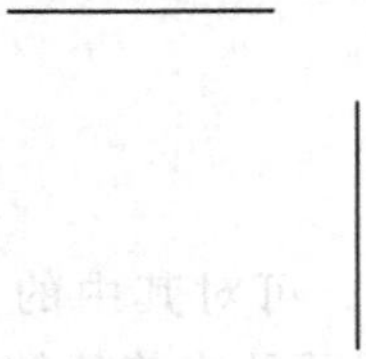

图 2-43 两条不平行直线

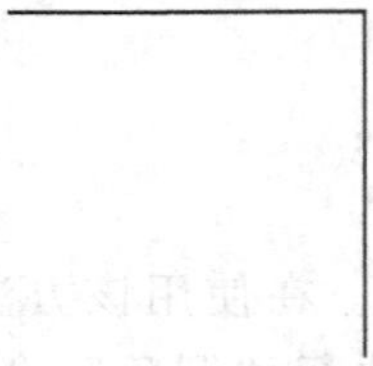

图 2-44 求两条不平行直线的交点

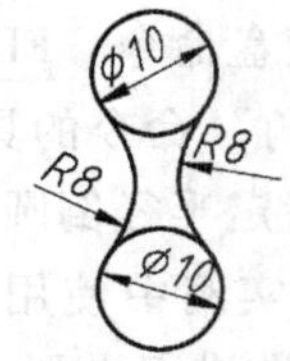

图 2-45 相切圆弧的绘制

知识点四 打断

利用“打断”命令可以部分删除对象或把对象分解成两部分。调用命令的方式如下：

- 菜单命令：【修改】→【打断】
- 工具栏：〖修改〗→〖打断于点〗或〖打断〗
- 键盘命令：BREAK 或 BR

该命令能将对象在两点之间打断，也能将对象打断于点。

1. 指定两个打断点打断对象

该方式将对象两打断点之间的部分删除。如图 2-46 所示，可将中心线在 A、B 两点间的部分删除。

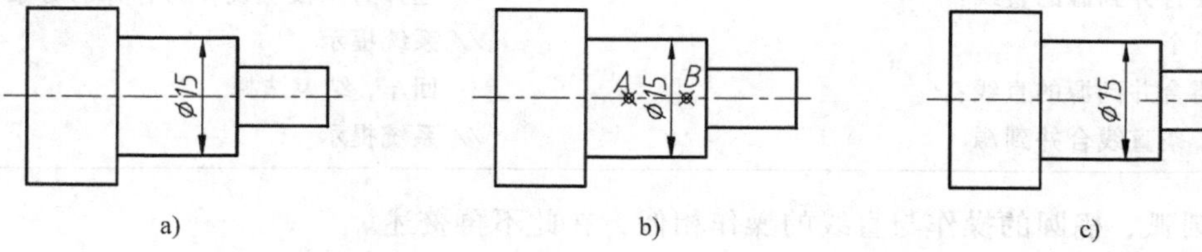

图 2-46　指定两个打断点

a）原图　b）指定打断点　c）打断后

2. 打断于点

该方式将对象分解成两部分。

如图 2-47a、c 所示的直线、圆弧打断后如图 2-47b、d 所示。

单击〖修改〗→〖打断于点〗，操作步骤如下：

命令：_ break	// 启动"打断"命令
选择对象：	// 选择直线
指定第二个打断点 或[第一点(F)]：_f	// 系统提示
指定第一个打断点：	// 在 A 点单击
指定第二个打断点：@	// 系统提示

图 2-47　打断于点

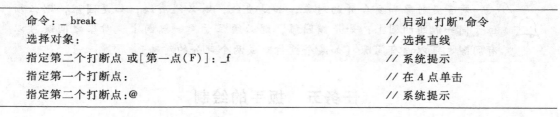

a）直线原图　b）直线打断后　c）圆弧原图　d）圆弧打断后

打断圆弧的操作与上述操作步骤相同，在此不再赘述。

> 打断于点不能用于将圆在某点处打断。

知识点五　合并

利用"合并"命令可以将多个对象合并成一个完整的对象。调用命令的方式如下：

- 菜单命令：【修改】→【合并】
- 工具栏：〖修改〗→〖合并〗
- 键盘命令：JOIN 或 J

使用该命令可以合并直线、圆弧、椭圆弧、多段线或样条曲线。

如图 2-48a 所示的直线、圆弧、椭圆弧合并后如图 2-48b 所示。

单击〖修改〗→〖合并〗，操作步骤如下：

命令：_ join：	// 启动"合并"命令
选择源对象	// 选择一段直线作为源对象
选择要合并到源的直线：	// 选择另一段直线作为合并的对象
找到 1 个	// 系统提示
选择要合并到源的直线：↙	// 回车，结束选择
已将 1 条直线合并到源	// 系统提示

合并圆弧、椭圆的操作与直线的操作相似，在此不再赘述。

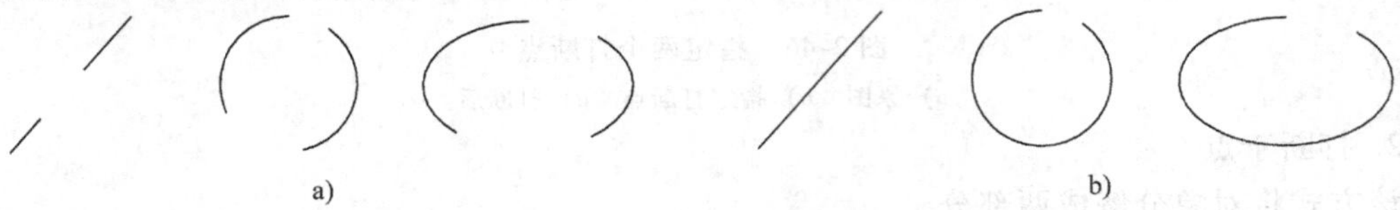

图 2-48　合并直线、圆弧和椭圆

a）原图　b）合并后

对于源对象和要合并的对象，如是直线，则必须共线；如是圆弧，则必须位于同一假想的圆上；如是椭圆弧，则必须位于同一椭圆上，对象之间既可以有间隙也可以没有间隙（如某个被打断成两个部分的对象）。

任务五　扳手的绘制

操作实例（图 2-49）

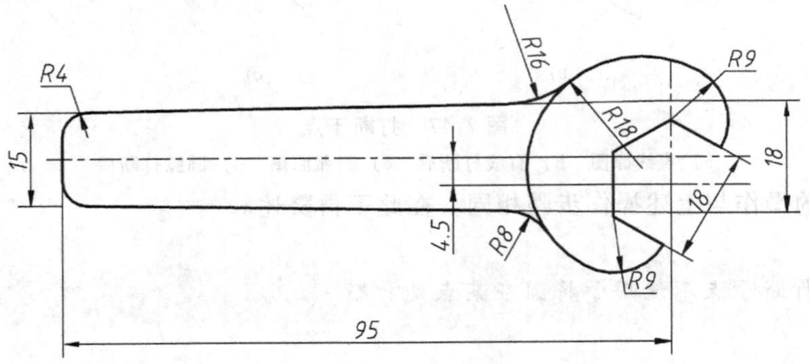

图 2-49　扳手

本例通过扳手的绘制，新增"构造线"、"正多边形"、"分解"等命令。

绘制过程

第 1 步：设置图形界限。

根据图形尺寸，将图形界限的两个点分别设为（0，0）和（110，40）。执行"缩放"命令的"全部（A）"选项，显示图形界限。

第 2 步：设置对象捕捉。

右击状态栏上的〖对象捕捉〗→【设置】→{对象捕捉}→设置捕捉模式：圆心、交点和切点。

第 3 步：在适当位置绘制中心线。

单击〖图层〗工具栏中“图层”下拉箭头，选择“点画线”图层，单击状态栏上的[正交]，打开正交状态，利用“直线”命令绘制水平和垂直中心线，并将水平中心线向下偏移 4.5mm，如图 2-50 所示。

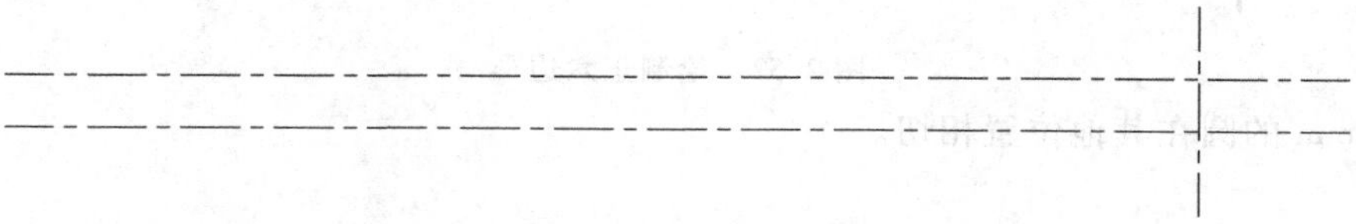

图 2-50　绘制中心线

第 4 步：绘制直线轮廓。

将“正交”状态关闭，单击〖图层〗工具栏上“图层”下拉箭头，选择“粗实线”图层。

使用〖绘图〗→〖构造线〗→选择“偏移（o）”选项，偏移距离设置为 95mm，将垂直中心线向左偏移。

单击〖绘图〗→〖直线〗，按住SHIFT并右击，弹出如图 2-13 所示菜单→单击【自】，选择点 *A* 为基点，输入@0，7.5，确定点 *C*，再次使用该方式，选择 *B* 点为基点，输入@0，9，确定点 *D*，绘制直线 *CD*。按类似方法，确定点 *E* 和点 *F*，绘制直线 *EF*，如图 2-51 所示。

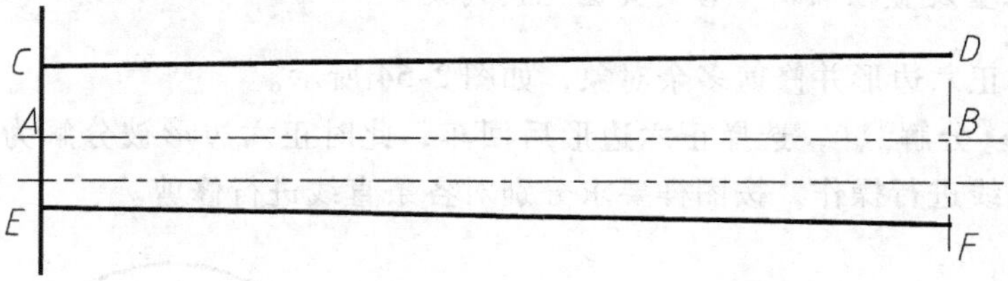

图 2-51　绘制直线轮廓

在绘制直线 *EF* 时，由于是向下方偏移，因此 *Y* 坐标值为负，即分别输入@0，-7.5和@0，-9。

第 5 步：绘制正六边形，如图 2-52 所示。

单击〖绘图〗→〖多边形〗，操作步骤如下：

命令：_polygon 输入边的数目 <4>：6↙	// 输入多边形的边数
指定正多边形的中心点或[边(E)]：	// 指定 *G* 点为正多边形的中心点
输入选项[内接于圆(I)/外切于圆(C)] <I>：c	// 正多边形外切于已知圆
指定圆的半径：@9<60↙	// 输入圆半径并控制正六边形的方向

第 6 步：绘制圆弧。

分别以点 *H* 和点 *I* 为圆心，9mm 为半径绘制两个圆，使用“相切、相切、半径”绘制半径为 18mm，与两个圆内切的相切圆（图 2-53），在捕捉切点时应注意切点的位置，避免

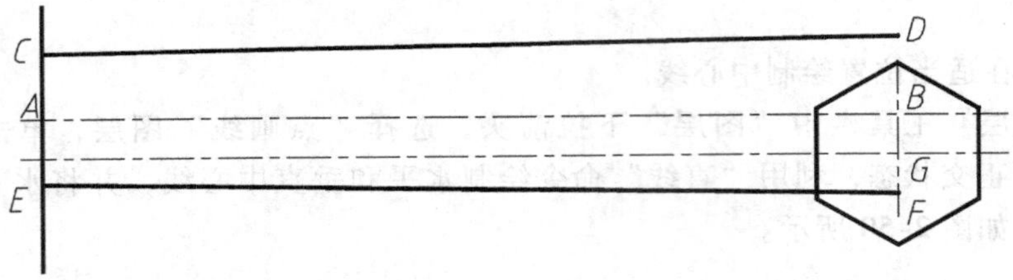

图 2-52　绘制正六边形

与两个 R9mm 的圆在其他位置相切。

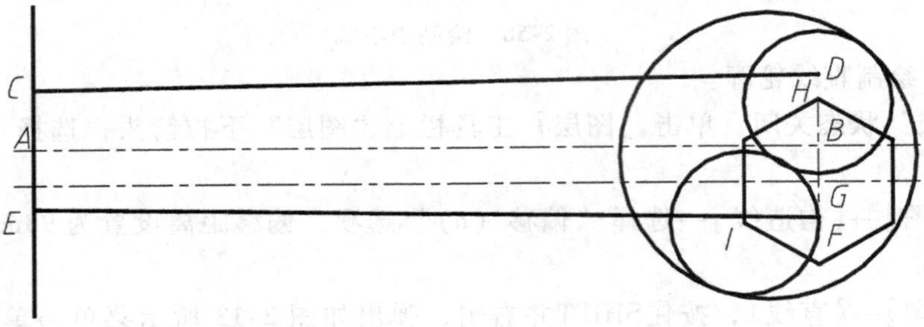

图 2-53　绘制圆弧

在此例中，相切圆的直径等于两个小圆的直径之和，因此必须保证两小圆的圆心位置及直径准确，否则大圆无法内切。

第 7 步：分解正六边形并修剪多余对象，如图 2-54 所示。

单击〖修改〗→〖分解〗，选择正六边形后回车，此时正六边形被分解为六条直线，可分别对其中某条直线进行操作，按图样要求分别对各条直线进行修剪。

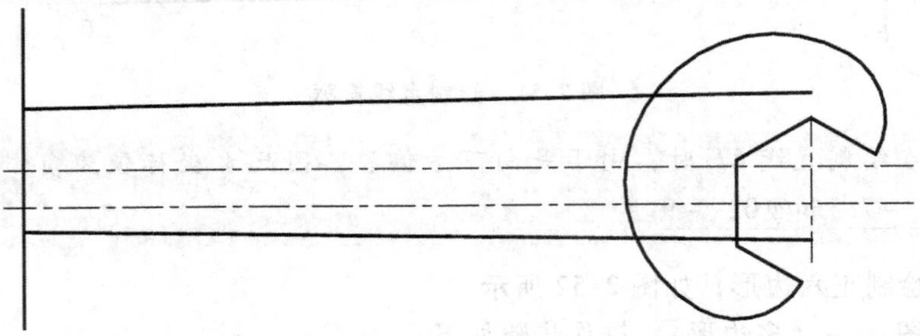

图 2-54　分解正六边形并修剪多余对象

第 8 步：倒圆角。

按图样要求，对相应部分进行倒圆角。R4mm 的圆角需要修剪，R8mm 和 R16mm 的圆角不修剪，通过后继操作删除多余部分。

以绘制的圆角为边界，将多余部分进行修剪，得到如图 2-49 所示图形，保存图形文件。

知识点一　正多边形的绘制

利用“正多边形”命令可以绘制边数为 3～1024 的正多边形。调用命令的方式如下：

● 菜单命令：【绘图】→【正多边形】

● 工具栏：〖绘图〗→〖正多边形〗

● 键盘命令：POLYGON

1. 正多边形的绘制

AutoCAD 中提供了 3 种方式绘制正多边形，在实际应用中可根据需要选择不同的方法。

(1)“内接于圆”方式：如图 2-55 所示的正六边形可使用此种方法进行绘制。

单击〖绘图〗→〖正多边形〗，操作步骤如下：

命令：_polygon 输入边的数目 <4>：6↙	// 输入多边形的边数
指定正多边形的中心点或［边(E)］：	// 指定正多边形的中心点
输入选项［内接于圆(I)/外切于圆(C)］<I>：I↙	// 正多边形内接于已知圆
指定圆的半径：20↙	// 输入圆半径

(2)“外切于圆”方式：如图 2-56 所示的正六边形可使用此种方法进行绘制，上述实例中即采用了此种方法。

(3)“边长”方式：若已知正多边形的边长，如图 2-57 所示，可使用此种方法进行绘制。

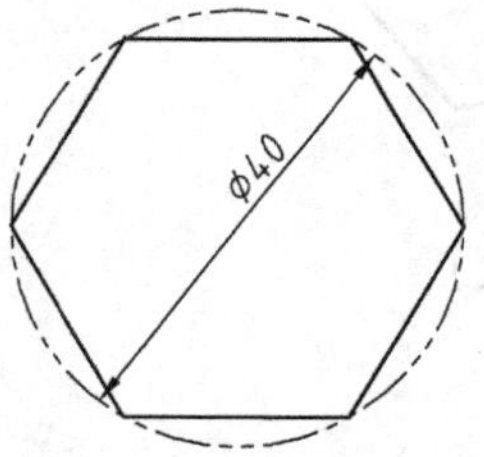

图 2-55　正多边形内接于已知圆

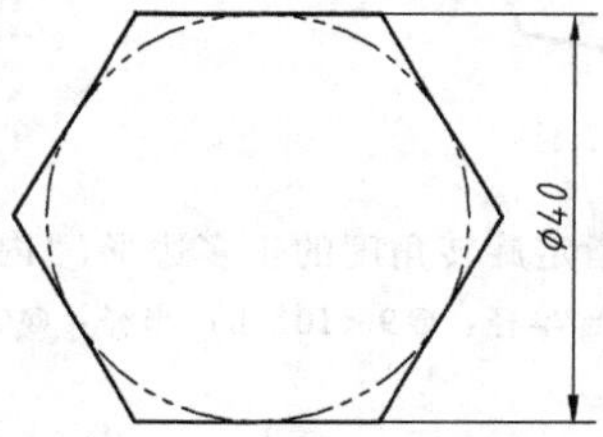

图 2-56　正多边形外切于已知圆

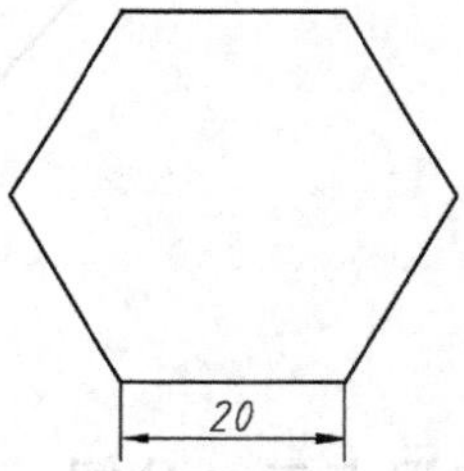

图 2-57　已知正多边形的边

单击〖绘图〗→〖正多边形〗，操作步骤如下：

命令：_polygon 输入边的数目 <6>：↙	// 输入多边形的边数
指定正多边形的中心点或［边(E)］：e↙	// 选择根据边来绘制正多边形
指定边的第一个端点：指定边的第二个端点：	// 指定两点，以点间距离作为正多边形的一条边

2. 正多边形的旋转

以正六边形为例，按默认步骤绘制出来的正六边形均为如图 2-58 所示的方向。如果要绘制如图 2-59 所示的正六边形，可按上述操作实例中的方法进行相应的设置。

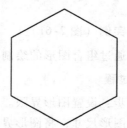

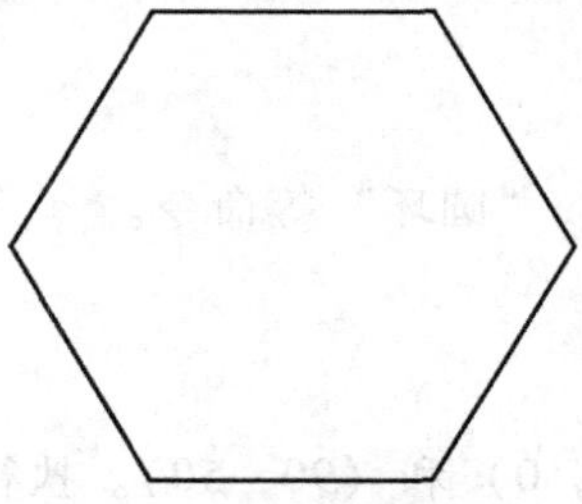
图 2-58　正多边形的默认方向

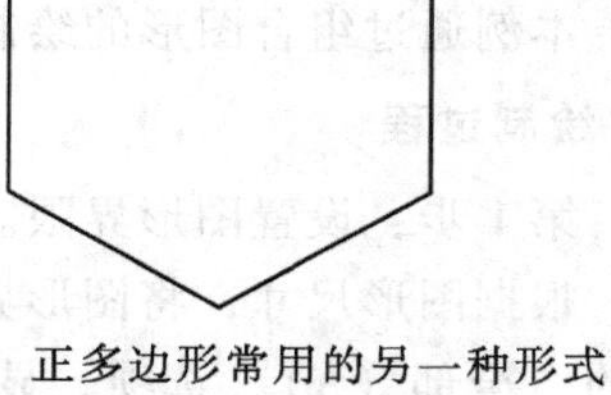
图 2-59　正多边形常用的另一种形式

> 如果使用“外切于圆（C）”选项绘制正六边形，要绘成如图 2-59 所示的形式，其半径应使用“@ *R* <60”的方式；使用“内接于圆（I）”选项绘制则半径应为“@ *R* <30”（*R* 为外切或内接圆的半径）。当然也可先直接绘制成如图 2-58 所示形式，然后再用模块三任务四中的“旋转对象”命令进行旋转。

若正多边形不是以上两种基本形式，则可根据具体情况进行旋转。在绘制如图 2-60 所示的内接于圆的正六边形时，当系统提示“指定圆的半径：”时，输入@9 <10得到如图 2-60a 所示正六边形，输入@9 < -10得到如图 2-60b 所示正六边形，即在输入正多边形的内接圆半径时，“@”后的数字为对应半径，“<”后的数字决定了正多边形的旋转角度，正值为逆时针旋转，负值为顺时针旋转。外切于圆的正多边形的绘制方法类似，只是输入的旋转角度正负符号相反，在此不再赘述。

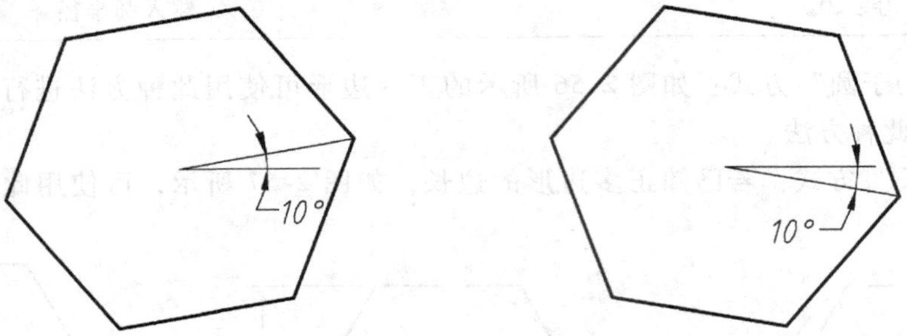

a)　　　　　　　　b)

图 2-60　指定旋转角度的正多边形（“内接于圆”方式）

a）半径：@9 <10　b）半径：@9 < -10

知识点二　分解

利用“分解”命令可以将组合对象分解成单个元素，AutoCAD 中是将正多边形当作一个整体来处理的，若需要分别对各条边进行操作，则需先将其分解。调用命令的方式如下：

- 菜单命令：【修改】→【分解】
- 工具栏：〖修改〗→〖分解〗
- 键盘命令：EXPLODE

上例中使用分解命令将正六边形分解为六条直线后即可分别对各条直线进行操作。

任务六　组合图形的绘制

操作实例（图 2-61）

本例通过组合图形的绘制，新增“矩形”、“椭圆”、“圆环”等命令。

绘制过程

第 1 步：设置图形界限。

根据图形尺寸，将图形界限的两个点分别设为（0，0）和（90，50）。执行“缩放”命令的“全部（A）”选项，显示图形界限。

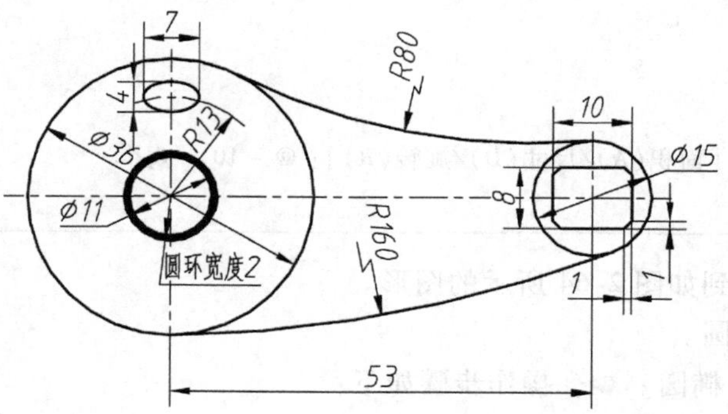

图 2-61　组合图形

第 2 步：在适当位置绘制中心线。

单击〖图层〗工具栏中“图层”下拉箭头，选择“点画线”图层，单击状态栏上的[正交]，打开“正交”状态，利用“直线”命令绘制水平和垂直中心线。偏移复制垂直中心线，取消“正交”状态，绘制 $R13$mm 的中心线圆（图 2-62）。

第 3 步：绘制 $\phi36$mm、$\phi15$mm 的两个圆。

单击〖图层〗工具栏中“图层”下拉箭头，选择“粗实线”图层，分别捕捉到两个圆心，绘制 $\phi36$mm、$\phi15$mm 的两个圆。

第 4 步：绘制 $R80$mm、$R160$mm 的两个圆。

单击〖绘图〗→〖圆〗，选择“相切、相切、半径（T）”方式，绘制 $R160$mm 的相切圆。单击〖修改〗→〖修剪〗，对相切圆多余的部分进行修剪。

单击〖修改〗→〖圆角〗，选择 $\phi36$mm 和 $\phi15$mm 两个圆作为倒圆角的对象，绘制 $R80$mm 的相切圆，如图 2-63 所示。

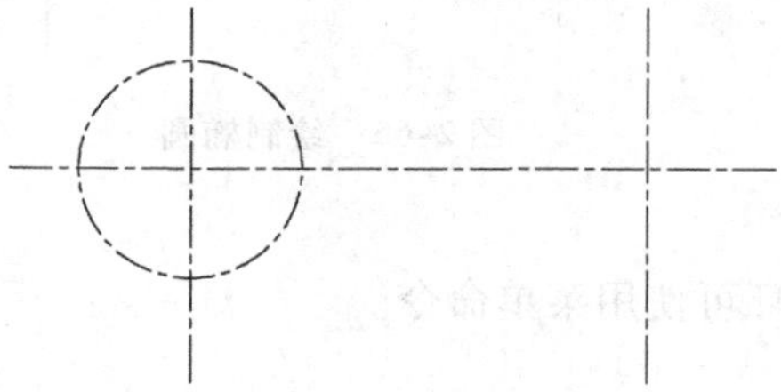

图 2-62　绘制中心线

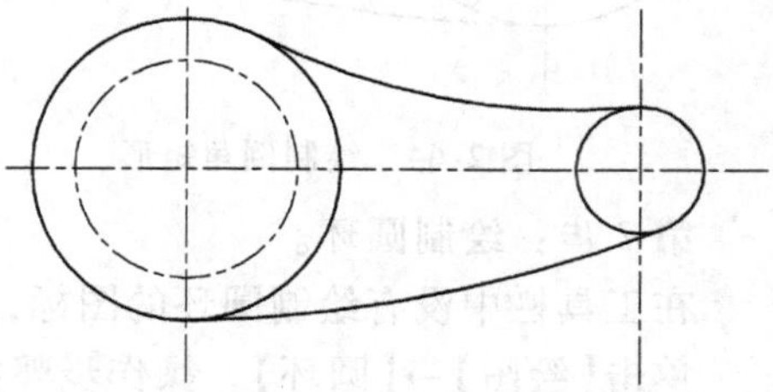

图 2-63　绘制外部轮廓

第 5 步：绘制倒角矩形。

单击〖绘图〗→〖矩形〗 ▭，操作步骤如下：

命令：_rectang　　// 启动“矩形”命令
指定第一个角点或[倒角(C)/标高(E)/圆角(F)/厚度(T)/宽度(W)]：c↙　　// 选择“倒角”选项
指定矩形的第一个倒角距离 <0.0000>：1↙　　// 设置“倒角”距离为 1mm
指定矩形的第二个倒角距离 <1.0000>：↙　　// 两边距离一样，回车确定
指定第一个角点或[倒角(C)/标高(E)/圆角(F)/厚度(T)/宽度(W)]：
_from 基点：<偏移>：@5,4↙　　//使用捕捉“自”命令，

	捕捉 *A* 点作为基点，设置矩形右上角点相对点 *A* 的偏移距离
指定另一个角点或［面积(A)/尺寸(D)/旋转(R)]：@ -10，-8↙	// 设置另一个角点相对前一角点的偏移距离

通过以上操作得到如图 2-64 所示的图形。

第 6 步：绘制椭圆。

单击〖绘图〗→〖椭圆〗，操作步骤如下：

命令：_ellipse	// 启动“椭圆”命令
指定椭圆的轴端点或［圆弧(A)/中心点(C)]：c↙	// 选择“中心点”选项
指定椭圆的中心点：	// 选取中心点 *B*
指定轴的端点：3.5↙	// 打开“极轴追踪”，水平向右追踪，输入椭圆长半轴长度
指定另一条半轴长度或［旋转(R)]：@2↙	// 垂直向上追踪，输入椭圆短半轴长度

通过以上操作得到图 2-65 所示图形。

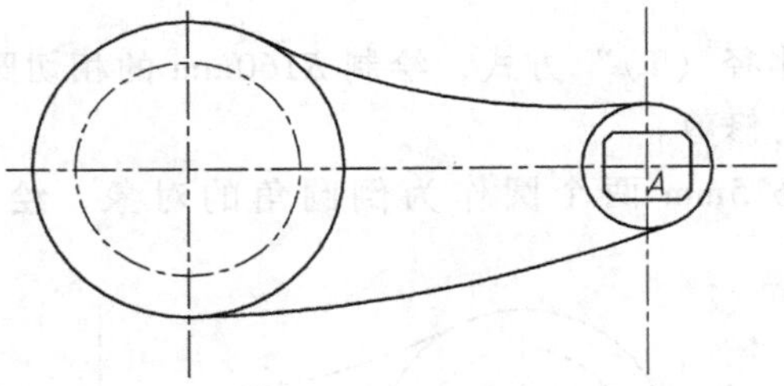

图 2-64　绘制倒角矩形

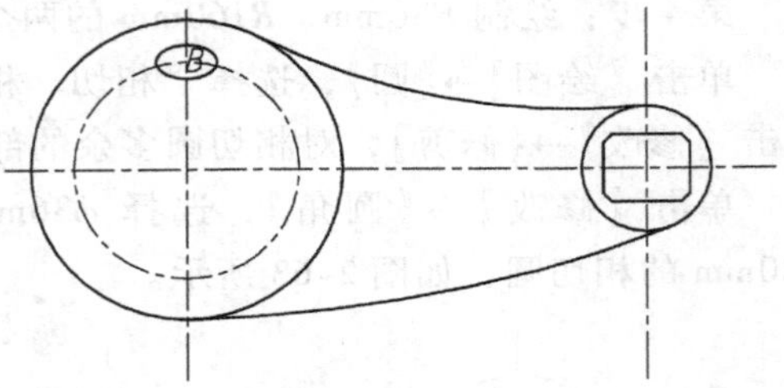

图 2-65　绘制椭圆

第 7 步：绘制圆环。

在工具栏中没有绘制圆环的图标，要绘制圆环可使用菜单命令。

单击【绘图】→【圆环】，操作步骤如下：

命令：_donut	// 启动“圆环”命令
指定圆环的内径 <0.5000>：10↙	// 指定圆环的内径
指定圆环的外径 <1.0000>：12↙	// 指定圆环的外径
指定圆环的中心点或 <退出>：	// 捕捉圆环的中心点 *C*

通过以上操作得到如图 2-66 所示图形，图中给定的圆环尺寸与圆环命令要求的参数不一致，必须通过计算才能确定。

第 8 步：对中心线进行裁剪。

按前述方法将过长的中心线进行裁剪，即可得到如图 2-61 所示图形，保存图形文件。

知识点一　矩形的绘制

AutoCAD 专门提供了一个“矩形”命令，利用该命令可以绘制不同形式的矩形，而不

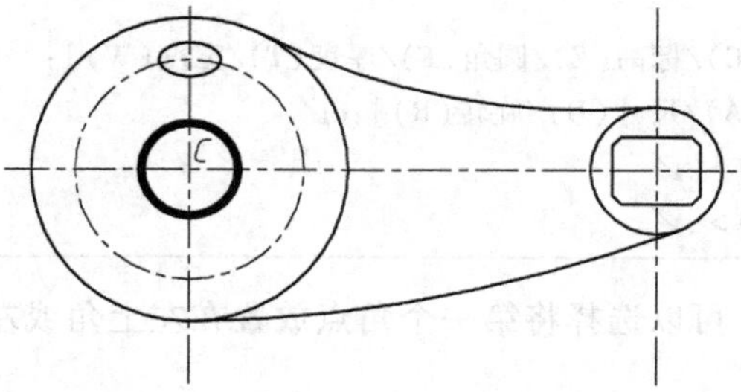

图 2-66　绘制圆环

需要逐条线地绘制。矩形在 AutoCAD 中也是作为一个整体来处理的，调用命令的方式如下：

- 菜单命令：【绘图】→【矩形】
- 工具栏：〖绘图〗→〖矩形〗
- 键盘命令：RECTANG

在 AutoCAD 中，绘制矩形有不同的选项，各有不同的作用，介绍如下：

1. 指定角点

这是默认绘制矩形的方法，通过指定两个角点来确定矩形的大小和位置，如图 2-67 所示。在指定了第一个角点后，AutoCAD 除了可以直接指定第二个角点外，还有三个选项可供选择：

(1)“面积（A）”选项：单击〖绘图〗→〖矩形〗，操作步骤如下：

```
命令：_rectang                                                    // 启动“矩形”命令
指定第一个角点或［倒角(C)/标高(E)/圆角(F)/厚度(T)/宽度(W)］：      // 指定第一个角点
指定另一个角点或［面积(A)/尺寸(D)/旋转(R)］：a↙                   // 选择“面积”选项
输入以当前单位计算的矩形面积 <100.0000>：1600↙                     // 给定矩形面积
计算矩形标注时依据［长度(L)/宽度(W)］ <长度>：L↙                   // 已知矩形的长度
输入矩形长度 <10.0000>：50↙                                        // 给定矩形的长度为50mm
```

使用该方法只要给定了矩形的面积，系统即可根据矩形的长度或宽度计算出另一边的长度，并将其绘制出来。如图 2-68 所示，给定了矩形的面积 $1600mm^2$ 和长度 50mm，宽度 32mm 是系统自动计算出来的。

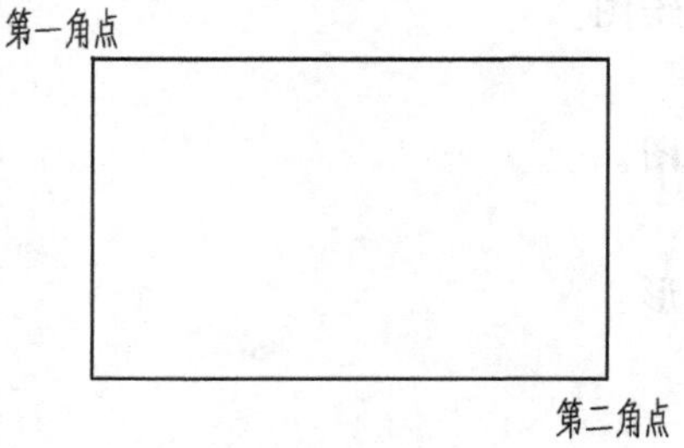

图 2-67　指定角点绘制矩形

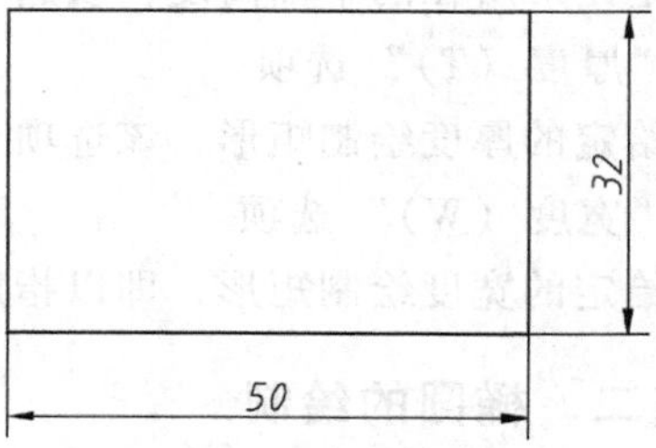

图 2-68　根据面积绘制矩形

(2)“尺寸（D）”选项：单击〖绘图〗→〖矩形〗，操作步骤如下：

```
命令：_rectang                                                        // 启动“矩形”命令
指定第一个角点或［倒角(C)/标高(E)/圆角(F)/厚度(T)/宽度(W)］：         // 指定第一个角点
指定另一个角点或［面积(A)/尺寸(D)/旋转(R)］：d↙                       // 选择“尺寸”选项
指定矩形的长度 <50.0000>：↙                                          // 给定矩形的长度
指定矩形的宽度 <40.0000>：↙                                          // 给定矩形的宽度
```

在给定长度和宽度后，可以选择将第一个角点放置在左上角或左下角，从而使矩形处在不同的位置。

(3)“旋转（R）”选项：单击〖绘图〗→〖矩形〗，操作步骤如下：

```
命令：_rectang                                                        // 启动“矩形”命令
指定第一个角点或［倒角(C)/标高(E)/圆角(F)/厚度(T)/宽度(W)］：         // 指定第一个角点
指定另一个角点或［面积(A)/尺寸(D)/旋转(R)］：r↙                       // 选择“旋转”选项
指定旋转角度或［拾取点(P)］<0>：30↙                                  // 指定旋转角度为 30°
```

指定了旋转角度后即可按前述方法绘制矩形，如图 2-69 所示，如果要根据已有直线确定矩形的旋转角度，则可选择“P”选项，根据先后拾取的两个点来确定矩形的旋转角度。图 2-70 所示为根据直线 *AB* 旋转矩形。

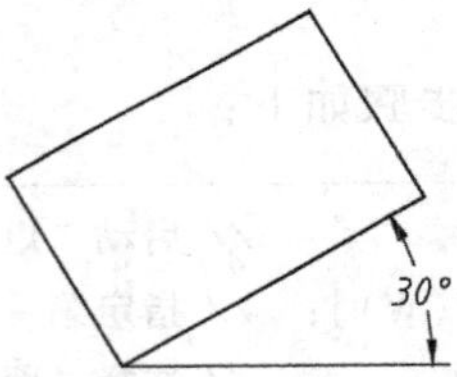

图 2-69　指定角度旋转矩形

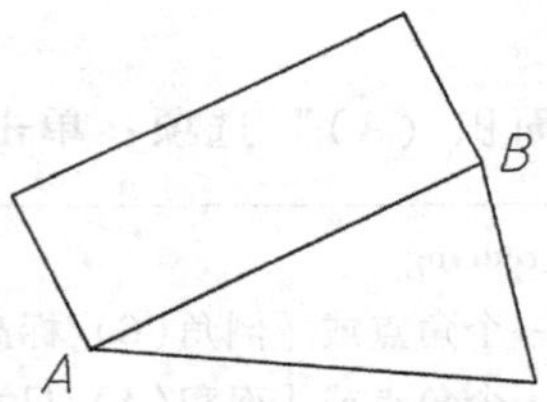

图 2-70　根据已有直线旋转矩形

2.“倒角（C）”和“圆角（F）”选项

有时需要绘制带倒角或圆角的矩形，可直接利用相关选项绘制而不必等绘制完矩形后再来进行有关处理。倒角方法如前面实例所述，圆角方法类似，按相应提示进行操作即可，此处不再赘述。

3.“标高（E）”选项

指定矩形所在的平面高度，该选项一般用于三维绘图。

4.“厚度（T）”选项

按给定的厚度绘制矩形，该选项一般用于三维绘图。

5.“宽度（W）”选项

按给定的宽度绘制矩形，即以指定的线宽绘制矩形。

知识点二　椭圆的绘制

利用“椭圆”命令可以绘制椭圆和椭圆弧，调用命令的方式如下：

- 菜单命令：【绘图】→【椭圆】
- 工具栏：〖绘图〗→〖椭圆〗

● 键盘命令：ELLIPSE

椭圆命令有不同的选项，对应 3 种绘制方法。

1. 根据椭圆的中心和半轴绘制椭圆

单击〖绘图〗→〖椭圆〗，操作步骤如下：

```
命令：_ellipse                                   // 启动“椭圆”命令
指定椭圆的轴端点或［圆弧(A)/中心点(C)］：c↙        // 选择“中心点”参数
指定椭圆的中心点：                                 // 捕捉椭圆的中心点
指定轴的端点：30↙                                  // 水平向右追踪,输入椭圆长半轴长度
指定另一条半轴长度或［旋转(R)］：15↙                // 垂直向上或向下追踪,输入椭圆短半轴长度
```

通过以上操作，得到如图 2-71 所示椭圆。

2. 根据椭圆两个端点及另一条半轴的长度绘制椭圆

单击〖绘图〗→〖椭圆〗，操作步骤如下：

```
命令：_ellipse                                   // 启动“椭圆”命令
指定椭圆的轴端点或［圆弧(A)/中心点(C)］：          // 捕捉椭圆的一个端点 A
指定轴的另一个端点：                               // 捕捉椭圆的另一个端点 B
指定另一条半轴长度或［旋转(R)］：                  // 捕捉椭圆另一条半轴的端点 C
```

图 2-72 所示为按上述操作步骤根据椭圆的两个端点 *A*、*B* 和另一条半轴的长度 *OC* 绘制的椭圆。

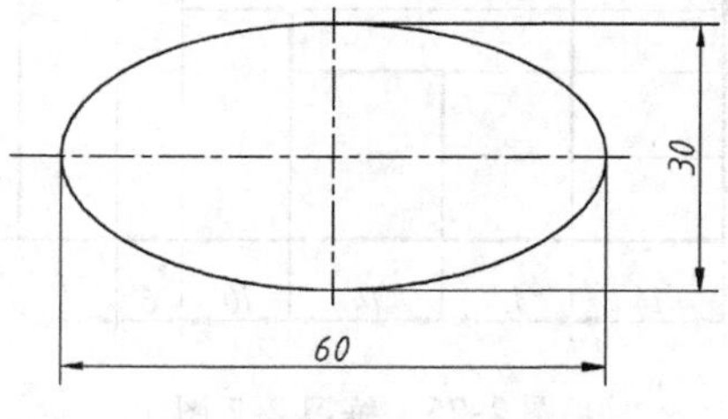

图 2-71　根据中心和半轴绘制椭圆

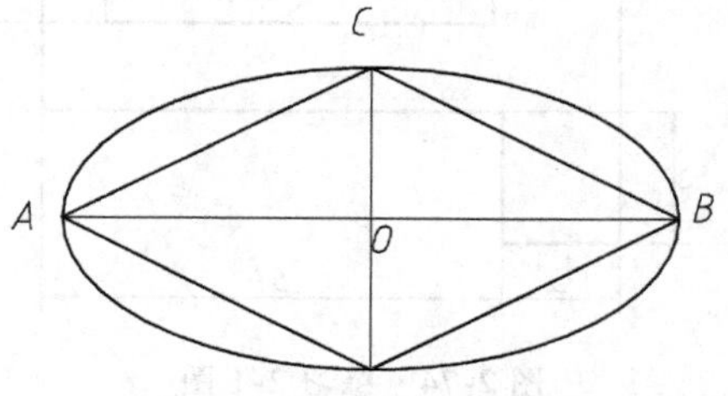

图 2-72　根据两个端点及另一条半轴绘制椭圆

3. 绘制旋转椭圆

如果需要绘制旋转椭圆，则可选择“R”选项，这种方式实际上相当于将一个圆在三维空间中绕长轴转动一个角度以后投影在二维平面上，旋转角度范围为 0°～89.4°。当角度为 0°时是圆，为 60°时是长短轴之比为 2 的椭圆。

4. 绘制椭圆弧

在绘制椭圆时选择参数“A”，则可绘制椭圆的一部分，即椭圆弧。

单击〖绘图〗→〖椭圆〗，操作步骤如下：

```
命令：_ellipse                                   // 启动“椭圆”命令
指定椭圆的轴端点或［圆弧(A)/中心点(C)］：a↙        // 选择“圆弧”选项
指定椭圆弧的轴端点或［中心点(C)］：                // 捕捉椭圆的一个端点
指定轴的另一个端点：                               // 捕捉椭圆的另一个端点
```

指定另一条半轴长度或［旋转(R)］:　　　　// 捕捉椭圆另一条半轴的长度
指定起始角度或［参数(P)］: 0↙　　　　// 给定椭圆弧的起始角度
指定终止角度或［参数(P)/包含角度(I)］: 270↙　　　　// 给定椭圆弧的终止角度

通过以上操作，可得到如图 2-73 所示的椭圆弧。

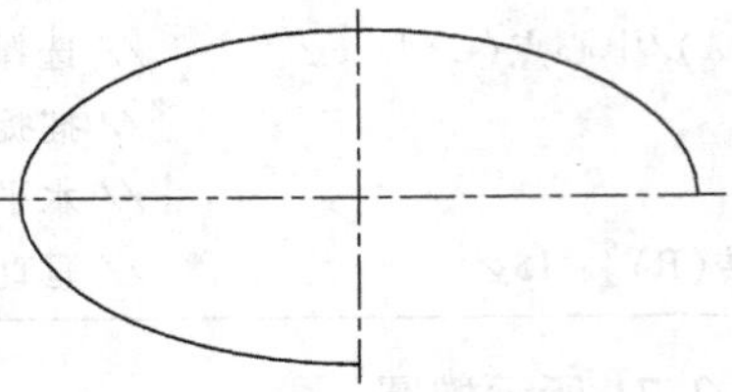

图 2-73　绘制椭圆弧

同类练习

1. 绘制如图 2-74 至图 2-79 所示图形（不需标注尺寸）。

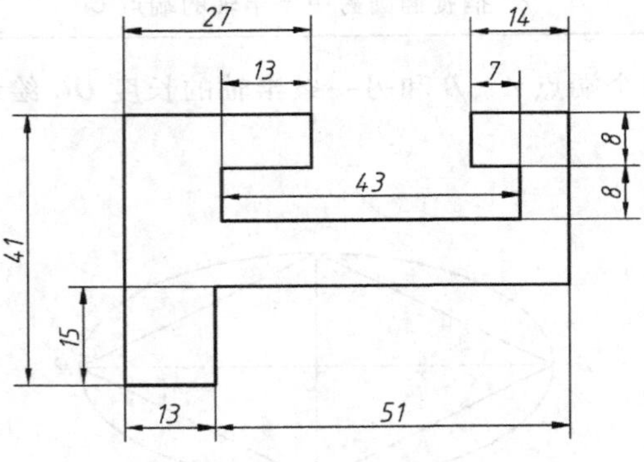

图 2-74　练习 2-1 图

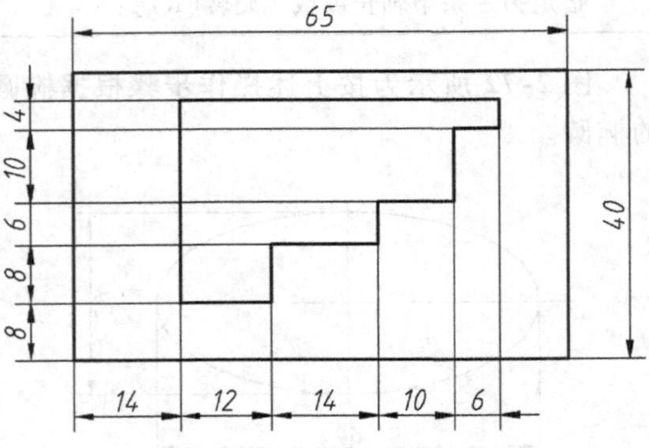

图 2-75　练习 2-2 图

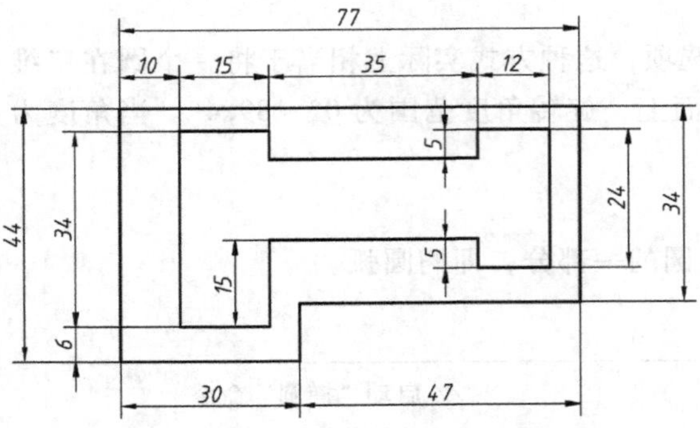

图 2-76　练习 2-3 图

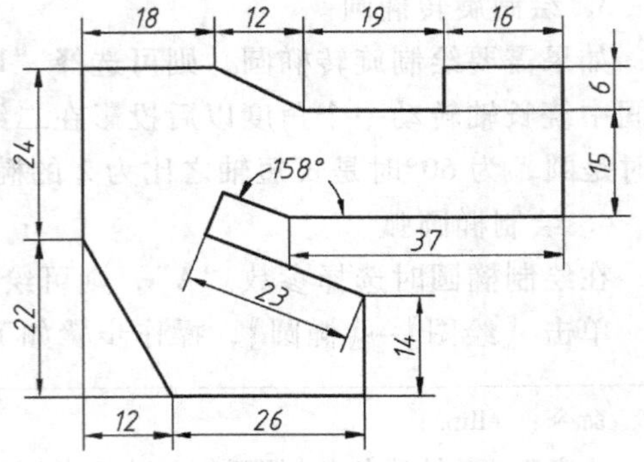

图 2-77　练习 2-4 图

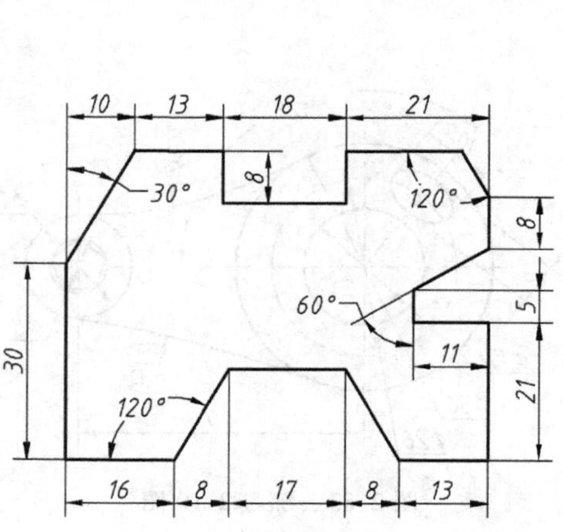

图 2-78　练习 2-5 图

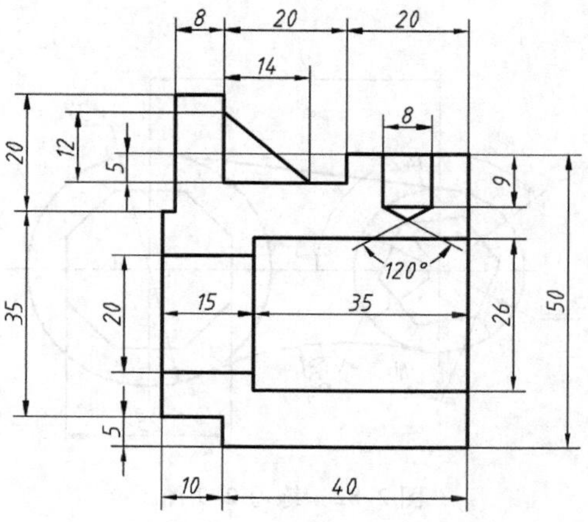

图 2-79　练习 2-6 图

2. 绘制如图 2-80 至图 2-91 所示图形（不需标注尺寸）。

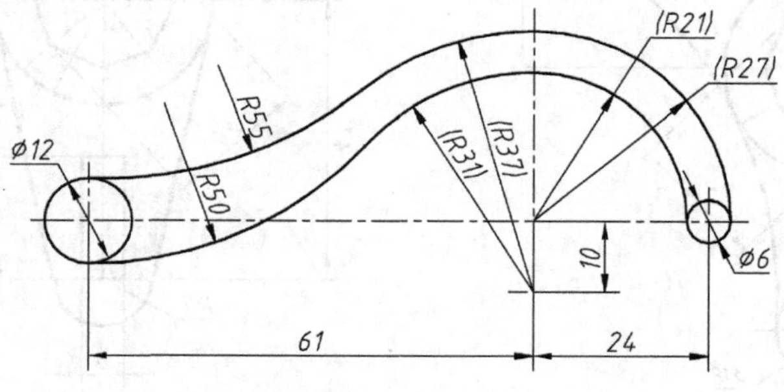

图 2-80　练习 2-7 图

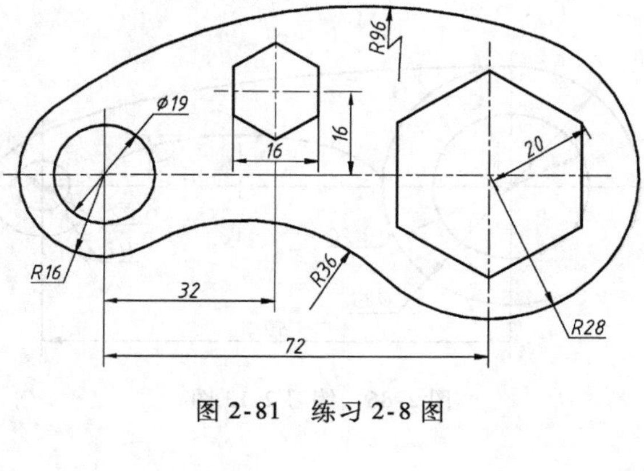

图 2-81　练习 2-8 图

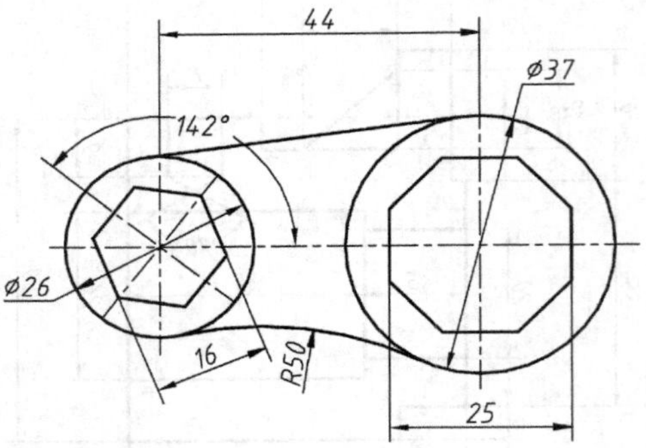

图 2-82　练习 2-9 图

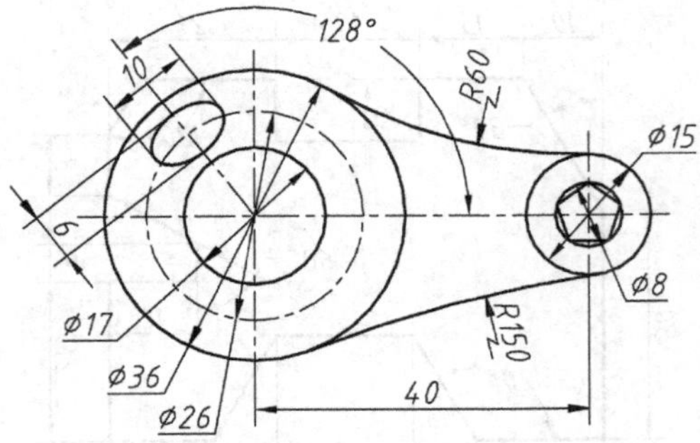

图 2-83　练习 2-10 图

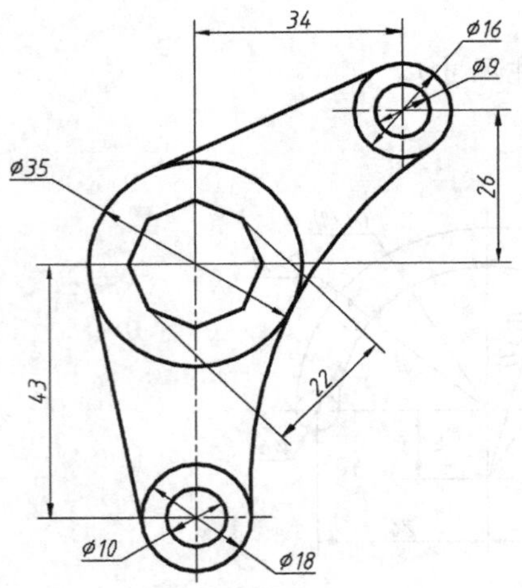

图 2-84　练习 2-11 图

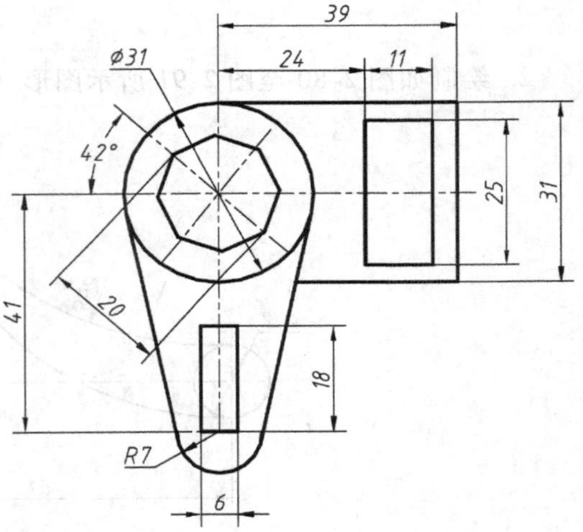

图 2-85　练习 2-12 图

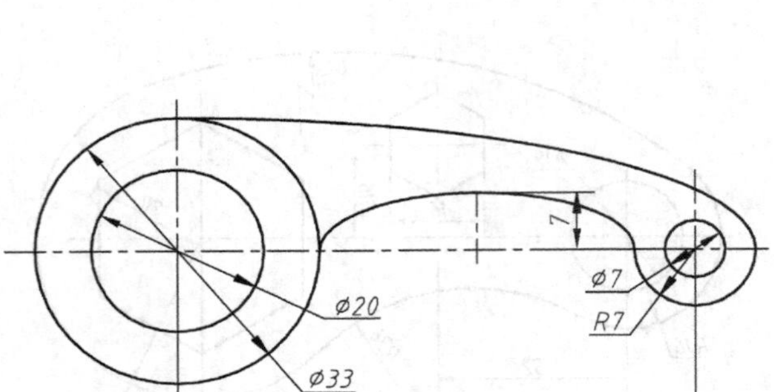

图 2-86　练习 2-13 图

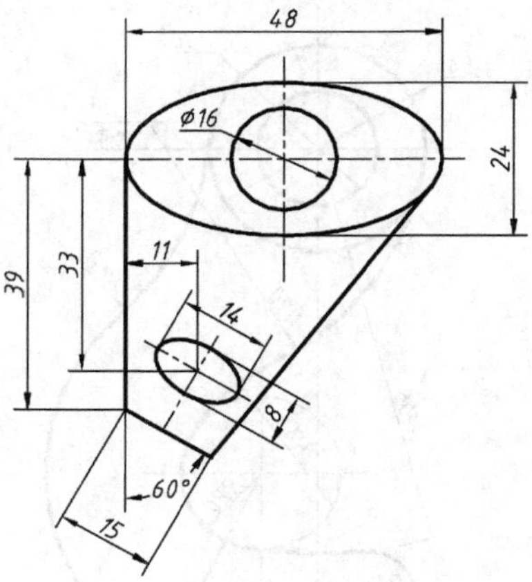

图 2-87　练习 2-14 图

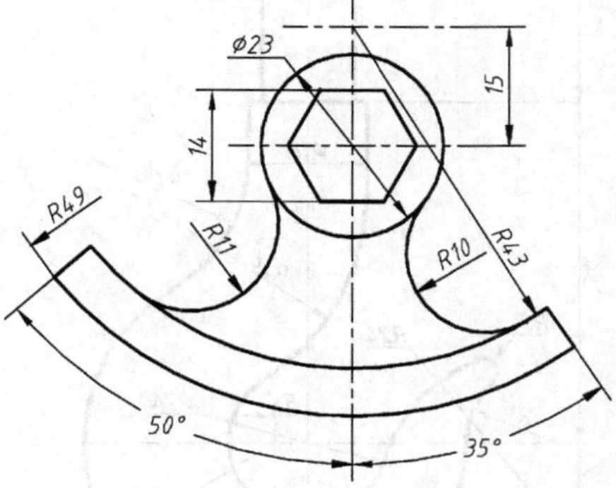

图 2-88　练习 2-15 图

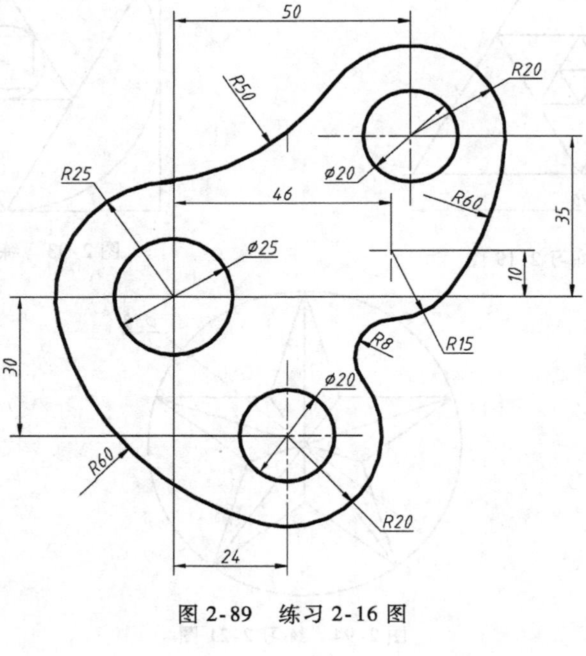

图 2-89　练习 2-16 图

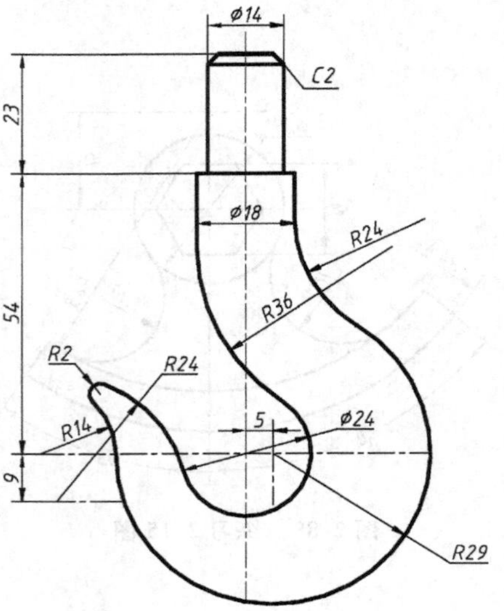

图 2-90 练习 2-17 图

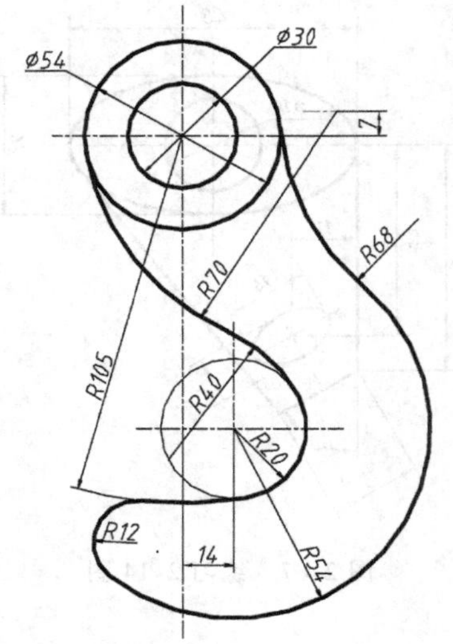

图 2-91 练习 2-18 图

3. 绘制如图 2-92 至图 2-94 所示图形（不需标注尺寸）。

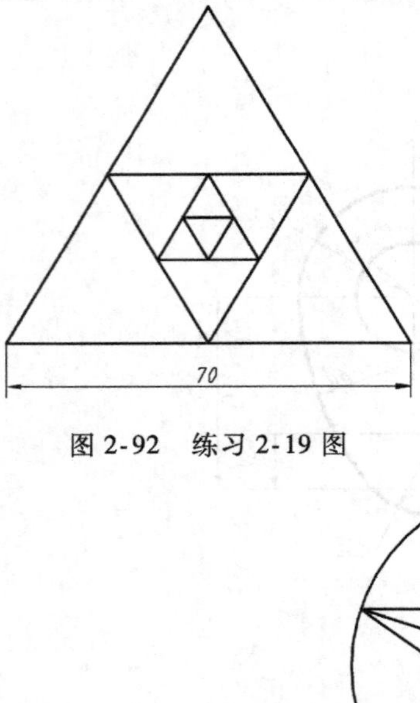

图 2-92 练习 2-19 图

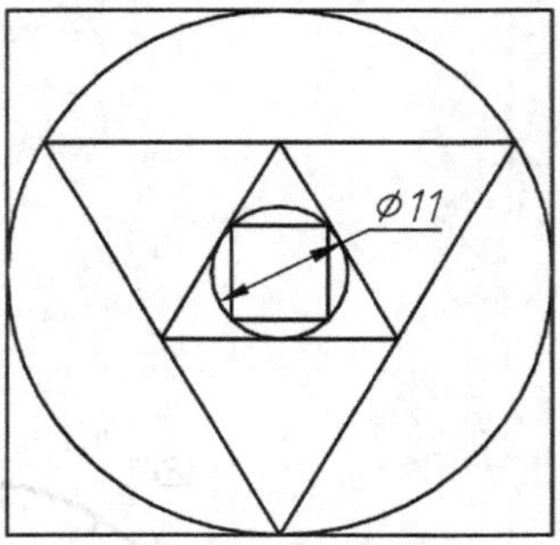

图 2-93 练习 2-20 图

图 2-94 练习 2-21 图

模块三　复杂二维图形的绘制

知识目标

1. 掌握绘制圆弧的方法。
2. 掌握创建定数等分点、定距等分点及修改点样式的方法。
3. 掌握阵列、复制、合并、比例缩放等编辑命令的应用。
4. 掌握移动、延伸、镜像、倒角、拉长等编辑命令的应用。
5. 掌握旋转、对齐、拉伸等编辑命令的应用。
6. 掌握夹点的编辑操作。
7. 掌握创建面域的方法并能对面域进行布尔运算。

能力目标

1. 能使用各种绘图和编辑命令绘制较复杂的二维图形。
2. 能根据图形特点灵活应用各种方法，快速高效地绘制图形。

任务一　圆弧的绘制

操作实例（图 3-1）

本例介绍如图 3-1 所示图形的绘制方法和步骤，主要涉及“点”、“圆弧”命令。

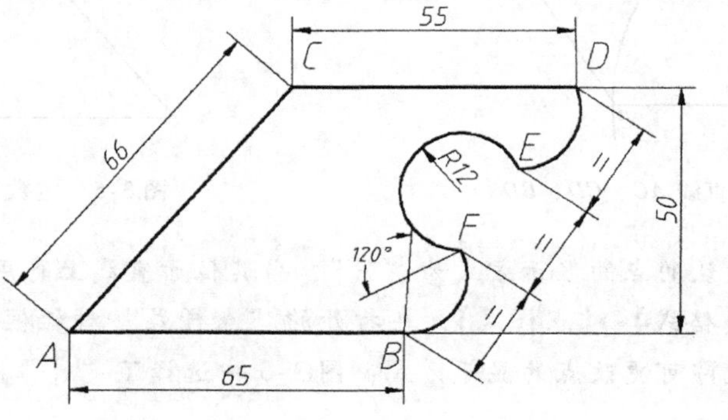

图 3-1　圆弧的绘制

绘制过程

第 1 步：设置绘图环境，操作过程略。

第 2 步：绘制直线 *AB* 并偏移。

用“直线”命令绘制水平线 *AB*，长度为 65mm；用“偏移”命令偏移复制该直线，距离为 50mm，如图 3-2 所示。

第 3 步：绘制圆，得交点 *C*。

用“圆”命令以 A 为圆心，66mm 为半径画一辅助圆，圆与偏移线相交于 C 点，如图 3-3 所示。

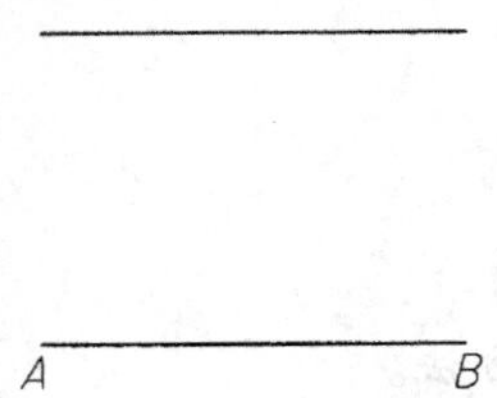

图 3-2 绘制直线 AB 并偏移

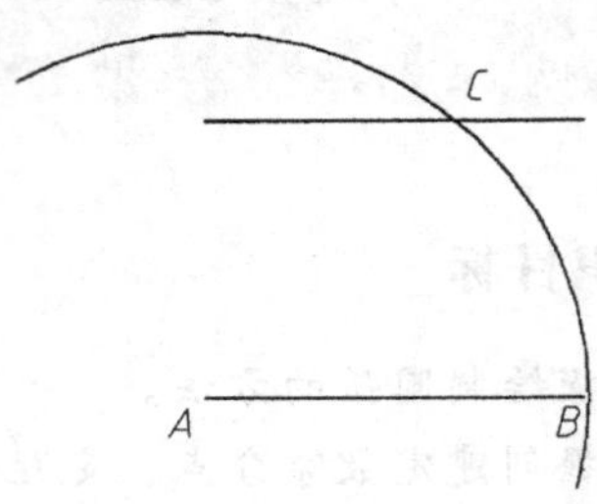

图 3-3 绘制圆，得交点 C

第 4 步：绘制直线 AC、CD、BD。

用“直线”命令绘制直线 AC、CD、BD，如图 3-4 所示，绘制完成后删除、修剪多余线条。

第 5 步：定数等分直线 BD。

采用“点”命令，定数等分直线，等分数量为 3，如图 3-5 所示。

单击【绘图】→【点】→【定数等分】，操作步骤如下：

```
命令：_divide                          // 启动“定数等分”命令
选择要定数等分的对象：                   // 选择直线 BD
输入线段数目或［块(B)］：3↙             // 输入等分数目
```

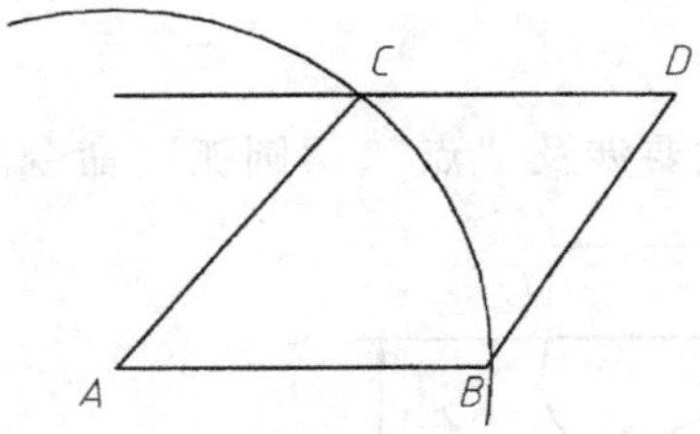

图 3-4 绘制直线 AC、CD、BD

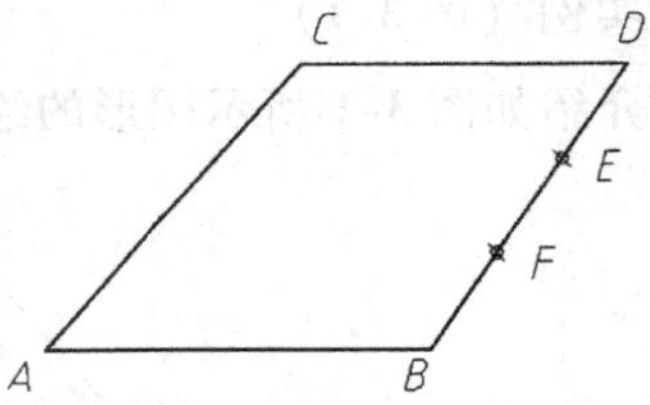

图 3-5 定数等分直线 BD

系统默认的点的显示方式为“·”，当其位于直线上时用户是看不到的，此时可单击【格式】→【点样式】，在打开的“点样式”对话框（图 3-19）中选择一种点样式即可更改点的显示方式，图 3-5 中选择了“⊕”。

第 6 步：绘制圆弧 ED。

采用“圆弧”命令中的“起点、端点、方向”方式绘制圆弧，起点为 E，端点为 D，圆弧的起点切线方向为 0°，如图 3-6 所示。

单击【绘图】→【圆弧】→【起点、端点、方向】，操作步骤如下：

```
命令：_arc 指定圆弧的起点或［圆心(C)］：              // 捕捉 E 点
指定圆弧的第二个点或［圆心(C)/端点(E)］：_e           // 系统提示
指定圆弧的端点：                                      // 捕捉 D 点
```

```
指定圆弧的圆心或［角度(A)/方向(D)/半径(R)]：_d
指定圆弧的起点切向：0                                // 指定圆弧的起点切线方向为0°
```

> 为能捕捉到等分点 *E*、*F*，需在“对象捕捉”中将“对象捕捉模式”下的“节点”选中。

第7步：绘制圆弧 *EF*。

采用“圆弧”命令中的“起点、端点、半径”方式绘制圆弧，起点为 *E*，端点为 *F*，半径为12mm（画优弧），如图3-7所示。

单击【绘图】→【圆弧】→【起点、端点、半径】，操作步骤如下：

```
命令：_arc 指定圆弧的起点或［圆心(C)]：               // 捕捉E点
指定圆弧的第二个点或［圆心(C)/端点(E)]：_e             // 系统提示
指定圆弧的端点：                                      // 捕捉F点
指定圆弧的圆心或［角度(A)/方向(D)/半径(R)]：_r         // 系统提示
指定圆弧的半径：-12                                   // 输入半径，半径为负绘优弧
```

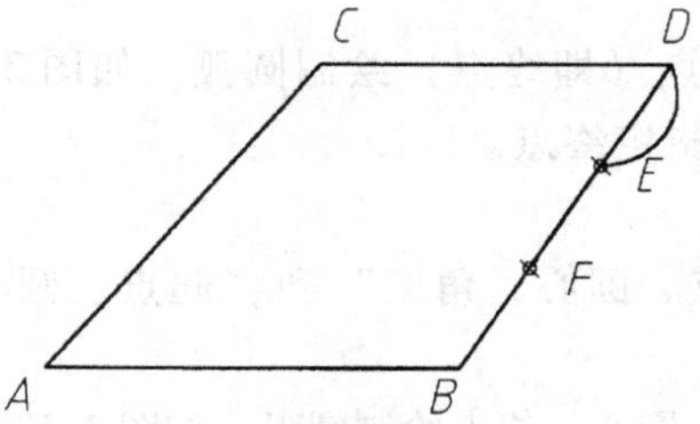

图3-6　绘制圆弧 *ED*

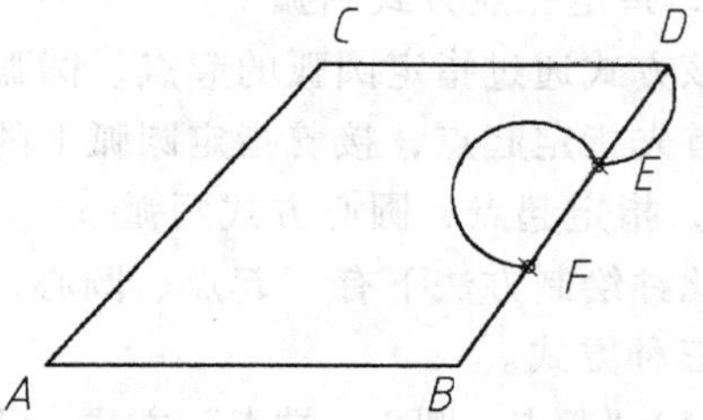

图3-7　绘制优弧 *EF*

> 采用“起点、端点、半径”方式绘制圆弧时，如半径为正，则绘制劣弧（小于半圆的弧）；如半径为负，则绘制优弧（大于半圆的弧）。

第8步：绘制圆弧 *BF*。

采用“圆弧”命令中的“起点、端点、角度”方式绘圆弧，起点为 *B*，端点为 *F*，包含角为120°，如图3-8所示。

单击【绘图】→【圆弧】→【起点、端点、角度】，操作步骤如下：

```
命令：_arc 指定圆弧的起点或［圆心(C)]：               // 捕捉B点
指定圆弧的第二个点或［圆心(C)/端点(E)]：_e             // 系统提示
指定圆弧的端点：                                      // 捕捉F点
指定圆弧的圆心或［角度(A)/方向(D)/半径(R)]：_a         // 系统提示
指定包含角：120                                       // 输入圆心角120°
```

第9步：删除多余图线及点，完成全图，如图3-9所示。

第10步：保存图形文件。

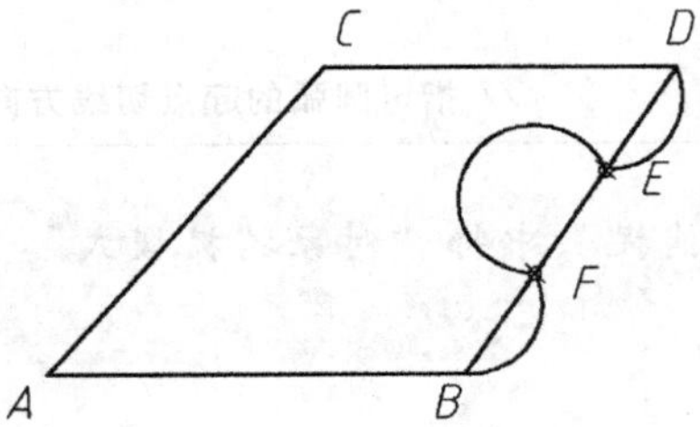

图 3-8 绘制圆弧 *BF*

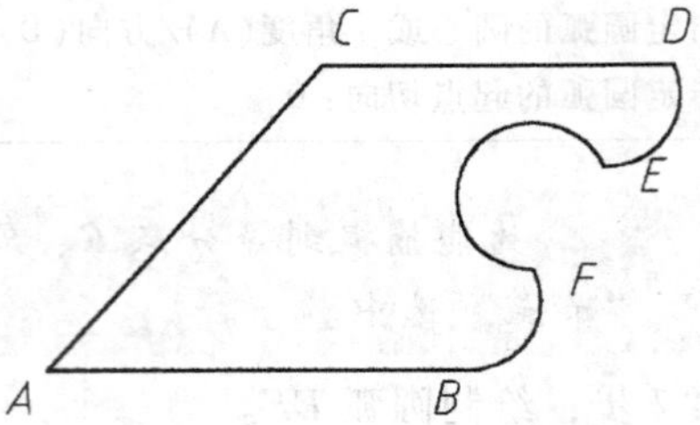

图 3-9 删除多余对象，完成全图

知识点一 圆弧的绘制

利用“圆弧”命令可以绘制圆弧。调用命令的方式如下：

- 菜单：【绘图】→【圆弧】
- 工具栏：〖绘图〗→〖圆弧〗
- 键盘命令：ARC 或 A

绘制圆弧时，通过选择不同的选项能组合成 11 种不同的绘制方式，当然也可以直接在如图 3-10 所示的菜单中选择命令来绘制圆弧。

1. 指定三点方式画弧

该方式通过指定圆弧的起点、圆弧上的一点、端点（即终点）绘制圆弧。如图 3-11 所示，首先指定起点，接着指定圆弧上的第二点，最后指定终点。

2. 指定起点、圆心方式画弧

此种绘制方法下有“起点、圆心、端点”、“起点、圆心、角度”和“起点、圆心、长度”三种方式。

(1)“起点、圆心、端点”方式：已知圆弧的起点、圆心、终点绘制圆弧，如图 3-12 所示。

图 3-10 “圆弧”子菜单

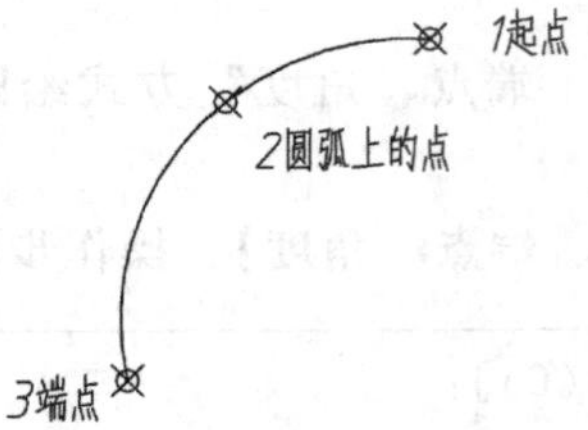

图 3-11 三点方式画弧

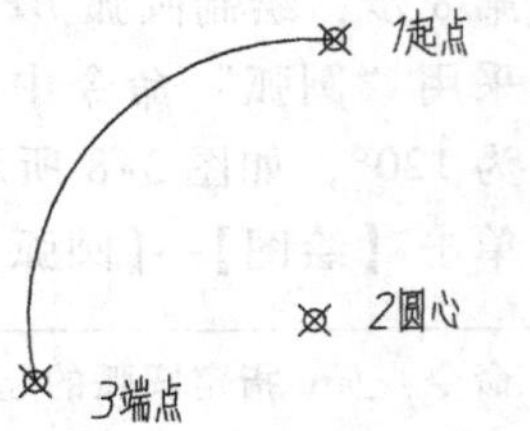

图 3-12 起点、圆心、端点方式画弧

> 在 AutoCAD 中绘制圆弧时，总是从起点开始，到端点结束，沿着逆时针方向创建圆弧。

(2)“起点、圆心、角度”方式：已知圆弧的起点、圆心和圆弧所包含的圆心角绘制圆弧，如图 3-13 所示。

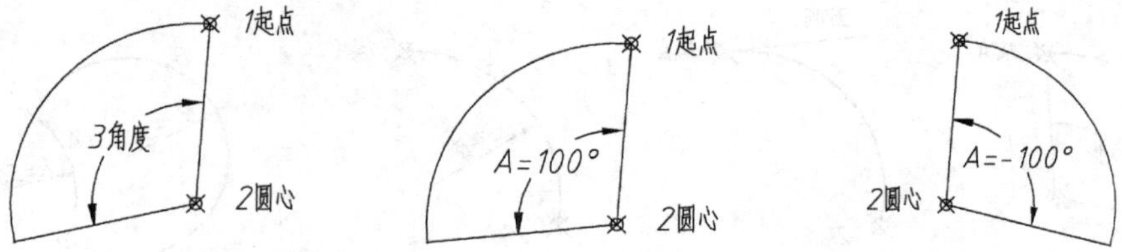

a)　　b)　　c)

图 3-13　起点、圆心、角度方式画弧

a）起点、圆心、角度　b）角度为正　c）角度为负

采用“起点、圆心、角度”方式绘制圆弧时，如角度为正，从起点开始沿逆时针创建圆弧，如图 3-13b 所示；如角度为负，则从起点开始沿顺时针创建圆弧，如图 3-13c 所示。

（3）“起点、圆心、长度”方式：已知圆弧的起点、圆心和圆弧的弦长绘制圆弧，如图 3-14 所示。

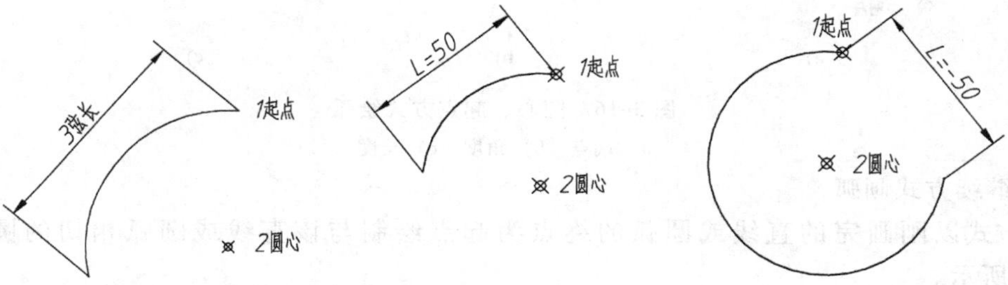

a)　　b)　　c)

图 3-14　起点、圆心、长度方式画弧

a）起点、圆心、长度　b）弦长为正（劣弧）　c）弦长为负（优弧）

采用“起点、圆心、长度”方式绘制圆弧时，如弦长为正，则绘制劣弧，如图 3-14b 所示；如弦长为负，则绘制优弧，如图 3-14c 所示。

3. 指定起点、端点方式画弧

此种绘制方法下有“起点、端点、角度”、“起点、端点、方向”和“起点、端点、半径”三种方式。

（1）“起点、端点、角度”方式：已知圆弧的起点、终点和圆弧所包含的圆心角绘制圆弧，如图 3-15a 所示。

（2）“起点、端点、方向”方式：已知圆弧的起点、终点和圆弧起点的切线方向绘制圆弧，如图 3-15b 所示。

（3）“起点、端点、半径”方式：已知圆弧的起点、终点和圆弧的半径绘制圆弧，如图 3-15c 所示。绘优弧还是劣弧由半径的正负决定，如图 3-15d 所示。

4. 指定圆心、起点方式画弧

此种绘制方法下有“圆心、起点、端点”、“圆心、起点、角度”和“圆心、起点、长度”三种方式，如图 3-16 所示。

指定圆心、起点方式画弧与前述画弧方法大致相同，在此不再赘述。

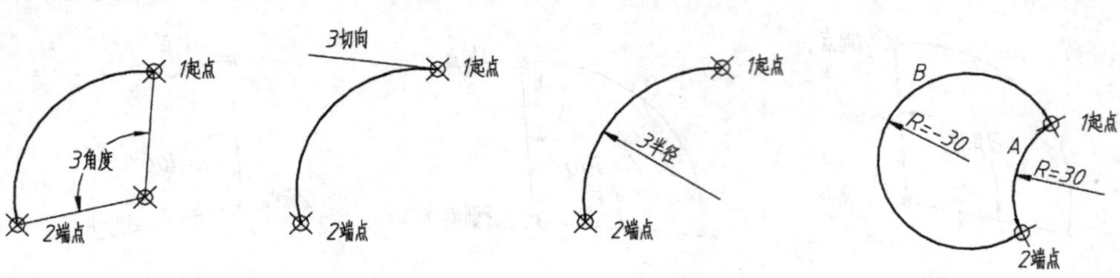

a) b) c) d)

图 3-15 起点、端点方式画弧

a）角度 b）起点切向 c）半径 d）半径为正绘劣弧、为负绘优弧

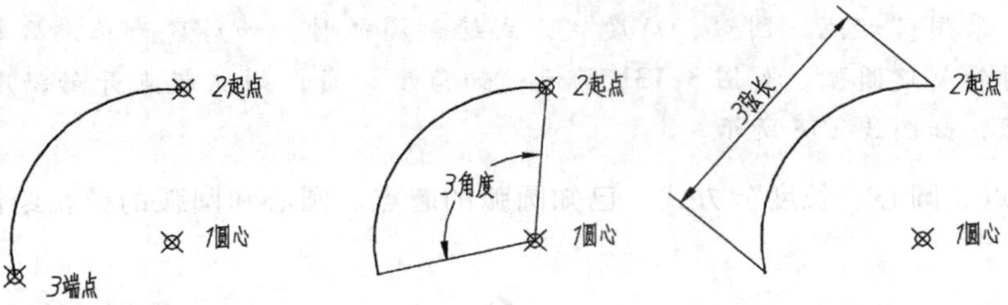

a) b) c)

图 3-16 圆心、起点方式绘弧

a）端点 b）角度 c）长度

5. 继续方式画弧

该方式以刚画完的直线或圆弧的终点为起点绘制与该直线或圆弧相切的圆弧，如图 3-17 所示。

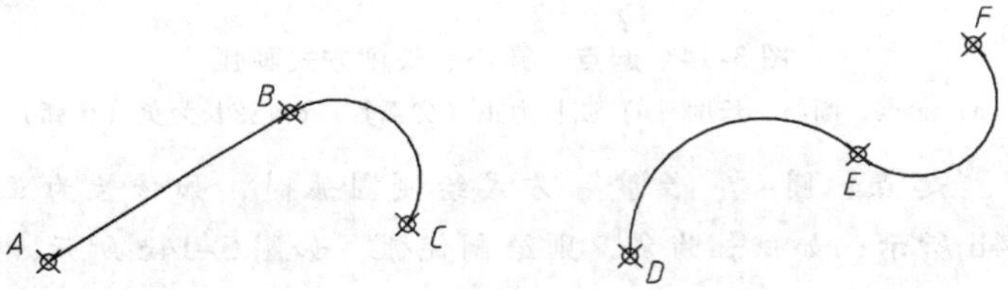

图 3-17 继续方式画弧

例 3-1 采用简化画法绘制如图 3-18a 所示两正交圆柱的相贯线。

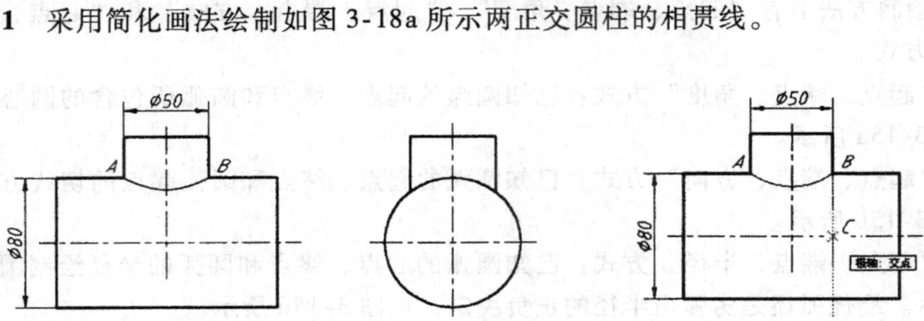

a) b)

图 3-18 采用简化画法绘制两正交圆柱的相贯线

a）直接输入半径 b）极轴追踪方式指定半径

单击【绘图】→【圆弧】→【起点、端点、半径】，操作步骤如下：

命令：_arc 指定圆弧的起点或［圆心(C)］：	// 捕捉 *A* 点
指定圆弧的第二个点或［圆心(C)/端点(E)］：_e	// 系统提示
指定圆弧的端点：	// 捕捉 *B* 点
指定圆弧的圆心或［角度(A)/方向(D)/半径(R)］：_r	// 系统提示
指定圆弧的半径：40↙	// 输入半径

> 绘制上图中的相贯线时，在选择了点 *A*、点 *B* 后，利用“极轴追踪”和“对象捕捉”功能，用点选方式选择点 *C*（即以“极轴追踪”方式指定点 *B*、点 *C* 间距离为半径）能提高绘图速度，如图 3-18b 所示。

知识点二　点的绘制

1. 设置点样式

在 AutoCAD 中可根据需要设置点的形状和大小，即设置点样式。调用命令的方式如下：

- 菜单命令：【格式】→【点样式】
- 键盘命令：DDPTYPE

启动命令后，弹出如图 3-19 所示的“点样式”对话框。在该对话框中，共有 20 种不同类型的点样式，用户可根据需要选择点的类型，设定点的大小。

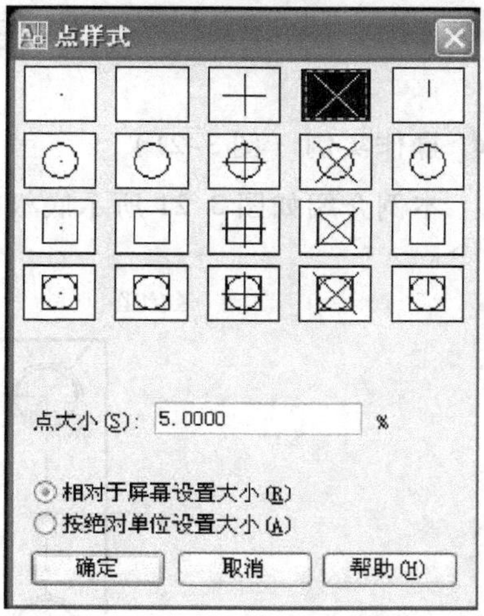

图 3-19　“点样式”对话框

2. 画点

利用画点命令可以在指定位置绘制一个或多个点。调用命令的方式如下：

- 菜单命令：【绘图】→【点】→【单点】或【多点】
- 工具栏：〖绘图〗→〖点〗
- 键盘命令：POINT 或 PO

3. 定数等分对象（绘制等分点）

“定数等分”命令可用于将选定的对象等分成指定的段数。调用命令的方式如下：

- 菜单命令：【绘图】→【点】→【定数等分】
- 键盘命令：DIVIDE 或 DIV

在上述操作实例中将直线 *BD* 等分为 3 段就用到了定数等分方法。

4. 定距等分对象（绘制等距点）

“定距等分”命令可用于将选定的对象按指定距离进行等分，直到余下部分不足一个间距为止。调用命令的方式如下：

- 菜单命令：【绘图】→【点】→【定距等分】
- 键盘命令：MEASURE 或 ME

例 3-2　在已知直线上每 20mm 设置一个点，如图 3-20 所示。

单击【绘图】→【点】→【定距等分】，操作步骤如下：

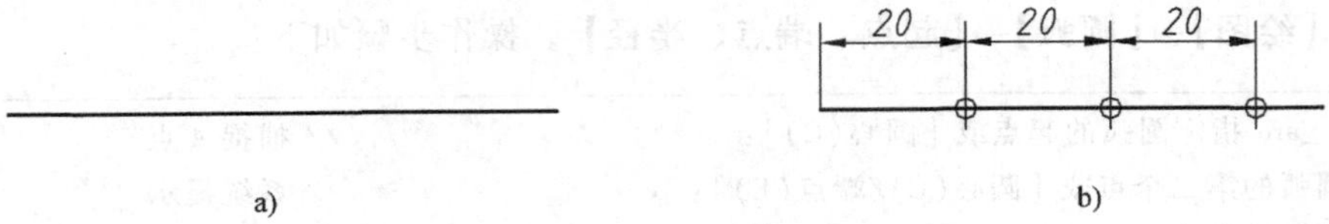

图 3-20 定距等分直线
a）原图 b）等分后

命令：_measure	// 启动"定距等分"命令
选择要定距等分的对象：	// 选择直线
指定线段长度或 [块 b]：20↙	// 输入等分距离

任务二 底板的绘制

操作实例（图 3-21）

本例介绍如图 3-21 所示底板的绘制方法和步骤，主要涉及“复制”、“缩放”、“阵列”命令。

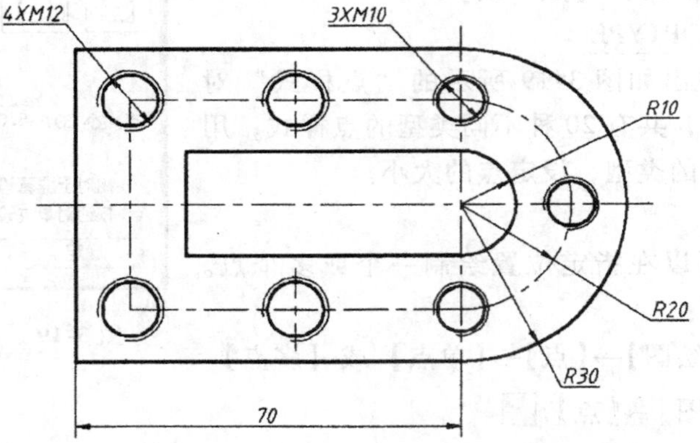

图 3-21 底板

绘制过程

第 1 步：设置绘图环境，操作过程略。

第 2 步：在“点画线”图层绘制中心线及 60mm × 40mm 的矩形和 R20mm 的圆，修剪后如图 3-22 所示。

第 3 步：分别向两个方向偏移矩形和圆弧，偏移距离 10mm，如图 3-23 所示。

第 4 步：采用变换图层的方法将偏移后的图线修改为粗实线，如图 3-24 所示。选中偏移后的图线，单击“图层”工具栏中的图层下拉列表，再点选要变换的图层即可，如图 3-25所示。

第 5 步：绘制 M10 的螺纹孔。

（1）绘制 ϕ10mm、ϕ8.5mm 的两个同心圆（螺纹的简化画法中小径按大径的 0.85 倍绘制），如图 3-26 所示。

（2）用“打断”命令在点 1、点 2 之间打断螺纹的大径，如图 3-27 所示。

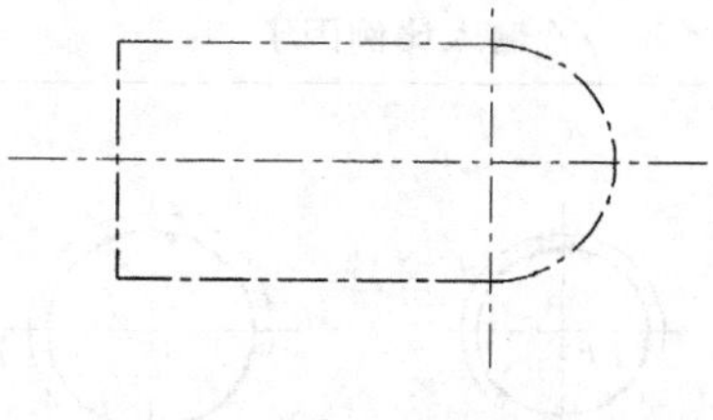

图 3-22　绘矩形和 R20mm 的圆，并修剪

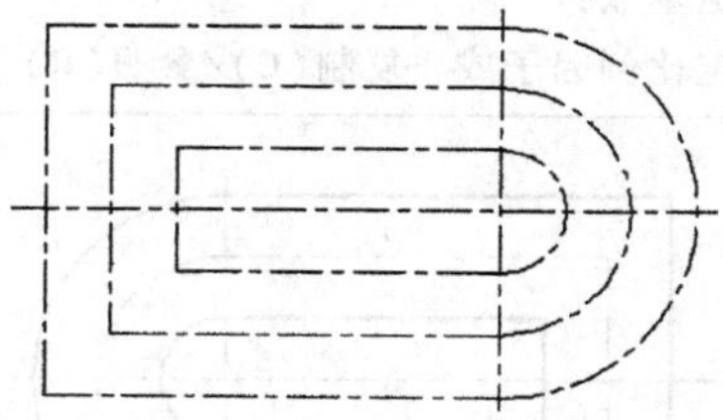

图 3-23　偏移矩形和圆弧

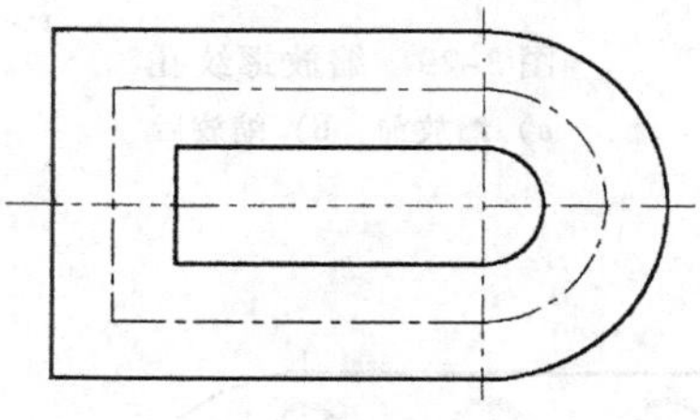

图 3-24　将偏移后的图线修改为粗实线

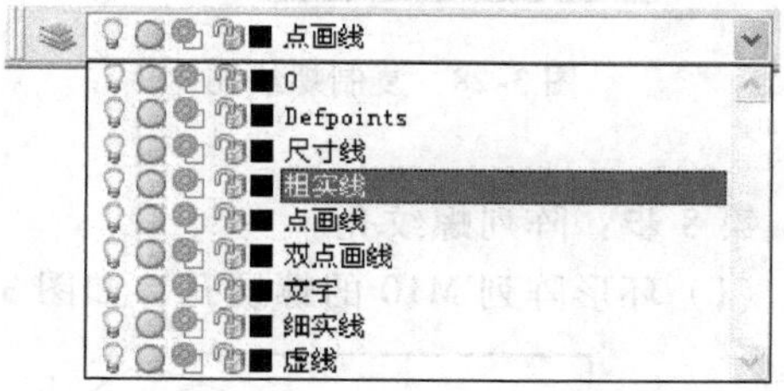

图 3-25　图层下拉列表

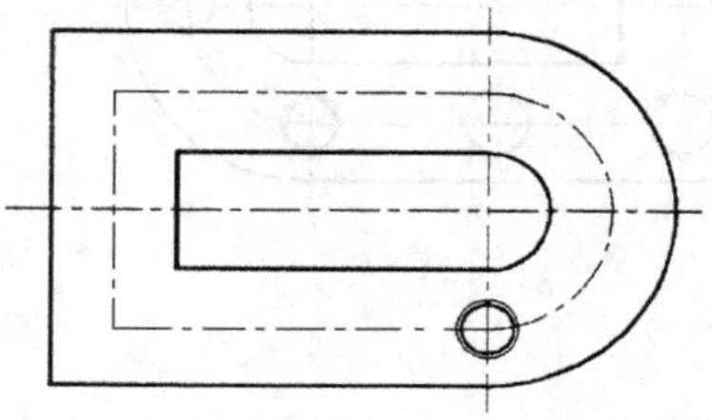

图 3-26　绘制 M10 的螺纹孔

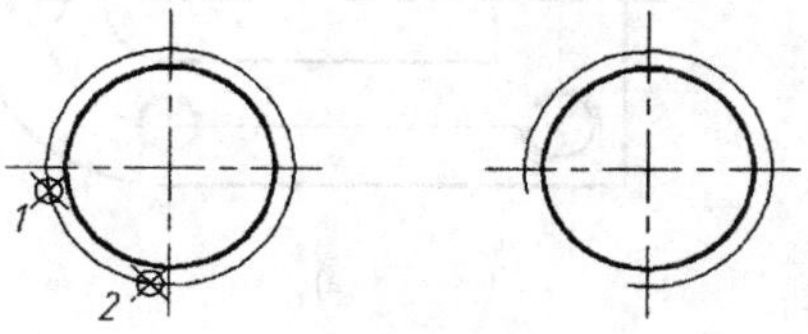

a)　　b)

图 3-27　打断螺纹孔大径

a）打断前　b）打断后

第 6 步：用“复制”命令复制螺纹孔，如图 3-28 所示。

单击〖修改〗→〖复制〗，操作步骤如下：

命令：_copy	// 启动“复制”命令
选择对象：指定对角点：找到 2 个	// 选择 M10 的螺纹孔
选择对象：↙	// 回车，结束选择
当前设置：复制模式 = 多个	// 系统提示
指定基点或［位移(D)/模式(O)］<位移>：	// 捕捉 M10 螺纹孔的圆心 A
指定第二个点或 <使用第一个点作为位移>：	// 捕捉点 B
指定第二个点或［退出(E)/放弃(U)］<退出>：↙	// 结束命令

第 7 步：用“缩放”命令放大螺纹孔，缩放比例 1.2（即由原 M10 放大到 M12），如图 3-29 所示。

单击〖修改〗→〖缩放〗，操作步骤如下：

命令：_scale	// 启动“缩放”命令
选择对象：找到 2 个	// 选择左下角 M10 的螺纹孔

选择对象：↙ // 回车，结束对象选择
指定基点： // 捕捉 B 点作为缩放中心
指定比例因子或［复制(C)/参照(R)］<0.5000>：1.2↙ // 输入比例因子

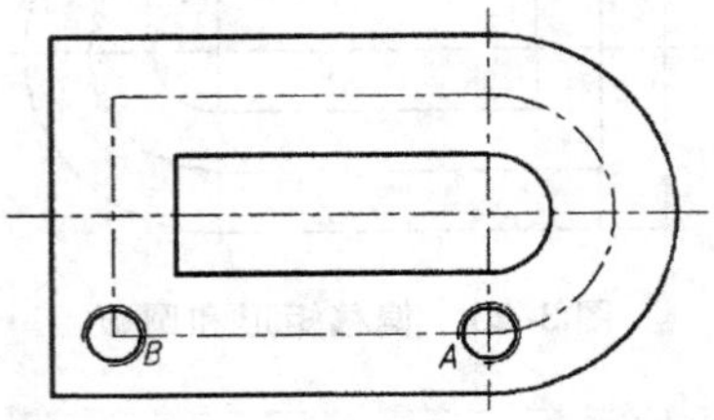

图 3-28 复制螺纹孔

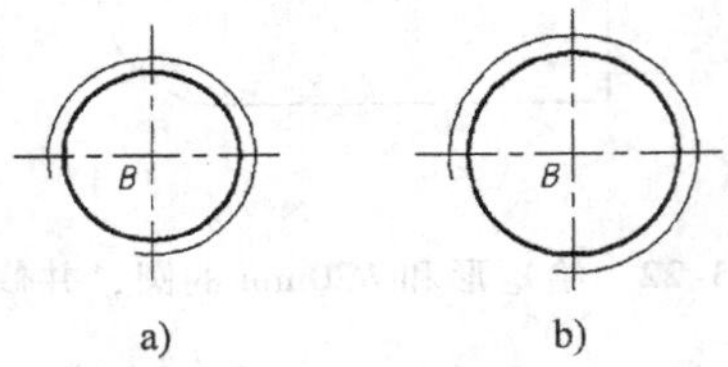

图 3-29 缩放螺纹孔
a）缩放前 b）缩放后

第 8 步：阵列螺纹孔。

（1）环形阵列 M10 的螺纹孔，如图 3-30a 所示。

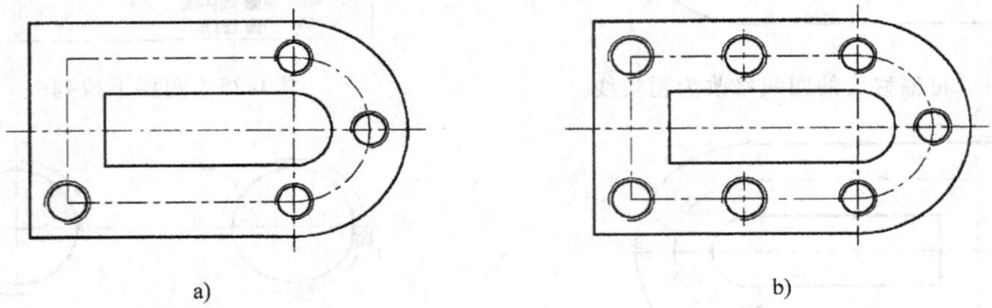

图 3-30 阵列
a）环形阵列后 b）矩形阵列后

环形阵列中心点为 $R30$mm 圆的圆心，数量为 3 个，填充角度 180°，参数设置如图 3-31 所示。操作步骤如下：

① 单击〖修改〗→〖阵列〗，弹出“阵列”对话框，选中“环形阵列”单选框。

② 单击“选择对象（S）”按钮，返回到绘图区，拾取 M10 螺纹孔，回车。

③ 单击“拾取中心点”按钮，返回到绘图区，拾取 $R30$mm 圆的圆心为阵列中心点。

④ 在“方法”列表下选择“项目总数和填充角度”，“项目总数”后输入“3”，“填充角度”后输入“180”。

⑤ 不勾选“复制时旋转项目”，即阵列时不旋转螺纹孔，单击［确定］。

（2）矩形阵列 M12 螺纹孔，如图 3-30b 所示。

选择 M12 螺纹孔后，单击〖修改〗→〖阵列〗，弹出“阵列”对话框，选中“矩形阵列”单选框，如图 3-32 所示，设置各参数，单击［确定］即可完成全图。

第 9 步：保存图形文件。

知识点一 复制对象

“复制”命令可以将选中的对象复制一个或多个到指定的位置。调用命令的方式如下：

- 菜单命令：【修改】→【复制】
- 工具栏：〖修改〗→〖复制〗

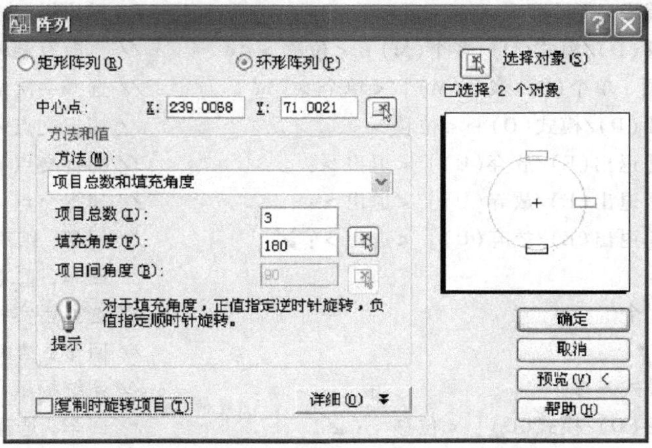

图 3-31　环形阵列参数设置

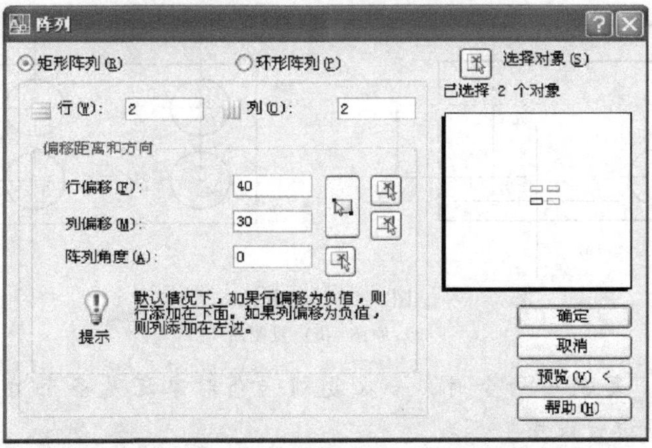

图 3-32　矩形阵列参数设置

● 键盘命令：COPY、CO 或 CP

复制对象有两种方式，一种是指定两点方式，一种是指定位移方式。

1. 指定两点复制对象

该种方式是先指定基点，随后指定第二点，以输入的两个点来确定复制的方向和距离。

2. 指定位移复制对象

该种方式是直接输入被复制对象的位移（即相对距离）。此时输入的坐标值可直接使用绝对坐标的形式，无需像通常情况下那样包含“@”标记，因为系统在此情况下默认为相对坐标形式。

例 3-3　利用“复制”命令指定两点的方式将圆从点 *A* 复制到点 *B*、点 *D*，用指定位移的方式将圆从点 *A* 复制到点 *C*，如图 3-33 所示。

单击〖修改〗→〖复制〗，操作步骤如下：

命令：_copy	// 启动“复制”命令
选择对象：找到 1 个	// 选择粗实线圆 *A*
选择对象：	// 回车，结束对象选择

```
当前设置：复制模式 = 单个                                   // 系统提示
指定基点或 [位移(D)/模式(O)/多个(M)] <位移>：o               // 更改复制模式
输入复制模式选项 [单个(S)/多个(M)] <单个>：m                 // 选择一次复制多个模式
指定基点或 [位移(D)/模式(O)] <位移>：                        // 捕捉交点 A
指定第二个点或 [退出(E)/放弃(U)] <退出>：                    // 捕捉交点 B
指定第二个点或 [退出(E)/放弃(U)] <退出>：                    // 捕捉交点 D
指定第二个点或 [退出(E)/放弃(U)] <退出>：↙                   // 回车，结束“复制”命令
命令：_copy                                                 // 回车，重复调用“复制”命令
选择对象：找到 1 个                                         // 选择粗实线圆 A
选择对象：↙                                                 // 回车，结束对象选择
当前设置：复制模式 = 多个                                   // 系统提示
指定基点或 [位移(D)/模式(O)] <位移>：↙                       // 回车，选择默认的“位移”方式
指定位移 <0.0000, 0.0000, 0.0000>：30, 14↙                   // 输入复制的距离
```

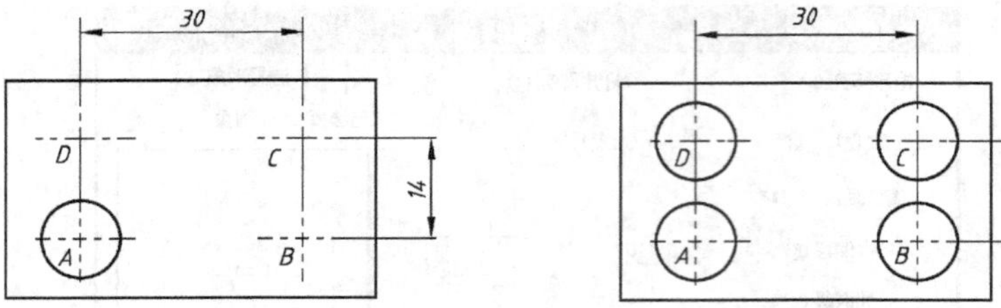

a)　　b)

图 3-33　复制孔

a）原图　b）复制后

> 执行“复制”命令时，一次复制一个对象还是多个对象，可由“模式(O)”选项进行设置。

知识点二　阵列对象

利用“阵列”命令可以将指定对象以矩形或环形排列方式进行复制，对于呈矩形或环形规律分布的相同结构，采用该命令绘制可以大大提高绘图的效率。调用命令的方式如下：

- 菜单命令：【修改】→【阵列】
- 工具栏：〖修改〗→〖阵列〗
- 键盘命令：ARRAY 或 AR

阵列对象有“环形阵列”和“矩形阵列”两种方式。

1. 环形阵列对象

环形阵列能将选定的对象绕一个中心点作圆形或扇形排列复制，如图 3-34 所示。

若要进行如图 3-34 所示正六边形的环形阵列，其项目总数和填充角度的设置如图 3-35 所示。

> 阵列时设置填充角度为正，则按逆时针方向阵列；反之，按顺时针方向阵列。阵列时选中“复制时旋转项目”，阵列时复制的对象将绕中心点旋转，如图 3-36b 所示；反之，不旋转，如图 3-36c 所示。

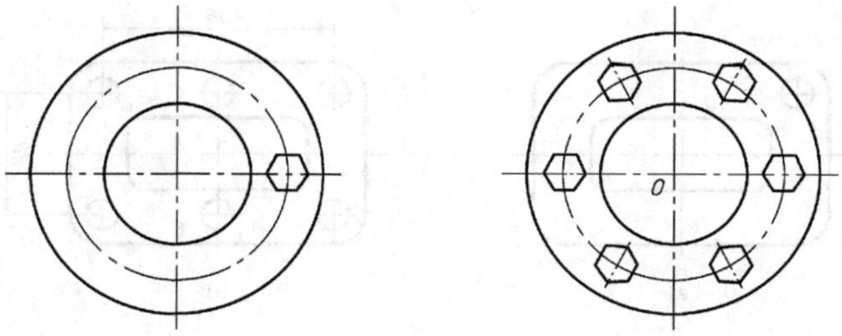

a)　　b)

图 3-34　环形阵列

a）阵列前　b）阵列后（点 O 为阵列中心点）

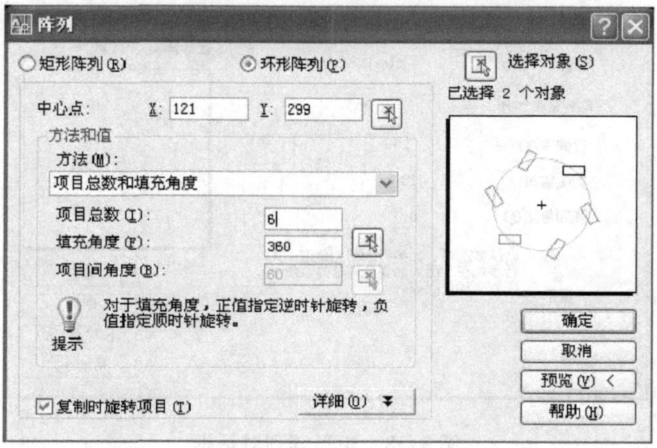

图 3-35　环形阵列对话框

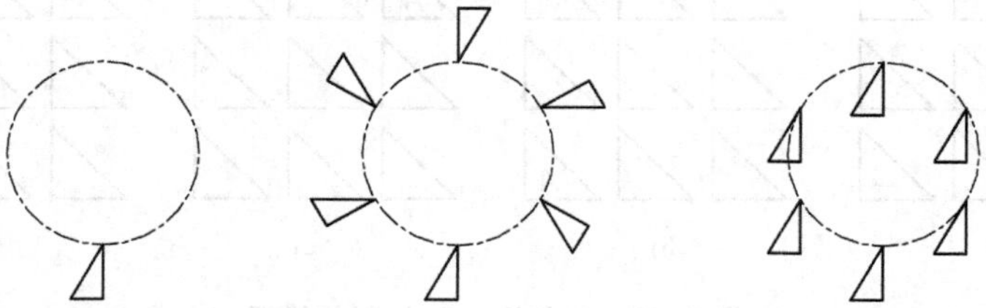

a)　　b)　　c)

图 3-36　复制时是否旋转项目的比较

a）原图　b）阵列时旋转　c）阵列时不旋转

2. 矩形阵列对象

矩形阵列能将选定的对象按指定的行数和行间距、列数和列间距作矩形排列复制，如图 3-37 所示。

若要进行如图 3-37 所示的矩形阵列，其参数设置如图 3-38 所示。

通过设置行间距、列间距值的正负可控制阵列复制对象的排列方向。如行、列间距值为正数，则阵列复制对象向上、向右排列，如图 3-39a 所示；如行、列间距值为负数，则阵列复制对象向下、向左排列，如图 3-39d 所示（图中 A 图形为源对象）。

> 在“矩形阵列”对话框中设置阵列角度，可以控制阵列对象时是否倾斜。

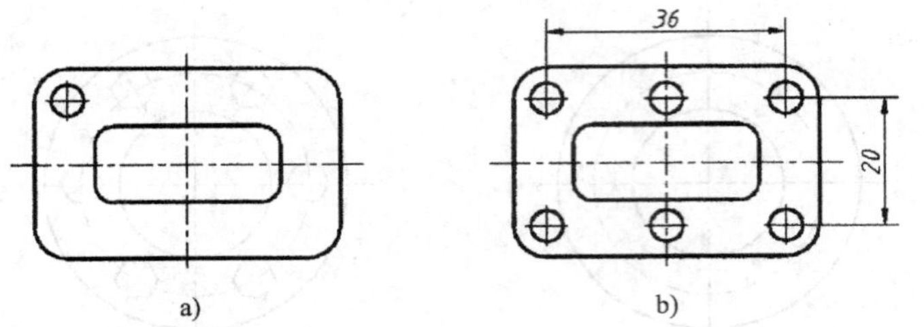

图 3-37 矩形阵列

a）阵列前 b）阵列后

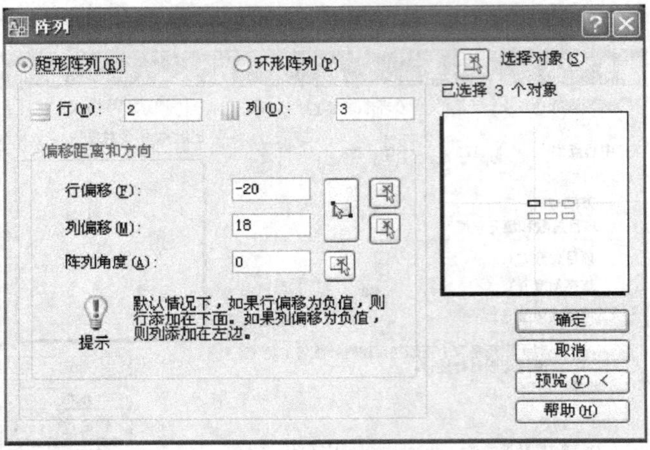

图 3-38 矩形阵列对话框

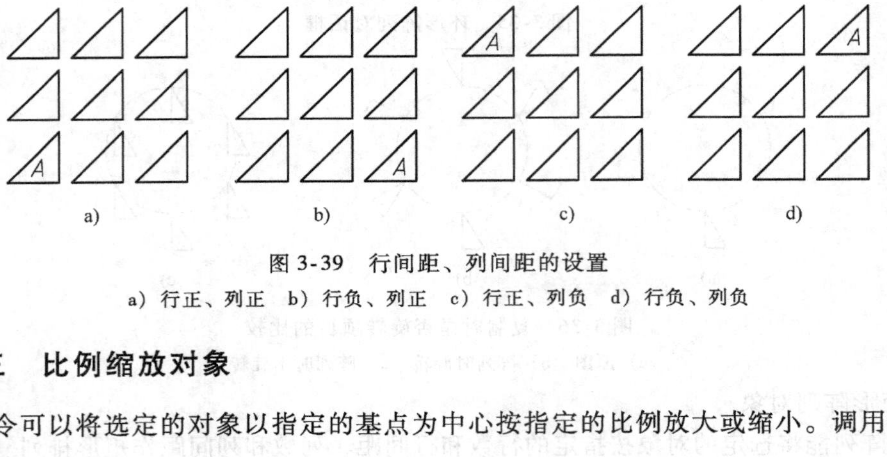

图 3-39 行间距、列间距的设置

a）行正、列正 b）行负、列正 c）行正、列负 d）行负、列负

知识点三 比例缩放对象

该命令可以将选定的对象以指定的基点为中心按指定的比例放大或缩小。调用命令的方式如下：

- 菜单命令：【修改】→【缩放】
- 工具栏：〖修改〗→〖缩放〗
- 键盘命令：SCALE 或 SC

该命令有两种缩放方式，即“指定比例因子”和“参照”方式缩放。

1. 指定比例因子缩放对象

该方式通过直接输入比例因子缩放对象，如图 3-40 所示耳板的缩放，其比例因子为 2，

缩放基点为 *B* 点（当然也可以是其他点）。

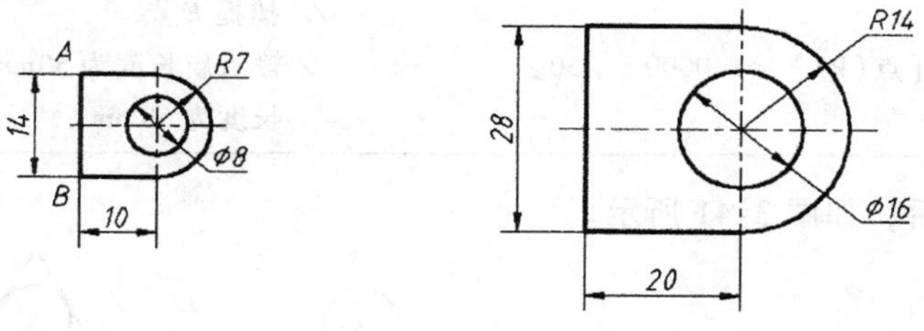

a)　　　　　b)

图 3-40　缩放图形

a）原图　b）缩放后（比例因子为 2）

比例因子大于 1，放大对象；比例因子小于 1，缩小对象。

ZOOM 和 SCALE 命令都可对图形进行缩小或放大，但两者有本质的区别，用 ZOOM 放大图形就像拿放大镜看图一样，图形的实际大小并没有改变；而 SCALE 命令则是使图形真正放大或缩小，图形的实际尺寸发生了变化。

2. 参照方式缩放对象

该方式由系统自动计算指定的新长度与参照长度的比值作为比例因子缩放所选对象。

例 3-4　绘制图 3-41 所示图形，采用参照方式缩放对象，达到尺寸要求。

分析：该图形由呈金字塔形排列的 6 个相切、等直径的圆及其外切三角形组成，整个图形只有一个关键尺寸。绘制时可先以任意尺寸画出图形的形状，再采用参照方式缩放对象，以保证尺寸 50mm。

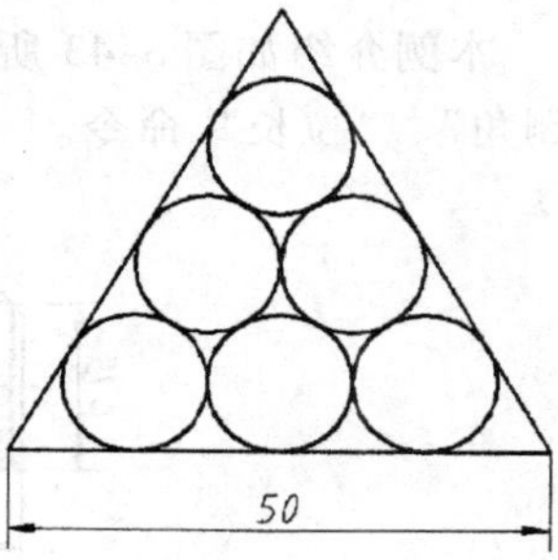

图 3-41　趣味图形

绘制过程如下：

第 1 步：绘制一个圆（直径可任意，为便于计算，本例取 10mm）并复制两个，如图 3-42a 所示。

第 2 步：复制 *A*、*B* 两圆。

选择 *A*、*B* 两圆，以圆 *A* 的圆心为基点，圆 *C* 的圆心为位移点，输入“@10 <60”进行复制，如图 3-42b 所示。

第 3 步：复制得到最上面的圆，并以相应圆的圆心为顶点绘制三角形，如图 3-42c 所示。

第 4 步：偏移三角形，偏移距离为圆的半径，如图 3-42d 所示。

第 5 步：采用参照方式缩放对象，保证尺寸 50mm。

单击〖修改〗→〖缩放〗，操作步骤如下：

命令：_ scale	// 启动“缩放”命令
选择对象：找到 8 个	// 选择整个图形
选择对象：↙	// 回车，结束对象选择
指定基点：	// 捕捉 *D* 点
指定比例因子或［复制(C)/参照(R)］ <1>：R↙	// 选择“参照”方式

指定参照长度 <1.0000>： // 捕捉 *D* 点
指定第二点： // 捕捉 *E* 点
指定新的长度或［点(P)］<1.0000>：50↙ // 输入新长度为50mm，即指定 *DE* 缩放后的长度为50mm

删除小三角形后，如图 3-41 所示。

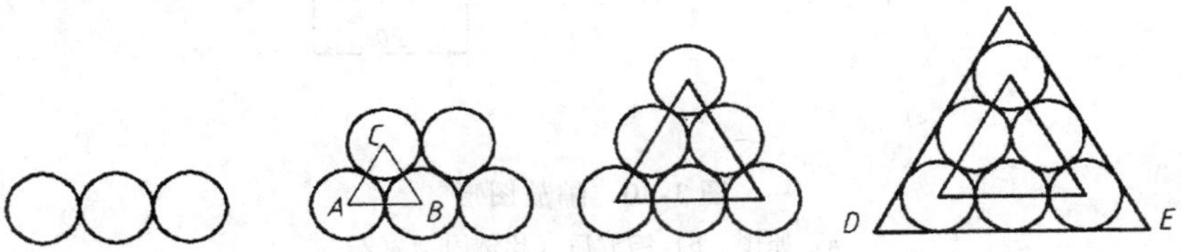

a) b) c) d)

图 3-42 趣味图形的绘制

a）绘圆并复制 b）复制 *A*、*B* 两圆 c）绘制三角形 d）偏移三角形

缩放对象时，若要保留源对象，可选择“复制（c）”选项。

任务三 手柄的绘制

操作实例（图 3-43）

本例介绍如图 3-43 所示手柄的绘制方法和步骤，主要涉及“移动”、“延伸”、“镜像”、“倒角”、“拉长”命令。

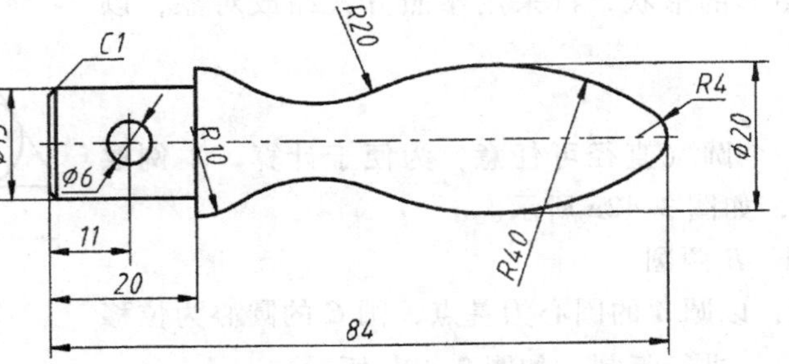

图 3-43 手柄

绘制过程

第 1 步：设置绘图环境，操作过程略。

第 2 步：绘制 20mm × 15mm 矩形，并将其分解。

第 3 步：在矩形左侧边的中点处绘制水平中心线，长度 84mm。向上偏移该直线，偏移距离为 10mm，如图 3-44 所示。

第 4 步：以点 *O* 为圆心绘制 *R*10mm 和 *R*4mm 两个同心圆，如图 3-45 所示。

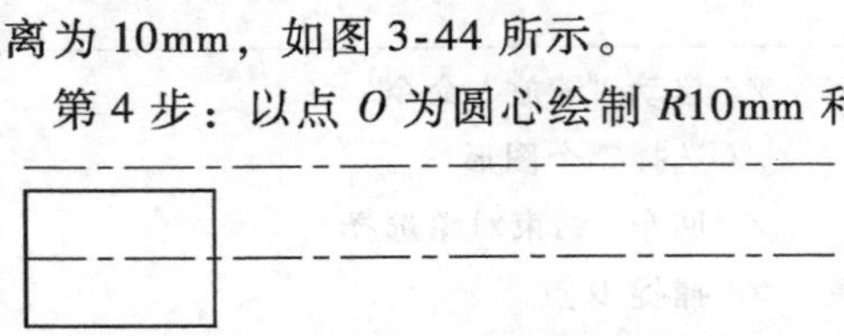

图 3-44 绘制矩形并分解，偏移中心线

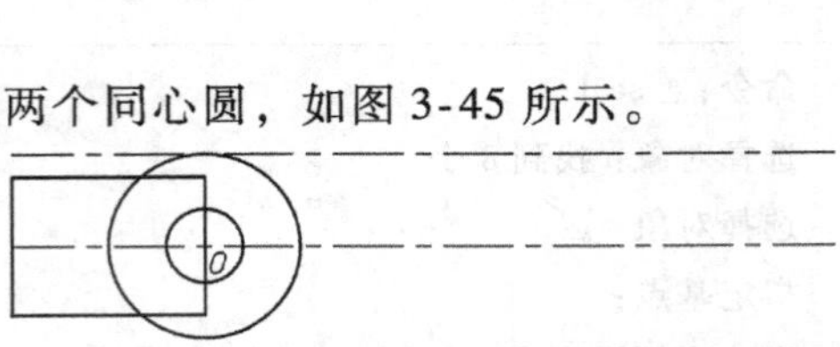

图 3-45 绘制 *R*4mm、*R*10mm 两个同心圆

第 5 步：用“移动”命令平移 $R4$mm 的圆，移动距离为 60mm，如图 3-46 所示。

单击〖修改〗→〖移动〗，操作步骤如下：

命令：_move	// 启动“移动”命令
选择对象：找到 1 个	// 选择 $R4$mm 的圆
选择对象：↙	// 回车，结束对象选择
指定基点或［位移(D)］＜位移＞：↙	// 回车，选择默认的“位移”方式
指定位移 ＜0.0000，0.0000，0.0000＞：60，0↙	// 输入移动的距离

第 6 步：用“相切、相切、半径（T）”方式绘制 $R40$mm 的圆；用圆角命令绘制 $R20$mm 的圆弧，如图 3-47 所示。

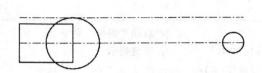

图 3-46　移动圆

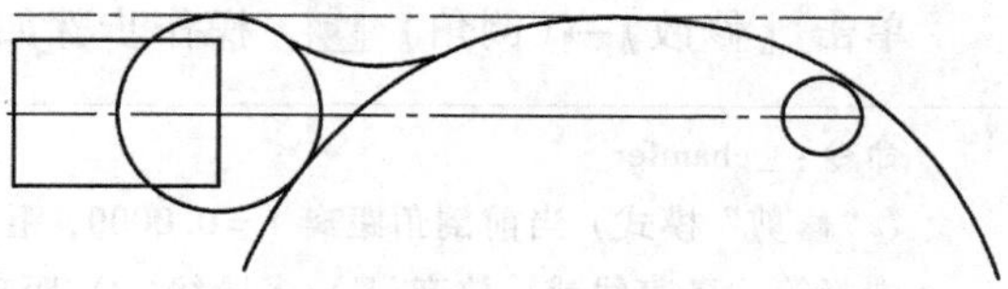

图 3-47　绘制 $R40$mm 的圆和 $R20$mm 的圆弧

第 7 步：用“延伸”命令以 $R10$mm 的圆为边界延伸矩形的右侧边 AB。

单击〖修改〗→〖延伸〗，操作步骤如下：

命令：_extend	// 启动“延伸”命令
当前设置：投影 = UCS，边 = 无	
选择边界的边 ...	// 系统提示
选择对象或 ＜全部选择＞：	// 选择 $R10$mm 的圆
找到 1 个	// 系统提示
选择对象：↙	// 结束对象选择
选择要延伸的对象，或按住 Shift 键选择要修剪的对象，或［栏选(F)/窗交(C)/投影(P)/边(E)/放弃(U)］：	// 靠近 A 点处选择直线 AB
选择要延伸的对象，或按住 Shift 键选择要修剪的对象，或［栏选(F)/窗交(C)/投影(P)/边(E)/放弃(U)］：↙	// 靠近 B 点处选择直线 AB
选择要延伸的对象，或按住 Shift 键选择要修剪的对象，或［栏选(F)/窗交(C)/投影(P)/边(E)/放弃(U)］：↙	// 回车结束“延伸”操作

修剪多余线条，如图 3-48 所示。

第 8 步：用“镜像”命令镜像复制另一半图形，如图 3-49 所示。

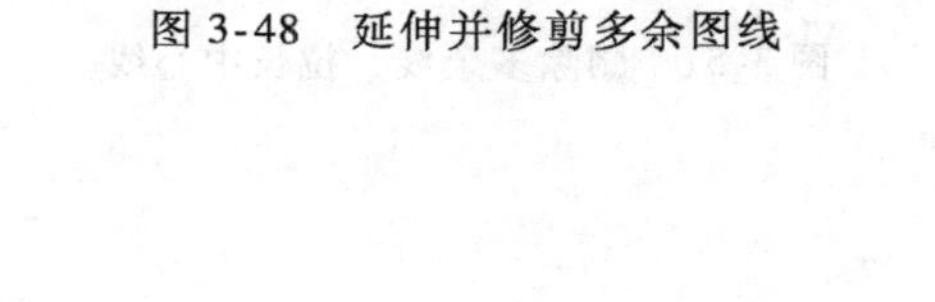

图 3-48　延伸并修剪多余图线

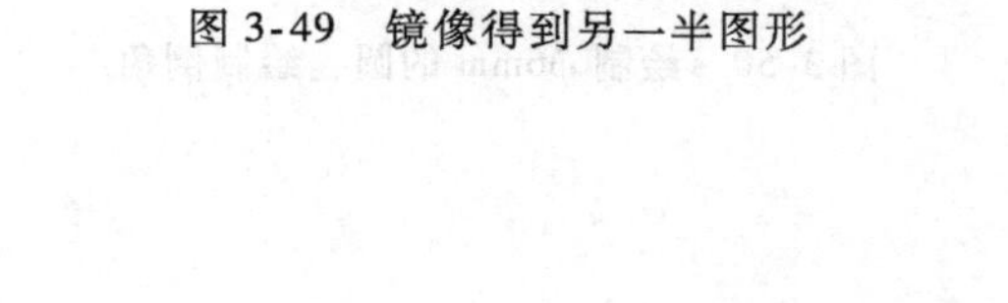

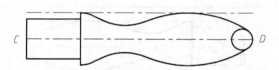

图 3-49　镜像得到另一半图形

单击〖修改〗→〖镜像〗，操作步骤如下：

命令：_mirror	// 启动“镜像”命令
选择对象：指定对角点：找到 3 个	// 用“窗口”方式选择 $R10$mm、$R20$mm、$R40$mm 的圆弧
选择对象：↙	// 回车，结束对象选择
指定镜像线的第一点：	// 捕捉端点 C
指定镜像线的第二点：	// 捕捉端点 D
要删除源对象吗？[是(Y)/否(N)] <N>：↙	// 选择”否”选项，保留源对象

第 9 步：绘制 ϕ6mm 的圆及其中心线。

第 10 步：用“倒角”绘制 $C1$ 倒角，并绘制垂直线，修剪多余图线，如图 3-50 所示。

单击〖修改〗→〖倒角〗，操作步骤如下：

命令：_chamfer	// 启动“倒角”命令
(“修剪”模式) 当前倒角距离 1 = 0.0000，距离 2 = 0.0000	// 系统提示
选择第一条直线或 [放弃(U)/多段线(P)/距离(D)/角度(A)/修剪(T)/方式(E)/多个(M)]：d↙	// 选择“距离”选项，设置倒角距离
指定第一个倒角距离 <0.0000>：1↙	// 设置第一倒角距离为 1mm
指定第二个倒角距离 <1.0000>：↙	// 回车，接受默认第二倒角距离为 1mm
选择第一条直线或 [放弃(U)/多段线(P)/距离(D)/角度(A)/修剪(T)/方式(E)/多个(M)]：	// 选择直线 1
选择第二条直线，或按住 Shift 键选择要应用角点的直线：	// 选择直线 2

采用同样方法绘制直线 2 与直线 3 之间的倒角，并绘制倒角处的垂直线。

第 11 步：删除多余线，用“拉长”命令动态调整中心线的长度完成全图，如图 3-51 所示。

单击【修改】→【拉长】，操作步骤如下：

命令：_lengthen	// 启动“拉长”命令
选择对象或 [增量(DE)/百分数(P)/全部(T)/动态(DY)]：dy↙	// 选择“动态”选项
选择要修改的对象或 [放弃(U)]：	// 拾取中心线
指定新端点：	// 向外拉中心线至适当位置后单击确定
选择要修改的对象或 [放弃(U)]：↙	// 回车，结束“拉长”命令

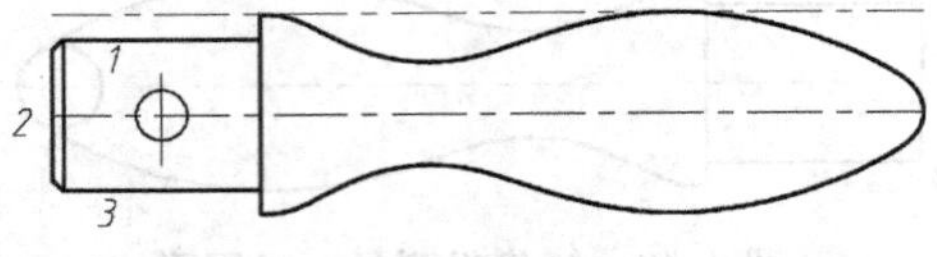

图 3-50 绘制 ϕ6mm 的圆，绘制倒角

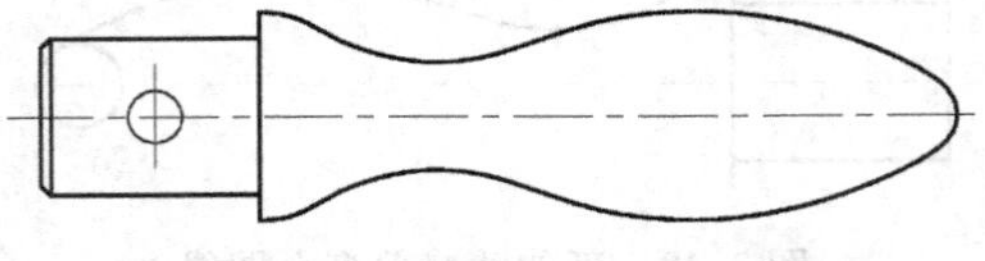

图 3-51 删除多余线，拉长中心线

第 12 步：保存图形文件。

知识点一　移动对象

“移动”命令可以将选中的对象移到指定的位置。调用命令的方式如下：

- 菜单命令：【修改】→【移动】
- 工具栏：〖修改〗→〖移动〗
- 键盘命令：MOVE 或 M

移动对象有两种方式，一种是“指定两点”方式，一种是“指定位移”方式。

1. 指定两点移动对象

该种方式先指定基点，随后指定第二点，以输入的两个点来确定移动的方向和距离。

例 3-5　利用“移动”命令的“指定两点”方式将圆从点 *A* 移动到点 *B*，如图 3-52b 所示。

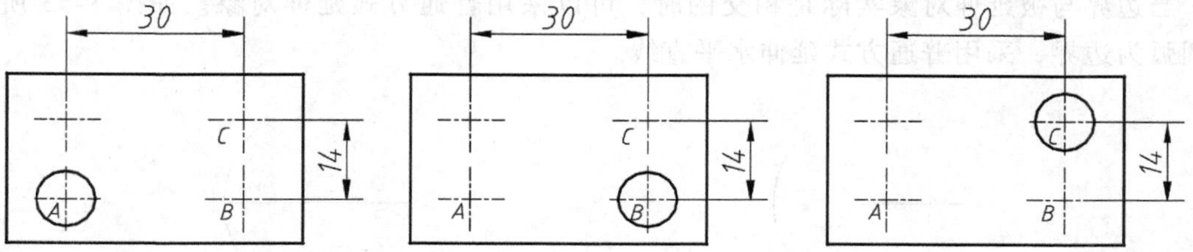

a)　　　　b)　　　　c)

图 3-52　对孔的移动
a）原图　b）指定两点方式　c）指定位移方式

单击〖修改〗→〖移动〗，操作步骤如下：

命令：_move	// 启动“移动”命令
选择对象：找到 1 个	// 选择粗实线圆 *A*
选择对象：↙	// 回车，结束对象选择
指定基点或[位移(D)] <位移>：	// 捕捉交点 *A*
指定位移的第二点或 <用第一点作位移>：↙	// 捕捉交点 *B*，回车

2. 指定位移移动对象

该种方式是直接输入被移动对象的位移（即相对距离）。此时输入的坐标值可直接使用绝对坐标的形式，无需像通常情况下那样包含“@”标记，因为系统在此时默认为相对坐标形式。

例 3-6　利用“移动”命令的指定位移方式将圆从点 *A* 移动到点 *C*，如图 3-52c 所示。

单击〖修改〗→〖移动〗，操作步骤如下：

命令：_move	// 启动“移动”命令
选择对象：找到 1 个	// 选择粗实线圆 *A*
选择对象：↙	// 回车，结束对象选择
指定基点或 [位移(D)] <位移>：↙	// 回车，选择默认的位移方式
指定位移 <0.0000，0.0000，0.0000>：30,14↙	// 输入移动的距离

> “移动”命令和“复制”命令的操作非常类似，区别只是在原位置源对象是否保留。

知识点二　延伸对象

“延伸”命令可以将指定的对象延伸到选定的边界。调用命令的方式如下：

- 菜单命令：【修改】→【延伸】
- 工具栏：〖修改〗→〖延伸〗
- 键盘命令：<u>EXTEND</u> 或 <u>EX</u>

延伸对象有两种方式，一种是普通方式延伸，一种是延伸模式延伸对象。

1. 普通方式延伸对象

当边界与被延伸对象实际是相交的时，可以采用普通方式延伸对象。如图 3-53 所示，以圆弧为边界，采用普通方式延伸水平直线。

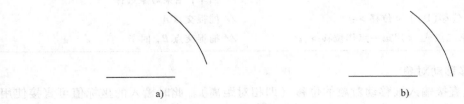

a)　　b)

图 3-53　普通方式延伸对象

a) 原图　b) 延伸后

2. 延伸模式延伸对象

如果边界与被延伸对象不相交，则可以采用延伸模式延伸对象。

例 3-7　以延伸方式延伸圆弧，如图 3-54 所示。

a)　　b)

图 3-54　延伸模式延伸对象

a) 原图　b) 延伸后

单击〖修改〗→〖延伸〗，操作步骤如下：

命令：_extend	// 启动命令
当前设置：投影 = UCS，边 = 无	
选择边界的边 ...	// 系统提示，“边 = 无”表示当前为普通延伸方式
选择对象或 <全部选择>：	// 选择水平直线
找到 1 个	// 系统提示
选择对象：↙	// 结束对象选择

选择要延伸的对象，或按住 Shift 键选择要修剪的对象，或
[栏选(F)/窗交(C)/投影(P)/边(E)/放弃(U)]：e↙　　// 选择“边”选项
输入隐含边延伸模式 [延伸(E)/不延伸(N)] <不延伸>：e↙　　// 选择“延伸”选项，即采用延伸模式延伸对象
选择要延伸的对象，或按住 Shift 键选择要修剪的对象，
或[栏选(F)/窗交(C)/投影(P)/边(E)/放弃(U)]：　　// 选择圆弧
选择要延伸的对象，或按住 Shift 键选择要修剪的对象，
或[栏选(F)/窗交(C)/投影(P)/边(E)/放弃(U)]：↙　　// 结束被延伸对象的选择

延伸对象时是否采用“延伸”模式进行延伸可由选项“边（E）”进行设置。“延伸”命令具有修剪功能，只需按住SHIFT并选择要修剪的对象就可以实现修剪。

知识点三　镜像对象

“镜像”命令可以将选中的对象沿一条指定的直线进行对称复制，源对象可删除也可以不删除，如图 3-55 所示。调用命令的方式如下：

- 菜单命令：【修改】→【镜像】
- 工具栏：〖修改〗→〖镜像〗
- 键盘命令：MIRROR 或 MI

例 3-8　利用“镜像”命令以直线 *AB* 为镜像轴复制如图 3-55a 所示图形，使其变化为如图 3-55b 所示。

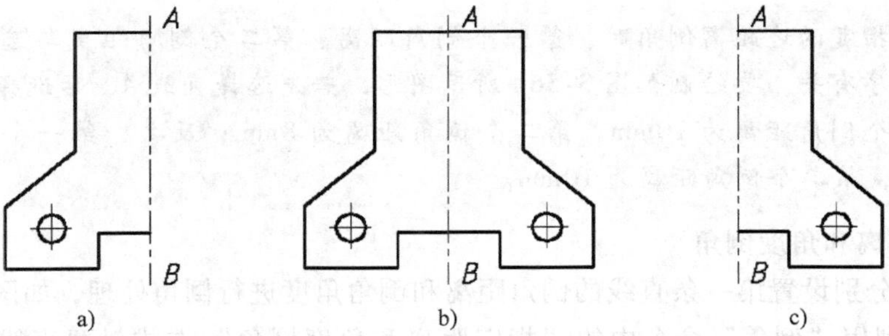

图 3-55　镜像复制对象

a）原图　b）镜像后（不删除源对象）　c）镜像后（删除源对象）

单击〖修改〗→〖镜像〗，操作如下：

命令：_mirror　　// 启动“镜像”命令
选择对象：指定对角点：找到 10 个　　// 用“窗口”方式选择左半图形
选择对象：↙　　// 回车，结束对象选择
指定镜像线的第一点：　　// 利用对象捕捉功能捕捉端点 *A*
指定镜像线的第二点：　　// 利用对象捕捉功能捕捉端点 *B*
要删除源对象吗？[是(Y)/否(N)] <N>：↙　　// 选择“否”选项，保留源对象

文字也能镜像，要防止镜像文字被反转及倒置，应设置系统变量 MIRRTEXT 为 0。

创建对称的图形对象时，采用先绘制图形的一半，然后将其镜像的方法，能大大提高绘图速度。

知识点四　倒角

利用“倒角”命令可以用一条斜线连接两不平行的直线对象。调用命令的方式如下：

- 菜单命令：【修改】→【倒角】
- 工具栏：〖修改〗→〖倒角〗
- 键盘命令：CHAMFER 或 CHA

倒角有两种方式，一种是指定两边距离倒角，一种是指定距离和角度倒角。

1. 指定两边距离倒角

此方式是分别设置两条直线的倒角距离进行倒角处理，如图 3-56b 所示。

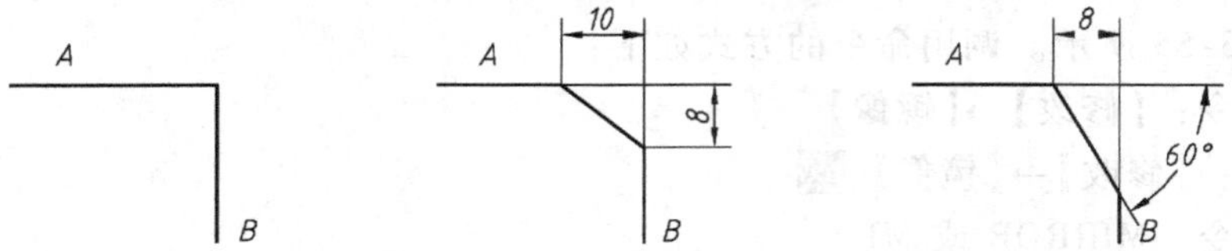

a)　　b)　　c)

图 3-56　对两直线倒角

a）原图　b）指定两边距离倒角　c）指定距离和角度倒角

指定两边距离倒角时，第一个倒角距离、第二个倒角距离与选择对象的先后次序有关。要绘制如图 3-56b 所示图形，若先选择直线 *A*，后选择直线 *B*，则第一个倒角距离为 10mm，第二个倒角距离为 8mm；反之，第一个倒角距离为 8mm，第二个倒角距离为 10mm。

2. 指定距离和角度倒角

此方式是分别设置第一条直线的倒角距离和倒角角度进行倒角处理，如图 3-56c 所示。

例 3-9　利用“倒角”命令中的“指定距离和角度倒角”方式对两直线进行倒角，如图 3-56c 所示。

单击〖修改〗→〖倒角〗，操作步骤如下：

```
命令：_chamfer                                              // 启动“倒角”命令
(“修剪”模式) 当前倒角距离 1 = 0.0000,距离 2 = 0.0000        // 系统提示
选择第一条直线或 [放弃(U)/多段线(P)/距离(D)/角度(A)/
修剪(T)/方式(E)/多个(M)]：A ↙                               // 选择“角度”选项
指定第一条直线的倒角长度 <0.0000>：8↙                       // 设置第一倒角距离为 8mm
指定第一条直线的倒角角度 <0>：60↙                           // 设置倒角角度为 60°
选择第一条直线或 [放弃(U)/多段线(P)/距离(D)/角度(A)/
```

修剪(T)/方式(E)/多个(M)]：　　// 选择直线 *A*
选择第二条直线,或按住 Shift 键选择要应用角点的直线：　　// 选择直线 *B*

"倒角" 命令有修剪和不修剪两种模式，可选择选项 "修剪 (T)" 来设置。

在对两条不平行直线作倒角操作时，如果将两个倒角距离设为 0，在 "修剪" 模式下，将修剪或延伸这两个对象至交点，如图 3-57 所示。

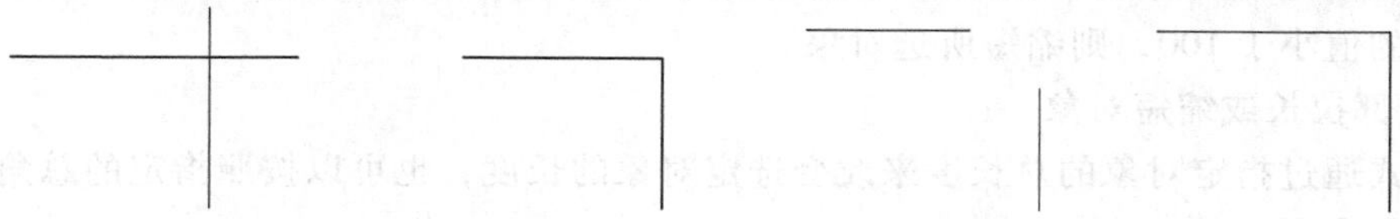

a)　b)　c)　d)

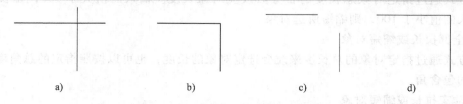

图 3-57　对两直线倒角 (倒角距离为 0)
a) 原图　b) 倒角后　c) 原图　d) 倒角后

知识点五　拉长对象

"拉长" 命令可以拉长或缩短直线、圆弧的长度。调用命令的方式如下：

- 菜单命令：【修改】→【拉长】
- 工具栏：〖修改〗→〖拉长〗 (默认情况下〖修改〗中没有此图标，用户可自己增加)
- 键盘命令：LENGTHEN 或 LEN

拉长对象有增量、百分数、全部、动态四种方式。

1. 指定增量拉长或缩短对象

此方式通过输入长度增量拉长或缩短对象。也可以通过输入角度增量拉长或缩短圆弧。输入正值为拉长，输入负值则为缩短。

例 3-10　利用 "拉长" 命令以指定增量方式拉长如图 3-58a 中圆的中心线。

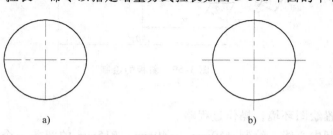

a)　b)

图 3-58　拉长圆的中心线
a) 原图　b) 拉长后

单击〖修改〗→〖拉长〗，操作步骤如下：

命令：_lengthen　　// 启动 "拉长" 命令
选择对象或 [增量(DE)/百分数(P)/全部(T)/动态(DY)]：de↙　　// 选择 "增量" 选项
输入长度增量或 [角度(A)] <0.0000>：3↙　　// 输入长度增量为 3

选择要修改的对象或［放弃(U)］: // 拾取中心线的某一端
… // 拾取两条中心线的其余三端
选择要修改的对象或［放弃(U)］:↙ // 回车，结束“拉长”命令

拉长（或缩短）直线、圆弧时，以中心点为界，拾取点所在的一侧就是改变长度的一侧。

2. 指定百分数拉长或缩短对象

此方式通过指定对象总长度的百分数改变对象长度。输入的值大于100，拉长所选对象；输入的值小于100，则缩短所选对象。

3. 全部拉长或缩短对象

此方式通过指定对象的总长度来改变选定对象的长度，也可以按照指定的总角度改变选定圆弧的包含角。

4. 动态拉长或缩短对象

此方式通过拖动选定对象的端点来改变对象长度。

任务四 斜板的绘制

操作实例（图3-59）

本例介绍如图3-59所示斜板的绘制方法和步骤，主要涉及“旋转”、“对齐”命令。

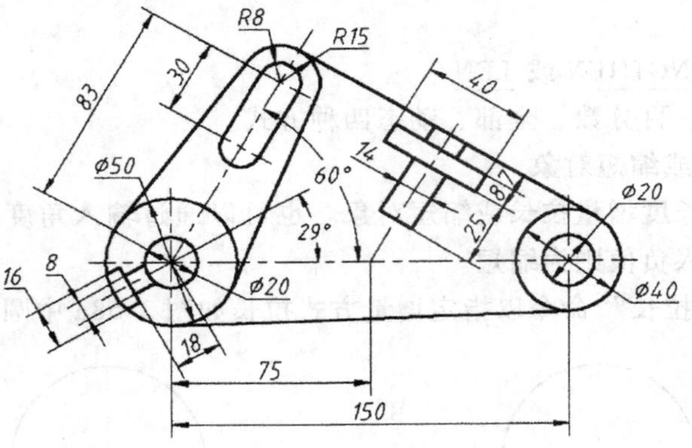

图3-59 斜板的绘制

绘制过程

第1步：设置绘图环境，操作过程略。

第2步：绘制中心线，绘制 ϕ50mm、ϕ40mm、R15mm 的圆各一个，ϕ20mm 的圆两个，如图3-60所示。

第3步：绘制切线及倾斜的中心线，如图3-61所示。

第4步：用“直线”命令配合“极轴”、“对象追踪”在 ϕ20mm 的圆的正左方绘制倾斜部分 A，如图3-62所示。

第5步：用“旋转”命令，将图形 A 旋转29°，如图3-63所示。

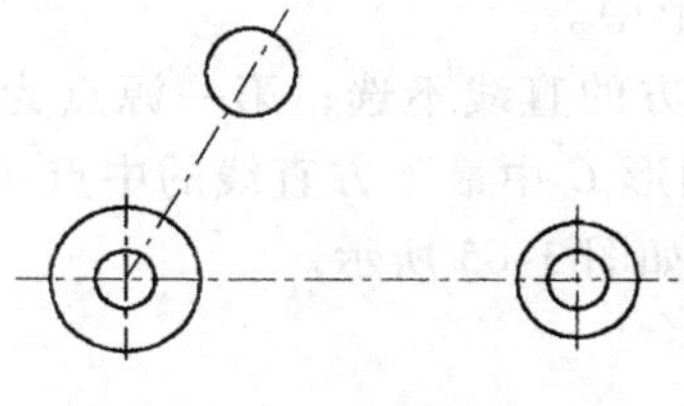

图 3-60　绘制中心线及圆

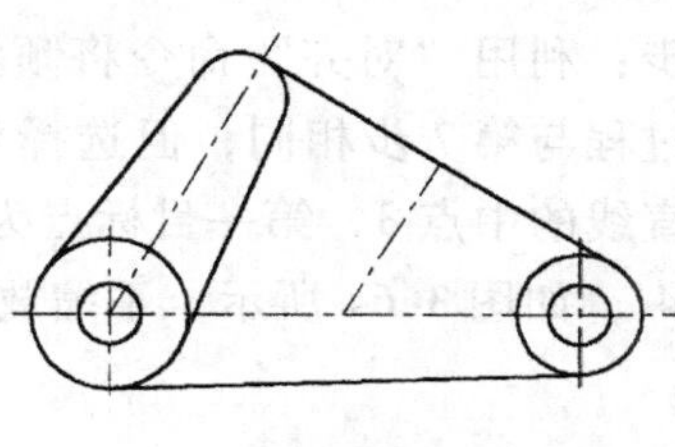

图 3-61　绘制切线及中心线

单击〖修改〗→〖旋转〗，操作步骤如下：

命令：_rotate	// 启动“旋转”命令
UCS 当前的正角方向：ANGDIR = 逆时针 ANGBASE = 0	// 系统提示
选择对象：指定对角点：找到 5 个	// 用“窗口”方式选择图形 A
选择对象：↙	// 回车，结束对象选择
指定基点：	// 捕捉 ϕ50mm 圆的圆心
指定旋转角度，或［复制(C)/参照(R)］ <70>：29↙	// 指定旋转角度

在 AutoCAD 中，默认状态下逆时针旋转角度为正值，顺时针旋转角度为负值。

第 6 步：在图形外绘制倾斜部分图形 B 和 C，如图 3-63 所示。

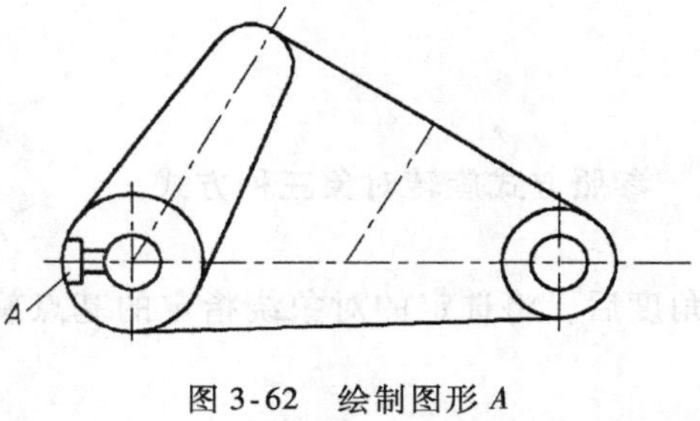

图 3-62　绘制图形 A

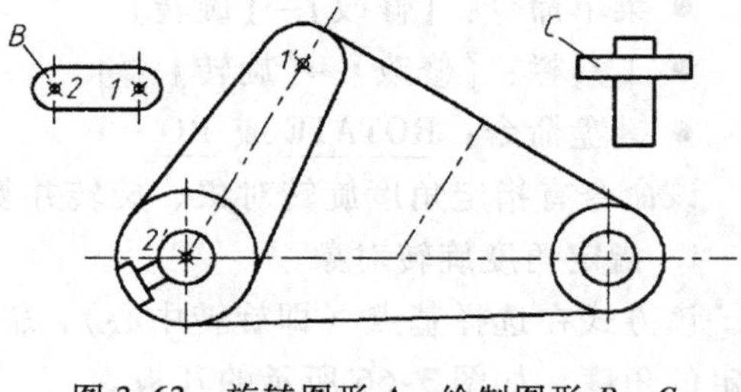

图 3-63　旋转图形 A，绘制图形 B、C

第 7 步：利用“对齐”命令将倾斜部分图形 B 对齐到图形中，如图 3-64 所示。

单击【修改】→【三维操作】→【对齐】，操作步骤如下：

命令：_align	// 启动“对齐”命令
选择对象：找到 6 个	// 选择图形 B
选择对象：↙	// 回车，结束对象选择
指定第一个源点：	// 捕捉圆心 1
指定第一个目标点：	// 捕捉圆心 1′
指定第二个源点：	// 捕捉圆心 2
指定第二个目标点：	// 捕捉圆心 2′
指定第三个源点或 <继续>：↙	// 回车，结束指定点
是否基于对齐点缩放对象？［是(Y)/否(N)］ <否>：↙	// 回车，选择默认不缩放图形，结束命令

第 8 步：利用“对齐”命令将倾斜部分 C 对齐到图形中。

操作过程与第 7 步相同，但选择对象时图形 C 最上方的直线不选；第一源点为图形 C 中最上方直线的中点 3，第一目标点为 3′；第二源点为图形 C 中最下方直线的中点 4，第二目标点为 4′，如图 3-64 所示，不缩放对象。操作完成后如图 3-65 所示。

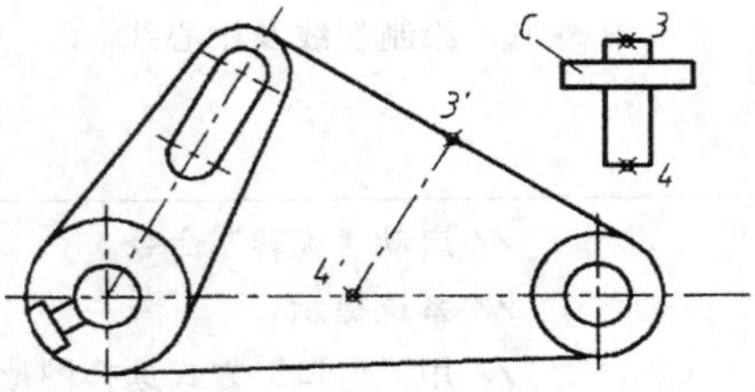

图 3-64　对齐图形 B

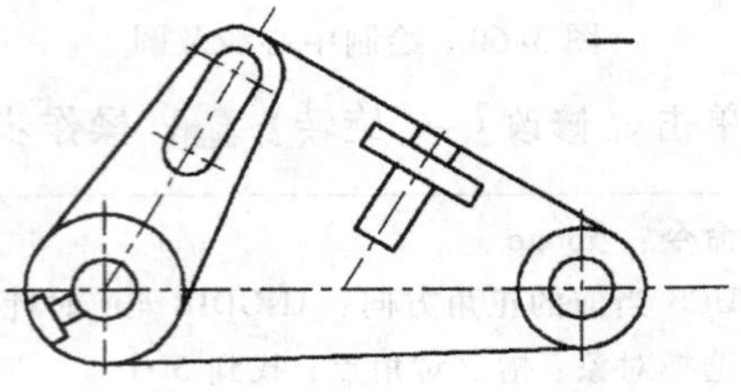

图 3-65　对齐图形 C

第 9 步：修剪并删除多余图线，画倾斜部分 A 的中心线，用“拉长”命令修改倾斜部分 C 的中心线及水平中心线，完成全图如图 3-59 所示。

第 10 步：保存图形文件。

知识点一　旋转对象

利用“旋转”命令能将选定对象绕指定中心点旋转。调用命令的方式如下：

- 菜单命令：【修改】→【旋转】
- 工具栏：〖修改〗→〖旋转〗
- 键盘命令：ROTATE 或 RO

该命令有指定角度旋转对象、旋转并复制对象、参照方式旋转对象三种方式。

1. 指定角度旋转对象

该方式在选择基点（即旋转中心），输入旋转角度后，将选定的对象绕指定的基点旋转指定的角度，如图 3-66 所示的耳板。

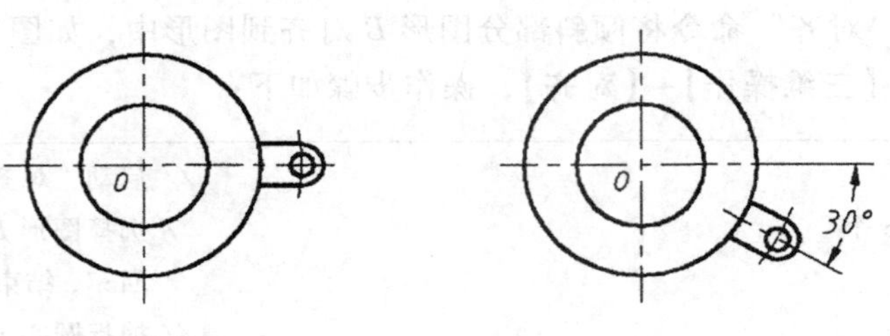

a)　b)

图 3-66　指定角度旋转对象

a）旋转前　b）绕点 O 旋转 $-30°$后

2. 旋转并复制对象

使用“旋转”命令的“复制（C）”选项，在旋转对象的同时还能保留源对象。

例 3-11　将如图 3-67a 所示的耳板旋转复制至如图 3-67b 所示位置。

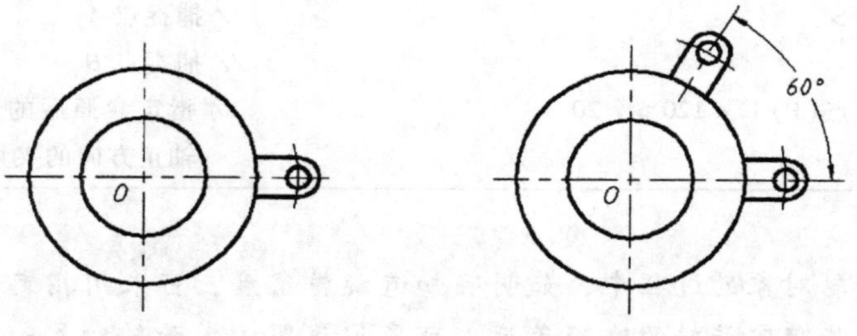

a)　　　　b)

图 3-67　旋转并复制对象

a）原图　b）旋转复制后

单击〖修改〗→〖旋转〗，操作步骤如下：

命令：_rotate　　// 启动“旋转”命令

UCS 当前的正角方向：ANGDIR = 逆时针 ANGBASE = 0　　// 系统提示

选择对象：指定对角点：找到 6 个　　// 选择耳板

选择对象：↙　　// 回车，结束对象选择

指定基点：　　// 点选点 O

指定旋转角度，或［复制(C)/参照(R)］ <0> c↙　　// 选择复制方式

旋转一组选定对象　　// 系统提示

指定旋转角度，或［复制(C)/参照(R)］ <0>：60↙　　// 指定旋转角度为 60°，结束命令

3. 参照方式旋转对象

采用参照方式旋转对象，可通过指定参照角度和新角度将对象从指定的角度旋转到新的绝对角度。

例 3-12　将如图 3-68a 所示的三角形旋转至如图 3-68b 所示位置。

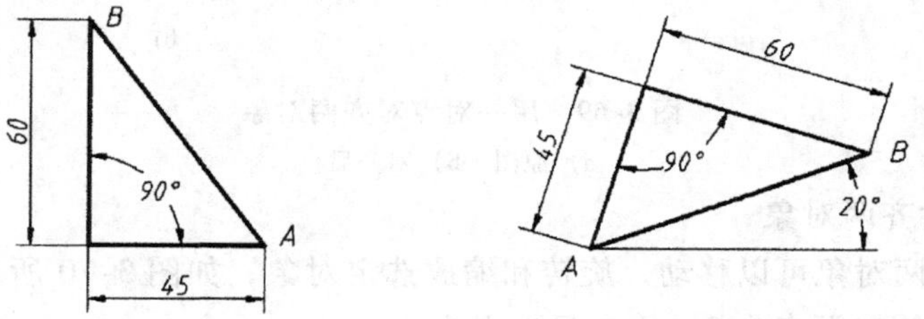

a)　　　　b)

图 3-68　参照方式旋转图形

a）旋转前　b）旋转后

单击〖修改〗→〖旋转〗，操作步骤如下：

命令：_rotate　　// 启动“旋转”命令

UCS 当前的正角方向：ANGDIR = 逆时针 ANGBASE = 0　　// 系统提示

选择对象：指定对角点：找到 6 个　　// 选择整个图形

选择对象：↙　　// 回车，结束对象选择

指定基点：　　// 点选点 A

指定旋转角度，或［复制(C)/参照(R)］：r↙　　// 选择参照方式

指定参照角 <0>: // 捕捉点 A
指定第二点: // 捕捉点 B
指定新角度或 [点(P)] <120>: 20 // 指定参照后的角度，即直线 AB 与 X 轴正方向的夹角

在旋转对象的过程中，如明确知道旋转角度，可采用指定角度方式旋转对象；如不能确定旋转的准确角度，可采用参照方式旋转对象；如在旋转的同时还要保留源对象，可采用旋转复制方式旋转对象。

知识点二 对齐对象

“对齐”命令可以将选定对象移动、旋转或倾斜，使之与另一个对象对齐。调用命令的方式如下：

- 菜单命令：【修改】→【三维操作】→【对齐】
- 键盘命令：ALIGN 或 AL

该命令有用一对点对齐、两对点对齐、三对点对齐三种方式。

1. 用一对点对齐两对象

用一对点对齐两对象能将选定对象从源位置移动到目标位置，此时“对齐”命令的作用与“移动”命令的作用相同，如图 3-69 所示，第一源点为 1，第一目标点为 1′。

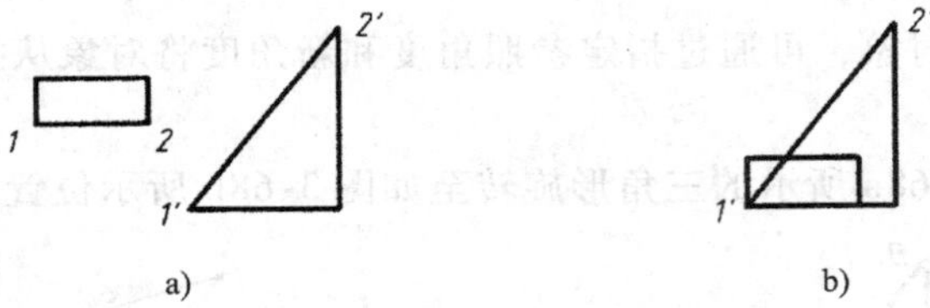

图 3-69 用一对点对齐两对象
a) 原图 b) 对齐后

2. 用两对点对齐两对象

用两对点对齐两对象可以移动、旋转和缩放选定对象，如图 3-70 所示，第一源点为 1，第一目标点为 1′；第二源点为 2，第二目标点为 2′。

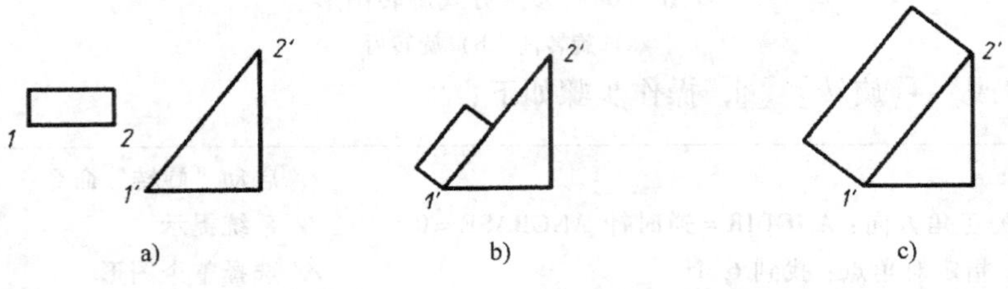

图 3-70 用两对点对齐两对象
a) 原图 b) 不缩放对象 c) 缩放对象

对齐并缩放对象时，系统以第一目标点 1′和第二目标点 2′之间的距离作为缩放对象的参考长度放大或缩小选定对象，如图 3-70c 所示，点 1′与 2′之间的距离大于点 1 与 2 之间的距离，因此矩形被放大了，放大比例为直线 1′2′与直线 12 的长度之比值。

用两对点对齐两对象的应用，如图 3-71 所示的腰形板。

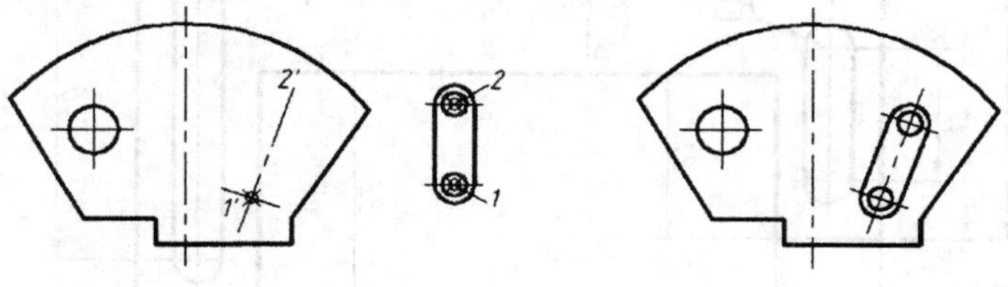

a)　　b)

图 3-71　对齐腰形板

a）原图　b）对齐后

第一对源点、目标点决定被对齐对象的位置；第二对源点、目标点与第一对源点、目标点一起决定被对齐对象的旋转角度。

如图形中有倾斜的部分，采用先按水平或垂直位置进行绘制，再将其旋转或对齐到所需位置的方法能大大提高作图速度。

3. 用三对点对齐两对象

该方式可以在三维空间移动和旋转选定对象，使之与其他对象对齐，如图 3-72 所示。

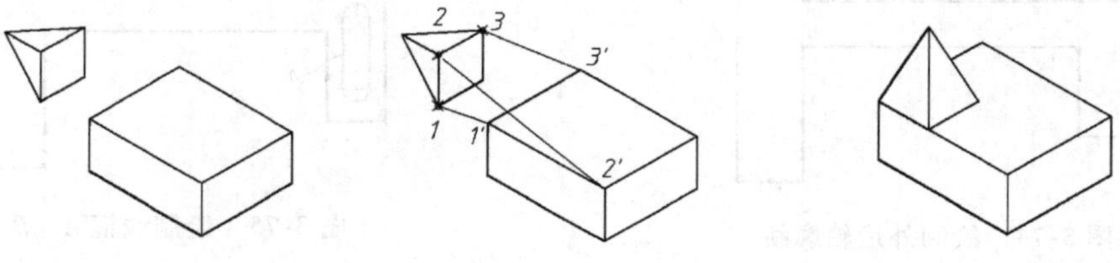

a)　　b)　　c)

图 3-72　用三对点对齐两对象

a）原图　b）源点与对齐点　c）对齐后

如图 3-72 所示的源点为点 1、点 2 和点 3，与之对应的目标点为点 1′、点 2′和点 3′。可以看出，用三对点对齐两对象，实现的是源平面（由源点 1、2、3 确定）与目标平面（由目标点 1′、2′、3′确定）的对齐。

任务五　模板的绘制

操作实例（图 3-73）

本例介绍如图 3-73 所示模板的绘制方法和步骤，主要涉及“拉伸”、“夹点编辑”。

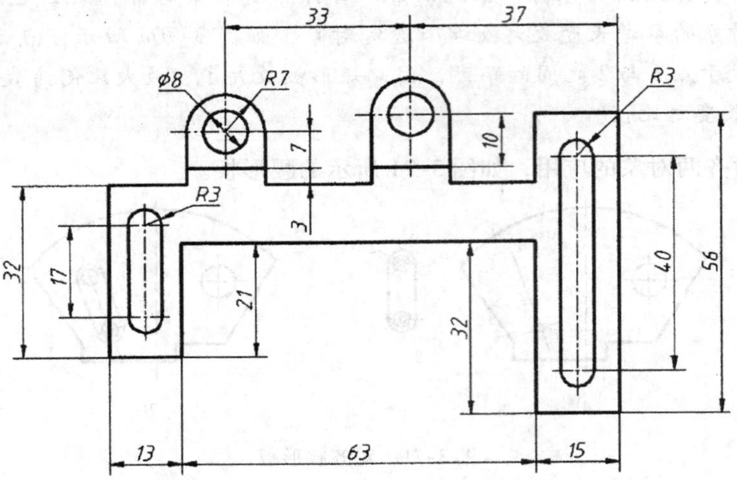

图 3-73 模板

绘制过程

第 1 步：设置绘图环境，操作过程略。

第 2 步：绘制模板的外形轮廓线，如图 3-74 所示。

第 3 步：绘制线框 *A*、*B*，如图 3-75 所示。

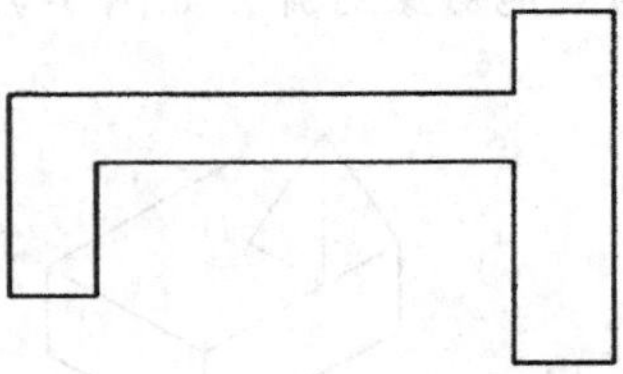

图 3-74 绘制外形轮廓线

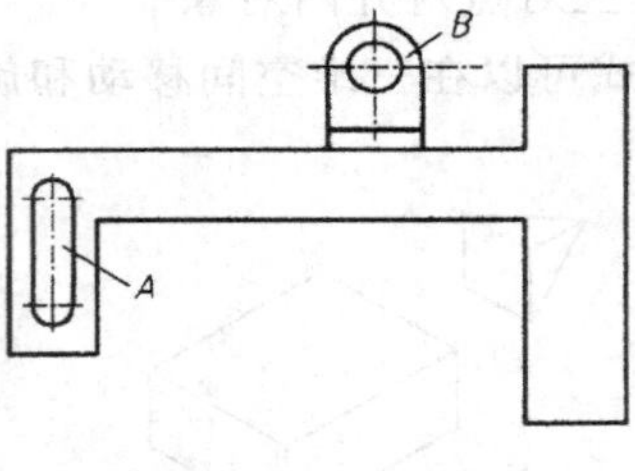

图 3-75 绘制线框 *A*、*B*

第 4 步：将线框 *A*、*B* 分别复制到 *C*、*D* 处，修剪后如图 3-76 所示。

第 5 步：采用“拉伸”命令，拉伸线框 *C*，拉伸距离 23mm，如图 3-77 所示。

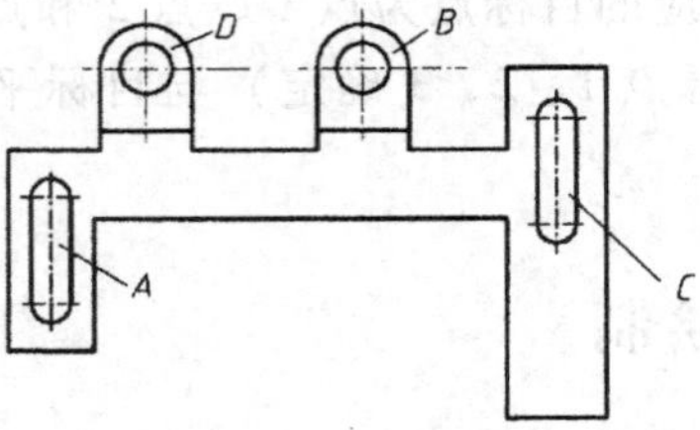

图 3-76 复制线框

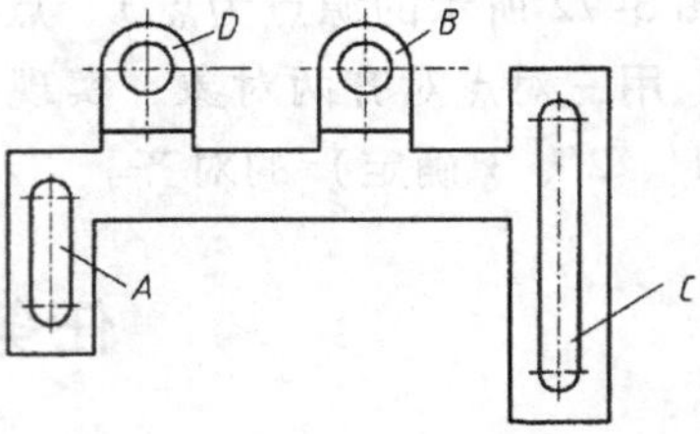

图 3-77 拉伸线框 *C*

单击〖修改〗→〖拉伸〗，操作步骤如下：

命令：_ stretch	// 启动“拉伸”命令
以交叉窗口或交叉多边形选择要拉伸的对象...	// 系统提示
选择对象：指定对角点：找到 5 个	// 用“窗交”方式选择拉伸对象，如图 3-78a 所示
选择对象：↙	// 结束选择
指定基点或［位移(D)］＜位移＞：	// 捕捉线框 *C* 下半圆的圆心
指定第二个点或 ＜使用第一个点作为位移＞：23↙	// 向下移动鼠标，输入拉伸距离 23mm

第 6 步：采用“拉伸”命令拉伸线框 *D*，拉伸距离 3mm，如图 3-79 所示（操作方法与第 5 步相同，拉伸对象的选择如图 3-78b 所示）。

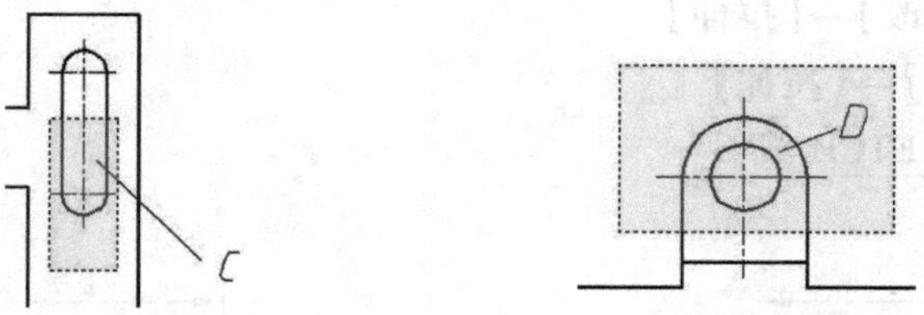

a)　　b)

图 3-78　拉伸时对象的选择

a）拉伸线框 *C*　b）拉伸线框 *D*

第 7 步：采用“夹点编辑”中的拉伸，调整线框 *B*、*C* 的中心线，如图 3-80 所示。

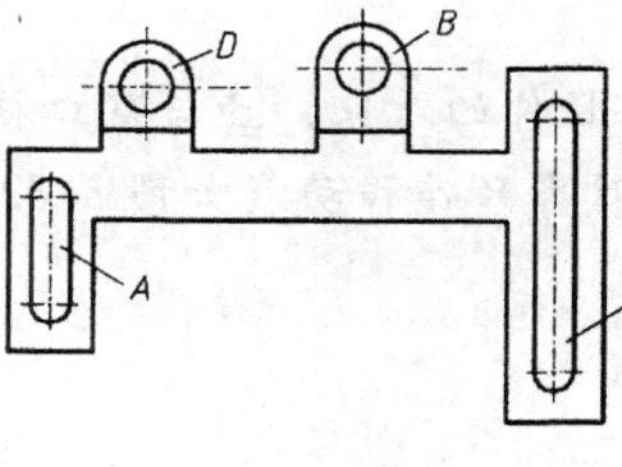

图 3-79　拉伸线框 *D*

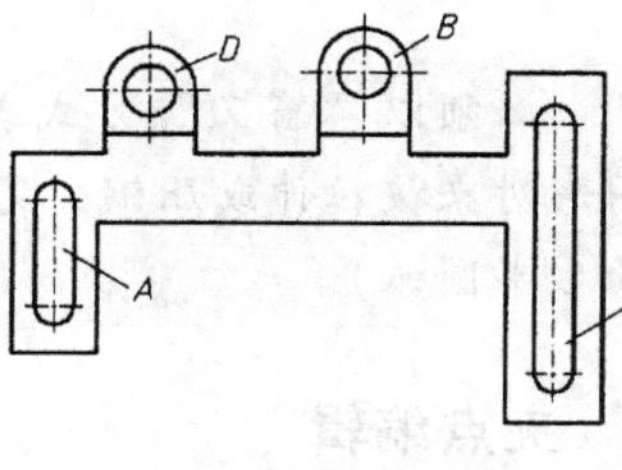

图 3-80　调整中心线

操作步骤如下：

命令：	// 选择中心线，出现夹点，如图 3-81a 所示
	// 捕捉端点，激活夹点，如图 3-81b 所示
** 拉伸 **	// 系统提示，默认为“拉伸”模式
指定拉伸点或［基点(B)/复制(C)/放弃(U)/退出(X)］：	// 往左拉中心线至适当位置，单击确定

第 8 步：保存图形文件。

图 3-81　夹点编辑

a）选择中心线，出现夹点　b）激活夹点

知识点一　拉伸对象

“拉伸”命令可以拉伸（或压缩）以“窗叉”方式或“圈叉”方式选中的对象，如图 3-82 所示。调用命令的方式如下：

- 菜单命令：【修改】→【拉伸】
- 工具栏：〖修改〗→〖拉伸〗
- 键盘命令：STRETCH 或 S

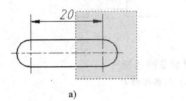

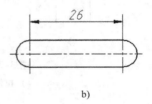

图 3-82　拉伸键槽

a）原图　b）拉伸后

> 必须以“窗叉”方式或“圈叉”方式选择要拉伸的对象，且与窗口相交的图形对象被拉伸或压缩，完全位于窗口内的图形对象只作移动（如图 3-82 所示的右半圆弧）。

知识点二　夹点编辑

对象的夹点就是对象本身的一些特殊点。如图 3-83 所示，直线段的夹点是两个端点和中点，圆弧段的夹点是两个端点、中点和圆心，圆的夹点是圆心和四个象限点，椭圆的夹点是椭圆心和椭圆长、短轴的端点。

在【工具】→【选项】→｛选择集｝中，可以设置是否启用夹点及夹点的大小、颜色等，如图 3-84 所示。

系统默认的设置是“启用夹点”，在这种情况下用户无需启动命令，只要选择对象，在该对象的特征点上就出现夹点，默认显示为蓝色；如再单击其中一个夹点，则这个夹点被激活，默认显示为红色。被激活的夹点，通过回车或空格键响应，能完成拉伸、移动、旋转、比例缩放、镜像五种编辑模式的操作，相应的提示顺序次序为：

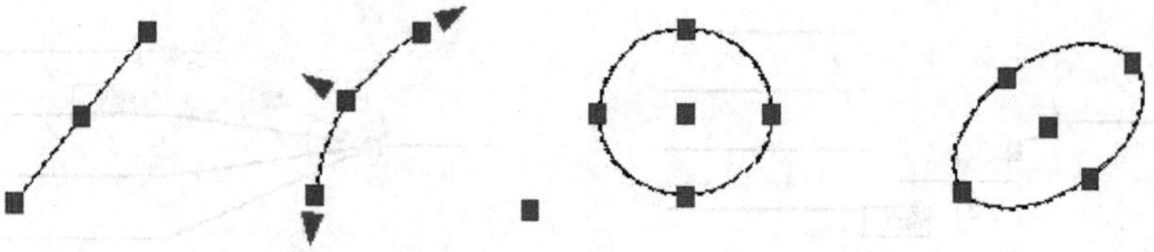

图 3-83 对象的夹点

** 拉伸 **
指定拉伸点或［基点(B)/复制(C)/放弃(U)/退出(X)]:
** 移动 **
指定移动点或［基点(B)/复制(C)/放弃(U)/退出(X)]:
** 旋转 **
指定旋转角度或［基点(B)/复制(C)/放弃(U)/参照(R)/退出(X)]:
** 比例缩放 **
指定比例因子或［基点(B)/复制(C)/放弃(U)/参照(R)/退出(X)]:
** 镜像 **
指定第二点或［基点(B)/复制(C)/放弃(U)/退出(X)]:

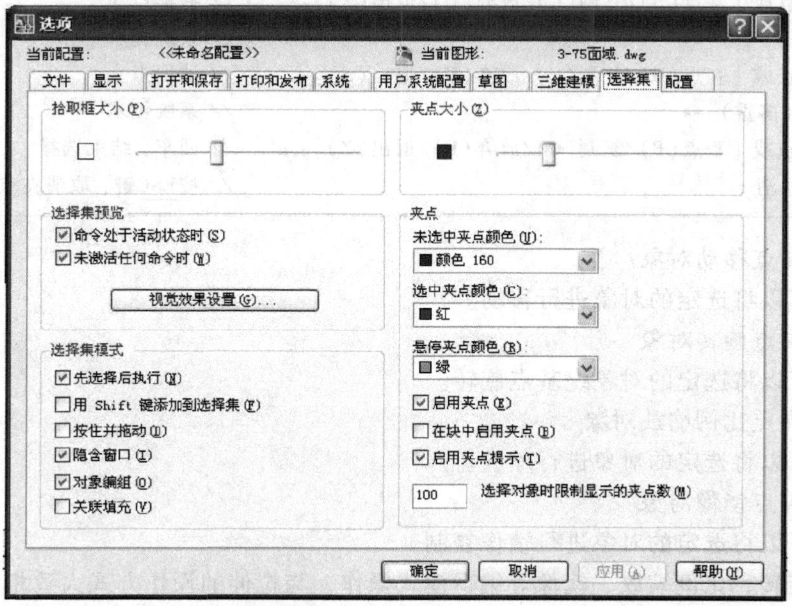

图 3-84 “选择集”选项卡的夹点设置

1. 使用夹点拉伸对象

该方式通过将选定夹点移动到新位置来拉伸对象。

例 3-13 使用夹点拉伸功能，将如图 3-85a 所示图形编辑成如图 3-85b 所示。

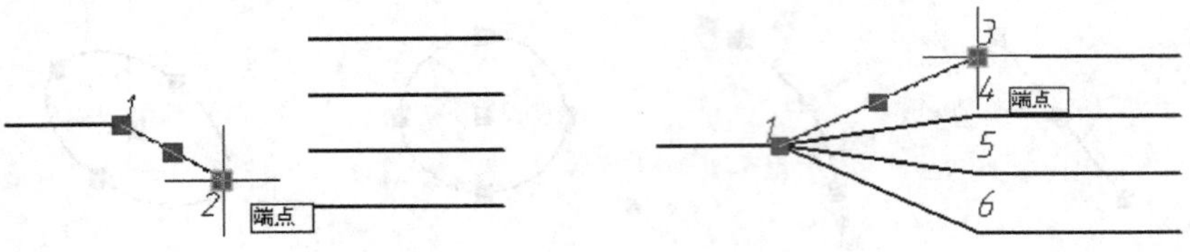

a) b)

图 3-85 使用夹点拉伸对象

a）原图 b）拉伸后

操作步骤如下：

命令：	// 选择直线 12，出现夹点，激活点 2
** 拉伸 **	// 系统提示，默认为“拉伸”模式
指定拉伸点或［基点(B)/复制(C)/放弃(U)/退出(X)］：	// 捕捉点 3，直线 12 变成 13
命令：	// 激活点 3
** 拉伸 **	// 系统提示
指定拉伸点或［基点(B)/复制(C)/放弃(U)/退出(X)］：c ↙	//选择“多重拉伸”模式
** 拉伸（多重） **	// 系统提示
指定拉伸点或［基点(B)/复制(C)/放弃(U)/退出(X)］：	// 捕捉点 4
** 拉伸（多重） **	// 系统提示
指定拉伸点或［基点(B)/复制(C)/放弃(U)/退出(X)］：	// 捕捉点 5
** 拉伸（多重） **	// 系统提示
指定拉伸点或［基点(B)/复制(C)/放弃(U)/退出(X)］：	// 捕捉点 6
** 拉伸（多重） **	// 系统提示
指定拉伸点或［基点(B)/复制(C)/放弃(U)/退出(X)］：↙	// 回车，结束选择
命令：*取消*	// 按ESC键，取消夹点

2. 使用夹点移动对象

该方式可以将选定的对象进行移动。

3. 使用夹点旋转对象

该方式可以将选定的对象绕基点旋转。

4. 使用夹点比例缩放对象

该方式可以将选定的对象进行缩放。

5. 使用夹点镜像对象

该方式可以将选定的对象进行镜像复制。

移动、旋转、比例缩放、镜像等编辑模式操作，与拉伸的操作方式大致相同，在此不再赘述。

任何一种编辑模式下，选择选项“复制（C）”，系统都将按指定的编辑模式多重复制对象，直到敲回车键结束。

任务六　槽轮的绘制

操作实例（图 3-86）

本例介绍如图 3-86 所示槽轮的绘制方法和步骤，主要涉及的命令有“面域”、“布尔运算”。

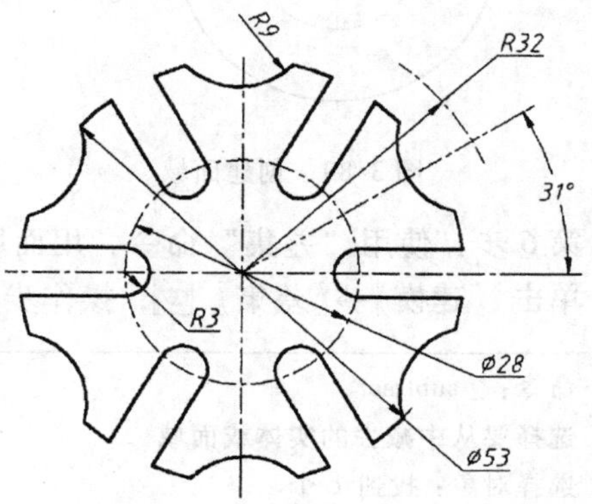

图 3-86　槽轮

绘制过程

第 1 步：设置绘图环境，操作过程略。

第 2 步：绘制中心线及 ϕ53mm、ϕ28mm、R3mm、R9mm 的圆各一个，如图 3-87 所示。

第 3 步：绘制一个矩形。矩形的一个角点在 R3mm 圆的上象限点或下象限点上，另一角点在 ϕ53mm 的圆之外（矩形宽为 6mm，长度可任意，但必须超出 ϕ53mm 的圆），如图 3-88 所示。

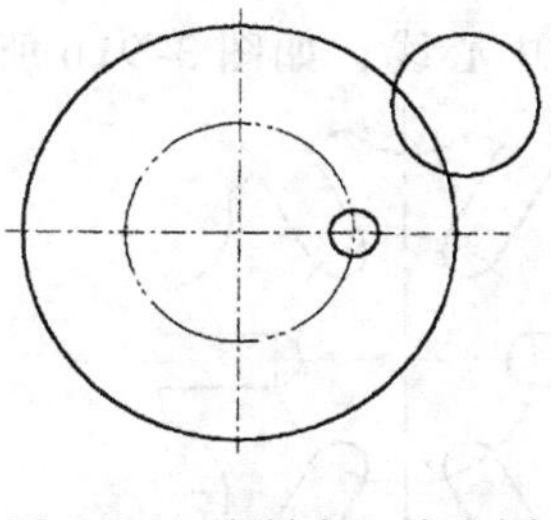

图 3-87　绘制中心线和圆

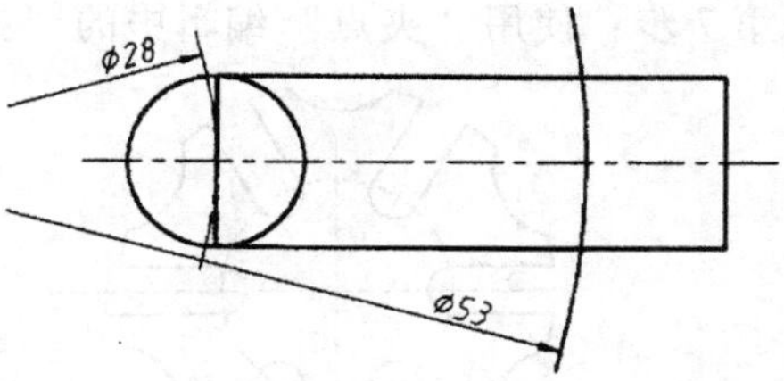

图 3-88　绘制矩形

第 4 步：用“面域”命令将圆 A、B、D 及矩形 C 创建为面域，如图 3-89 所示。

单击〖绘图〗→〖面域〗，操作步骤如下：

命令：_ region	// 启动“面域”命令
选择对象：找到 1 个	// 选择圆 A
选择对象：找到 1 个，总计 2 个	// 选择圆 B
选择对象：找到 1 个，总计 3 个	// 选择矩形 C
选择对象：找到 1 个，总计 4 个	// 选择圆 D
选择对象：↙	// 回车，结束对象选择
已提取 4 个环	// 系统提示已提取到 4 个封闭线框
已创建 4 个面域	// 系统提示已创建 4 个面域

第 5 步：环形阵列 A、C、D 三个面域，阵列中心为点 O，项目总数为 6，填充角度为 360°，阵列后如图 3-90 所示。

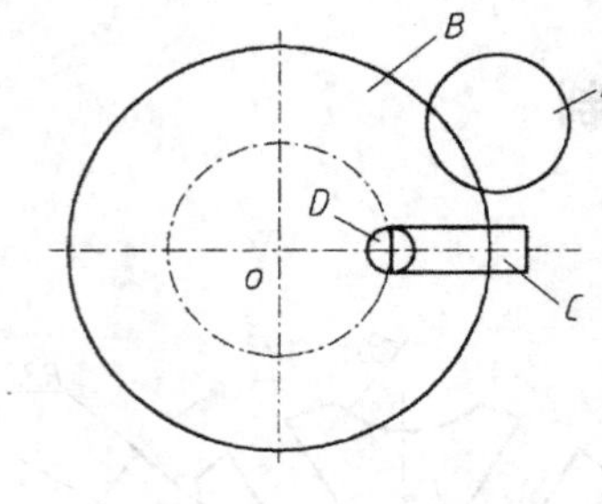

图 3-89　创建面域

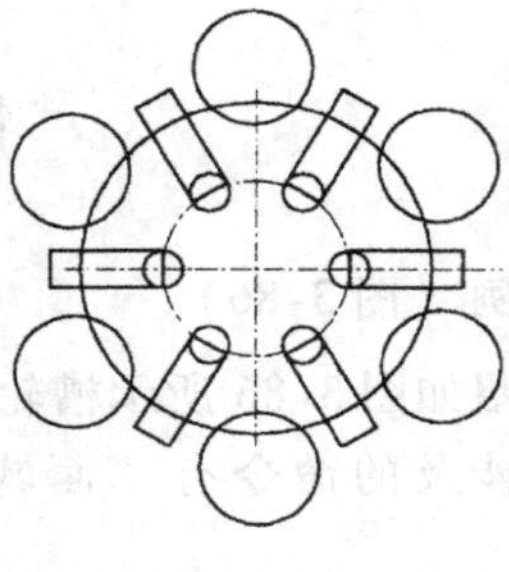

图 3-90　环形阵列

第 6 步：使用“差集”命令，用面域 *B* 减去其余所有的面域，如图 3-91a 所示。单击〖建模〗→〖差集〗，操作步骤如下：

命令：_ subtract	// 启动“差集”命令
选择要从中减去的实体或面域...	// 选择面域 *B*
选择对象：找到 1 个	// 系统提示
选择对象：↙	// 回车，结束选择
选择要减去的实体或面域...	// 选择除面域 *B* 以外的所有面域
选择对象：找到 18 个	// 系统提示
选择对象：↙	// 回车，结束选择

第 7 步：使用“夹点”编辑中的“拉伸”方式，调整中心线，如图 3-91b 所示。

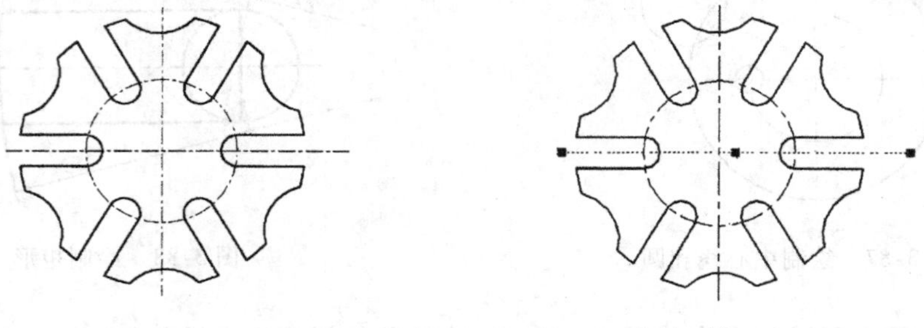

a)　　b)

图 3-91　差集运算、拉伸中心线

a）差集运算　b）使用夹点编辑，调整中心线

第 8 步：保存图形文件。

进行差集运算时，要注意两个问题：一是分清被减对象与减去对象；二是进行差集操作时，应先选择被减的对象，后选择减去的对象。

上例中执行差集运算后的槽轮是一个面域，采用分解命令分解该面域，就能得到槽轮的二维线框。

知识点一　创建面域

面域是二维的平面，利用“面域”命令可以将二维闭合线框转化面域，如将图 3-92 所示的线框圆转化为如图 3-93 所示的圆平面。调用命令的方式如下：

- 菜单命令：【绘图】→【面域】
- 工具栏：〖绘图〗→〖面域〗
- 键盘命令：REGION 或 REG

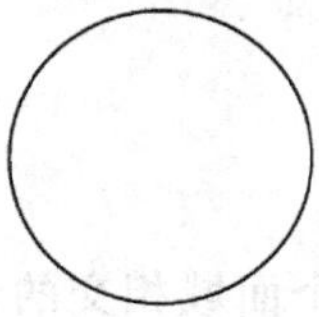

图 3-92 二维闭合线框

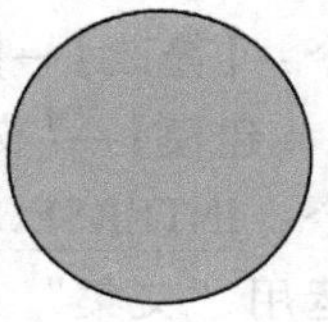

图 3-93 面域

> 能创建成面域的二维封闭线框可以是圆、椭圆、封闭的二维多段线或封闭的样条曲线；也可以是由圆弧、直线、二维多段线、椭圆弧、样条曲线等对象构成的封闭区域。

知识点二 布尔运算

AutoCAD 中的布尔运算，是指对面域或实体进行“并”、“交”、“差”布尔逻辑运算，以创建新的面域或实体。

1. 并运算

“并运算”通过“并集”命令将多个面域或实体合并为一个新面域或实体。调用命令的方式如下：

- 菜单命令：【修改】→【实体编辑】→【并集】
- 工具栏：〖建模〗→〖并集〗
- 键盘命令：UNION 或 UNI

例 3-14 运用“并集”命令将如图 3-94a 所示的 A、B 两个面域合并成一个整体。

单击〖建模〗→〖并集〗，操作步骤如下：

```
命令：_union                          // 启动“并集”命令
选择对象：指定对角点：找到 2 个        // 选择面域 A、B
选择对象：↙                           // 回车，结束选择
```

可以对实体做同样的并集操作，如图 3-95 所示。

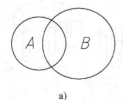

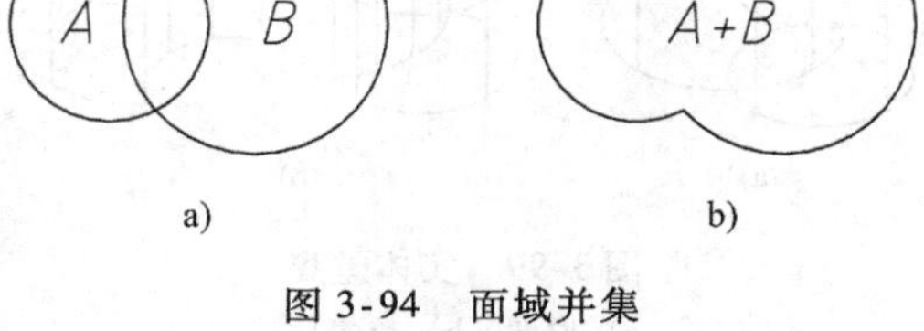

a) b)

图 3-94 面域并集

a）原图 b）并集后

a) b)

图 3-95 实体并集

a）原图 b）并集后

2. 交运算

“交运算”通过“交集”命令将多个面域或实体相交的部分创建为一个新面域或实体。调用命令的方式如下：

● 菜单命令：【修改】→【实体编辑】→【交集】
● 工具栏：〖建模〗→〖交集〗
● 键盘命令：INTERSECT 或 IN

例 3-15 运用“交集”命令将如图 3-96a 所示的 A、B 两个面域相交的部分创建成一个新的面域。

单击〖建模〗→〖交集〗，操作步骤如下：

命令：_intersect	// 启动“交集”命令
选择对象：指定对角点：找到 2 个	// 选择面域 A、B
选择对象：↙	// 回车，结束选择

可以对实体做同样的交集操作，如图 3-97 所示。

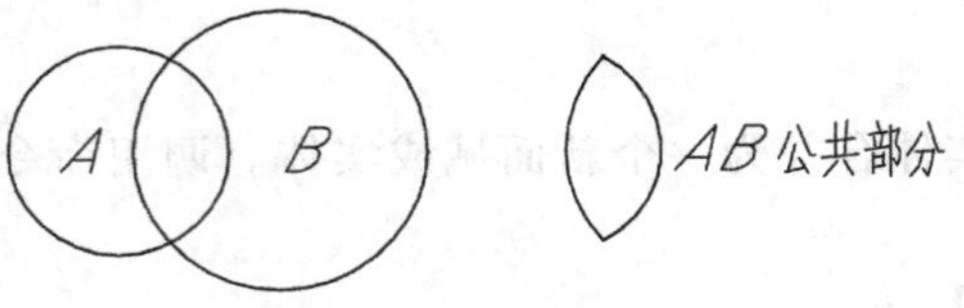

a) b)

图 3-96 面域交集
a）原图 b）交集后

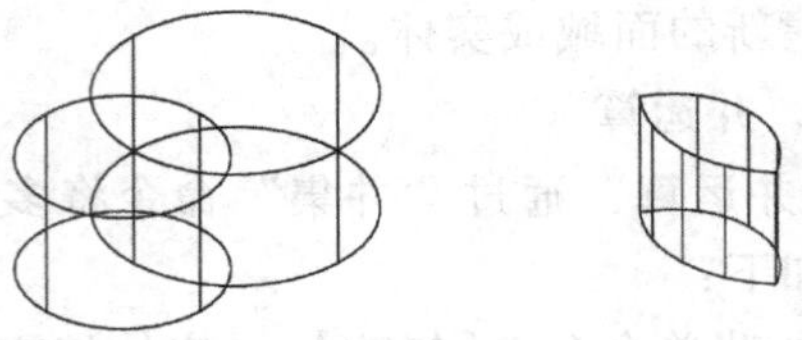

a) b)

图 3-97 实体交集
a）原图 b）交集后

3. 差运算

“差运算”通过“差集”命令从一个面域或实体选择集中减去另一个面域或实体选择集，从而创建一个新的面域或实体，如图 3-98、图 3-99 所示。

调用命令的方式如下：

● 菜单命令：【修改】→【实体编辑】→【差集】
● 工具栏：〖建模〗→〖差集〗
● 键盘命令：SUBTRACT 或 SU

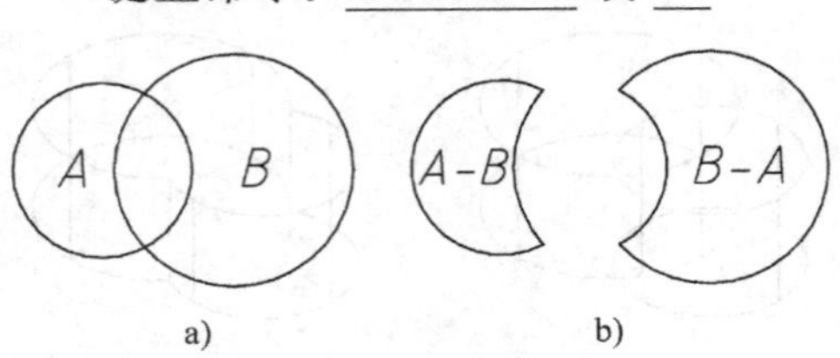

a) b)

图 3-98 面域差集
a）原图 b）差集后

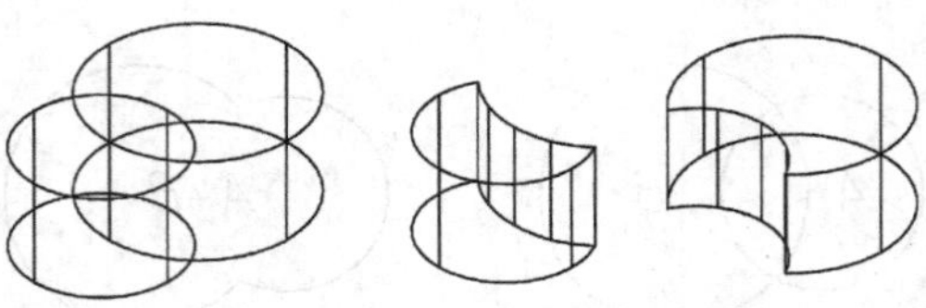

a) b)

图 3-99 实体差集
a）原图 b）差集后

零件上分布较多的孔或槽，采用创建面域，再进行布尔运算的方法绘制，能大大简化绘图过程，从而提高绘图速度。

同类练习

1. 用近似画法绘制如图 3-100 所示螺纹连接件，其中 d 表示直径（不需标注尺寸）。

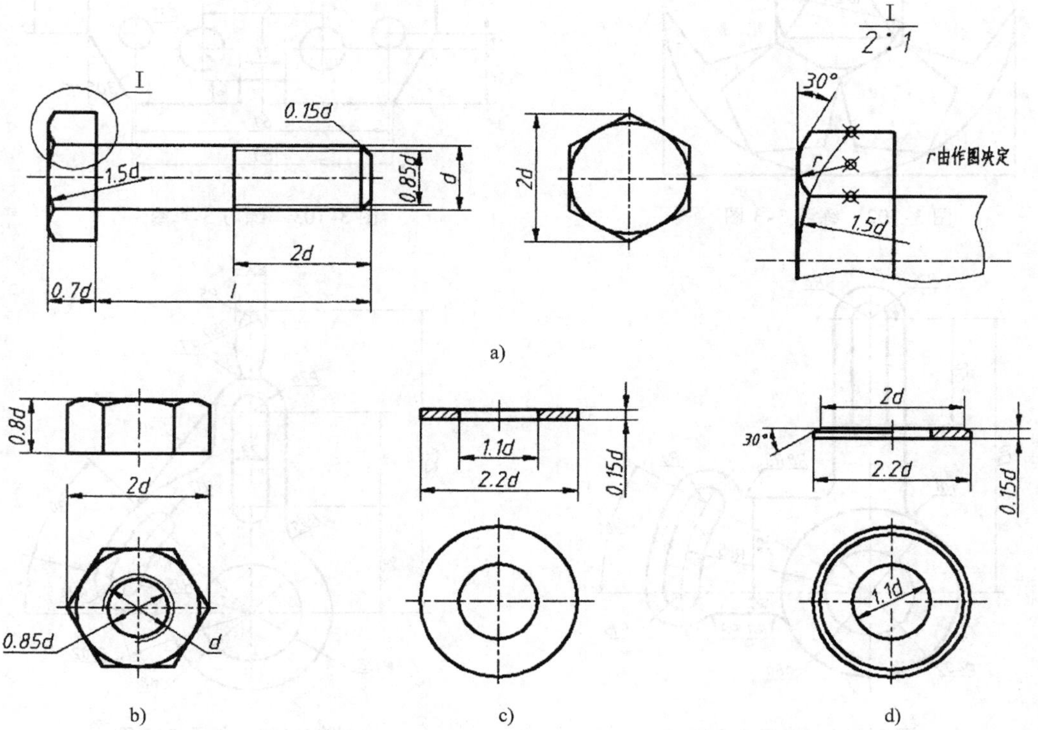

图 3-100　练习 3-1 图
a）螺栓　b）螺母　c）垫圈 1　d）垫圈 2

2. 绘制如图 3-101 所示的图形（不需标注尺寸）。

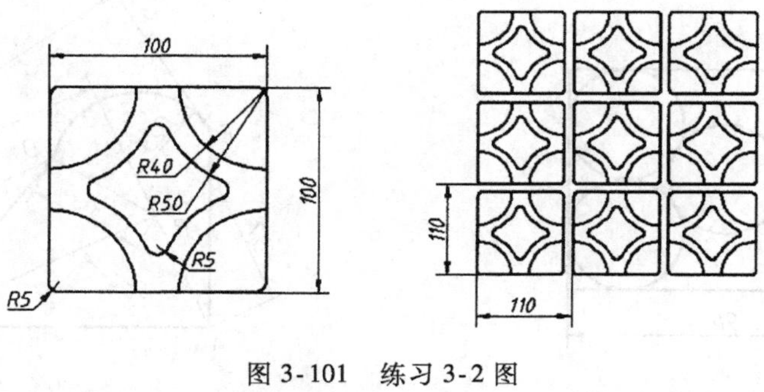

图 3-101　练习 3-2 图

3. 绘制如图 3-102 至图 3-105 所示的图形。

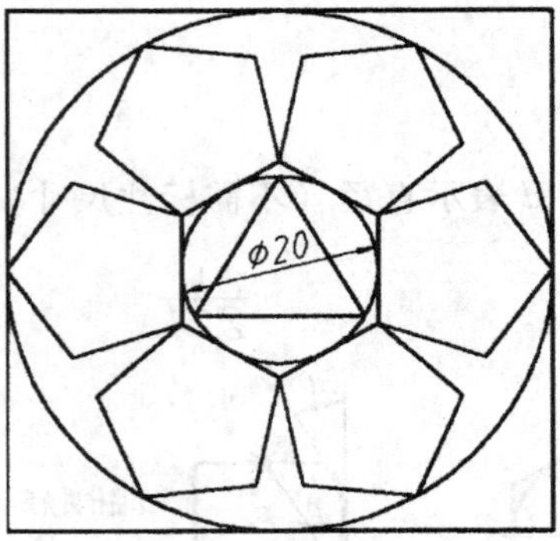

图 3-102 练习 3-3 图

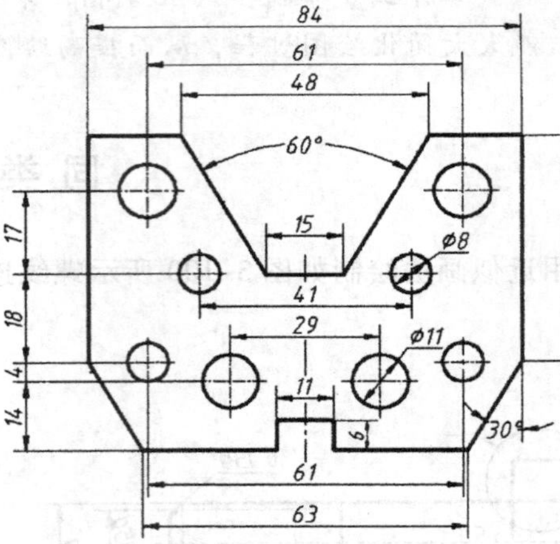

图 3-103 练习 3-4 图

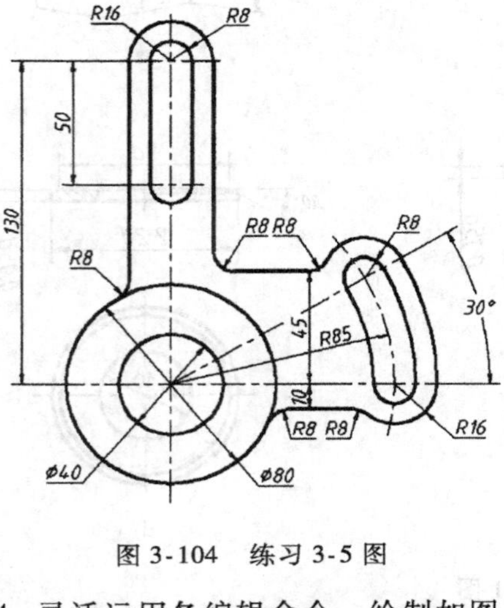

图 3-104 练习 3-5 图

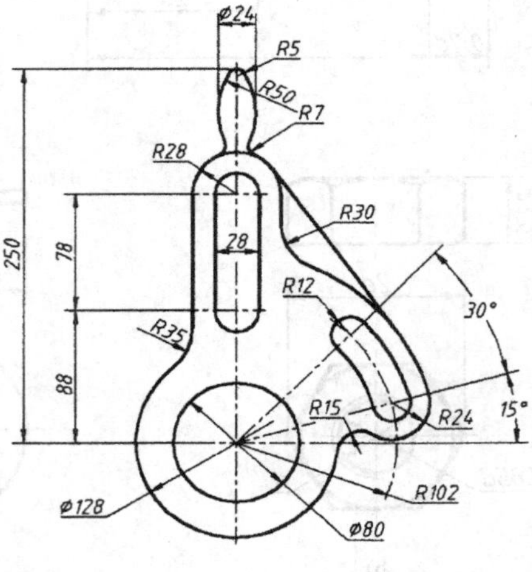

图 3-105 练习 3-6 图

4. 灵活运用各编辑命令，绘制如图 3-106 至图 3-113 所示的图形（不需标注尺寸）。

图 3-106 练习 3-7 图

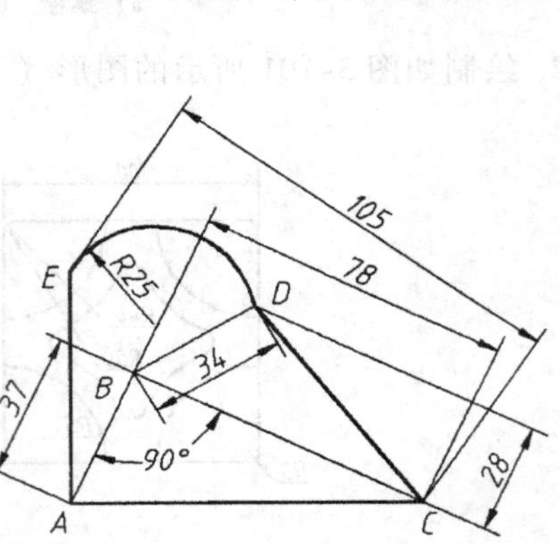

图 3-107 练习 3-8 图

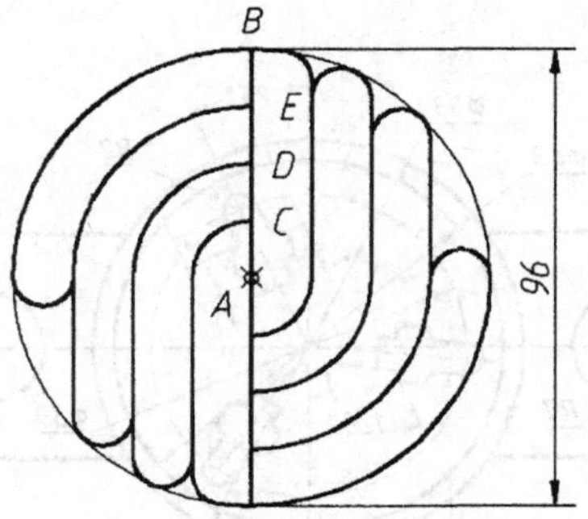

图 3-108　练习 3-9 图

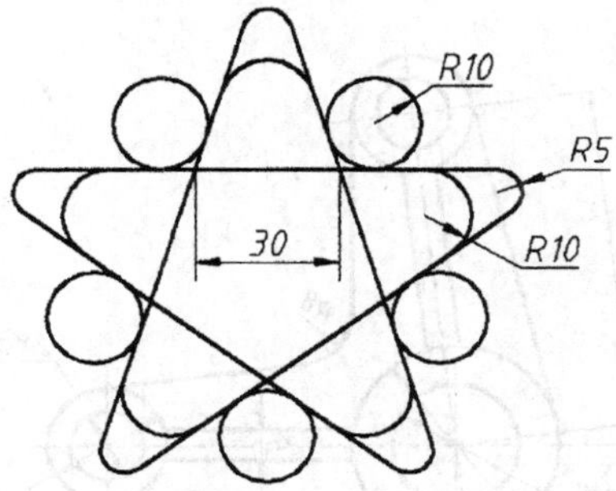

图 3-109　练习 3-10 图

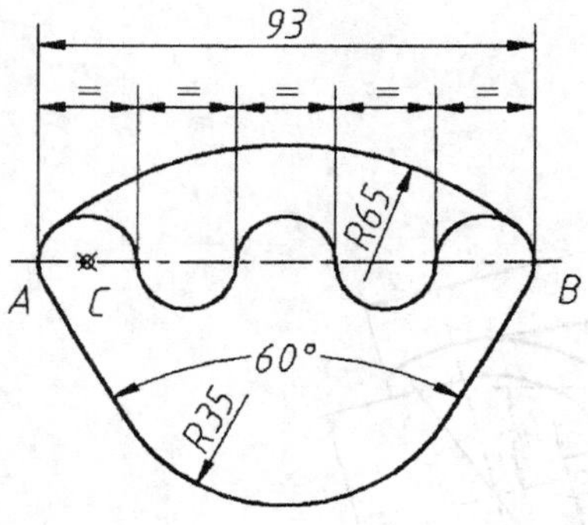

图 3-110　练习 3-11 图

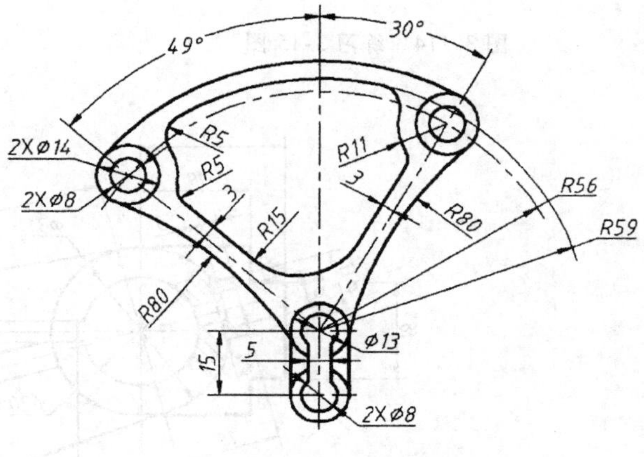

图 3-111　练习 3-12 图

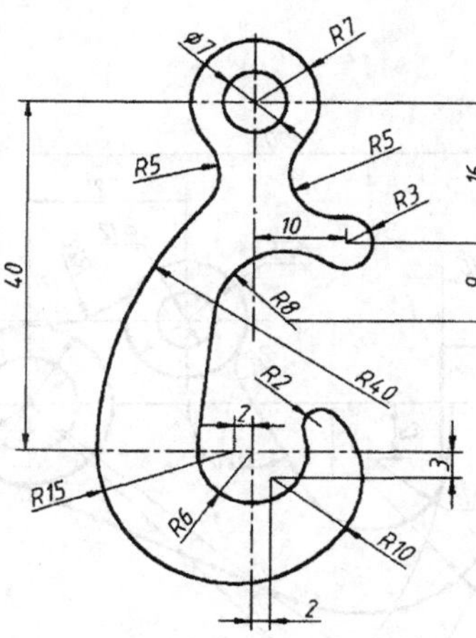

图 3-112　练习 3-13 图

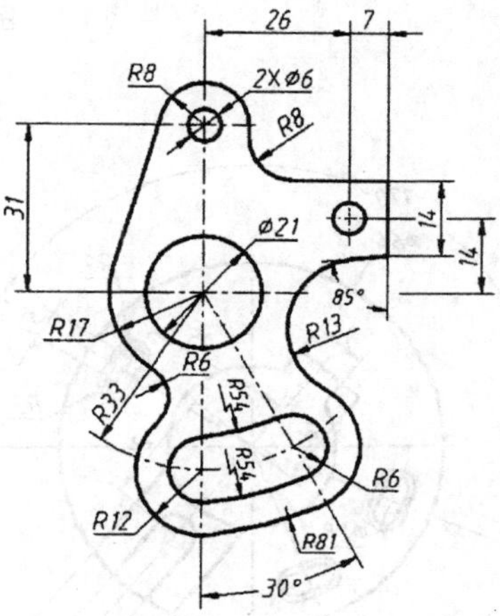

图 3-113　练习 3-14 图

5. 绘制如图 3-114 至图 3-123 所示的图形。

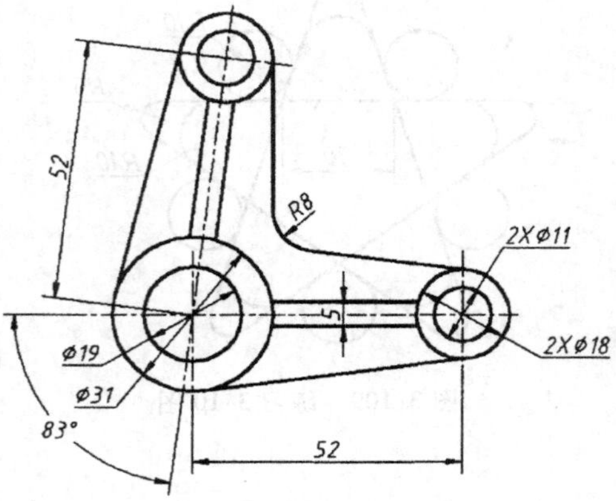

图 3-114 练习 3-15 图

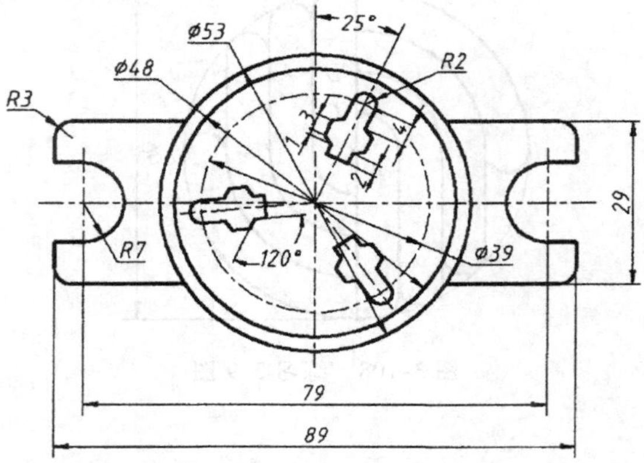

图 3-115 练习 3-16 图

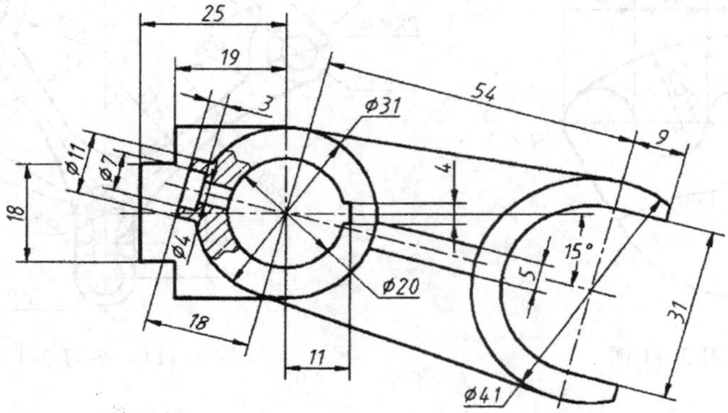

图 3-116 练习 3-17 图

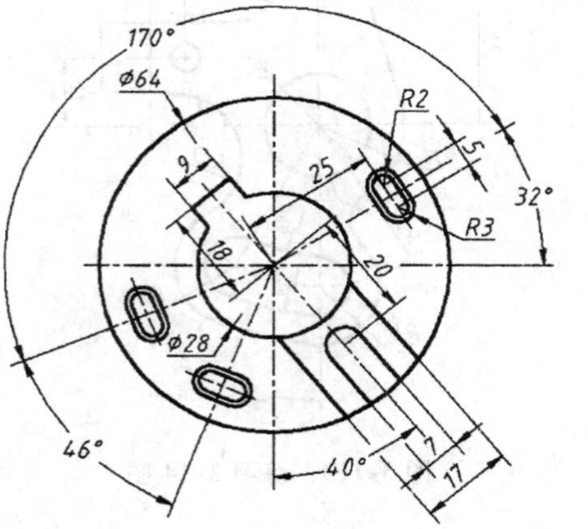

图 3-117 练习 3-18 图

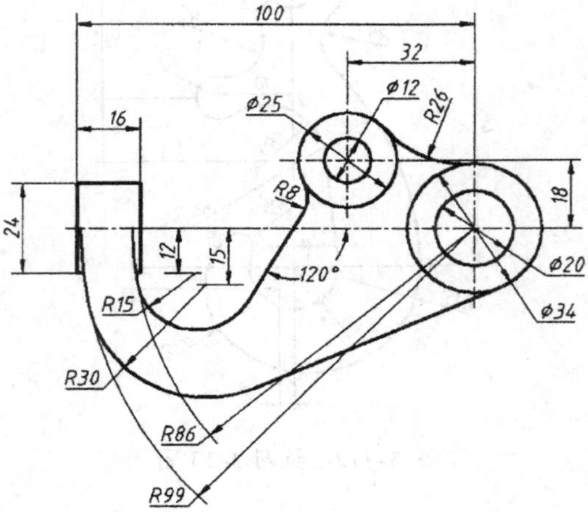

图 3-118 练习 3-19 图

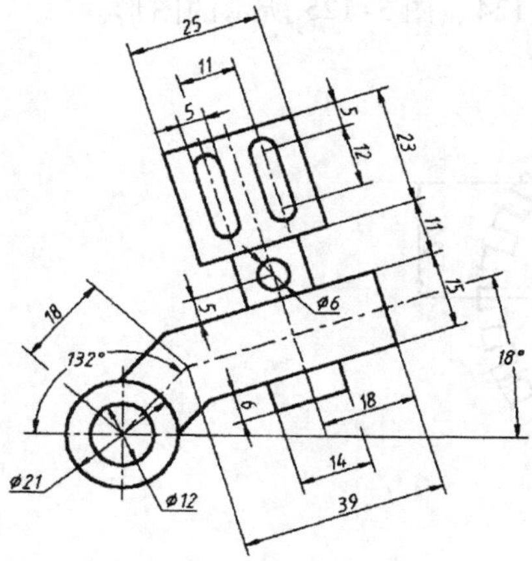

图 3-119　练习 3-20 图

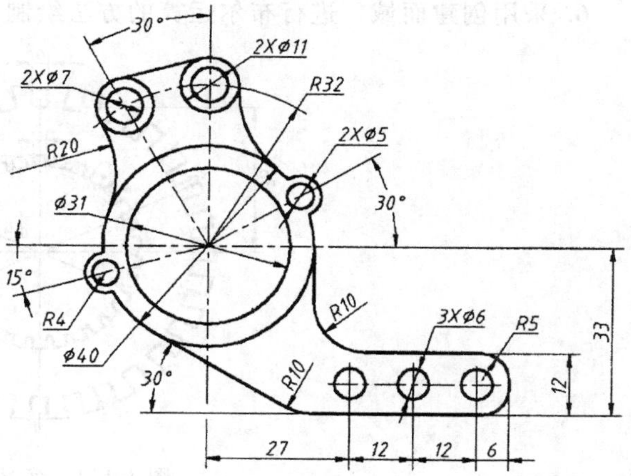

图 3-120　练习 3-21 图

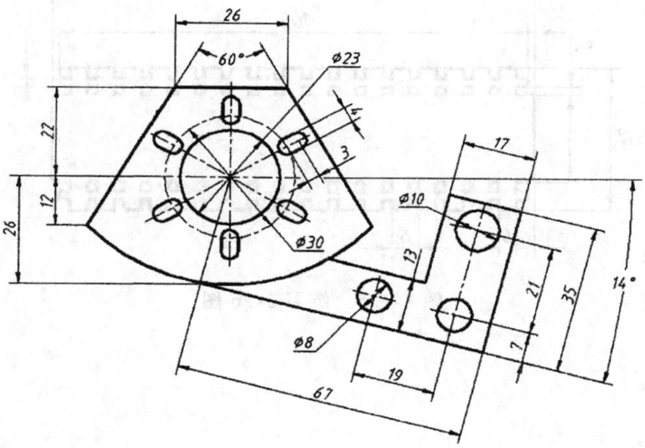

图 3-121　练习 3-22 图

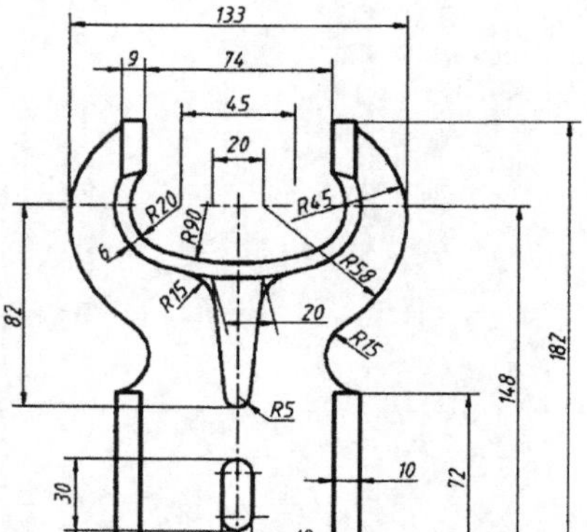

图 3-122　练习 3-23 图

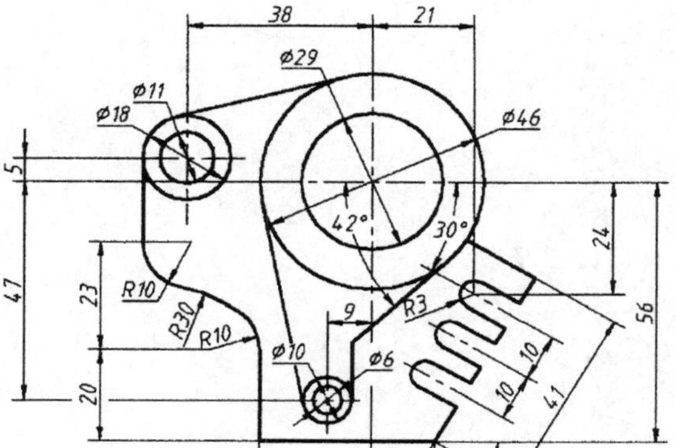

图 3-123　练习 3-24 图

6. 采用创建面域、进行布尔运算的方法绘制如图 3-124、图 3-125 所示的图形。

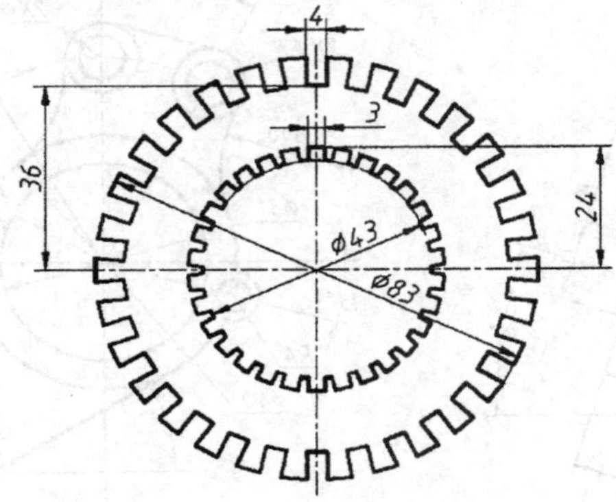

图 3-124　练习 3-25 图

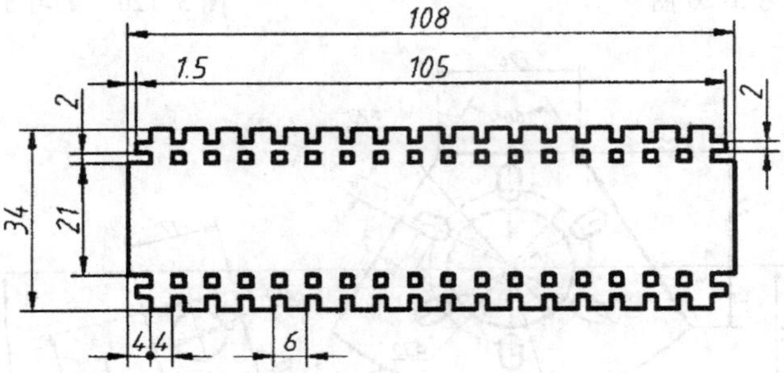

图 3-125　练习 3-26 图

模块四　文字、尺寸的标注与编辑

知识目标

1. 掌握创建、修改文字样式的方法。
2. 掌握单行文字、多行文字的注写方法。
3. 掌握编辑文字的方法。
4. 掌握创建、修改标注样式的方法。
5. 掌握尺寸的正确标注。
6. 掌握尺寸标注的编辑方法。
7. 了解 AutoCAD 的各种查询功能。

能力目标

1. 能根据需要正确创建、修改文字样式。
2. 能正确注写单行文字、多行文字。
3. 能根据需要正确创建、修改标注样式。
4. 能正确标注图形尺寸，且符合国家标准中关于机械制图的规定。
5. 能查询对象的各种信息。

任务一　创建两种文字样式

操作实例

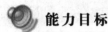

本例要求创建两种文字样式：一种样式名为“工程字”，选用“gbeitc. shx”字体及“gbcbig. shx”大字体；另一种样式名为“长仿宋字”，选用“仿宋_ GB2312”字体，宽度比例为 0.7，并将“工程字”设置为当前文字样式。

本例主要涉及“文字样式”对话框中参数的设置。

操作过程

第 1 步：单击【格式】→【文字样式】，弹出“文字样式”对话框，如图 4-1 所示。

第 2 步：新建“工程字”文字样式。

（1）单击［新建］，弹出“新建文字样式”对话框。

（2）在“样式名”文本框中输入“工程字”，如图 4-2 所示。

（3）单击［确定］，返回到主对话框。

（4）在“字体”下拉列表框中选择“gbeitc. shx”，选择“使用大字体”复选框；在“大字体”下拉列表框中选择“gbcbig. shx”；其余设置采用默认值，如图 4-3 所示。

（5）单击［应用］，确认“工程字”文字样式的设置。

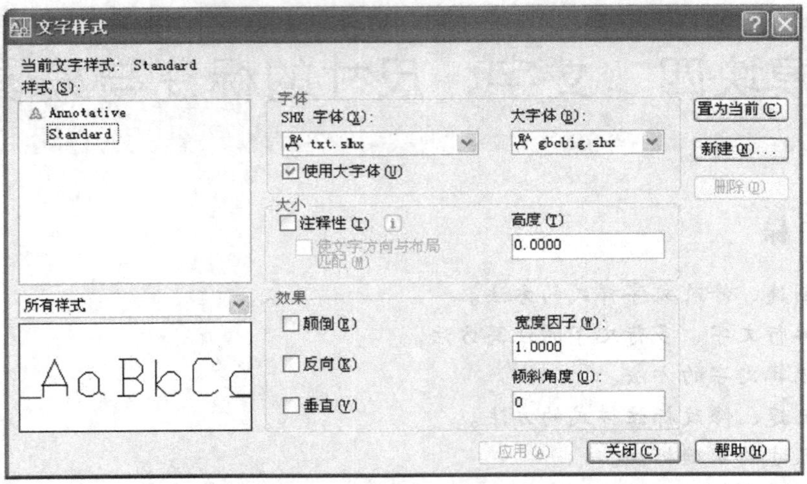

图 4-1 “文字样式”对话框

第 3 步：新建“长仿宋字”文字样式。

（1）再次单击［新建］，弹出“新建文件样式”对话框。

（2）在“样式名”文本框中输入“长仿宋字”。

（3）单击［确定］，返回到主对话框。

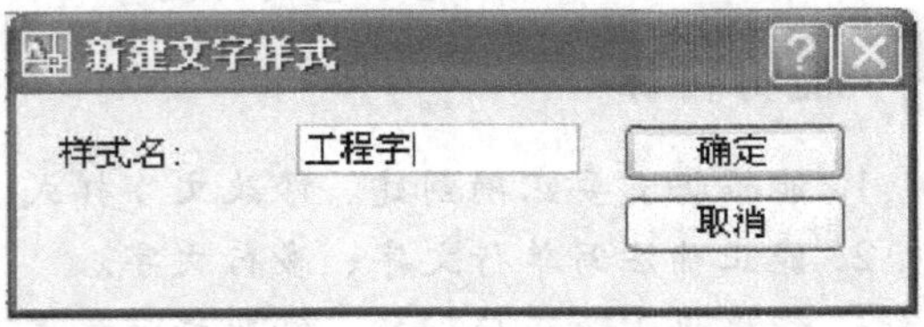

图 4-2 “新建文字样式”对话框

（4）不选择“使用大字体”复选框，在“字体”下拉列表框中选择“仿宋_GB2312”；在“宽度因子”文本框内输入宽度比例值“0.7”，其余设置采用默认值，如图 4-4 所示。

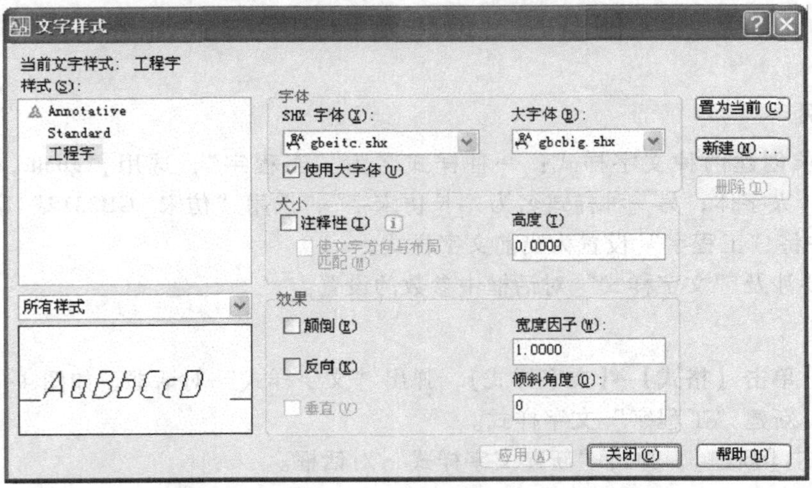

图 4-3 设置“工程字”样式

（5）单击［应用］，确认“长仿宋字”文字样式的设置。

第 4 步：将“工程字”设置为当前文字。

（1）在“样式”列表框中选择“工程字”。

（2）单击［置为当前］，将“工程字”文字样式设置为当前文字样式。

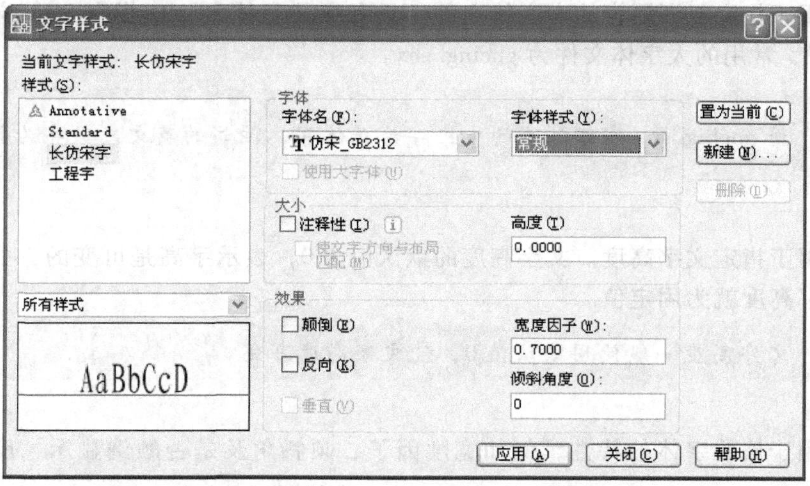

图 4-4　设置“长仿宋字”样式

第 5 步：单击［关闭］，关闭对话框，结束文字样式设置。

知识点　文字样式的创建

文字是工程图样中不可缺少的组成部分，文字样式是对文字特性的一种描述，包括字体、高度、宽度比例、倾斜角度及排列方式等。工程图样中所标注的文字往往需要采用不同的文字样式，因此，在注写文字之前首先应创建所需要文字样式。调用命令的方式如下：

- 菜单命令：【格式】→【文字样式】
- 工具栏：〖样式〗→〖文字样式〗
- 键盘命令：STYLE 或 ST

执行上述命令后，弹出“文字样式”对话框，如图 4-1 所示，在该对话框内不但可以创建新的文字样式，也可以修改或删除已有的文字样式。“文字样式”对话框中各选项介绍如下：

1. 样式

该选项显示图形中的样式列表。列表包括已定义的样式名并默认显示当前样式。“Standard”为系统默认使用的样式名，不允许重命名和删除，图形文件中已使用的文字样式不能被删除。

2. 字体名

“字体名”下拉列表中显示了系统提供的字体文件名。表中有两类字体，其中 True Type 字体是由 Windows 系统提供的已注册的字体，SHX 字体为 AutoCAD 本身编译的，存放在 AutoCAD Fonts 文件夹中的字体。两种字体分别在字体文件名前用 T、 前缀区别，只有在“使用大字体”复选框不被选中的情况下，才能选择 True Type 字体。

3. 字体样式

该选项用于指定字体格式，比如斜体、粗体或者常规字体。选定“使用大字体”后，该选项变为“大字体”，用于选择大字体文件。

4. 使用大字体

该选项用于指定亚洲语言的大字体文件。只有在“字体名”中指定SHX文件，才能使用“大字体”，常用的大字体文件为gbcbig. shx。

> 用gbcbig. shx字体注写的中文字为正体字，注写的英文或数字为斜体字。

5. 高度

该选项用于指定文字高度。文字高度的默认值为0，表示字高是可变的，如果输入某一高度值，文字高度就为固定值。

> 文字高度一般使用默认值0，使文字高度可变。

6. 效果

该选项用于修改字体的特性，例如宽度因子、倾斜角及是否颠倒显示、反向或垂直对齐。

通过设置不同的参数可以得到不同的文字效果，如图4-5所示。

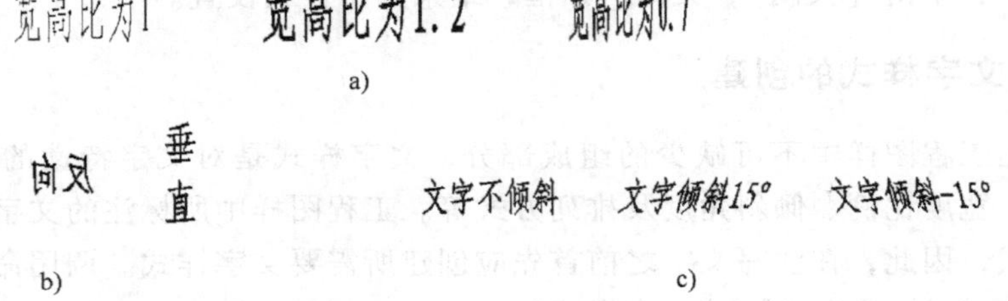

图4-5 不同设置下的文字效果

a）不同宽度比例 b）不同文字方向 c）不同倾斜角度

> 文字倾斜角度为相对于Y轴正方向的倾斜角度，其值在±85°之间选取。

任务二 注写齿轮技术要求

操作实例（图4-6）

本例介绍如图4-6所示图形的文字标注，主要涉及“文字对齐方式”、“单行文字”、“多行文字”、“特殊符号的注写”及“文字的编辑”。

绘制过程

第1步：设置绘图环境，新建一个图层，图层名为“文字”。

第2步：按尺寸绘制图形，剖面线可暂不绘制。

第3步：将“文字”图层置为当前层，将在任务一中创建的“工程字”样式置为当前文字样式。

第4步：调用“直线”、“偏移”命令按如图4-7所示尺寸绘制参数表。

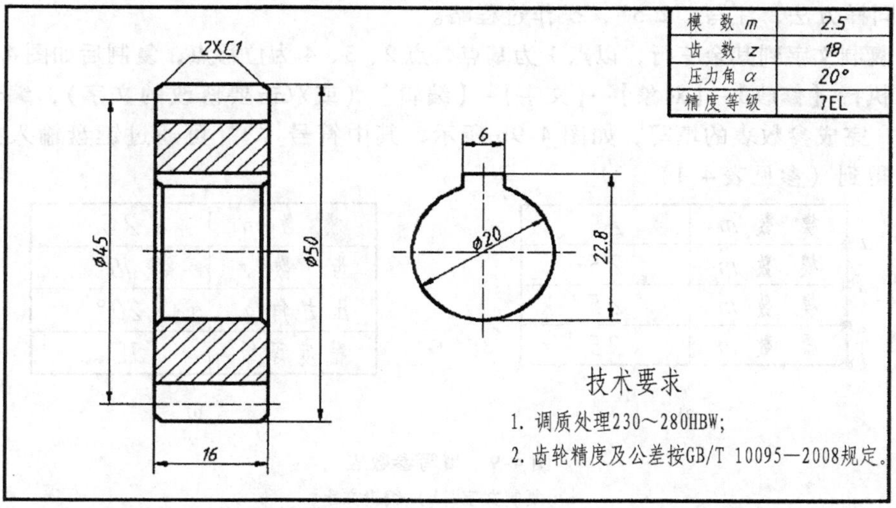

图 4-6 绘制齿轮并注写技术要求

第 5 步：调用“单行文字”命令，注写参数表文字。采用“中间”对齐方式，文字高度为 5mm。

（1）注写一行文字，如图 4-8 所示；

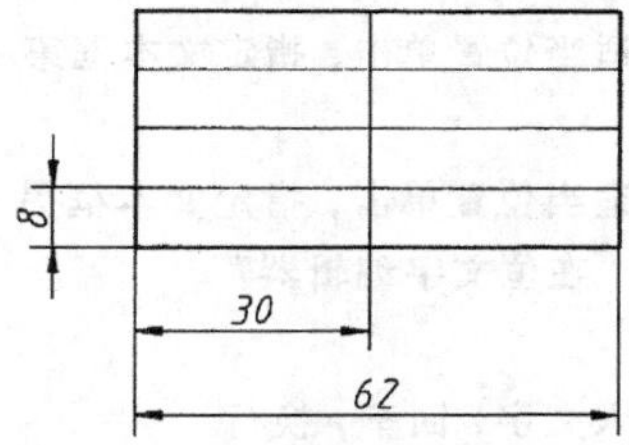

图 4-7 绘制参数表

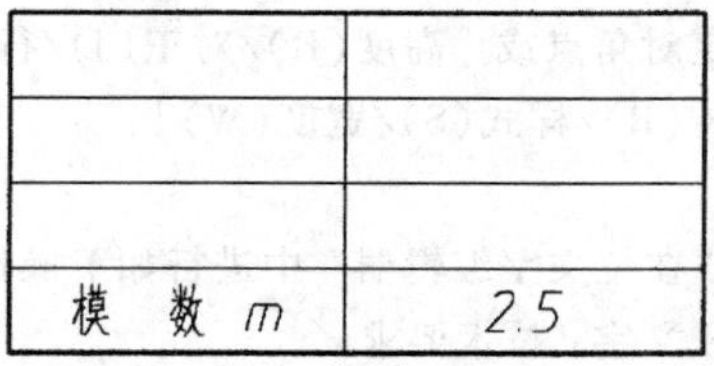

图 4-8 注写一行文字

单击【绘图】→【文字】→【单行文字】，操作步骤如下：

命令：text↙	// 启动“单行文字”命令
当前文字样式：“工程字” 文字高度：7.0000 注释性：否	// 系统提示
指定文字的起点或［对正(J)/样式(S)］：j↙	// 选择“对正”选项
输入选项［对齐(A)/调整(F)/中心(C)/中间(M)/右(R)/左上(TL)/中上(TC)/右上(TR)/左中(ML)/正中(MC)/右中(MR)/左下(BL)/中下(BC)/右下(BR)］：M↙	// 指定“中间”对齐方式
指定文字的中点间：	// 采用如图 4-14b 所示方法找到文字的中间点
指定高度＜7.0000＞：5↙	// 指定文字高度为 5mm
指定文字的旋转角度＜0＞：↙	// 选择默认值，显示“在位文字编辑器”
输入文字：模数 m↙	// 输入文本，回车
↙	// 回车，结束“单行文字”命令

采用同样方法，注写“2.5”，操作过程略。

（2）复制文字到其余三行，以点 1 为基点，点 2、3、4 为位移点，复制后如图 4-9a 所示。

（3）执行【修改】→【对象】→【文字】→【编辑】（或双击要修改的文字），编辑修改复制的文字，完成参数表的填写，如图 4-9b 所示，其中符号“°”可通过键盘输入控制代码“%%d”得到（参见表 4-1）。

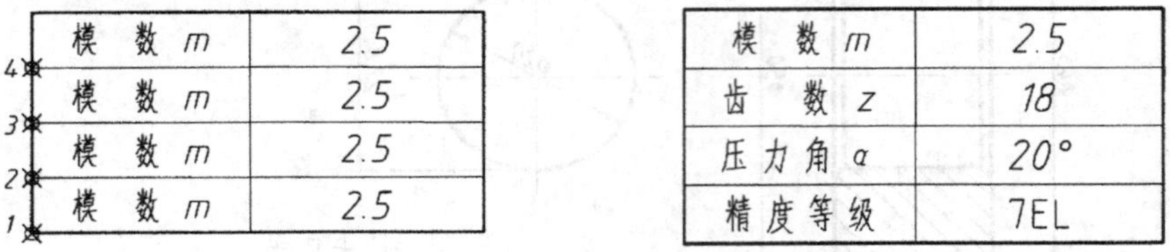

模 数 m　2.5
模 数 m　2.5
模 数 m　2.5
模 数 m　2.5
1
2
3
4
a)
模 数 m　2.5
齿 数 z　18
压力角 α　20°
精度等级　7EL
b)

图 4-9　填写参数表

a）复制文字　b）编辑文字

第 6 步：调用“多行文字”命令，注写技术要求。

单击〖绘图〗→〖多行文字〗A，操作步骤如下：

命令：_ mtext	// 启动“多行文字”命令
当前文字样式：“工程字” 文字高度：7 注释性：否	// 系统提示
指定第一角点	// 在适当位置单击，指定文本框第一角点
指定对角点或［高度(H)/对正(J)/行距(L)/旋转(R)/样式(S)/宽度(W)］：	// 在适当位置单击，指定文本框另一角点，显示“在位文字编辑器”
在“在位文字编辑器”中进行如下操作	
输入文字：技术要求↙	// 输入文字，回车，换行
在“字高”下拉列表中选择“5”，或直接在文本框中输入“5”	// 指定文字高度为 5mm
单击编号按钮	// 将输入的文字设置成数字编号的列表形式
输入文字：调质处理 230 ~ 280HBW；↙	// 输入第一点内容，回车，换行
输入文字：齿轮精度…规定。	// 输入第二点内容，如图 4-10 所示
单击［确定］按钮	// 结束“多行文字”命令

第 7 步：保存图形文件。

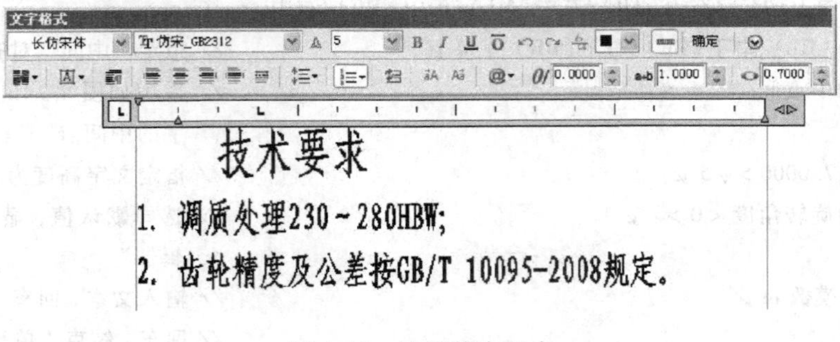

图 4-10　注写技术要求

知识点一　文字对齐方式

1. 单行文字的对齐方式

AutoCAD 为单行文字的水平文本行规定了 4 条定位线（顶线、中线、基线和底线）、13 个对齐点、15 种对齐方式，各对齐点即为文体的插入点，如图 4-11 所示。

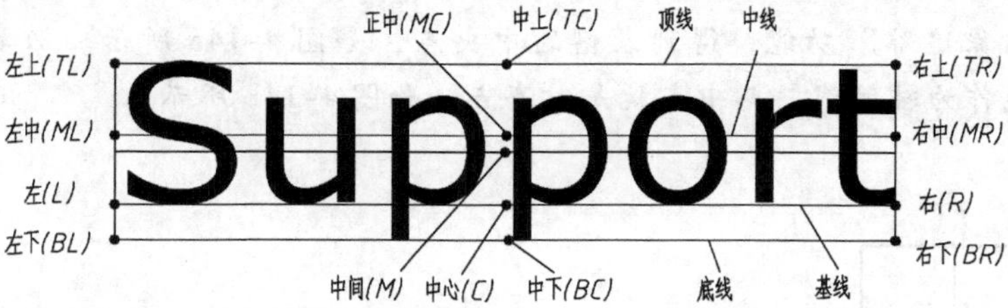

图 4-11　单行文字对齐方式（对齐、调整除外）

顶线为大写字母顶部所对齐的线；基线为大写字母底部所对齐的线；中线处于顶线与基线的正中间；底线为长尾小写字母底部所对齐的线。汉字书写在顶线和基线之间。

除如图 4-11 所示的 13 种对齐方式外，还有两种对齐方式：

（1）对齐（A）：指定文本行基线的两个端点，确定文字的高度和方向。系统自动调整字符高度，使文字在两端点之间均匀分布，而字符的宽高比例不变，如图 4-12a 所示。

（2）调整（F）：指定文本行基线的两个端点，确定文字的方向。系统调整字符的宽高比例以使文字在两端点之间均匀分布，而文字高度不变，如图 4-12b 所示。

2. 多行文字的对齐方式

多行文字创建在所指定的矩形边界内，有 9 种对齐方式，如图 4-13 所示。

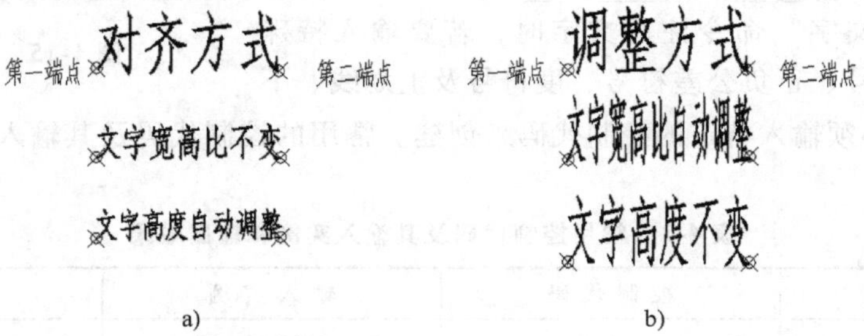

图 4-12　单行文字的对齐方式

a）对齐　b）调整

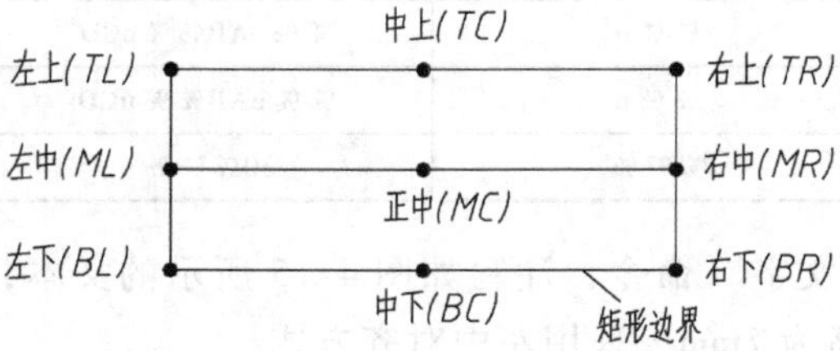

图 4-13　多行文字的对齐方式

> 系统默认的单行文字对齐方式为“左（L）”，多行文字对齐方式为“左上（TL）”。

> 创建位于表格中央的单行文字，可以使用“中间”对齐方式；创建位于表格中央的多行文字，可以使用“正中”对齐方式。对齐点可利用“对象捕捉”及“对象追踪”功能，得到表格的中央点，如图 4-14a 所示。必要时可作一条对角线作为辅助线，其中点就是对齐点，如图 4-14b 所示。

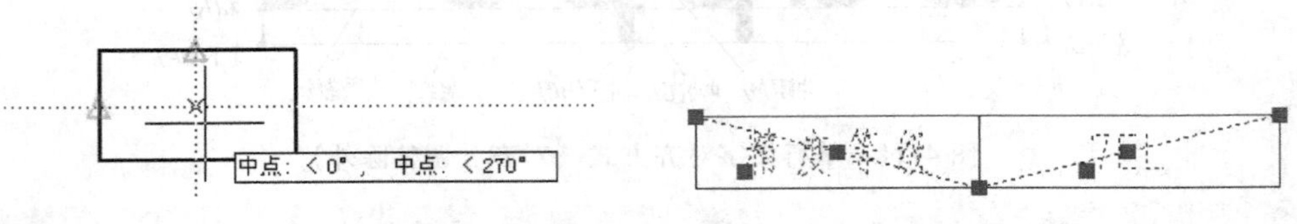

a)　　　　b)

图 4-14　获取表格中央点的方法

a）对象捕捉追踪定点　b）捕捉辅助线的中点

知识点二　单行文字的注写

利用“单行文字”命令，可以动态书写一行或多行文字，如图 4-15 所示，每一行文字为一个独立的对象，可单独进行编辑修改。调用命令的方式如下：

- 菜单命令：【绘图】→【文字】→【单行文字】
- 工具栏：〖文字〗→〖单行文字〗 A
- 键盘命令：DTEXT 或 TEXT、DT

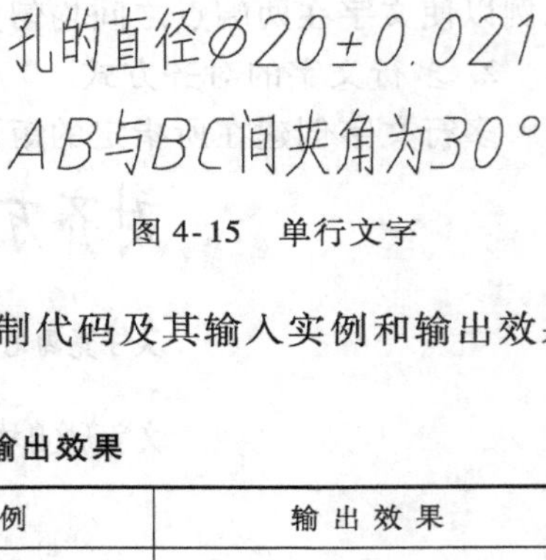

图 4-15　单行文字

使用“单行文字”命令注写文字时，若要输入特殊字符（如直径符号、正负公差符号、度符号及上划线、下划线等），用户必须输入特定的控制代码来创建。常用的控制代码及其输入实例和输出效果见表 4-1。

表 4-1　常用控制代码及其输入实例和输出效果

特殊字符	控制代码	输入实例	输出效果
度符号（°）	%%d	45%%d	45°
正负公差符号（±）	%%p	50%%p0.5	50±0.5
直径符号（ϕ）	%%c	%%c60	ϕ60
上划线（‾）	%%o	%%oAB%%oCD	$\overline{\text{AB}}$CD
下划线（_）	%%u	%%uAB%%uCD	$\underline{\text{AB}}$CD
百分号（%）	%%%	30%%%	30%

例 4-1　利用“单行文字”命令，注写如图 4-15 所示的文本，要求采用任务一中设置的“工程字”样式，字高为 7mm，采用左中对齐方式。

单击【绘图】→【文字】→【单行文字】，操作步骤如下：

命令：_ dtext	// 启动“单行文字”命令
当前文字样式：“长仿宋字” 文字高度：5.000 注释性：否	// 系统提示
指定文字的起点或 [对正(J)/样式(S)]：s ↙	// 选择“样式”选项
输入样式名或 [?] <长仿宋体>：工程字	// 指定文字样式为“工程字”
当前文字样式：“长仿宋体” 文字高度：5.000 注释性：否	// 系统提示
指定文字的起点或 [对正(J)/样式(S)]：j ↙	// 选择“对正”选项
输入选项 [对齐(A)/调整(F)/中心(C)/中间(M)/右(R)/左上(TL)/中上(TC)/右上(TR)/左中(ML)/正中(MC)/右中(MR)/左下(BL)/中下(BC)/右下(BR)]：ml ↙	// 指定“左中”对齐方式
指定文字的左中点：	// 单击一点，指定文字左中对齐点
指定高度 <5.0000>：7 ↙	// 指定文字高度为 7mm
指定文字的旋转角度 <0>：↙	// 默认文本行的旋转角度为 0，显示“在位文字编辑器”
在“在位文字编辑器”中输入文字：孔的直径%%c 20%%p 0.021↙	// 输入第一行文本，回车，换行
AB 与 BC 间夹角为 30%%d ↙	// 输入第二行文本，回车，换行
↙	// 回车，结束“单行文字”命令

知识点三　多行文字的注写

利用“多行文字”命令，可以在绘图窗口指定的矩形边界内创建多行文字，且所创建的多行文字为一个对象。使用“多行文字”命令，可以方便灵活地设置文字样式、字体、高度、加粗、倾斜，快速输入特殊字符，并可实现文字堆叠效果。调用命令的方式如下：

- 菜单命令：【绘图】→【文字】→【多行文字】
- 工具栏：〖文字〗→〖多行文字〗 A 或〖绘图〗→〖多行文字〗 A
- 键盘命令：MTEXT 或 MT。

执行上述命令后，系统将提示用户指定一矩形边界，在用户指定后，弹出如图 4-16 所示的“在位文字编辑器”。“在位文字编辑器”由“文字格式”工具栏、带标尺的文本框和选项菜单组成。

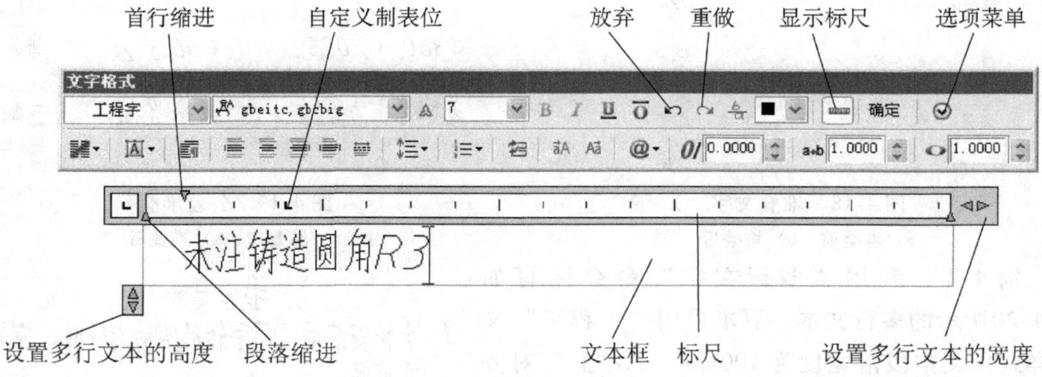

图 4-16　在位文字编辑器

用户可通过“文字格式”工具栏设置文字的样式、字体、高度等，如图 4-17 所示。

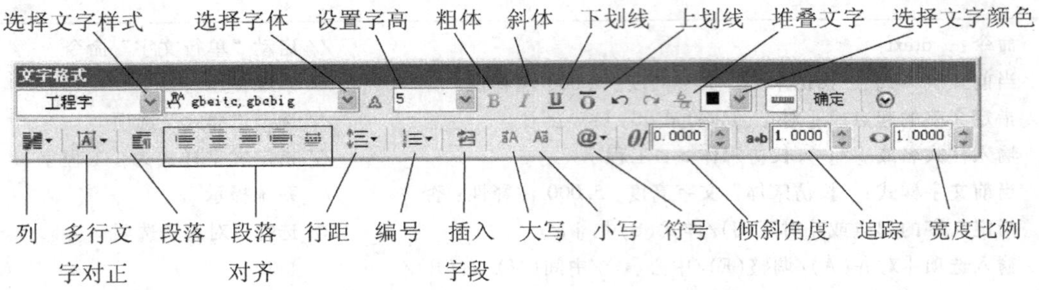

图 4-17 “文字格式”工具栏

“文字格式”工具栏中各按钮的作用大多与 Word 中的相同，不再赘述，在此介绍堆叠文字和特殊字符的输入。

堆叠文字是一种垂直对齐的文字或分数，需堆叠的文字间使用/、#或^分隔，堆叠效果如图 4-18 所示。

> 从图 4-18 可以看出：堆叠字符“^”——创建公差堆叠
> 堆叠字符“/”——创建水平分数堆叠
> 堆叠字符“#”——创建斜分数堆叠

> 巧妙使用堆叠字符“^”，能注写文字的上标或下标。如注写 A^2，在输入“A2^”后，选择“2^”，单击〖堆叠〗按钮。再如注写 B_1，在输入“B^1”后，选择“^1”，单击〖堆叠〗按钮，如图 4-18 所示。

> 注写类似于 $\phi36\,^{\ 0}_{-0.025}$ 的公差（上偏差或下偏差中有一个为 0）时，为使上下偏差对齐，应在“0”的前面输入一个空格，即输入“ϕ36　0^-0.025”，再选择“　0^-0.025”，单击按钮，如图 4-19 所示。

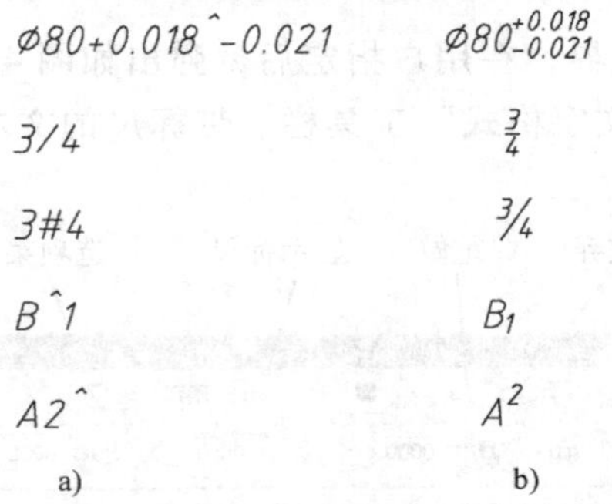

图 4-18 堆叠文字

a）堆叠前 b）堆叠后

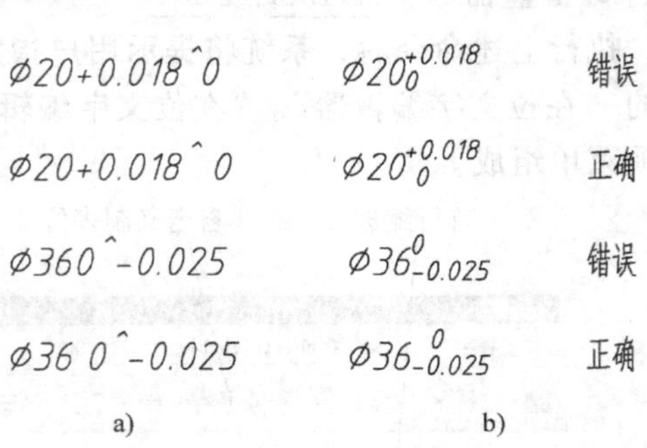

图 4-19 公差堆叠

a）堆叠前 b）堆叠后

例 4-2 利用“多行文字”命令注写如图 4-20所示的多行文本。要求采用“工程字”文字样式，文本段落宽度为 100mm，“左上”对齐方式，“技术要求”字高为 7mm、居中对齐；各项具体内容字高为 5mm，第一行段落缩进为 0，

技术要求

1. 齿轮安装后，用手转动传动齿轮时，应灵活旋转；
2. 两齿轮轮齿的啮合面占齿长的 $^3/_4$ 以上。

图 4-20 注写多行文字

悬挂缩进值为 5。

单击〖绘图〗→〖多行文字〗 A，操作步骤如下：

命令：_ mtext	// 启动“多行文字”命令
当前文字样式：“工程字” 文字高度：7 注释性：否	// 系统提示
指定第一角点	// 指定文本框文字左上对齐点
指定对角点或［高度(H)/对正(J)/行距(L)/旋转(R)/样式(S)/宽度(W)］：w↙	// 选择“宽度”选项，设置文本段落的宽度
指定宽度：100↙	// 输入段落宽度值，回车，显示“在位文字编辑器”
在“在位文字编辑器”中进行如下操作	
单击“居中”按钮	// 设置第一行文字居中对齐
输入文字：技术要求↙	// 输入文字“技术要求”，回车，换行
在“字高”下拉列表中选择“5”，或直接在文本框中输入“5”	// 指定文字高度为 5mm
单击〖编号〗	// 将输入的文字设置成数字编号的列表形式
单击〖段落〗，弹出“段落”对话框，在左缩进选项组的“悬挂”文本框内输入 5，段落对齐为“左对齐”，单击［确定］	// 设置段落缩进和段落对齐方式，如图 4-21 所示
输入文字：齿轮安装后，用手转动传动齿轮时，应灵活旋转↙	// 输入第一点内容，回车，换行
输入文字：两齿轮轮齿的啮合面占齿长的 3#4 以上	// 输入第二点内容，如图 4-22 所示
选中“3#4”后，单击〖堆叠〗	// 堆叠文字
单击［确定］	// 结束“多行文字”命令

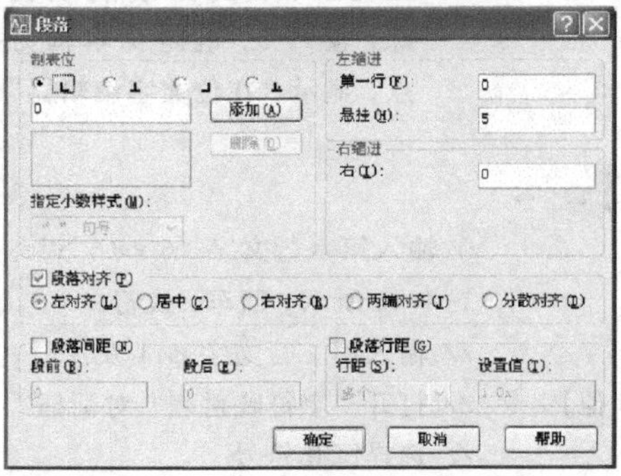

图 4-21　设置段落缩进和段落对齐方式

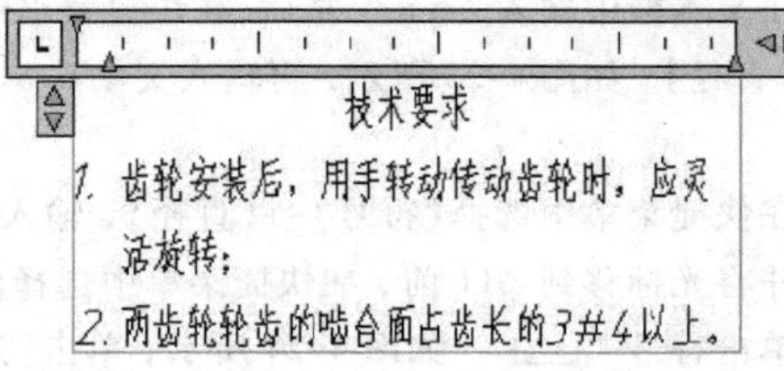

图 4-22　在“在位文字编辑器”中输入文字

使用“多行文字”命令注写文字时，若要输入特殊字符，可单击“在位文字编辑器”中的〖文字格式〗→〖符号〗 @，从下拉菜单中选择相应的符号，如图 4-23 所示。选择

“其他”选项，系统打开如图 4-24 所示的“字符映射表”对话框，该对话框显示了当前字体的所有字符集。

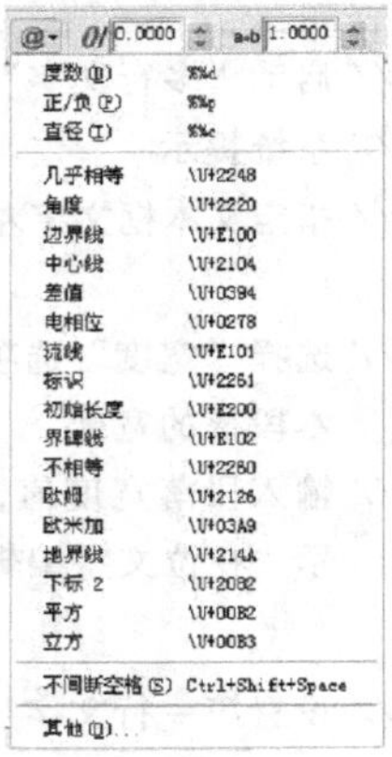

图 4-23 “符号”下拉菜单

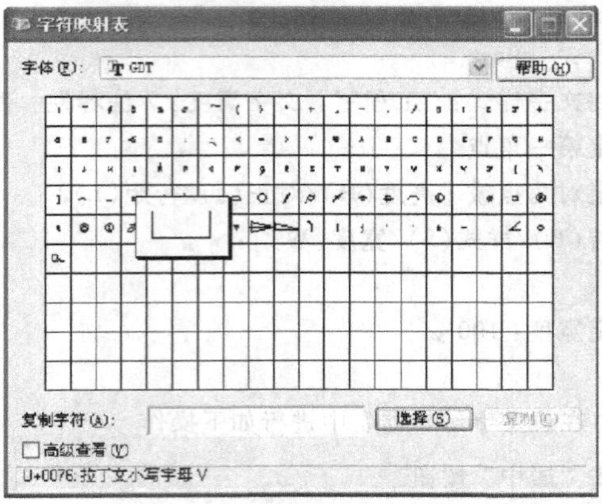

图 4-24 “字符映射表”对话框

例 4-3 利用“多行文字”命令及“符号”选项，注写如图 4-25 所示沉孔的标注文字，要求采用“工程字”文字样式，正中对齐，字高 3.5mm。

单击〖绘图〗→〖多行文字〗 A，操作步骤如下：

命令：_ mtext	// 启动“多行文字”命令
当前文字样式：“工程字” 文字高度：3.5 注释性：否	// 系统提示
指定第一角点：3 ↙	// 捕捉水平引线左端点，并向上追踪，输入 3，确定文本框文字第一角点
指定对角点或［高度(H)/对正(J)/行距(L)/旋转(R)/样式(S)/宽度(W)］：j ↙	// 选择“对正”选项
输入对正方式［左上(TL)/中上(TC)/右上(TR)/左中(ML)/正中(MC)/右中(MR)/左下(BL)/中下(BC)/右下(BR)］ <左上(TL)>：mc ↙	// 设定“正中”对齐方式
指定对角点或［高度(H)/对正(J)/行距(L)/旋转(R)/样式(S)/宽度(W)/栏(C)］：3 ↙	// 捕捉水平引线右端点，并向下追踪，输入 3，确定文本框另一角点，显示“在位文字编辑器”
在“在位文字编辑器”中进行如下操作：	
在文本框中输入“6×”之后，在快捷菜单中选择【符号】@·→【直径】，如图 4-23 所示，再输入文字 6.5 ↙	// 输入第一行文字“6×ϕ6.5”，如图 4-26 所示，回车，换行
在快捷菜单中选择〖符号〗→〖直径〗，输入文字“11”“4”	// 输入第二行文字 ϕ11 及 4
并将光标移到 ϕ11 前，在快捷菜单中选择【符号】→【其他】	// 打开“字符映射表”对话框
单击符号“⌴”，如图 4-24 所示，单击［选择］	// 选择沉孔符号
在文本框中的快捷菜单中选择“粘贴”选项，再将光标移到 4	// 插入沉孔符号⌴
前，用同样方式插入孔深符号↧	// 插入孔深符号↧，如图 4-26 所示
单击［确定］	// 结束“多行文字”命令

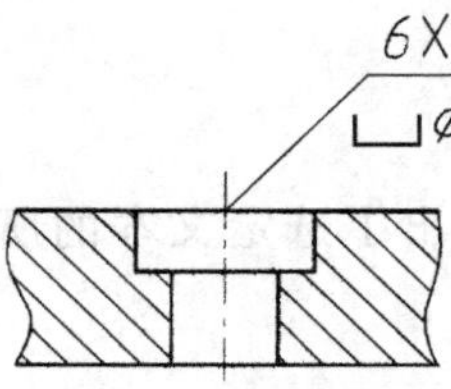

图 4-25　沉孔尺寸的标注

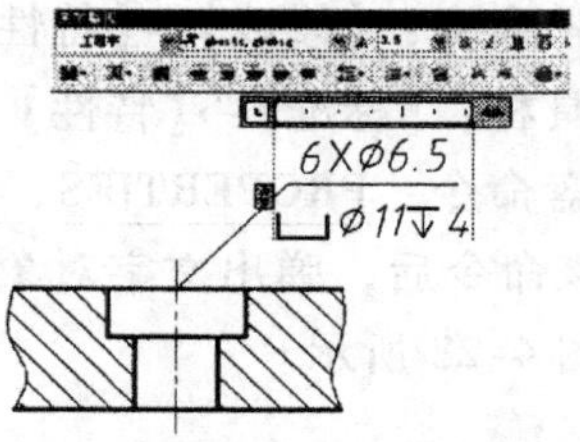

图 4-26　输入沉孔尺寸文字

知识点四　文字的编辑

在文字注写之后，常常需要对文字的内容和特性进行编辑和修改。用户可以采用“编辑文字”命令和对象“特性”选项板进行编辑。

1. “编辑文字”命令编辑文本

利用“编辑文字”命令可以打开“在位文字编辑器”，从而编辑、修改单行文本的内容和多行文本的内容及格式。调用命令的方式如下：

- 菜单命令：【修改】→【对象】→【文字】→【编辑】
- 工具栏：〖文字〗→〖编辑〗
- 键盘命令：DDEDIT

> 快速打开“在位文字编辑器”的方法有两种：一是直接双击要编辑修改的文字；二是单击要编辑修改的文字后，右击，在弹出的快捷菜单中选择【编辑文字】或【编辑多行文字】。

例 4-4　利用“编辑文字”命令修改如图 4-27a 所示的内容，结果如图 4-27c 所示。

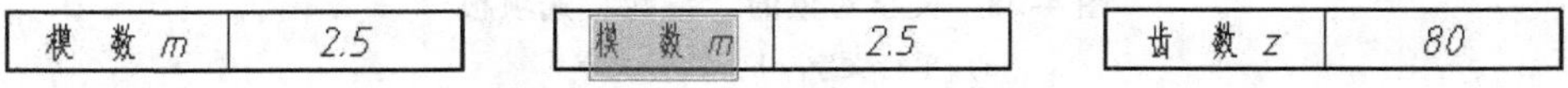

a)　b)　c)

图 4-27　修改文字
a）原图　b）选择要修改的文字　c）修改后

单击〖文字〗→〖编辑〗，操作步骤如下：

命令：_ddedit　// 启动命令
选择注释对象或［放弃(U)］：　// 单击“模数 m”，显示“在位文字编辑器”，如图 4-27b 所示
在“在位文字编辑器”中进行如下操作：
输入“齿数 z”后，单击　// 输入修改文字，单击，确认此处修改结束
选择注释对象或［放弃(U)］：单击“2.5”　// 选择要修改的文字
采用与上相同的方法将“2.5”修改为“80”（过程略）
选择注释对象或［放弃(U)］：↙　// 回车，结束命令

2. 对象“特性”选项板编辑文本

利用对象“特性”选项板可以编辑、修改文本的内容和特性。调用命令的方式如下：

● 菜单命令：【修改】→【特性】

● 工具栏：〖标准〗→〖特性〗

● 键盘命令：PROPERTIES、DDMODIFY 或 PROPS

执行该命令后，弹出文字对象的“特性”选项板，其中列出了选定文本的所有特性和内容，如图 4-28 所示。

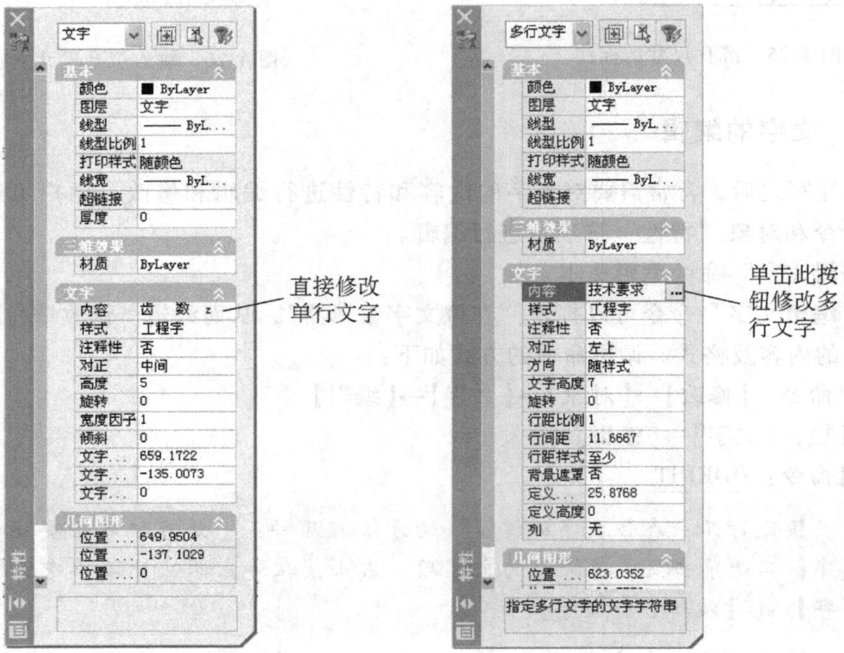

a) b)

图 4-28 文字对象的“特性”选项板

a）单行文字 b）多行文字

任务三 创建一种尺寸样式

操作实例

本例要求利用“标注样式”命令以 ISO－25 为基础样式按表 4-2、表 4-3 要求新建包含“角度”、“半径”及“直径”三个子样式的“机械标注”样式，并将其置为当前样式（表中未涉及的变量采用默认值）。

本例主要涉及“标注样式”对话框的设置。

表 4-2 “机械标注”样式父样式变量设置一览表

选 项 卡	选 项 组	选 项 名 称	变 量 值
线	尺寸线	基线间距	8
	尺寸界线	超出尺寸线	2
		起点偏移量	0

（续）

选 项 卡	选 项 组	选项名称	变 量 值
符号和箭头	箭头	第一个	实心闭合
		第二个	实心闭合
		引线	实心闭合
		箭头大小	3
	半径标注折弯	折弯角度	45
文字	文字外观	文字样式	工程字
		文字高度	3.5
	文字位置	垂直	上方
		水平	居中
		从尺寸线偏移	1.5
	文字对齐	与尺寸线对齐	选中
主单位	线性标注	单位格式	小数
		精度	0
		小数分隔符	句点
	角度标注	单位格式	十进制度数
		精度	0

表 4-3 "机械标注"样式子样式变量设置一览表

名 称	选 项 卡	选 项 组	选项名称	变 量 值
角度	文字	文字位置	垂直	上方
			水平	居中
		文字对齐	水平	选中
直径/半径	文字	文字对齐	ISO 标准	选中
	调整	调整选项	文字	选中

操作过程

第 1 步：创建"机械标注"父样式。

（1）单击【格式】→【标注样式】或【标注】→【标注样式】，弹出如图 4-29 所示的"标注样式管理器"对话框。

（2）在"标注样式管理器"对话框中，单击［新建］，弹出"创建新标注样式"对话框。

（3）在"新样式名"文本框中输入"机械标注"，在"基础样式"下拉列表中选择"ISO－25"，在"用于"下拉列表中选择"所有标注"，如图 4-30 所示。

（4）单击［继续］，弹出"新建标注样式：机械标注"对话框，按表 4-2 要求设置"线"选项卡中各变量，如图 4-31 所示。

（5）单击｛符号和箭头｝，按表 4-2 要求设置各变量，如图 4-32 所示。

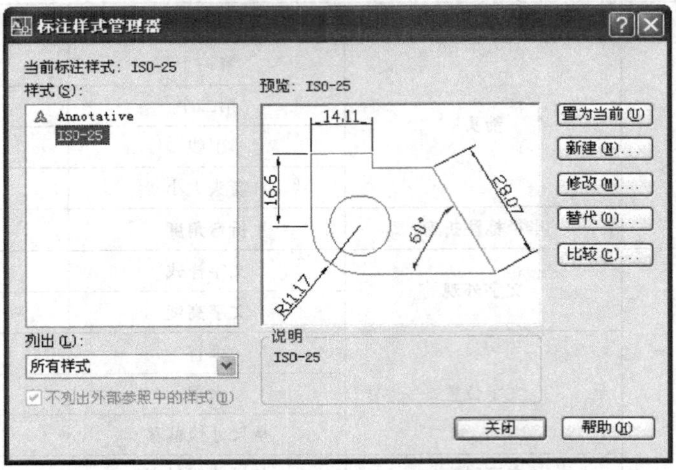

图 4-29 “标注样式管理器” 对话框

(6) 单击 {文字}，按表 4-2 要求设置各变量，如图 4-33 所示。

(7) 单击 {主单位}，按表 4-2 要求设置各变量，如图 4-34 所示。

(8) 单击 [确定]，返回到主对话框，新标注样式显示在 “样式” 列表中，父样式的创建完成。

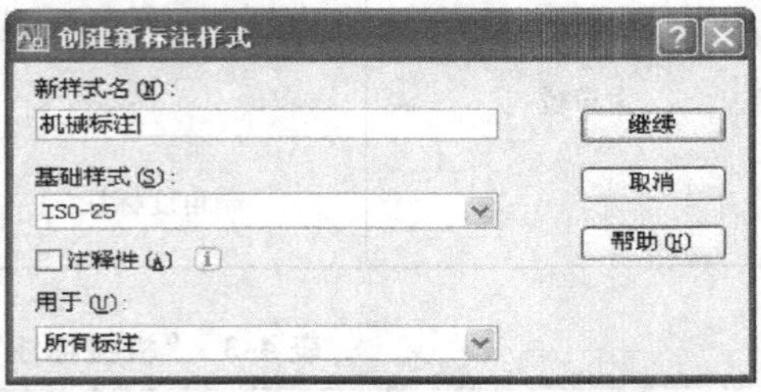

图 4-30 “创建新标注样式” 对话框

第 2 步：创建 “角度” 子样式。

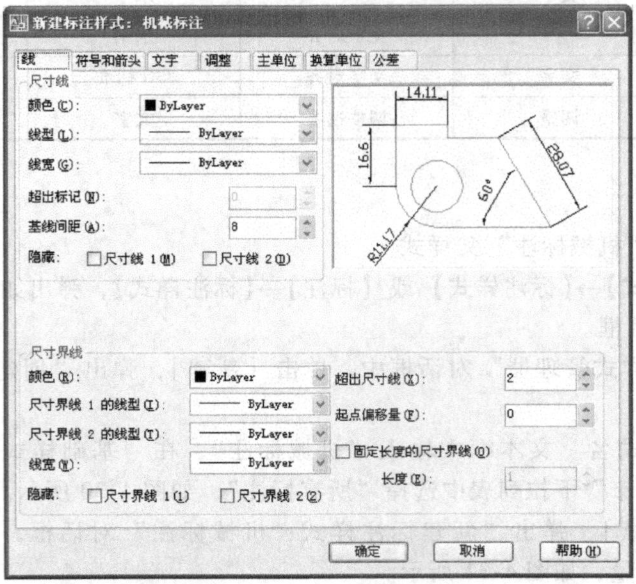

图 4-31 设置尺寸线、尺寸界线特性

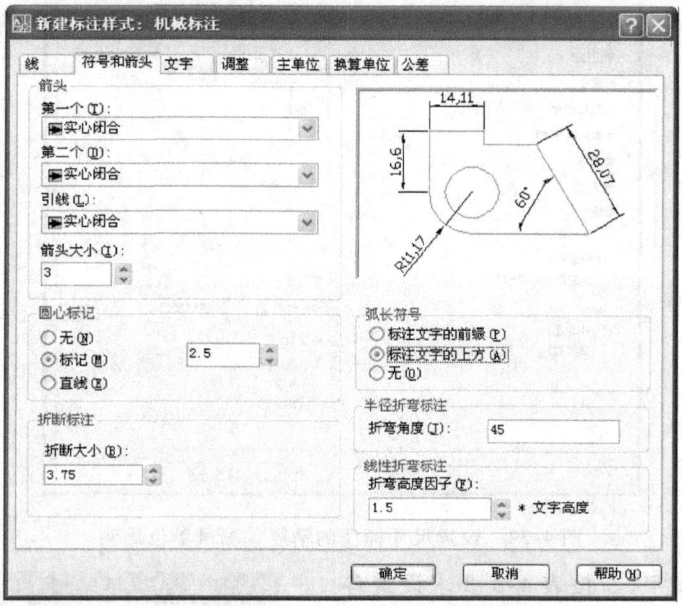

图 4-32　设置符号和箭头特性

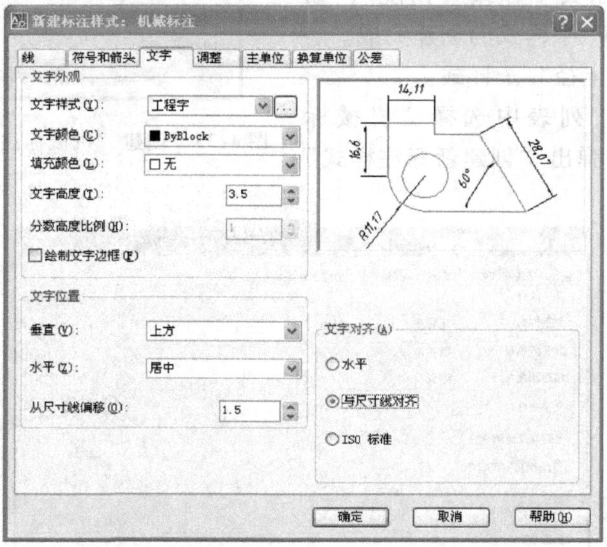

图 4-33　设置文字特性

(1) 在“样式”列表中选择“机械标注”，单击［新建］，弹出“创建新标注样式”对话框。

(2) 在“创建新标注样式”对话框中，基础样式默认为“机械标注”，在“用于”下拉列表中选择“角度标注”，如图 4-35 所示。

(3) 单击［继续］，弹出“机械标注：角度”对话框。

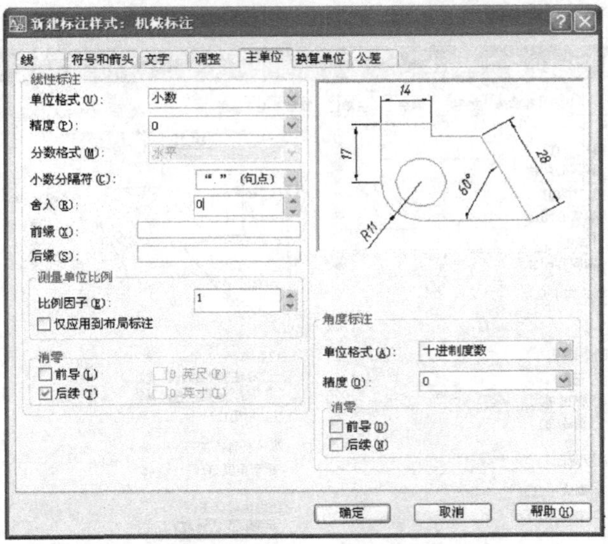

图 4-34 设置尺寸标注的精度、测量单位比例

（4）单击｛文字｝，按表 4-3 要求设置各变量，如图 4-36 所示。

（5）单击［确定］，返回到主对话框，在“机械标注”下面显示其子样式“角度”，如图 4-37 所示，“角度”子样式的创建完成。

第 3 步：创建“半径”子样式。

（1）在“样式”列表中选择“机械标注”，单击［新建］，弹出“创建新标注样式”对话框。

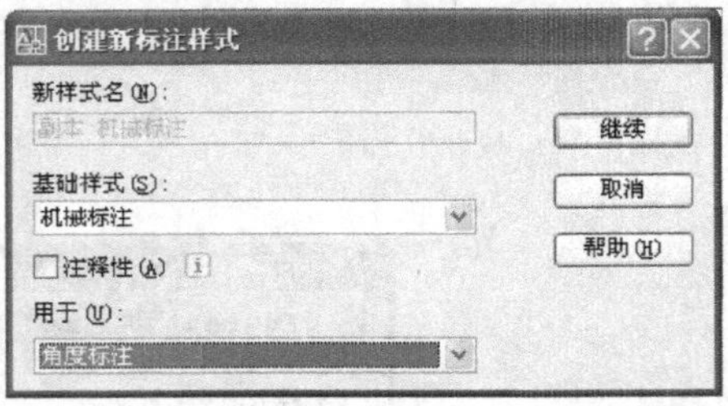

图 4-35 创建“机械标注”的“角度”子样式

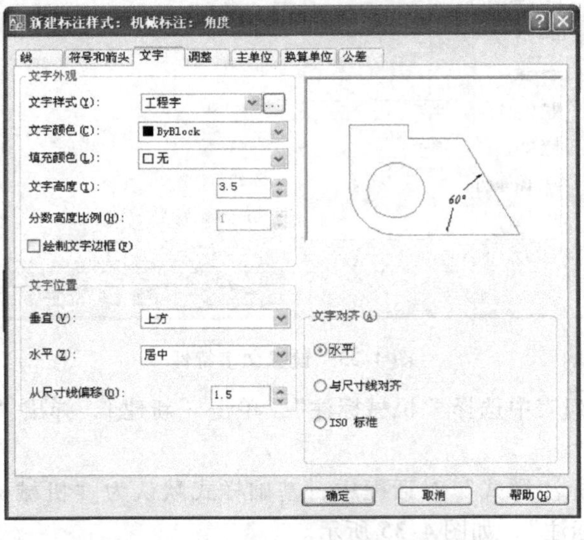

图 4-36 设置“角度”样式的文字对齐方式

(2) 在“创建新标注样式”对话框中，基础样式默认为“机械标注”，在“用于”下拉列表中选择“半径标注”，如图 4-38 所示。

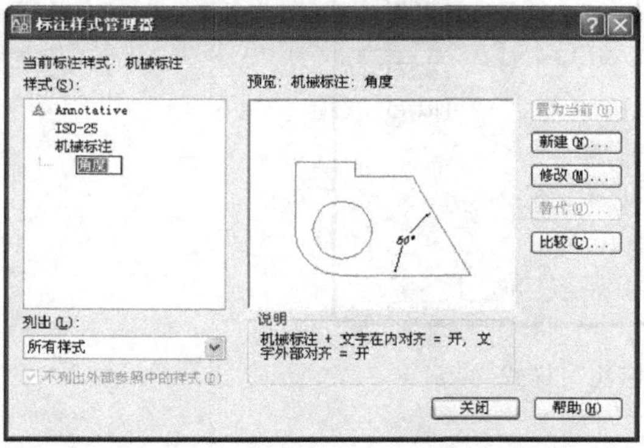

图 4-37　“角度”子样式

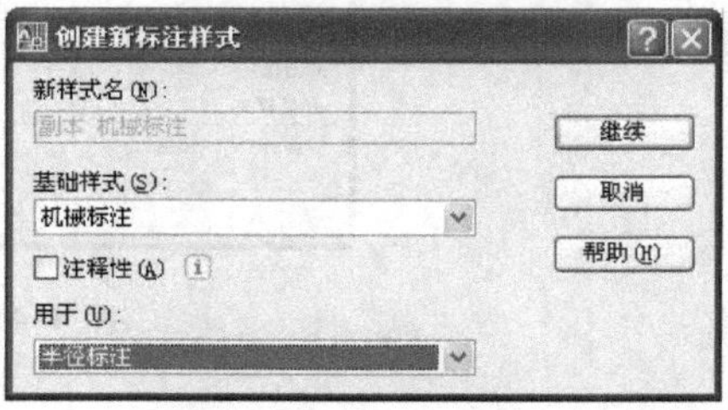

图 4-38　创建“机械标注”的“半径”子样式

(3) 单击［继续］，弹出“机械标注：半径”对话框。

(4) 单击｛文字｝，按表 4-3 要求设置“文字对齐”方式为“ISO 标准”，如图 4-39 所示。

(5) 单击｛调整｝，按表 4-3 要求设置“调整选项”为“文字”，如图 4-40 所示。

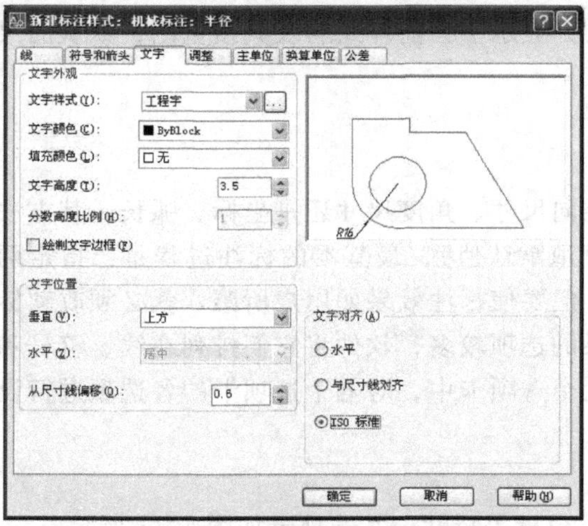

图 4-39　设置“半径”样式的文字对齐方式

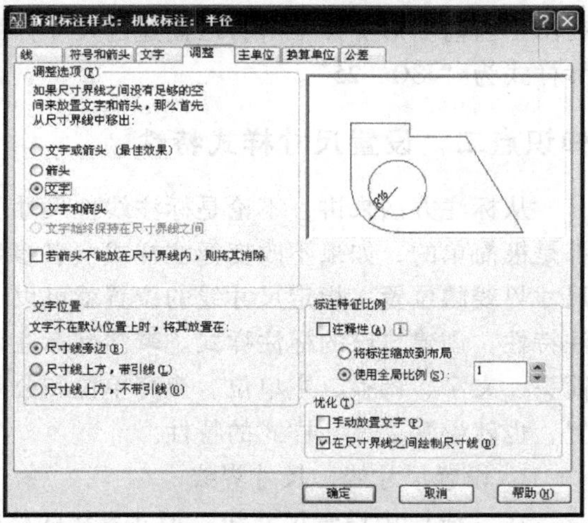

图 4-40　设置“半径”样式的调整选项

(6) 单击［确定］，返回到主对话框，在“机械标注”下面显示其子样式“半径”，“半径”子样式的创建完成。

第 4 步：采用同样方法创建“直径”子样式。

第 5 步：在“样式”列表中选择“机械标注”，单击［置为当前］，将“机械标注”样式置为当前样式，如图 4-41 所示。

第 6 步：单击［关闭］，关闭“标注样式管理器”对话框，完成设置。

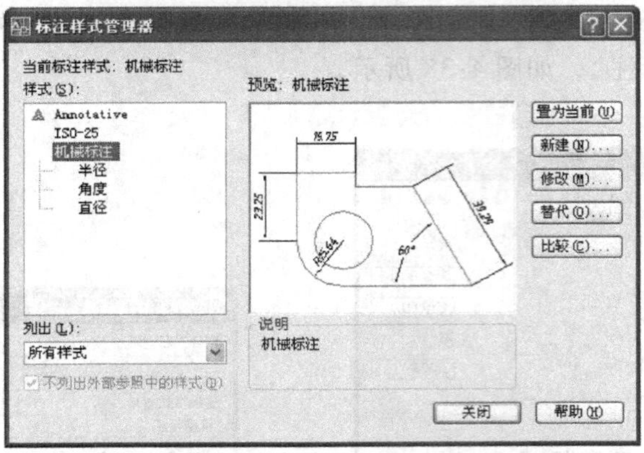

图 4-41　“机械标注”样式

知识点一　尺寸样式的创建

在标注尺寸之前，一般应先根据国家标准的有关要求创建尺寸样式。调用命令的方式如下：

- 菜单命令：【格式】→【标注样式】或【标注】→【标注样式】
- 工具栏：〖样式〗→〖标注样式〗 或〖标注〗→〖标注样式〗
- 键盘命令：DIMSTYLE

执行上述命令后，弹出如图 4-29 所示的“标注样式管理器”对话框，“样式”列表中列出了当前图形文件中所有已创建的尺寸样式，并显示了当前样式名及其预览图，默认的尺寸样式为“ISO－25”。

知识点二　设置尺寸样式特性

从标注方法来讲，不论是标注线性尺寸、径向尺寸、角度尺寸还是坐标、弧长，其方法都是极简单的，如果不改变标注样式（各参数都取默认值），最基本的标注过程是：指定两尺寸界线的位置、指定尺寸线的位置就可以了。但要使标注效果如用户所愿，就必须改动标注特性，创建自己的标注样式。牵涉到标注效果的选项较多，软件将它们排列在线、符号和箭头、文字、调整、主单位、换算单位和公差七个选项卡中，对七个选项卡的各选项进行设置，也就设置了尺寸样式的特性。

1. 设置尺寸线、尺寸界线

在｛线｝中设置尺寸线、尺寸界线的格式、位置等特性，其选项卡如图 4-31 所示。

（1）“尺寸线”设置：

① 颜色、线型和线宽：用于指定尺寸线的颜色、线型和线宽，一般设为“随层”。

② 基线间距：设置基线标注时相邻两尺寸线间的距离，如图 4-42 所示。一般机械标注中基线间距设置为 8～10mm（对应参数 8～10）。

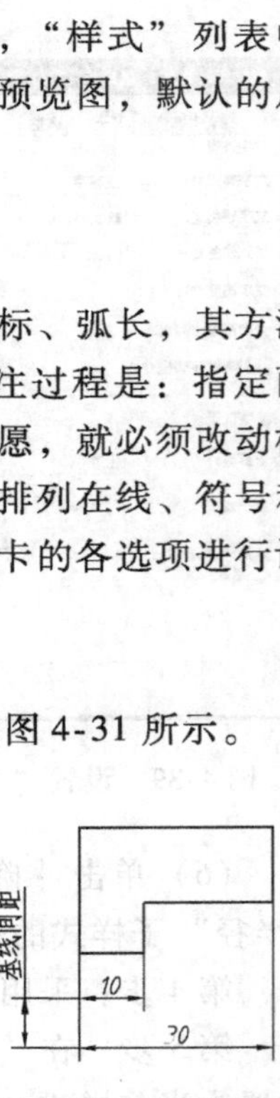

图 4-42　基线间距

③ 隐藏：控制尺寸线是否显示，如图 4-43 所示。

（2）“尺寸界线”设置：

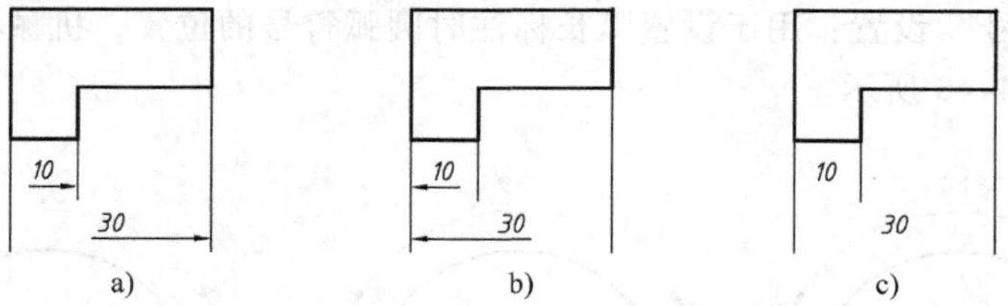

图 4-43　隐藏尺寸线的效果

a）隐藏尺寸线 1　b）隐藏尺寸线 2　c）隐藏两条尺寸线

① 颜色、尺寸界线 1 的线型、尺寸界线 2 的线型和线宽：用于指定尺寸界线的颜色、线型和线宽，一般设为“随层”。

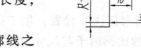

② 超出尺寸线：设置尺寸界线超出尺寸线的长度，机械标注设为 2mm（对应参数 2），如图 4-44 所示。

③ 起点偏移量：设置尺寸界线起点到图形轮廓线之间的距离，机械标注设为 0 或取默认值，如图 4-44 所示。

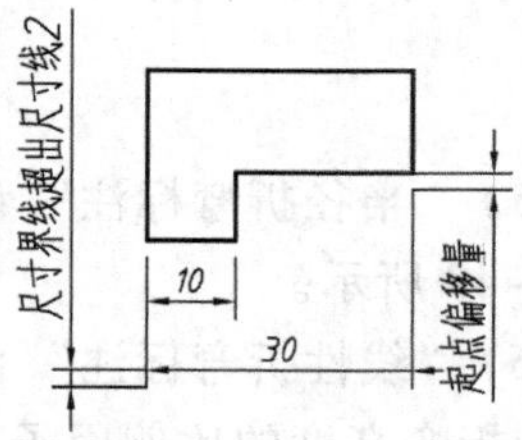

图 4-44　超出尺寸线和起点偏移量

④ 隐藏：控制尺寸界线是否显示，如图 4-45 所示。

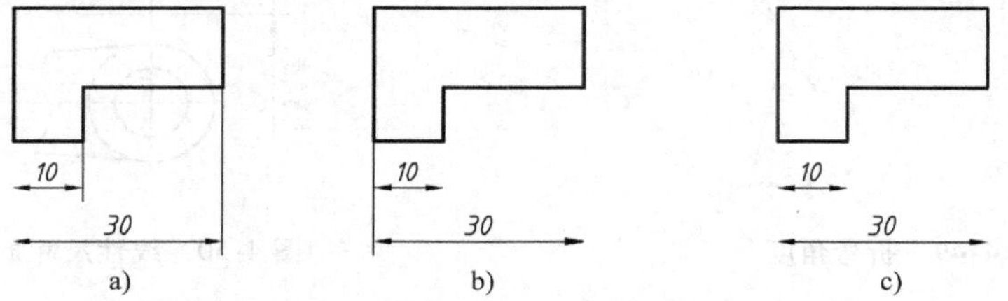

图 4-45　隐藏尺寸界线的效果

a）隐藏尺寸界线 1　b）隐藏尺寸界线 2　c）隐藏两条尺寸界线

2. 设置符号和箭头

在｛符号和箭头｝中设置箭头、圆心标记的形式和大小，以及弧长符号、半径折弯标注等特性，其选项卡如图 4-32 所示。

(1) “箭头”设置：用于指定箭头的形式和大小，机械标注箭头均为“实心闭合”形式，大小设为 2.5mm 或 3mm。

(2) “圆心标记”设置：用于设置在圆心处是否产生标记或中心线，机械标注一般选择“无”类型，如图 4-46 所示。

(3) “折断标注”设置：用于设置折断标注时的标注对象之间或与其他对象之间相交处打断的距离，如图 4-47 所示。

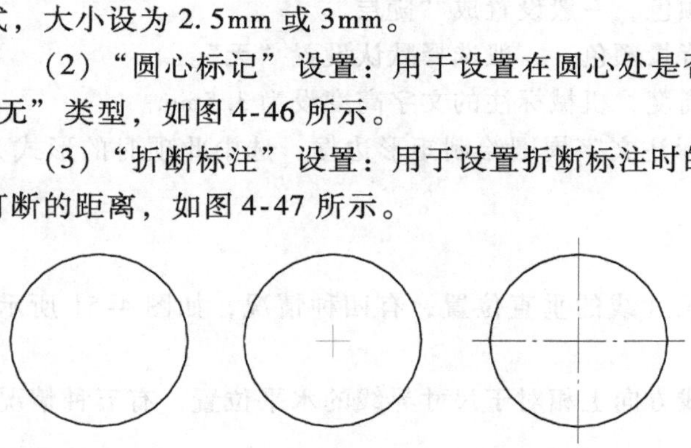

图 4-46　圆心标记

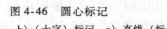

a）无（标记）　b）（十字）标记　c）直线（标记）

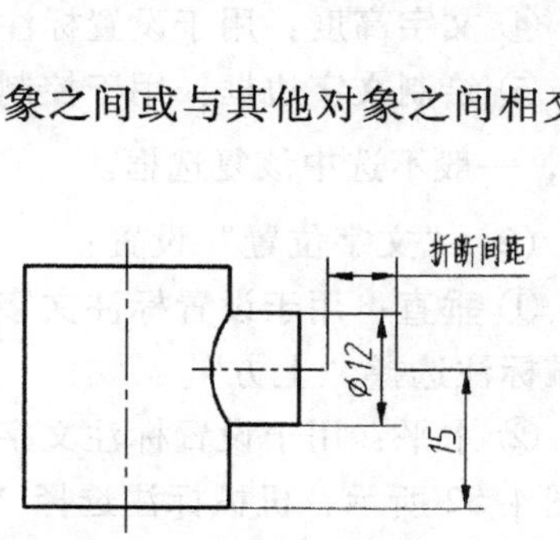

图 4-47　折断间距

（4）“弧长符号”设置：用于设置弧长标注时圆弧符号的位置，机械标注选择“标注文字的前缀”，如图 4-48 所示。

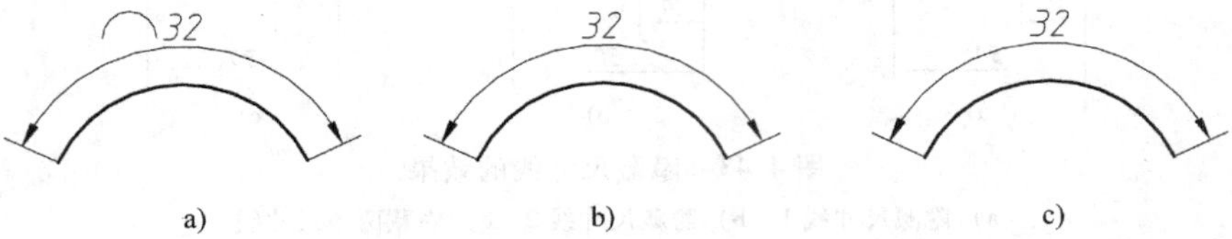

图 4-48 弧长符号

a）前缀 b）上方 c）无

（5）“半径折弯标注”设置：用于指定折弯半径标注的折弯角度，机械标注设置为 45°，如图 4-49 所示。

（6）“线性折弯标注”设置：用于指定对线性折弯标注时折弯高度的比例因子。折弯高度等于折弯高度的比例因子与尺寸数字高度的乘积，如图 4-50 所示。

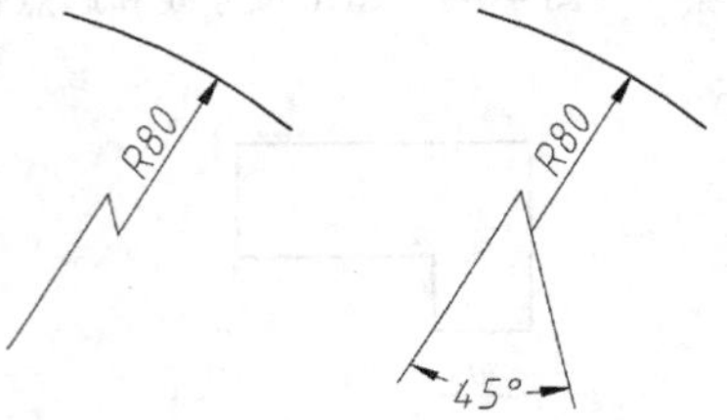

图 4-49 折弯角度

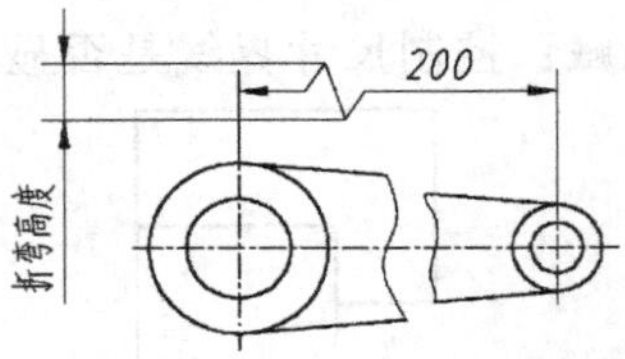

图 4-50 线性尺寸折弯标注

3. 设置文字

在｛文字｝中设置文字的外观、位置及对齐方式等特性，其选项卡如图 4-33 所示。

（1）“文字外观”设置：

① 文字样式：用于设置尺寸标注时所使用的文字样式。默认样式为“Standard”，单击右侧的按钮，打开“文字样式”对话框，可创建和修改标注文字样式。机械标注选择本模块任务一中创建的“工程字”样式。

② 文字颜色：用于设置标注文字的颜色，一般设置成“随层”。

③ 填充颜色：用于设置标注文字的背景颜色，一般选择默认设置“无”。

④ 文字高度：用于设置标注文字的高度，机械标注的文字高度设为 3.5mm。

⑤ 绘制文字边框：用于控制是否在标注文字周围绘制矩形边框，选中此项时的形式为 50，一般不选中该复选框。

（2）“文字位置”设置：

① 垂直：用于设置标注文字相对于尺寸线的垂直位置，有四种情况，如图 4-51 所示，机械标注选择“上方”。

② 水平：用于设置标注文字在尺寸线方向上相对于尺寸界线的水平位置，有五种情况，如图 4-52 所示，机械标注选择“居中”。

③ 从尺寸线偏移：用于设置标注文字离尺寸线的距离，机械标注取 1 ~ 1.5mm 为宜。根据标注文字的位置及是否带矩形边框，从尺寸线偏移的量有 3 种含义，如图 4-53 所示。

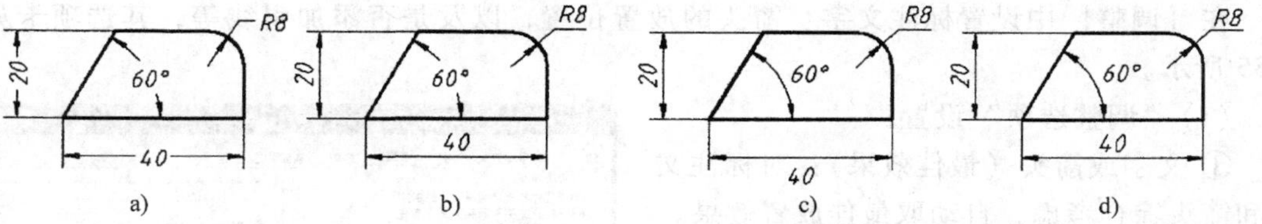

图 4-51 文字垂直位置

a）居中 b）上方 c）外部 d）JIS（日本标准）

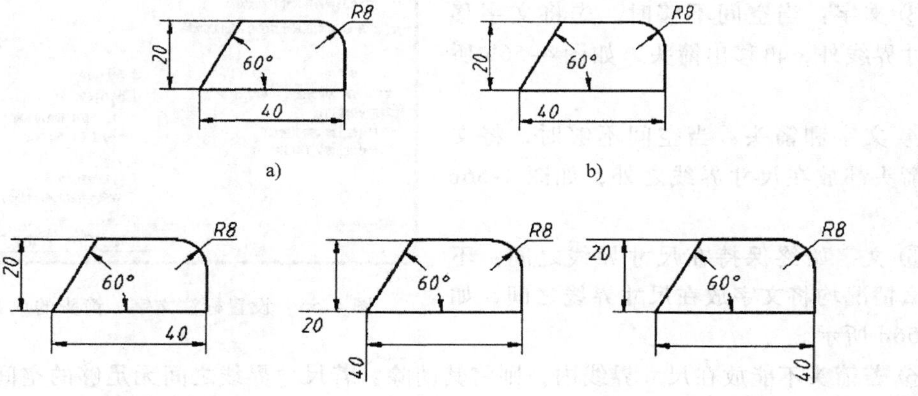

图 4-52 文字水平位置

a）居中 b）第一条尺寸界线 c）第二条尺寸界线 d）第一条尺寸界线上方 e）第二条尺寸界线上方

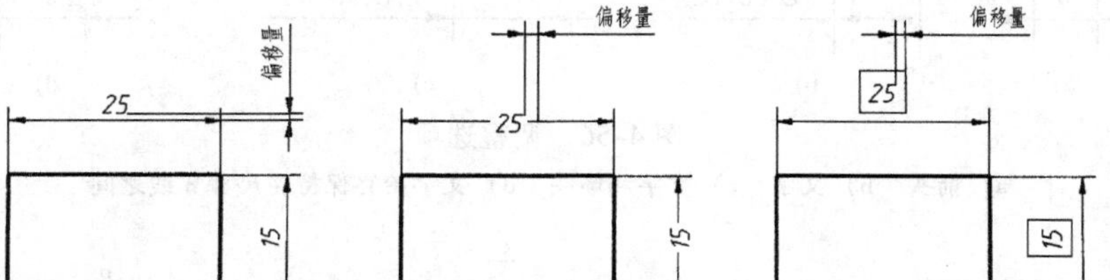

图 4-53 从尺寸线偏移的量

（3）“文字对齐”设置：用于设置标注文字的对齐方式，有三个选项，各效果如图 4-54 所示。其中“ISO 标准”的处理方法是当文字在尺寸界线内时，文字与所在位置处的尺寸线平行；当文字在尺寸界线外时，则将文字水平放置。机械标注选择“与尺寸线对齐”。

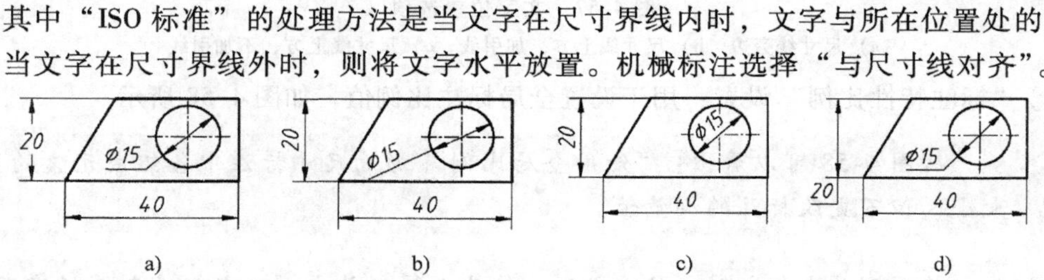

图 4-54 文字对齐方式

a）水平 b）与尺寸线对齐 c）ISO 标准（尺寸界线内） d）ISO 标准（尺寸界线外）

4. 设置尺寸标注文字、箭头、引线和尺寸线的放置位置

在｛调整｝中设置标注文字、箭头的放置位置，以及是否添加引线等，其选项卡如图 4-55 所示。

（1）“调整选项”设置：

① 文字或箭头（最佳效果）：对标注文字和箭头综合考虑，自动取最佳放置效果。

② 箭头：当空间不够时，先将箭头移到尺寸界线外，再移出文字，如图 4-56a 所示。

③ 文字：当空间不够时，先将文字移到尺寸界线外，再移出箭头，如图 4-56b 所示。

④ 文字和箭头：当空间不够时，将文字和箭头都放在尺寸界线之外，如图 4-56c 所示。

⑤ 文字始终保持在尺寸界线之间：不论什么情况均将文字放在尺寸界线之间，如图 4-56d 所示。

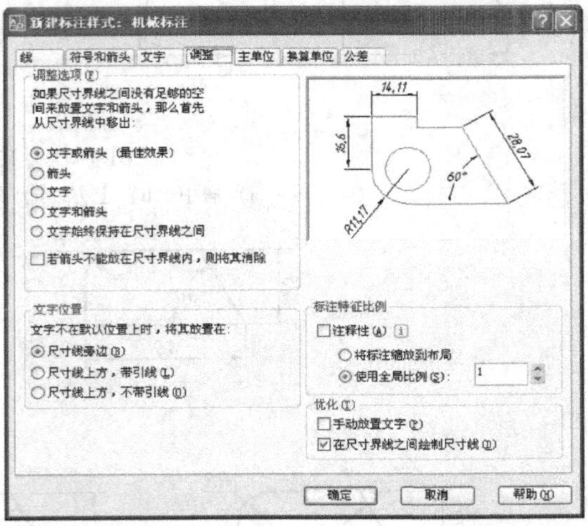

图 4-55 设置标注文字、箭头的放置位置

⑥ 若箭头不能放在尺寸界线内，则将其消除：若尺寸界线之间无足够的空间放置箭头，则不显示箭头。

（2）“文字位置”设置：用于设置当文字不在默认位置时，文字的放置位置，如图 4-57 所示，机械标注选择“尺寸线旁边”位置。

a)　b)　c)　d)

图 4-56 调整选项

a）箭头　b）文字　c）文字和箭头　d）文字始终保持在尺寸界线之间

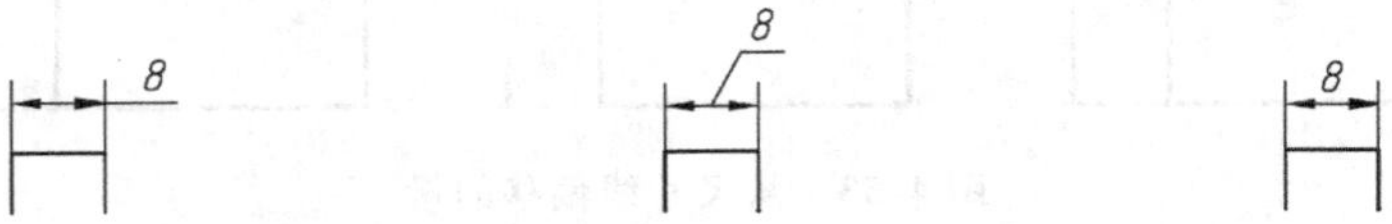

a)　b)　c)

图 4-57 文字位置选项

a）尺寸线旁边　b）尺寸线上方，加引线　c）尺寸线上方，不加引线

（3）“标注特性比例”设置：用于设置全局标注比例值，如图 4-58 所示。

从图 4-58 可以看出：“使用全局比例”影响尺寸标注中各组成元素的显示大小，但不更改标注的测量值。

将图形放大打印时，尺寸数字、箭头也随之放大，这与机械制图标准不符。此时可将“使用全局比例”的值设为图形放大倍数的倒数，就能保证出图时图形放大而尺寸数字、箭头大小不变。

（4）“优化”设置：一般不选“手动放置文字”选项；在尺寸界线之间绘制尺寸线用于设置是否在尺寸界线内画出尺寸线，如图4-59所示。

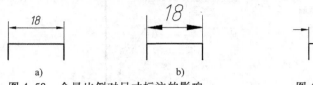

a)　　b)

图4-58　全局比例对尺寸标注的影响

a）全局比例为1　b）全局比例为2

a)　　b)

图4-59　在尺寸界线之间绘制尺寸线

a）未设置　b）设置

5. 设置尺寸标注的精度、测量单位比例

在｛主单位｝中设置尺寸标注的精度、测量单位比例，并设置文字的前缀和后缀等，一般取默认设置，其选项卡如图4-34所示。

用户应根据绘图比例的不同，在“测量单位比例”选项组的“比例因子”文本框中输入相应的线性尺寸测量单位的比例因子，以保证所注尺寸为物体的实际尺寸。如采用1:2比例绘图时，测量单位的比例因子应设为2；采用2:1比例绘图时，测量单位的比例因子应设为0.5，如图4-60所示。

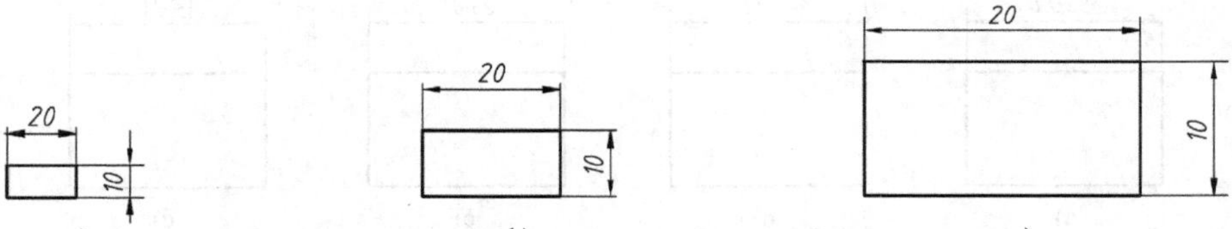

a)　　b)　　c)

图4-60　测量单位比例因子与绘图比例的关系

a）绘图比例1:2 测量单位比例因子设为2　b）绘图比例1:1 测量单位比例因子设为1　c）绘图比例2:1 测量单位比例因子设为0.5

从图4-60可以看出，应将测量单位的比例因子设置为绘图比例因子的倒数。为作图的方便，绘图时尽量采用1:1的比例。

6. 设置换算单位

在“换算单位”选项卡中设置尺寸标注中换算单位的显示，以及不同单位之间的换算格式和精度。机械标注中较少使用此功能，在此不做详细介绍。

7. 设置公差标注方式、精度及对齐方式

在｛公差｝中设置公差标注方式、精度及对齐方式，其选项卡如图4-61所示。

（1）“公差格式”设置：

① 方式：用于设置标注公差的形式，有4种形式，如图4-62所示。

② 精度：用于设置公差值的精度，即公差值保留的小数位数。

③ 上偏差：用于设定上偏差值，默认为正值，若实际是负值如“-0.01”，则此框内应填入“-0.01”。

④ 下偏差：用于设定下偏差值，默认为负值，若实际是正值如“+0.01”，则此框内应填入“-0.01”。

⑤ 高度比例：用于设置公差文字高度相对于基本尺寸文字高度的比例，若为1，则公差高度与基本尺寸文字高度一样，机械标注中设为0.6~0.8为宜。

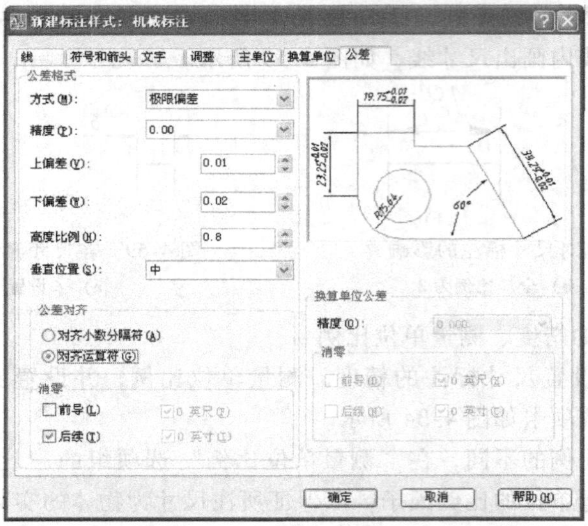

图 4-61 “公差”选项卡

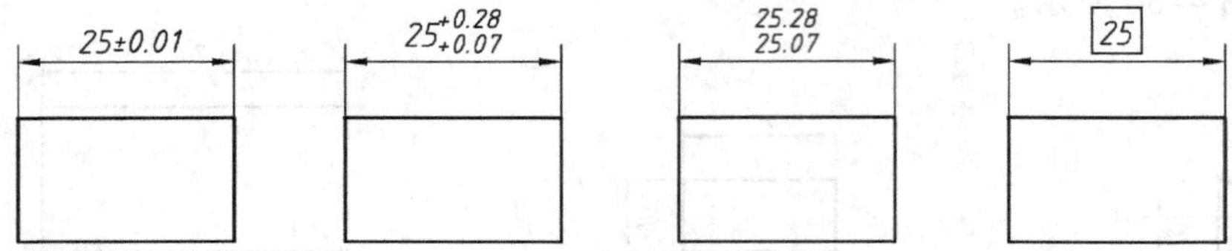

a) b) c) d)

图 4-62 尺寸公差形式

a）对称 b）极限偏差 c）极限尺寸 d）基本尺寸（理论尺寸）

⑥ 垂直位置：用于设置公差值在垂直方向的摆放位置，如图 4-63 所示，机械标注选择“中”。

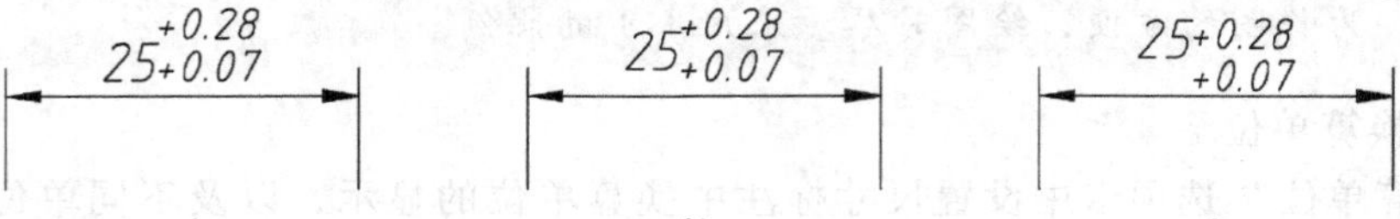

a) b) c)

图 4-63 公差值的垂直位置

a）下 b）中 c）上

（2）“公差对齐”方式设置：用于设置尺寸公差上下偏差值的对齐方式，通常选择“对齐运算符”。

任务四 标注模板尺寸

操作实例（图 4-64）

本例介绍如图 4-64 所示图形的尺寸标注，主要涉及“线性标注”、“对齐标注”、“半径标注”、“直径标注”、“角度标注”、“基线标注”、“连续标注”、“圆心标记”、“引线标注”、“标注间距”（形位公差与锥销孔尺寸暂不标注）。

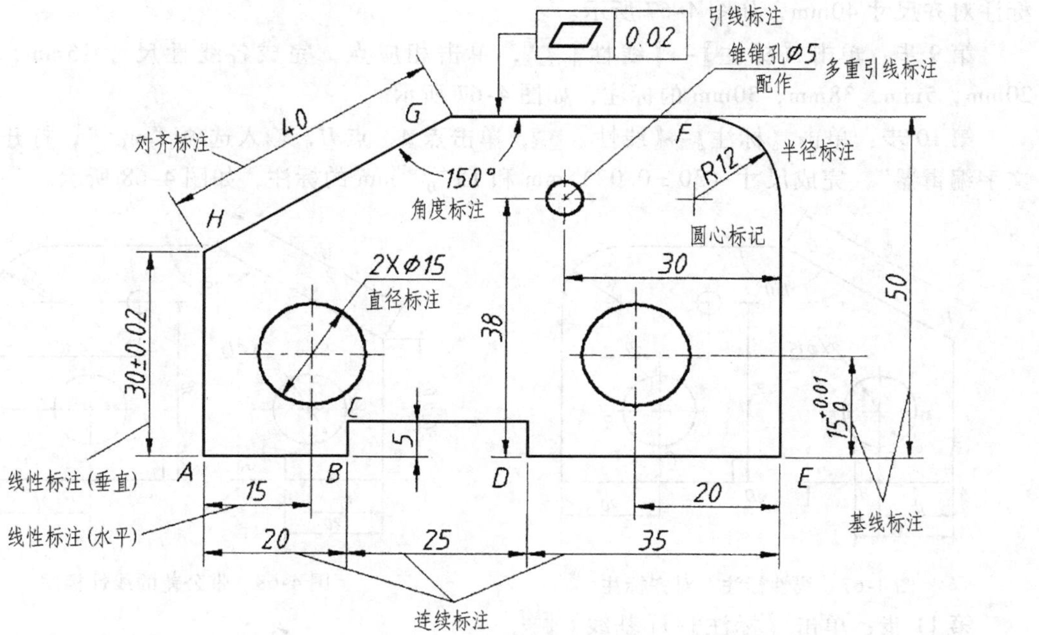

图 4-64　模板的尺寸标注

标注过程

第 1 步：设置绘图环境，新建一个图层，图层名为“尺寸线”。

第 2 步：绘制模板图形，如图 4-65 所示。

第 3 步：将“尺寸线”图层置为当前层，将任务三中创建的“机械标注”置为当前样式。

第 4 步：调用“标注”工具栏，单击〖标注〗→〖角度〗，再单击直线 *GF*、*GH*，标注角度，如图 4-66 所示。

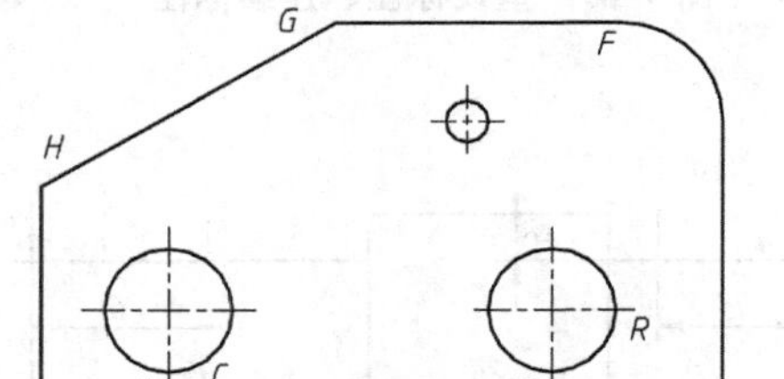

图 4-65　绘制模板图形

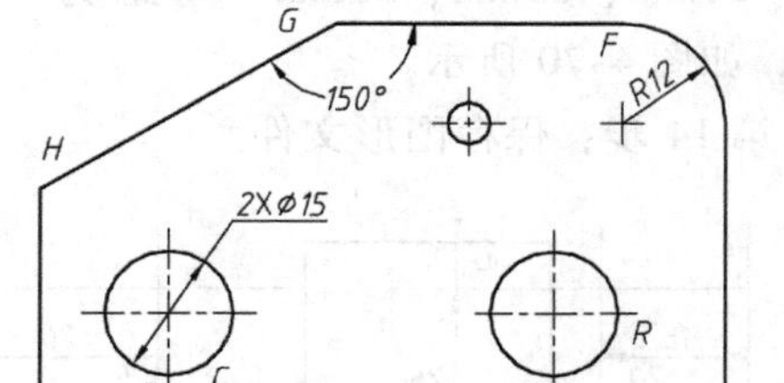

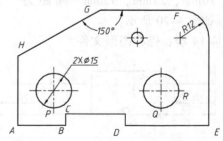

图 4-66　直径、半径、角度标注和圆心标记

第 5 步：单击〖标注〗→〖半径〗，选择 *R*12mm 的圆弧，标注半径，如图 4-66 所示。

第 6 步：单击〖标注〗→〖直径〗，选择圆，输入选项“m↙”，打开多行文字“在位文字编辑器”，在自动标注数字前输入“2×”，标注直径，如图 4-66 所示。

第 7 步：单击〖标注〗→〖圆心〗，选择 *R*12mm 的圆弧，标记其圆心，如图 4-66 所示。

第 8 步：单击〖标注〗→〖对齐〗，单击点 *G*、点 *H*（或回车后直接选择直线 *GH*），标注对齐尺寸 40mm，如图 4-67 所示。

第 9 步：单击〖标注〗→〖线性〗，单击相应点，完成各线性尺寸 15mm，20mm，20mm，5mm，38mm，30mm 的标注，如图 4-67 所示。

第 10 步：单击〖标注〗→〖线性〗，单击点 *A*、点 *H*，输入选项“m↙”，打开“在位文字编辑器”，完成尺寸（30 ± 0.02）mm 和 $15^{+0.01}_{0}$ mm 的标注，如图 4-68 所示。

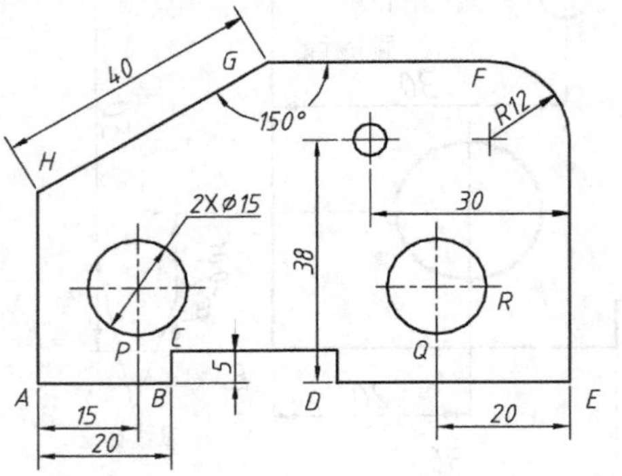

图 4-67 线性标注、对齐标注

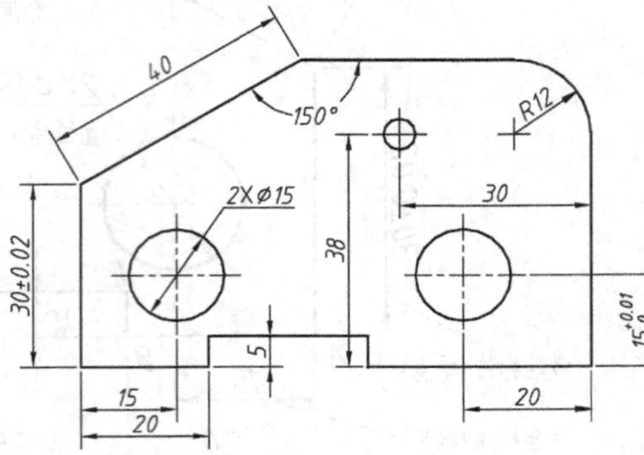

图 4-68 带公差的线性标注

第 11 步：单击〖标注〗→〖基线〗，选择 $15^{+0.01}_{0}$ mm 的下尺寸界线为基准，单击点 *F*，标注 50mm，如图 4-69 所示。

第 12 步：单击〖标注〗→〖连续〗，选择水平尺寸 20mm 的右尺寸界线为基准，单击点 *D*、点 *E*，完成 25mm、35mm 的标注，如图 4-69 所示。

第 13 步：单击〖标注〗→〖标注间距〗，以水平尺寸 15mm 为基准，调整连续尺寸 20mm、25mm、35mm，间距为“自动”，如图 4-70 所示。

第 14 步：保存图形文件。

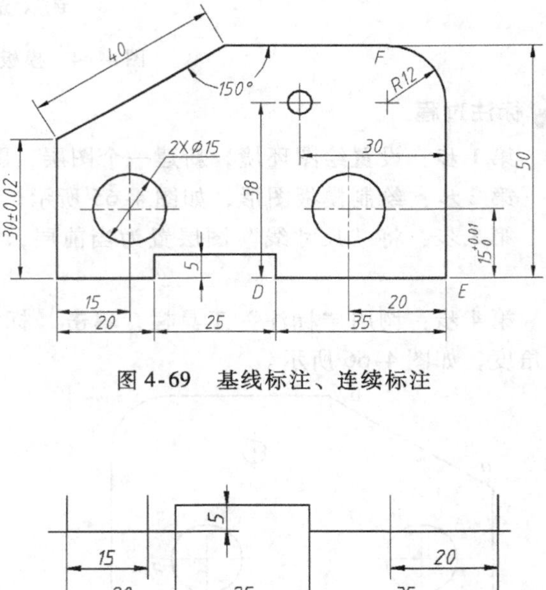

图 4-69 基线标注、连续标注

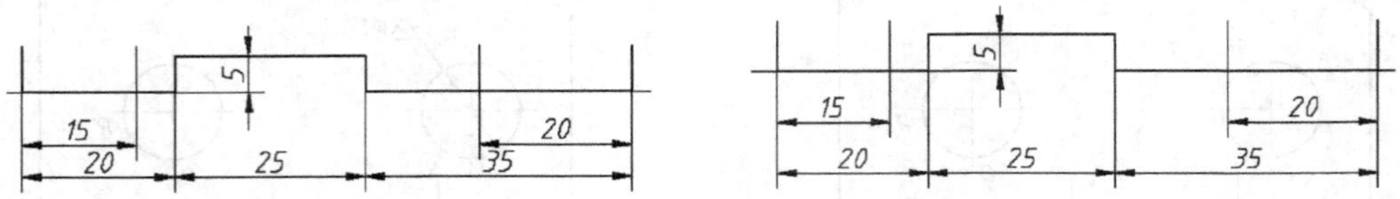

a)　　b)

图 4-70 调整标注间距

a）调整标注间距前 b）调整标注间距后

> 调整标注间距时，如选择“自动（A）”选项，系统将自动计算间距，所得的间距是基准标注对象的标注样式中设置的文字高度的两倍；如指定间距值为 0，系统将选定的标注对象与基准标注对象对齐。

知识点　尺寸标注

在创建了尺寸样式后，就可以进行尺寸标注了。为方便操作，在标注尺寸前，应将“尺寸线”图层置为当前层，且打开自动捕捉功能，调用如图 4-71 所示的“标注”工具栏。

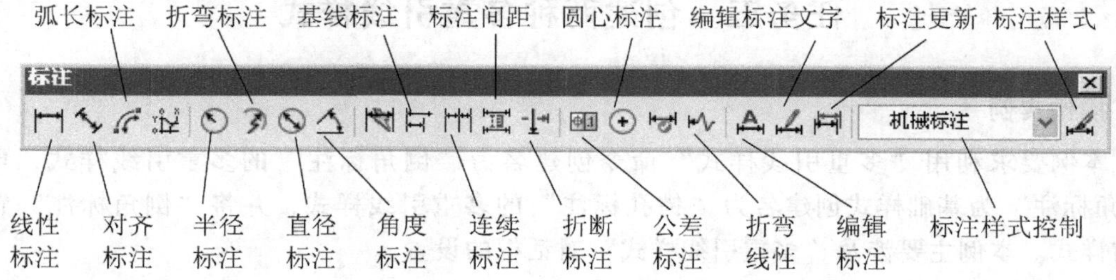

图 4-71　“标注”工具栏

如前文所述，标注尺寸的方法其实很简单，只需指定尺寸界线的两点或选择要标注尺寸的对象，再指定尺寸线的位置即可，只要标了一、二个尺寸，用户就能触类旁通，有关内容不再一一介绍，在此主要讲解各标注的功能。

1. 线性标注

标注两点间的水平、垂直距离尺寸，在指定尺寸线的倾斜角后，也可标注斜向尺寸，如图 4-64 所示。

2. 对齐标注

标注倾斜直线的长度，如图 4-64 所示。

3. 弧长标注

标注弧长，如图 4-48 所示。

4. 半径标注

标注圆和圆弧的半径，并且自动添加半径符号“*R*”，如图 4-64 所示。

5. 直径标注

标注圆和圆弧的直径，并且自动添加直径符号“ϕ”，如图 4-64 所示。

6. 角度标注

标注角度，可标注两条直线所夹的角、圆弧的中心角及三点确定的角，如图 4-64 所示。

7. 基线标注

用于标注有公共尺寸界线（作为基线）的一组相互平行的线性尺寸或角度尺寸，如图 4-64 所示。

8. 连续标注

用于标注与前一个标注或选定标注首尾相连的一组线性尺寸或角度尺寸，如图 4-64 所示。

9. 折弯标注

标注折弯形的半径尺寸，用于半径较大，尺寸线不便或无法通过其实际圆心位置的圆弧或圆的标注，如图 4-49 所示。

10. 折断标注

将选定的标注在其尺寸界线处，或尺寸线与图形中的几何对象（或其他标注）相交的位置打断，从而使标注更为清晰，如图 4-47 所示。

11. 标注间距

按指定的间距值自动调整平行的线性尺寸和角度标注之间的间距，如图 4-70 所示。

任务五　创建两种多重引线样式

操作实例

本例要求利用“多重引线样式”命令创建名为“倒角标注”的多重引线样式，再以“倒角标注”为基础样式创建名为“销孔标注”的多重引线样式，并将“倒角标注”置为当前样式。本例主要涉及“多重引线样式”对话框的设置。

操作步骤

第 1 步：创建“倒角标注”样式。

（1）单击【格式】→【多重引线样式】，弹出“多重引线样式管理器”对话框，如图 4-72 所示。

（2）单击［新建］，弹出“创建新多重引线样式”对话框，在“新样式名”文本框中输入样式名“倒角标注”，如图 4-73 所示。

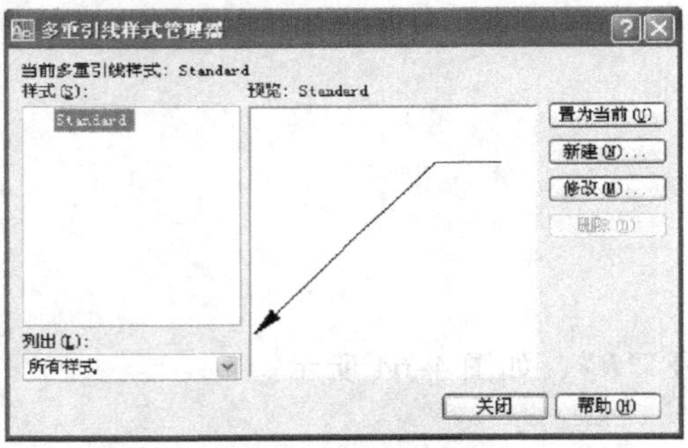

图 4-72　“多重引线样式管理器”对话框

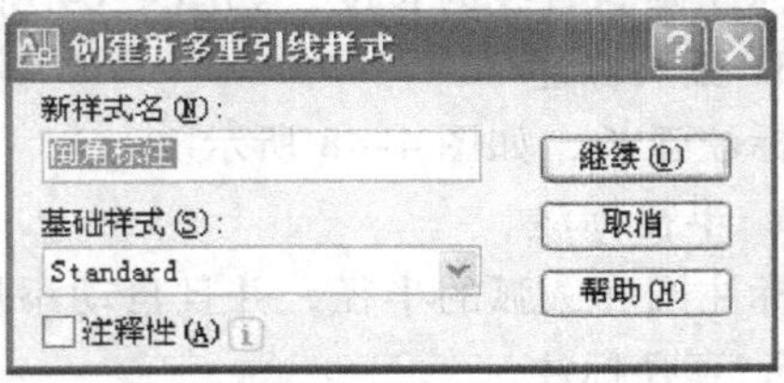

图 4-73　“创建新多重引线样式”对话框

（3）单击［继续］，弹出“修改多重引样式：倒角标注”对话框。

（4）单击｛引线格式｝，在“基本”选项下设置引线的“类型”为“直线”，在“箭头”选项下选择引线箭头的“符号”为“无”，即设置引线不带箭头，如图 4-74 所示。

（5）单击｛引线结构｝，在“约束”选项组选中“最大引线点数”，设置点数为“2”（即只绘制一段引线），选中“第一段角度”，设置角度为“45”（即设置引线的倾斜角度为 45°）；在“基线设置”选项组选中“自动包含基线”与“设置基线距离”，并设置基线距离为“0.1”（即设置该引线自动包含一段长为 0.1 的水平基线）；在“比例”选项组选中“指定比例”，设置比例值为“1”，如图 4-75 所示。

（6）单击｛内容｝，选择“多重引线类型”为“多行文字”，单击“默认文字”文本框右侧的[...]按钮，打开多行文字“在位文字编辑器”，输入“*C*1”，单击［确定］返回对话框，按如图 4-76 所示设置其余各参数。

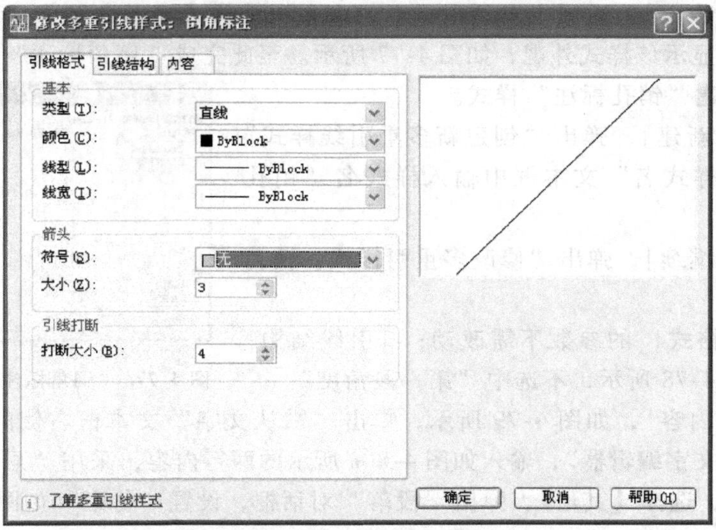

图 4-74　设置多重引线的格式

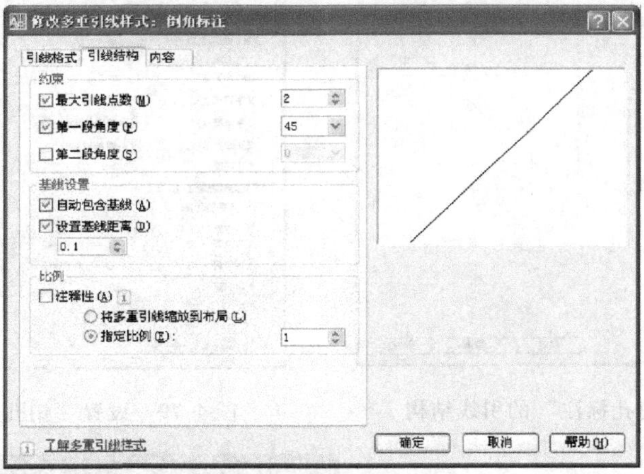

图 4-75　设置多重引线的结构

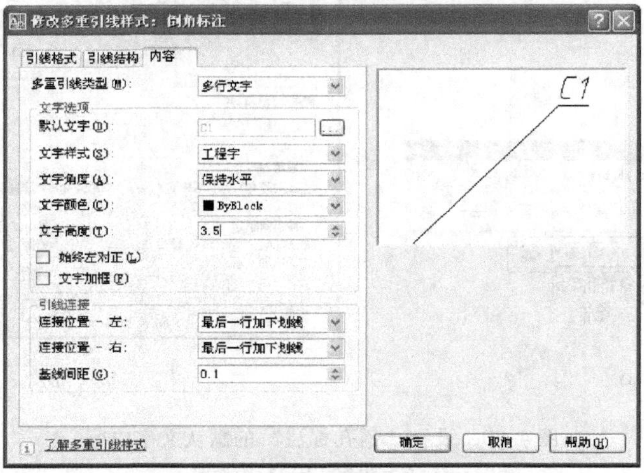

图 4-76　设置多重引线的注释内容

（7）单击［确定］，返回主对话框，新的多重引线样式显示在“样式”列表中，并可在“预览”框内显示该样式外观，如图 4-77 所示。至此完成“倒角标注”样式的创建。

第 2 步：创建“销孔标注”样式。

（1）单击［新建］，弹出“创建新多重引线样式”对话框，在“新样式名”文本框中输入样式名“销孔标注”。

（2）单击［继续］，弹出“修改多重引样式：销孔标注”对话框。

（3）｛引线格式｝的参数不需改动；｛引线结构｝的参数设置如图 4-78 所示，不选中“第一段角度”。

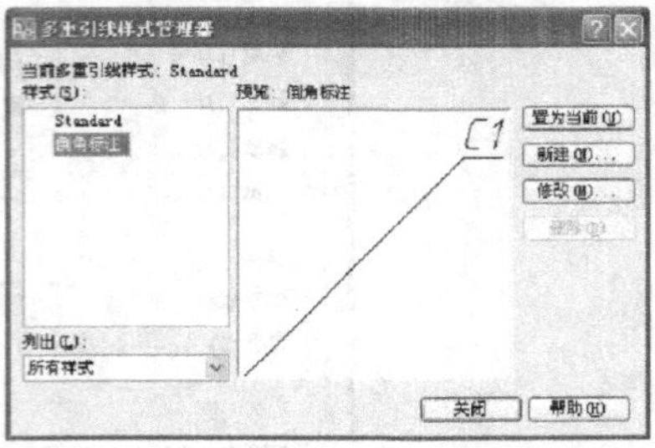

图 4-77　“倒角标注”样式及其预览

（4）单击｛内容｝，如图 4-79 所示，单击“默认文字”文本框右侧的［...］按钮，打开多行文字“在位文字编辑器”，输入如图 4-80a 所示的两行内容，采用“居中”对齐；单击〖行距〗按钮，选择【其他】，弹出“段落”对话框，设置“行距”如图 4-80b 所示。

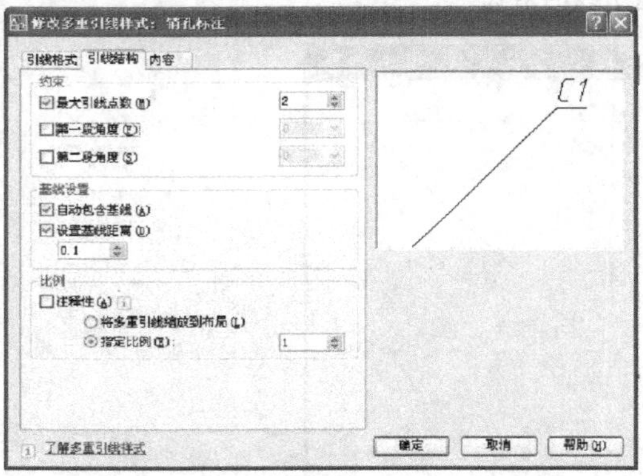

图 4-78　设置“销孔标注”的引线结构

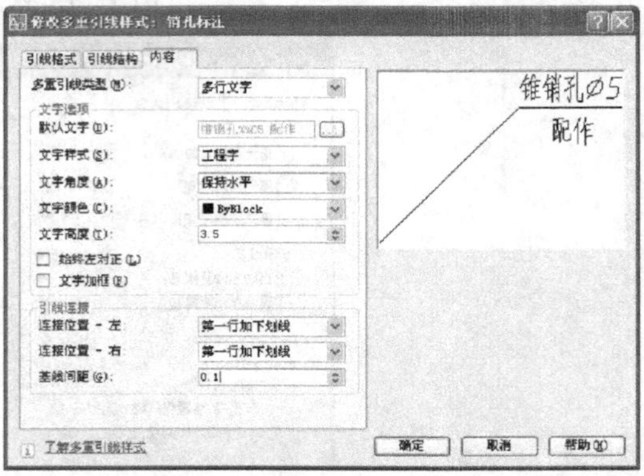

图 4-79　设置“销孔标注”的注释结构

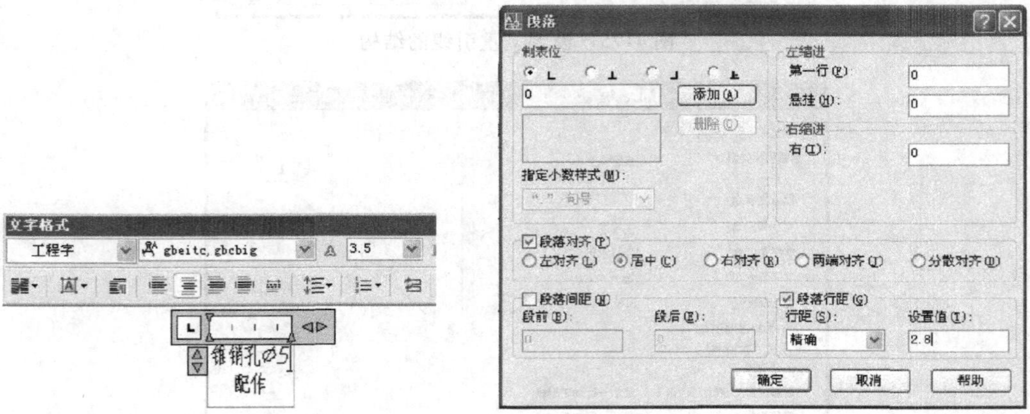

a)　　　　　　　　　　　　b)

图 4-80　设置“销孔标注”的默认文字内容

a）文字内容　b）行距设置

（5）单击［确定］，返回"在位文字编辑器"，再单击［确定］返回到对话框，按如图4-79所示设置｛内容｝的其余各参数。

（6）单击［确定］，返回到主对话框，新的多重引线样式显示在"样式"列表中，并可在"预览"框内显示该样式外观，如图4-81所示。

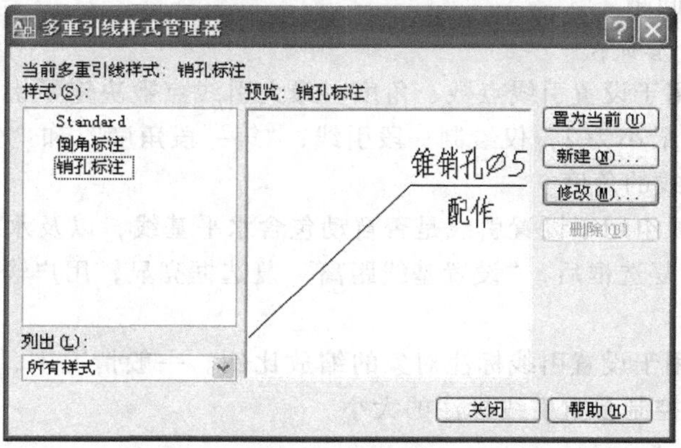

图4-81　"销孔标注"样式及其预览

第3步：选择"倒角标注"样式，单击［置为当前］，将"倒角标注"样式置为当前样式。

第4步：单击［关闭］，关闭"多重引线样式管理器"对话框，完成设置。

知识点一　多重引线样式

多重引线是由基线、引线、箭头和注释内容组成的标注，如图4-82所示。引线可以是直线或样条曲线，注释内容可以是文字、图块等多种形式。"多重引线"工具栏如图4-83所示。

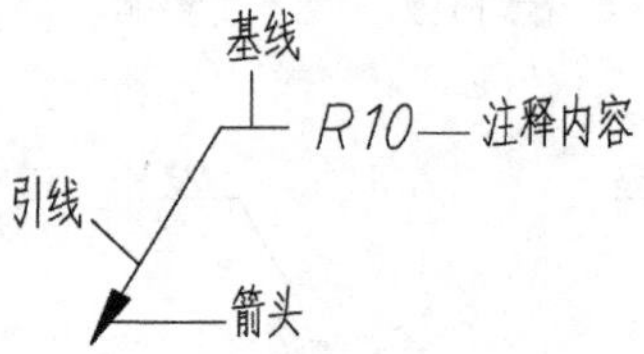

图4-82　多重引线的组成部分

图4-83　"多重引线"工具栏

多重引线样式可以指定基线、引线、箭头和注释内容的格式，用以控制多重引线对象的外观。调用命令的方式如下：

- 菜单命令：【格式】→【多重引线样式】
- 工具栏：〖多重引线〗→〖多重引线样式〗
- 键盘命令：MLEADERSTYLE

执行上述命令后，弹出如图4-72所示的"多重引线样式管理器"对话框，在该对话框中可以新建多重引线样式或者修改、删除已有的多重引线样式。

"修改多重引线样式"对话框包含引线格式、引线结构和内容三个选项卡，如图4-74、图4-75、图4-76所示，对三个选项卡的各选项进行设置，也就设置了多重引线的特性。其主要选项含义如下：

1. “引线格式”选项卡

“基本”选项组用于设置引线的类型（有直线、样条曲线和无三种类型）、颜色、线型和线宽；“箭头”选项组用于设置引线箭头的形状和大小；“引线打断”选项组用于设置打断引线标注时的折断间距。

2. “引线结构”选项卡

“约束”选项组用于设置引线点数、角度。最大引线点数决定了引线的段数，系统默认的“最大引线点数”最小为2，仅绘制一段引线；“第一段角度”和“第二段角度”分别控制第一段与第二段引线的角度。

“基线设置”选项组用于设置引线是否自动包含水平基线，以及水平基线的长度。当选中“自动包含基线”复选框后，“设置基线距离”复选框亮显，用户输入数值以确定引线包含水平基线的长度。

“比例”选项组用于设置引线标注对象的缩放比例。一般情况下，用户在“指定比例”文本框内输入比例值控制多重引线标注的大小。

3. “内容”选项卡

“多重引线类型”用于设置引线末端的注释内容的类型，有“多行文字”、“块”和“无”三种。当注释内容为多行文字时，应在“文字选项”选项组设置注释文字的样式、角度、颜色、高度，在“引线连接”选项组确定注释内容的文字对齐方式、注释内容与水平基线的距离。附着在引线两侧文字的对齐方式可以分别设置，如图 4-84 所示为“连接位置-左”设置的 9 种情况。

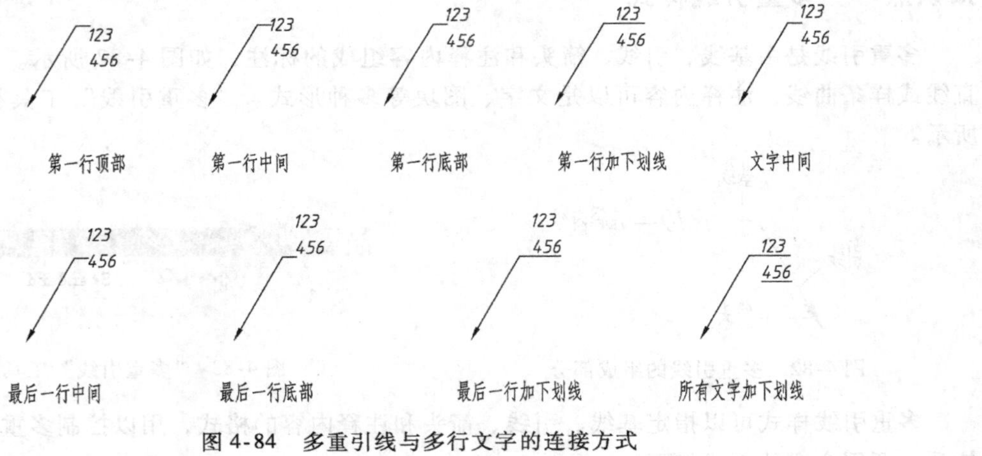

图 4-84　多重引线与多行文字的连接方式

知识点二　多重引线标注

利用“多重引线”命令可以按当前多重引线样式创建引线标注对象，也可以重新指定引线的某些特性。

调用命令的方式如下：

- 菜单：【标注】→【多重引线】
- 工具栏：〖多重引线〗→〖多重引线〗

● 键盘命令：MLEADER

任务六　标注倒角、销孔尺寸及形位公差

操作实例（图 4-85）

本例使用“倒角标注”、“销孔标注”样式，标注如图 4-85 所示轴的倒角、销孔尺寸及形位公差。主要涉及“引线”命令及尺寸标注的编辑。

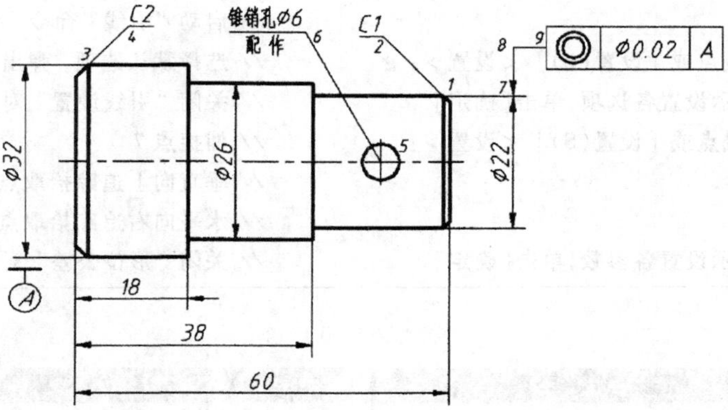

图 4-85　标注倒角、销孔尺寸及形位公差

操作步骤

第 1 步：设置绘图环境，操作过程略。

第 2 步：绘制轴，并标注尺寸 ϕ32mm、ϕ26mm、ϕ22mm、18mm、38mm、60mm。

第 3 步：标注倒角尺寸。

(1) 在〖多重引线〗中将“倒角标注”设置为当前多重引线样式。

(2) 利用“多重引线”命令标注倒角尺寸。

单击〖多重引线〗→〖多重引线〗，操作步骤如下：

命令：_ mleader	// 启动“多重引线”命令
指定引线箭头的位置或［引线基线优先(L)/内容优先(C)/选项(O)］<选项>：	// 捕捉点 1
指定引线基线的位置：	// 在适当位置拾取点 2
覆盖默认文字［是(Y)/否(N)］<否>:↙	// 回车，采用默认的文字“C1”
命令:↙	// 回车，再次启动“多重引线”命令
指定引线箭头的位置或［引线基线优先(L)/内容优先(C)/选项(O)］<选项>：	// 捕捉点 3
指定引线基线的位置：	// 在适当位置拾取点 4
覆盖默认文字［是(Y)/否(N)］<否>：y↙	// 输入 y，回车，弹出“在位文字编辑器”，在“在位文字编辑器”输入“C2”
单击［确定］	// 关闭“在位文字编辑器”，完成标注

第 4 步：标注销孔尺寸。

（1）在〖多重引线〗中将“销孔标注”设置为当前多重引线样式。

（2）利用“多重引线”命令采用默认文字标注销孔尺寸，操作过程与标注倒角“*C*1”的过程相同，不再重述。

第 5 步：编辑销孔尺寸。双击销孔标注尺寸，打开“在位文字编辑器”将“锥销孔 $\phi5$”改为“锥销孔 $\phi6$”。

第 6 步：利用“引线”命令标注形位公差。

键入<u>QLEADER</u>，操作步骤如下：

命令：_ qleader	// 启动“引线”命令
指定第一个引线点或［设置(S)］<设置>：↙	// 选择默认选项，弹出“引线设置”对话框
按如图 4-86 所示设置各选项，单击［确定］	// 关闭“引线设置”对话框，结束引线设置
指定第一个引线点或［设置(S)］<设置>：	// 捕捉点 7
指定下一点：	// 垂直向上追踪拾取点 8
指定下一点：	// 水平向右追踪拾取点 9，弹出对话框
按如图 4-87 所示设置各参数，单击［确定］	// 关闭“形位公差”对话框，结束标注

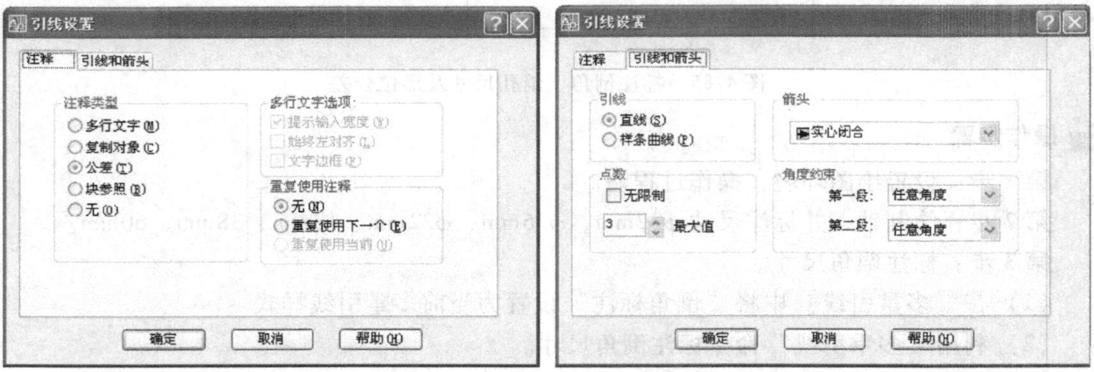

a) b)

图 4-86 “引线设置”对话框

a）设置注释内容 b）设置引线和箭头

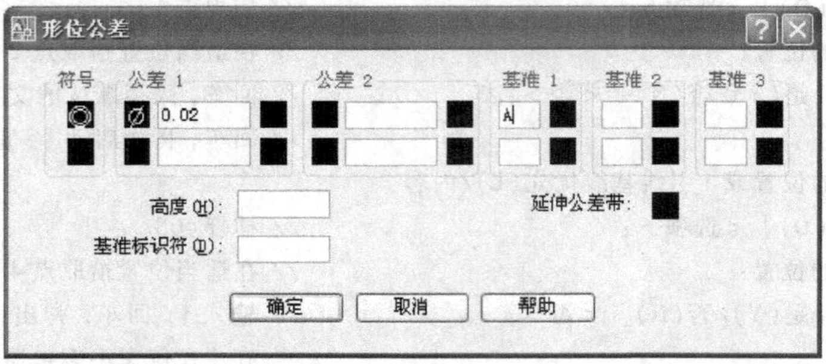

图 4-87 设置“形位公差”对话框中各参数

使用“销孔标注”样式，利用“多重引线”命令能快速标注如图 4-25 所示的沉孔尺寸。

知识点一　引线标注

“引线”命令的注释内容是多行文字、形位公差、块，还可以在图形中选定多行文字、单行文字、公差或块参照对象作为副本，连接到引线末端。在 AutoCAD 2008 中，“引线”命令常用于形位公差的标注，其命令名为QLEADER。

QLEADER 命令在 AutoCAD 2008 以前的版本中称为“快速引线”，图标为 ，AutoCAD 2008 的“标注”工具栏中无此图标，用户可将其增加到“标注”工具栏中，以便快速标注形位公差。

知识点二　尺寸标注的编辑

1. 编辑尺寸样式

用户可以在“标注样式管理器”对话框中通过单击［修改］来修改当前尺寸样式中的设置（图 4-88），或单击［替代］设置临时的尺寸标注样式（图 4-89），用来替代当前尺寸标注样式的相应设置。对话框中各选项的含义与“新建标注样式”对话框的相同，在此不再赘述。

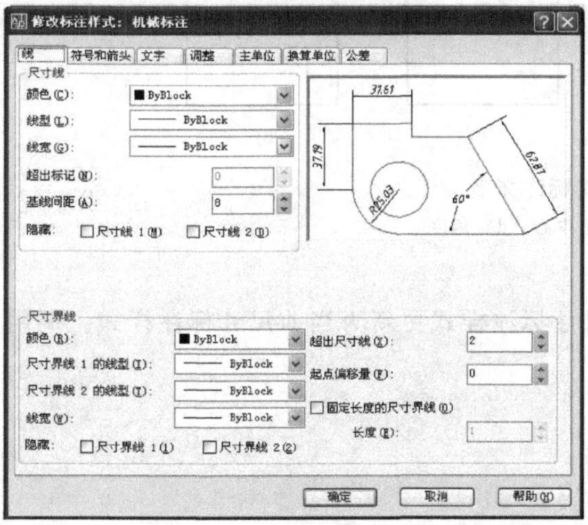

图 4-88　“修改标注样式”对话框

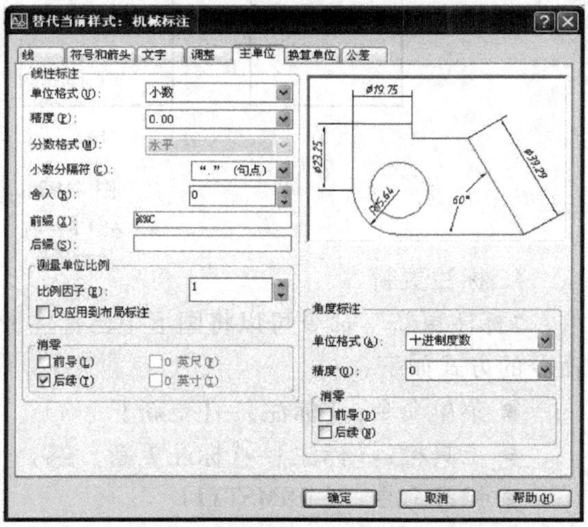

图 4-89　“替代当前样式”对话框

尺寸样式修改与替代的区别是：尺寸样式一旦被修改，用此样式所标注的尺寸都会发生改变，而样式替代只改变选定的对象和其后所标注的尺寸。

2. 编辑标注

“编辑标注”命令可以修改选定对象的文字内容，能将标注文字按指定角度旋转及将尺寸界线倾斜指定角度，如图 4-90、图 4-91 所示。调用命令的方式如下：

● 菜单命令：【标注】→【倾斜】
● 工具栏：〖标注〗→〖编辑标注〗
● 键盘命令：DIMEDIT

倾斜角度均为相对于 X 轴正方向而言。

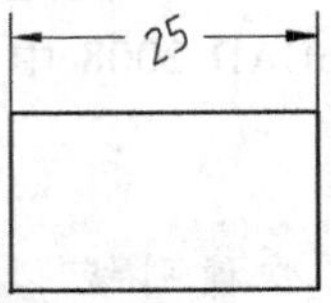

图 4-90 文字旋转 30°

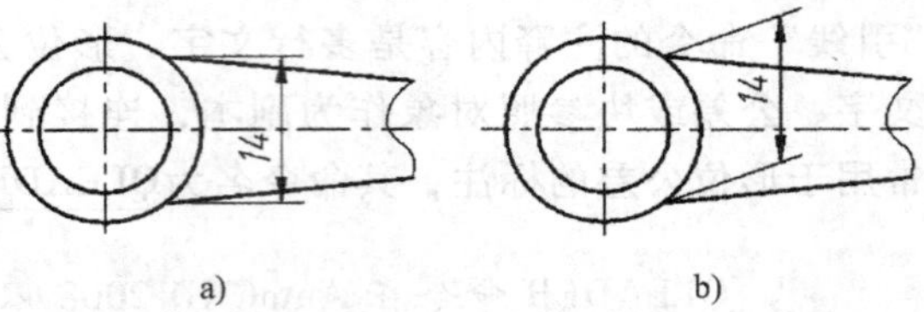

图 4-91 尺寸界线倾斜

a）倾斜前 b）倾斜 20°

3. 编辑标注文字

“编辑标注文字”命令可以移动或旋转标注文字，如图 4-92 所示。调用命令的方式如下：

● 菜单命令：【标注】→【对齐文字】
● 工具栏：〖标注〗→〖编辑标注文字〗
● 键盘命令：DIMTEDIT

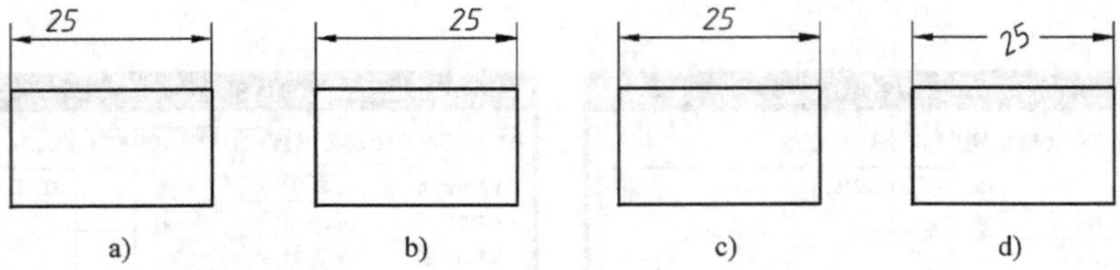

图 4-92 编辑标注文字

a）左 b）右 c）中心 d）角度

4. 标注更新

“标注更新”命令可以将图形中已标注的尺寸标注样式更新为当前尺寸标注样式。调用命令的方式如下：

● 菜单命令：【标注】→【更新】
● 工具栏：〖标注〗→〖标注更新〗
● 键盘命令：-DIMSTYLE

例 4-5 采用“机械标注”样式标注如图 4-93a 所示轴的尺寸，并用“替代样式”、“标注更新”的方法修改径向尺寸，使其最终效果如图 4-93b 所示。

操作步骤如下：

第 1 步：在“标注”工具栏中将“机械标注”设置为当前标注样式。

第 2 步：利用“线性”命令标注所有尺寸，如图 4-93a 所示。

第 3 步：打开“标注样式管理器”对话框，选择“机械标注”。

第 4 步：单击［替代］，弹出“替代当前样式：机械标注”对话框。

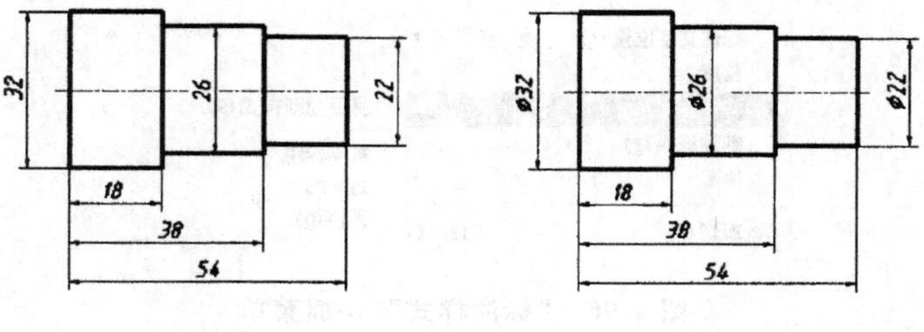

图 4-93　轴的标注
a）替代前　b）替代后

第 5 步：单击｛主单位｝，在“前缀”文本框中输入“%%c”，单击［确定］，回到主对话框。

第 6 步：单击［确定］，完成替代样式操作。

第 7 步：更新标注。

单击〖标注〗→〖标注更新〗，操作步骤如下：

命令：－dimstyle	// 启动“标注更新”命令
当前标注样式：机械标注　注释性：否	// 系统提示
当前标注替代：DIMPOST　%%c < >	// 系统提示
输入标注样式选项［注释性(AN)/保存(S)/恢复(R)/状态(ST)/变量(V)/应用(A)/?］<恢复>：_apply	// 系统提示
选择对象：找到 1 个	// 选择径向尺寸 22mm
选择对象：找到 1 个，总计 2 个	// 选择径向尺寸 26mm
选择对象：找到 1 个，总计 3 个	// 选择径向尺寸 32mm
选择对象：↙	// 回车，结束命令，完成标注更新

5. 利用标注快捷菜单编辑尺寸标注

AutoCAD 提供有标注的快捷菜单，用户在选择需要编辑的标注对象后右击，弹出快捷菜单，选择相应选项可编辑标注文字的位置、修改标注文字的精度、更改所选对象的标注样式以及是否翻转箭头，如图 4-94～图 4-97 所示。

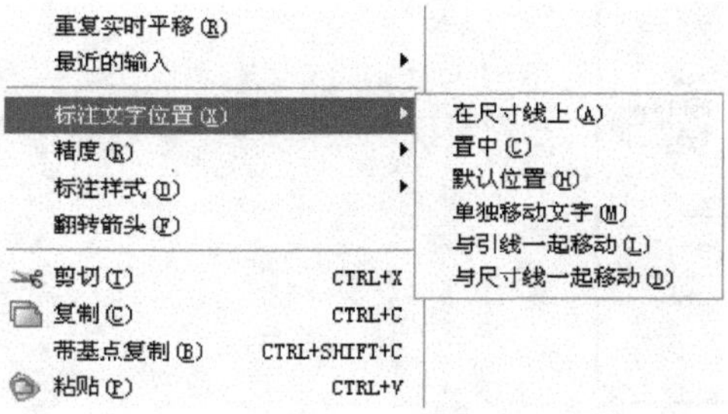

图 4-94　“标注文字位置”快捷菜单

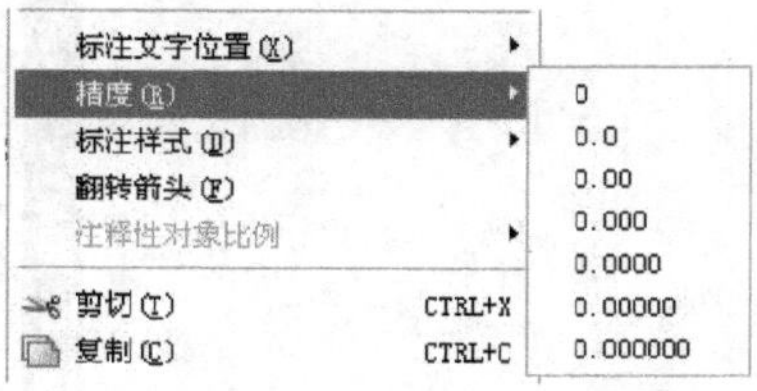

图 4-95　“精度”快捷菜单

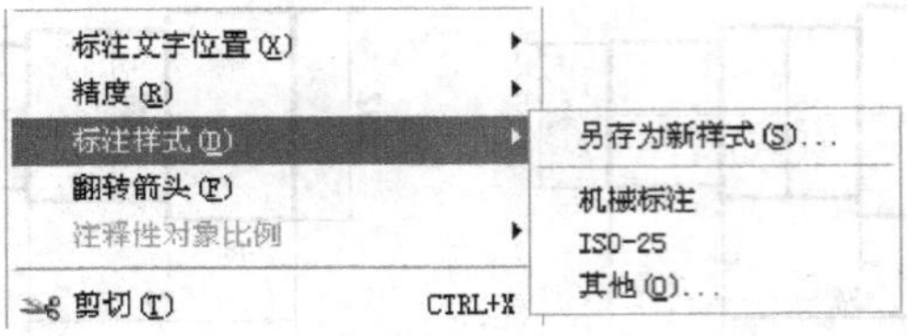

图 4-96 “标注样式”快捷菜单

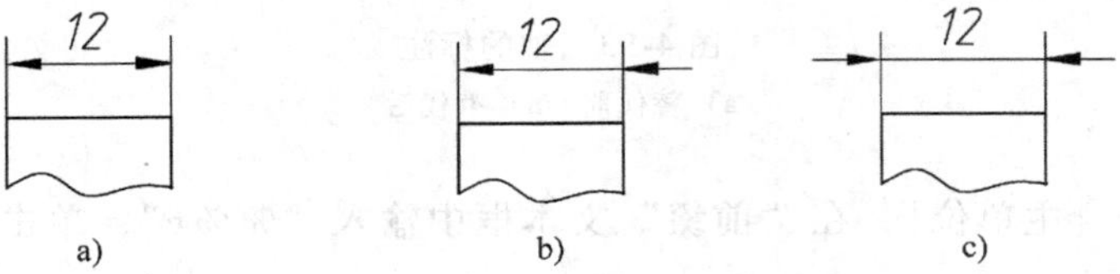

图 4-97 翻转箭头

a）翻转前 b）翻转一侧箭头 c）翻转另一侧箭头

> 系统自动翻转靠近选择点一侧的箭头，一次只能翻转一个，重复执行该命令可翻转另一个。

6. 利用对象“特性”选项板编辑尺寸标注

在需要编辑的标注对象上右击，选择【特性】，可打开“特性”选项板，用户可以查看所选标注的所有特性，并对其进行修改，图 4-98 所示为任务五中“多重引线”标注的销孔尺寸的“特性”选项板。

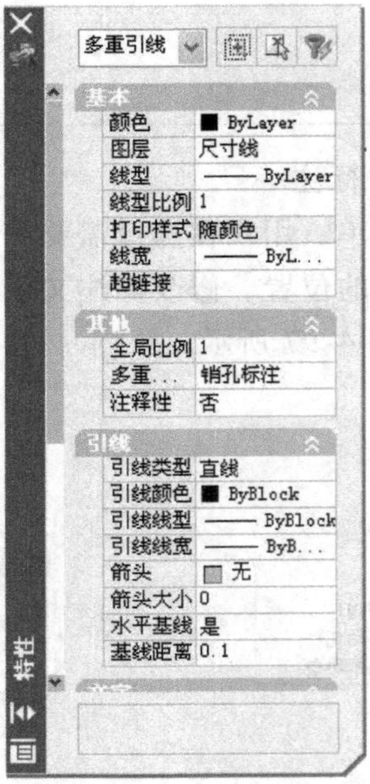

图 4-98 多重引线“特性”选项板

任务七　查询对象

操作实例（图 4-99）

本例介绍查询如图 4-99 所示图形面积的方法，主要涉及“查询”命令。

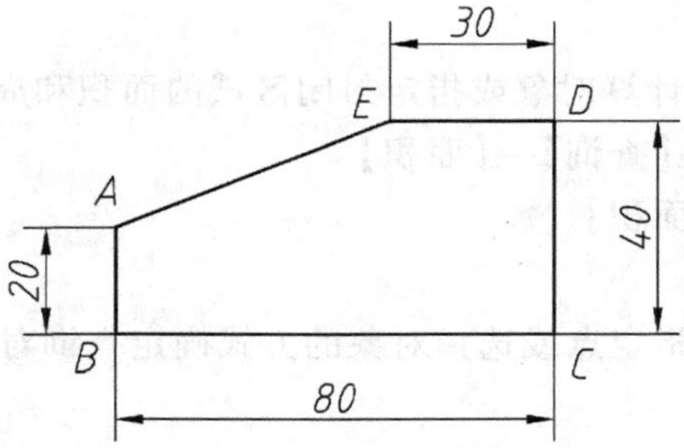

图 4-99　查询五边形的面积

操作过程

单击【工具】→【查询】→【面积】，操作步骤如下：

命令：_ area	// 启动命令
指定第一个角点或［对象(O)/加(A)/减(S)］：	// 捕捉点 A
指定下一个角点或按 ENTER 键全选：	// 捕捉点 B
指定下一个角点或按 ENTER 键全选：	// 捕捉点 C
指定下一个角点或按 ENTER 键全选：	// 捕捉点 D
指定下一个角点或按 ENTER 键全选：	// 捕捉点 E
面积 = 2700.0000，周长 = 223.8516	// 系统显示五边形的面积和周长

知识点　查询对象

利用 AutoCAD 中的查询功能，能查询所选对象的面积、距离、质量特性、点坐标及系统状态等。图 4-100 所示为单击【工具】→【查询】后显示的子菜单。

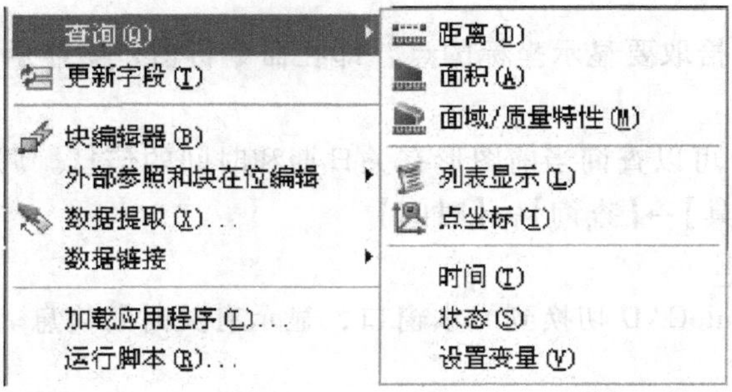

图 4-100　查询菜单

1. 查询距离

利用“距离”命令可以测量指定两点之间的距离和角度。调用命令的方式如下：

- 菜单命令：【工具】→【查询】→【距离】
- 工具栏：〖查询〗→〖距离〗
- 键盘命令：DIST 或 DI

执行上述命令后，指定两点，即在命令行窗口中显示相应信息。

2. 查询面积

利用“面积”命令可以计算对象或指定封闭区域的面积和周长。调用命令的方式如下：

- 菜单命令：【工具】→【查询】→【面积】
- 工具栏：〖查询〗→〖面积〗
- 键盘命令：AREA

执行上述命令后，通过指定点或选择对象的方式确定查询对象，即可在命令行窗口中显示相应信息。

3. 查询质量特性

利用“面域/质量特性”命令可以计算面域或实体的质量特性。调用命令的方式如下：

- 菜单命令：【工具】→【查询】→【面域/质量特性】
- 图标：〖查询〗→〖面域/质量特性〗
- 键盘命令：MASSPROP

执行上述命令后，选择面域或实体，即在文本窗口中显示面积、周长、质心等信息。

4. 列表显示

利用“列表”命令可以以列表形式显示选定对象的特性参数。调用命令的方式如下：

- 菜单命令：【工具】→【查询】→【列表显示】
- 工具栏：〖查询〗→〖列表显示〗
- 键盘命令：LIST 或 LI

执行上述命令后，选择一个或多个对象，即以列表形式显示选定对象的特性参数。

5. 查询点坐标

利用“点坐标”命令可以显示指定点的坐标。调用命令的方式如下：

- 菜单命令：【工具】→【查询】→【点坐标】
- 工具栏：〖查询〗→〖点坐标〗
- 键盘命令：ID

执行上述命令后，拾取要显示坐标的点，即在命令行窗口中显示相应信息。

6. 查询时间

利用“时间”命令可以查询当前图形有关日期和时间的信息。调用命令的方式如下：

- 菜单命令：【工具】→【查询】→【时间】
- 键盘命令：TIME

执行上述命令后 AutoCAD 切换到文本窗口，显示有关时间信息。

7. 查询系统状态

利用“状态”命令可以查询显示当前图形中的对象数目、图形范围、可用图形磁盘空间和可用物理内存及有关参数设置等信息。调用命令的方式如下：

● 菜单命令：【工具】→【查询】→【状态】
● 键盘命令：STATUS
执行上述命令后 AutoCAD 切换到文本窗口，显示相应信息。

同类练习

1. 绘制如图 4-101 所示弹簧并注写技术要求，要求采用“长仿宋字”文字样式，技术要求字高为“7”，各项具体要求字高为“5”。

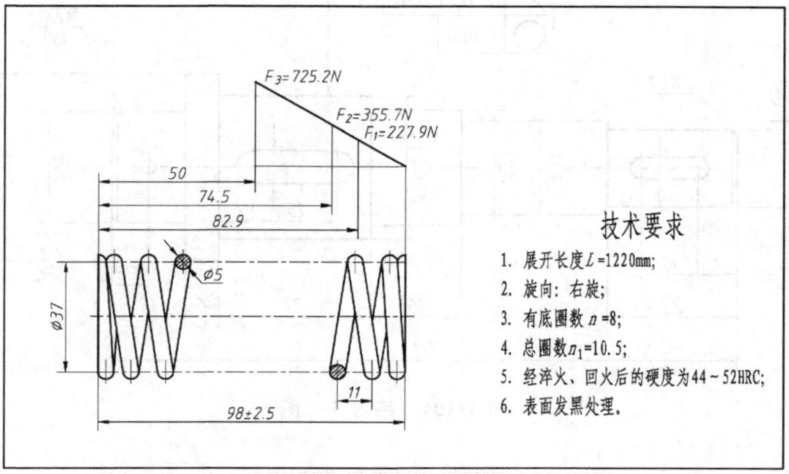

图 4-101　练习 4-1 图

2. 绘制如图 4-102 所示轴承座并标注尺寸（剖面线、波浪线可暂不绘），要求采用“机械标注”标注样式。

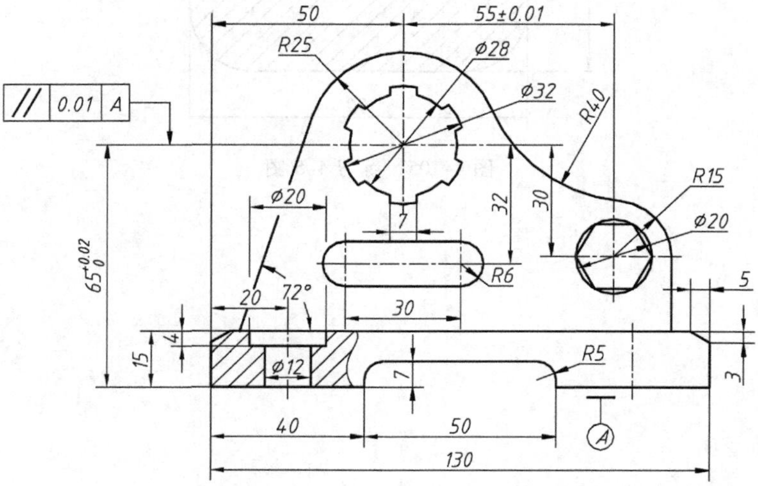

图 4-102　练习 4-2 图

3. 在“倒角标注”多重引线样式的基础上创建如图 4-103 所示的多重引线样式，样式名为“装配图序号”，文字样式为“工程字”，文字高度为“5”。

4. 绘制如图 4-104 所示轴并标注尺寸（基准符号暂不标注），要求采用“机械标注”标注样式和“倒角标注”、“销孔标注”多重标注样式进行标注。

5. 查询如图 4-105 所示图形的有效面积和质心。

图 4-103　练习 4-3 图

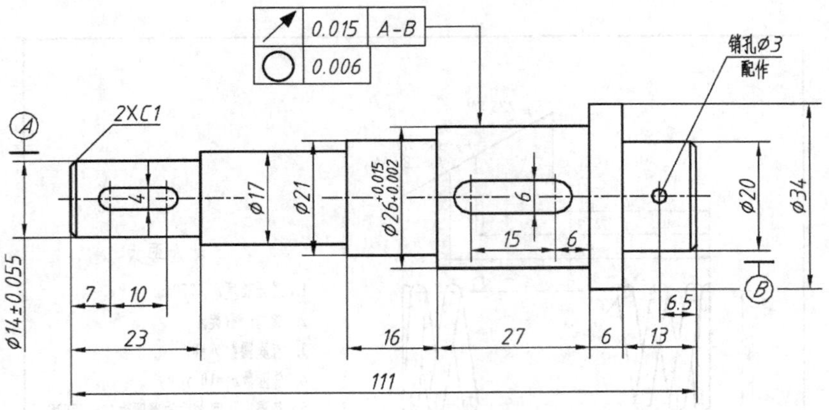

图 4-104　练习 4-4 图

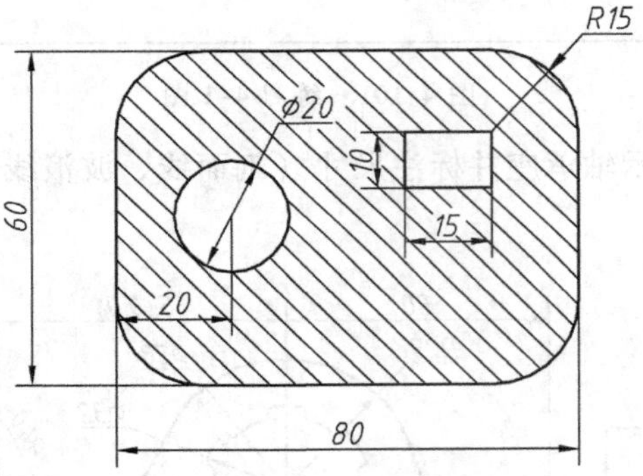

图 4-105　练习 4-5 图

模块五　三视图的绘制

知识目标

1. 掌握绘制三视图常用的方法。
2. 掌握构造线、射线、样条曲线的绘制方法。
3. 掌握多段线的绘制及编辑。
4. 掌握图案填充及其编辑方法。
5. 掌握绘制左视图的方法。

能力目标

1. 能使用辅助线法、对象捕捉追踪法绘制三视图。
2. 能利用45°辅助线、复制和旋转俯视图作为辅助图形等方法绘制左视图。
3. 能根据物体的结构特点，灵活运用各编辑命令，绘制较复杂的三视图。

任务一　组合体三视图的绘制（一）

操作实例（图5-1）

本例介绍如图5-1所示组合体三视图的绘制方法和步骤，主要涉及“构造线”、“射线”命令。

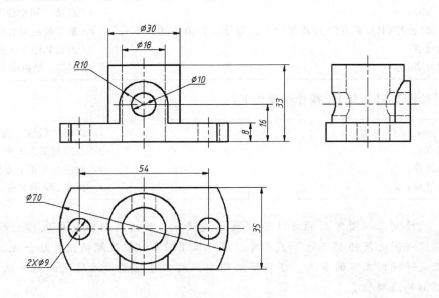

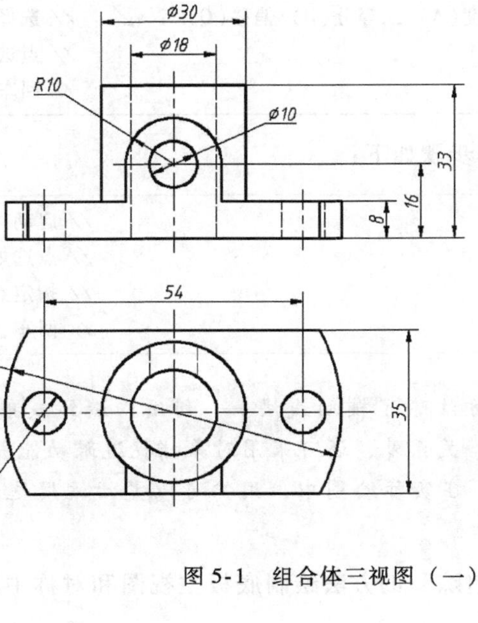

图5-1　组合体三视图（一）

在绘制三视图之前，应对组合体进行形体分析，分析组合体的各个组成部分及各部分之间的相对位置关系。从图 5-1 所示可知，该组合体由底板、圆柱、U 形凸台组成。

绘制过程

第 1 步：设置绘图环境，操作过程略。

第 2 步：绘制底板俯视图。

(1) 绘制底板 $\phi 70$mm 的圆。

(2) 利用“自动追踪”功能绘制上下两条水平轮廓线及中心线。

(3) 以两条水平轮廓线为边界，修剪 $\phi 70$mm 圆多余的部分，如图 5-2 所示。

(4) 捕捉上述中心线交点，水平向左追踪 27mm，得到圆心，绘制 $\phi 9$mm 小圆及其中心线，如图 5-3 所示。

(5) 以中间的垂直中心线为镜像轴，镜像复制 $\phi 9$mm 小圆及其中心线，如图 5-4 所示。

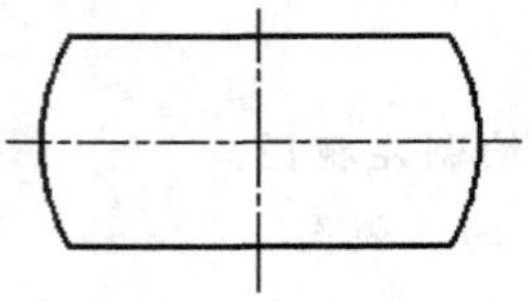

图 5-2 绘制外形轮廓及中心线

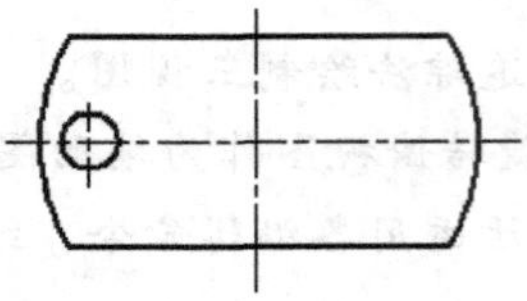

图 5-3 绘制小圆及其中心线

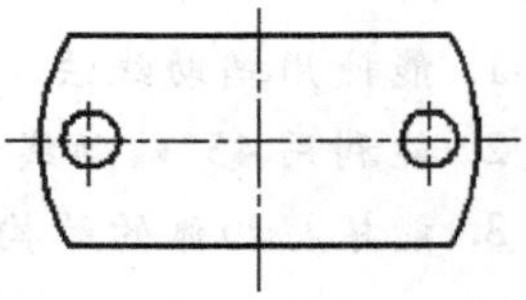

图 5-4 镜像复制小圆及其中心线

第 3 步：绘制底板主视图。

(1) 用“构造线”命令通过点 1 绘制一条垂直的线条，用“射线”命令通过点 2 向上绘制一条垂直的射线，用以保证主、俯视图长对正，如图 5-5 所示。

单击〖绘图〗→〖构造线〗，操作步骤如下：

```
命令：_xline                                                  // 启动“构造线”命令
指定点或[水平(H)/垂直(V)/角度(A)/二等分(B)/偏移(O)]：v↙      // 选择绘制垂直构造线
指定通过点：                                                  // 点选如图 5-5 所示的点 1
指定通过点：↙                                                // 回车，结束命令
```

单击【绘图】→【射线】，操作步骤如下：

```
命令：_ray                                                    // 启动“射线”命令
指定起点：                                                    // 点选如图 5-5 所示的 2 点
指定通过点：                                                  // 指定点 2 正上方任一点
指定通过点：↙                                                // 回车，结束命令
```

绘制三视图常用的方法除了辅助线法——利用构造线或射线作为辅助线，确保视图之间的“三等”关系外，还可采用对象捕捉追踪功能并结合极轴追踪、正交等辅助工具的方法。在实际绘图中，用户可以灵活运用这两种方法，保证图形的准确性。

(2) 用直线命令采用“极轴追踪”的方法绘制底板主视图和对称中心线，绘制底板主

视图上左侧 ϕ9mm 小圆的中心线和转向轮廓线，再通过变换图层将其改到相应的点画线和虚线图层上，镜像复制，如图 5-6 所示。

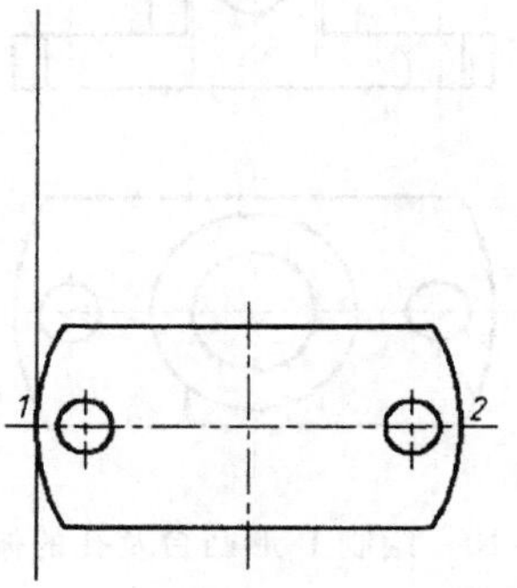

图 5-5 绘制构造线、射线

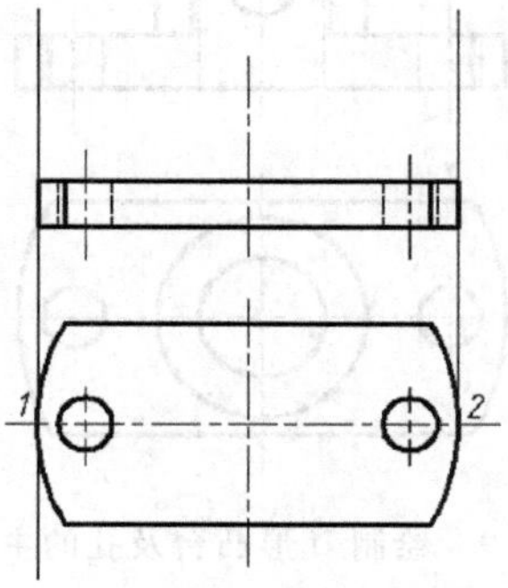

图 5-6 绘制底板主视图

绘制三视图时，每一组成部分一般都应从形状特征明显的视图入手，先画主要部分，后画次要部分，且每一组成部分的几个视图配合着画，这样，不但可以提高绘图速度，还能避免漏线、多线。

第 4 步：绘制铅垂圆柱

(1) 在俯视图上捕捉中心线交点作为圆心，绘制铅垂圆柱及孔的俯视图 ϕ30mm、ϕ18mm 的圆，如图 5-7 所示。

(2) 采用对象捕捉结合极轴追踪的方法绘制主视图上铅垂圆柱及孔的轮廓线，如图5-8所示。

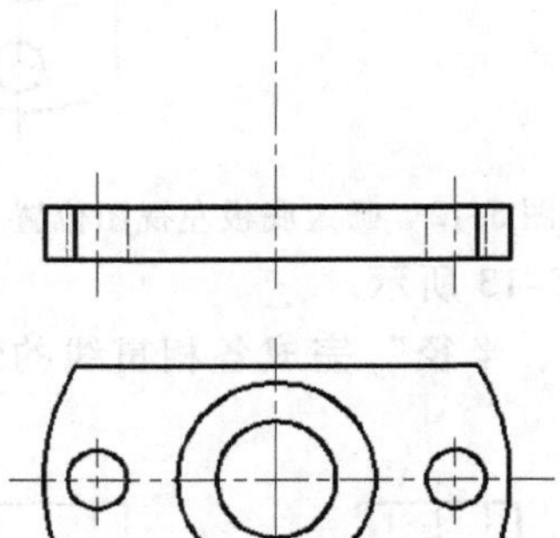

图 5-7 绘制铅垂圆柱俯视图

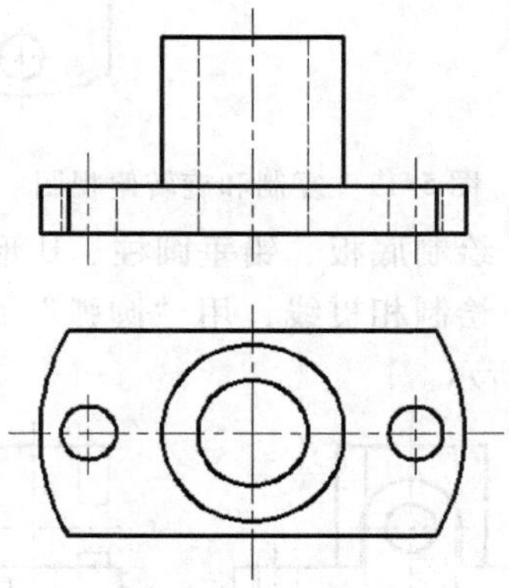

图 5-8 绘制铅垂圆柱主视图

第 5 步：绘制 U 形凸台及孔

(1) 绘制 U 形凸台及孔的主视图，并修剪多余线条如图 5-9 所示。

(2) 绘制 U 形凸台及孔的俯视图，如图 5-10 所示。

第 6 步：绘制左视图

(1) 复制并旋转俯视图至适当位置（旋转时要注意前后方位关系），作为辅助图形，如图 5-11 所示。

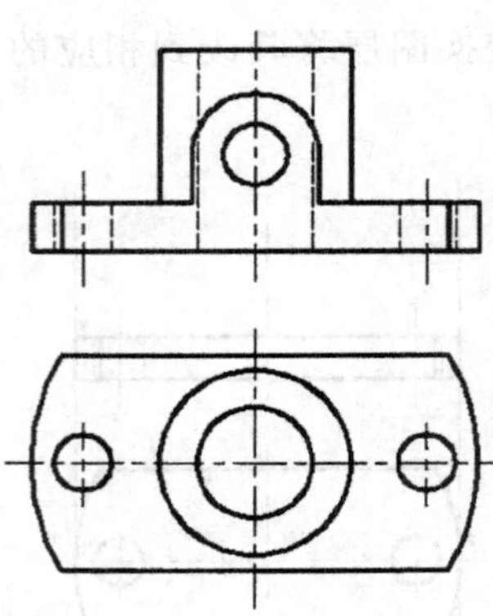

图 5-9 绘制 U 形凸台及孔的主视图

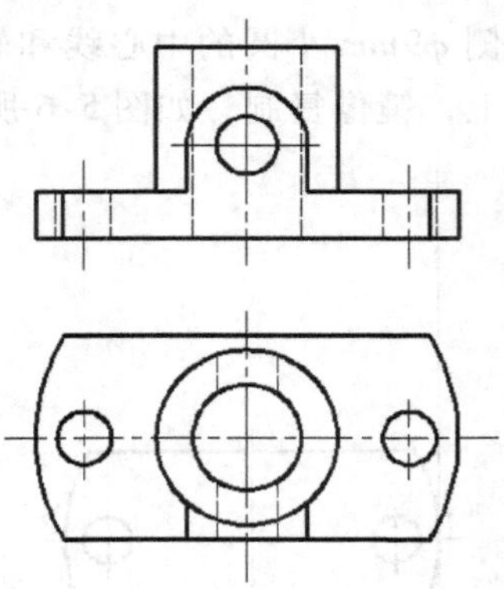

图 5-10 绘制 U 形凸台及孔的俯视图

(2) 利用对象“捕捉追踪”功能确定左视图位置，如图 5-12 所示，绘制底板和圆柱左视图。

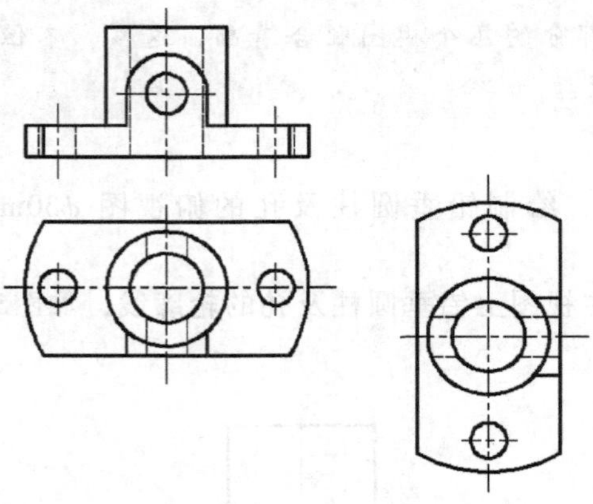

图 5-11 复制和旋转俯视图

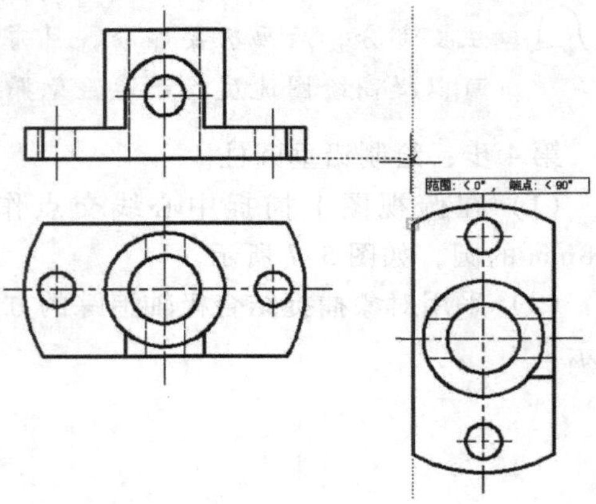

图 5-12 确定底板左视图位置

(3) 绘制底板、铅垂圆柱、U 形凸台左视图，如图 5-13 所示。

(4) 绘制相贯线，用“圆弧”命令的“起点、端点、半径”完成各相贯线的绘制，如图 5-14 所示。

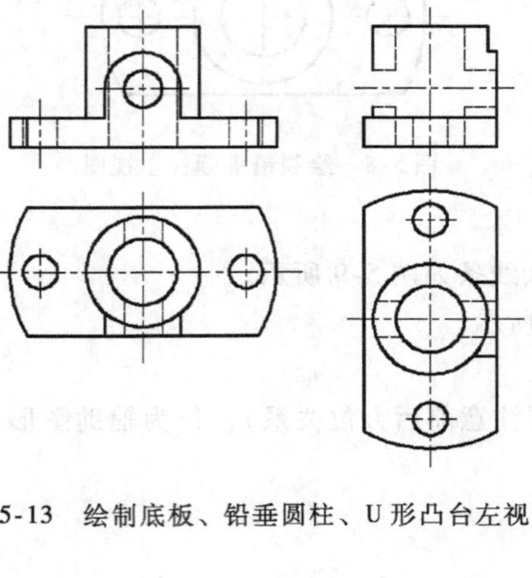

图 5-13 绘制底板、铅垂圆柱、U 形凸台左视图

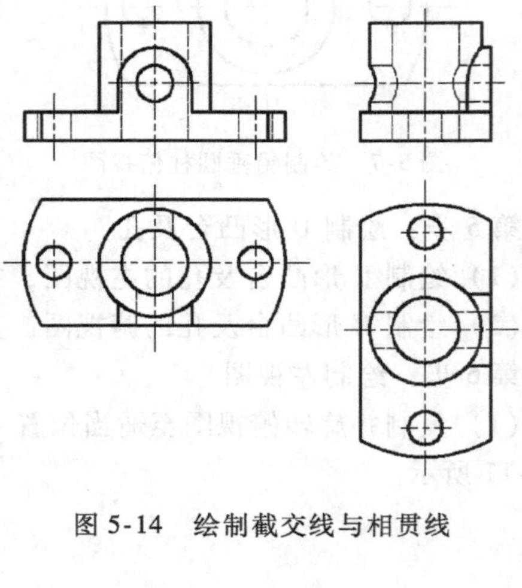

图 5-14 绘制截交线与相贯线

第 7 步：删除复制旋转后的辅助图形。

第 8 步：标注三视图尺寸，完成后如图 5-1 所示。

第 9 步：保存图形文件。

知识点一　构造线

利用“构造线”命令可以绘制通过给定点的双向无限长直线，常用于作辅助线。调用命令的方式如下：

- 菜单命令：【绘图】→【构造线】
- 工具栏：〖绘图〗→〖构造线〗
- 键盘命令：XLINE 或XL

该命令可重复执行，绘制多条构造线，各选项介绍如下：

1. “点” 选项

绘制一条通过选定两点（点 1 和点 2）的构造线，如图 5-15 所示。

2. “水平（H）” 选项

绘制一条通过选定点 1 的水平构造线，如图 5-16 所示。

3. “垂直（V）” 选项

绘制一条通过选定点 1 的垂直构造线，如图 5-17 所示。

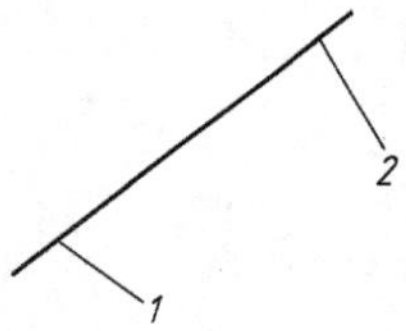

图 5-15　“点” 选项

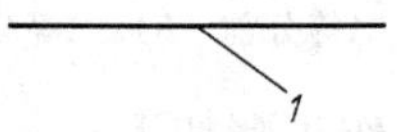

图 5-16　“水平” 选项

图 5-17　“垂直” 选项

4. “角度（A）” 选项

以指定的角度绘制一条构造线。

（1）输入构造线的角度：直接输入构造线与 *X* 轴正方向的夹角创建如图 5-18 所示的构造线。

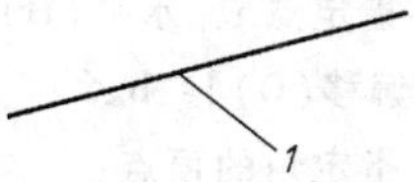

图 5-18　“角度” 选项

（2）参照：指定一条已知直线，通过指定点绘制一条与已知直线成指定夹角的构造线。

例 5-1　画出垂直于加强肋斜面的构造线（可用于重合剖面图中心线的绘制），如图 5-19所示。

单击〖绘图〗→〖构造线〗，操作步骤如下：

命令：_xline	// 启动 “构造线” 命令
指定点或[水平(H)/垂直(V)/角度(A)/二等分(B)/偏移(O)]：a↙	// 选择角度方式绘制构造线
输入构造线的角度(0)或[参照(R)]：r↙	// 采用参照方式
选择直线对象：	// 选择如图 5-20 所示肋板的斜线 1
输入构造线的角度 <0>：90↙	// 输入角度
指定通过点：	// 指定斜线的中点

通过以上操作，得到如图 5-20 所示图形。

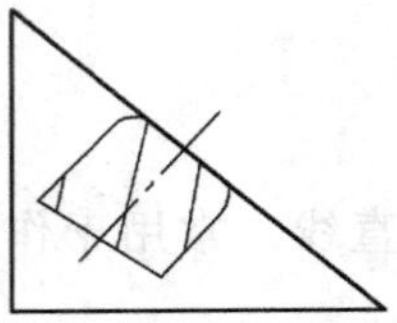

图 5-19 加强肋重合剖面图

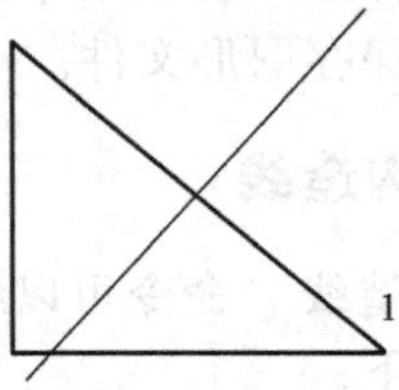

图 5-20 参照方式绘制构造线

5. “二等分（B）”选项

创建一条参照线，使它经过选定的角顶点，并且将选定的两条线之间的夹角平分。

例 5-2 采用绘制构造线的方法绘出如图 5-21a 所示∠123 的角平分线，如图 5-21b 所示。

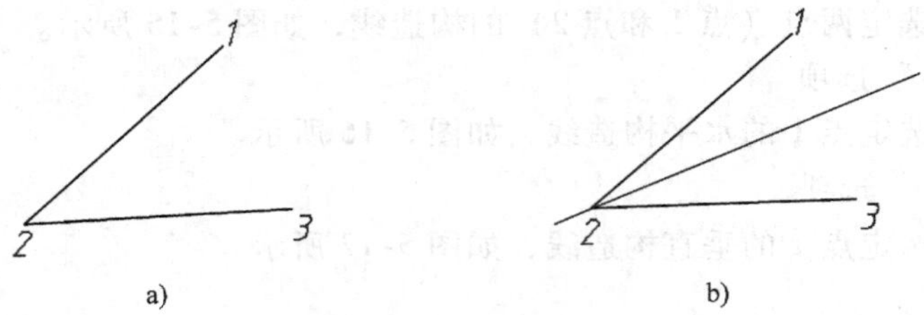

图 5-21 “二等分”方式绘制构造线

a）二等分前 b）二等分后

单击〖绘图〗→〖构造线〗，操作步骤如下：

命令：_xline	//启动“构造线”命令
指定点或[水平(H)/垂直(V)/角度(A)/二等分(B)/偏移(O)]：b↙	// 采用二等分方式绘制构造线
指定角的顶点：	// 指定如图 5-21a 所示点 2
指定角的起点：	// 指定如图 5-21a 所示点 1
指定角的端点：	// 指定如图 5-21a 所示点 3
指定角的端点：↙	// 回车，结束命令

此构造线位于由点 1、点 2、点 3 三个点确定的平面中，如图 5-21b 所示。

6. “偏移（O）”选项

创建平行于另一个对象的参照线。

通过指定偏移距离并选择一个对象（如图 5-22 所示的线条 1）创建构造线（如图 5-22 所示的线条 2）。具体内容可参见模块二任务四的知识点二。

知识点二 射线

利用“射线”命令可以创建单向无限长的线，与构造线一样，通常作为辅助作图线。调用命令的方式如下：

- 菜单命令：【绘图】→【射线】

● 键盘命令：RAY

该命令可重复执行，绘制多条射线。绘制时，首先指定射线的起点（如图 5-23 所示的点 1），然后再指定射线的通过点（如图 5-23 所示的点 2）即可。

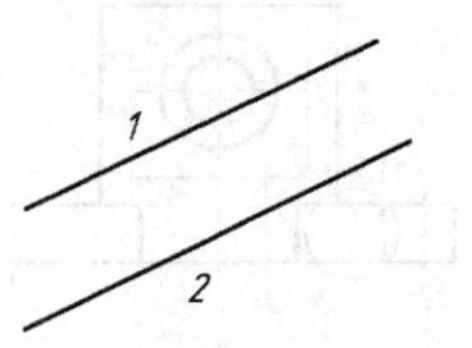

图 5-22 偏移方式绘制构造线

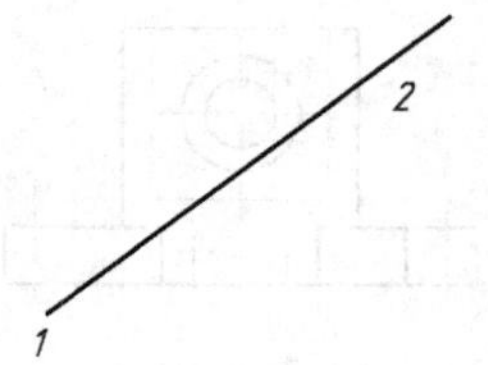

图 5-23 绘制射线

起点和通过点定义了射线延伸的方向，射线在此方向上延伸到显示区域的边界。

任务二 组合体三视图的绘制（二）

操作实例（图 5-24）

本例介绍如图 5-24 所示组合体三视图的绘制方法和步骤，除用到前面讲过的知识外，还涉及“样条曲线”、“图案填充”等命令。

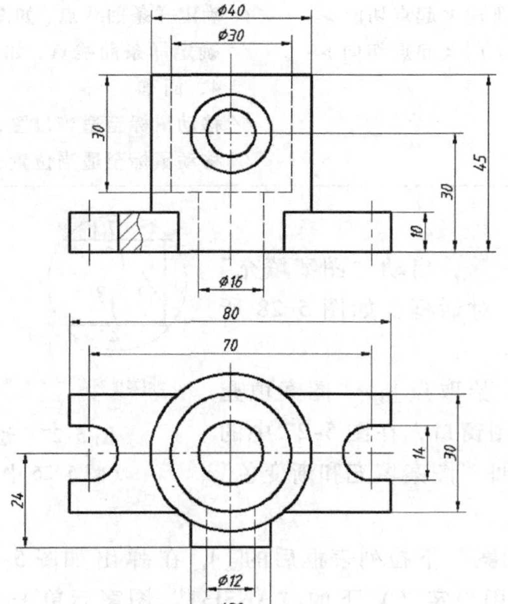

图 5-24 组合体三视图（二）

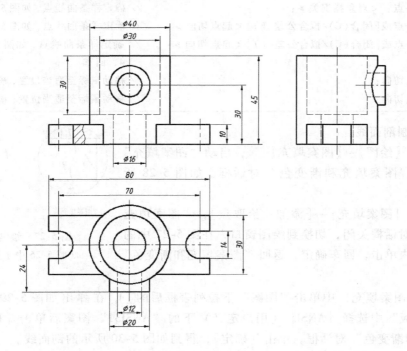

本例利用 45°辅助线和参考点捕捉追踪方式来保证“高平齐、宽相等”。

绘制过程

第 1 步：设置绘图环境，操作过程略。

第 2 步：完成主、俯视图。

（1）绘制主、俯视图，如图 5-25 所示。

（2）在主视图中画样条曲线，如图 5-26 所示。

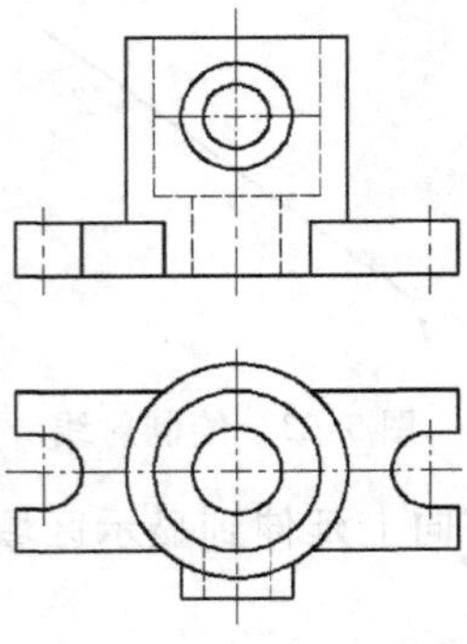

图 5-25　绘制主、俯视图

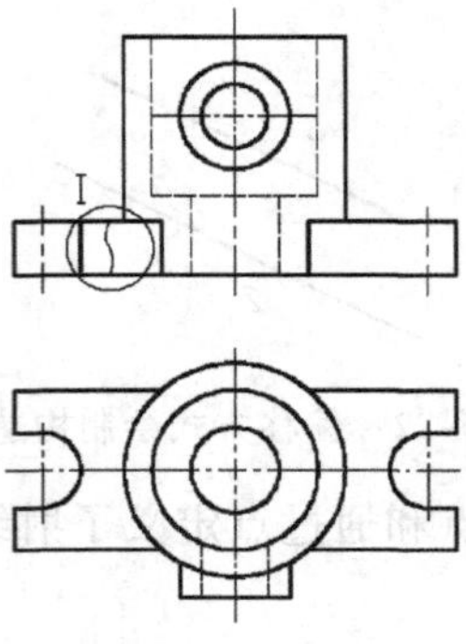

图 5-26　绘制样条曲线

单击〖绘图〗→〖样条曲线〗，操作步骤如下：

命令：_spline	// 启动“样条曲线”命令
指定第一个点或[对象(O)]：	// 确定样条曲线点，如图 5-27 所示的点 1
指定下一点：＜对象捕捉关＞：	// 确定样条曲线点，如图 5-27 所示的点 2
指定下一点或[闭合(C)/拟合公差(F)]＜起点切向＞：	// 确定样条曲线点，如图 5-27 所示的点 3
指定下一点或[闭合(C)/拟合公差(F)]＜起点切向＞：	// 确定样条曲线点，如图 5-27 所示的点 4，回车
指定起点切向：	// 移动鼠标至适当位置，确定点 1 的切向
指定端点切向：	// 移动鼠标至适当位置，确定点 4 的切向

（3）绘制剖面线。

① 单击〖绘图〗→〖图案填充〗，启动“图案填充”命令，打开“图案填充和渐变色”对话框，如图 5-28 所示。

② 单击｛图案填充｝→[添加：拾取点]，“图案填充和渐变色”对话框关闭，切换到绘图窗口，在图 5-27 中的封闭线框 A 内单击，回车确定，返回“图案填充和渐变色”对话框。

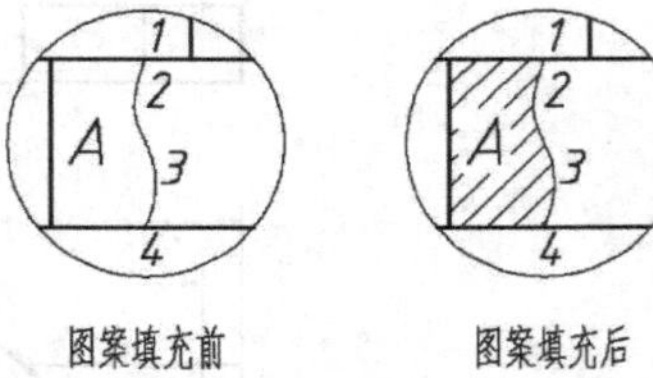

图 5-27　绘制面线
（图 5-26 中 I 放大）

③ 在｛图案填充｝中单击“图案”下拉列表框后的，在弹出如图 5-29 所示的“填充图案选项板”中选择｛ANSI｝（用户定义）下的“ANSI31”图案后单击［确定］，返回“图案填充和渐变色”对话框，单击［确定］，得到如图 5-30 所示的剖面线。

如剖面线间距过密或过疏，可通过修改如图 5-28 所示对话框中的“比例”值对剖面线的间距进行调整，还可以通过改变“角度”值更改剖面线的倾斜方向。

第 3 步：绘制左视图。

（1）用极轴追踪功能绘制一条45°辅助线，如图5-31所示。

（2）用参考点捕捉追踪方式（“临时追踪点”和“对象捕捉追踪”）确定参考点，如图5-32所示。

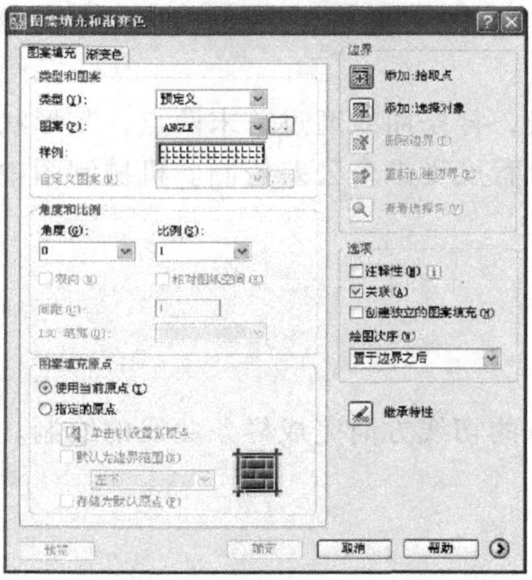

图5-28　“图案填充和渐变色”对话框

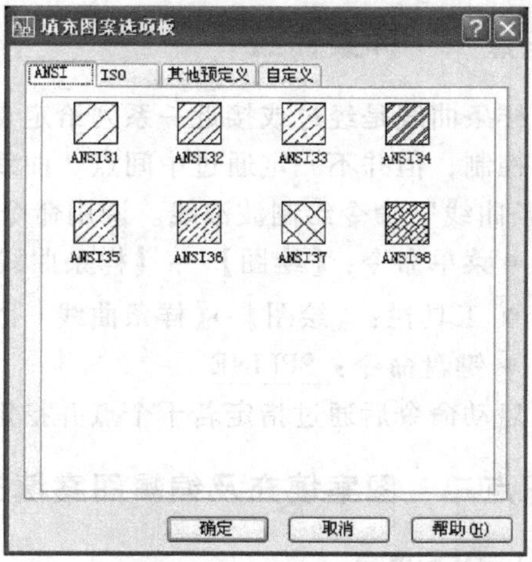

图5-29　“填充图案选项板”用户定义类型

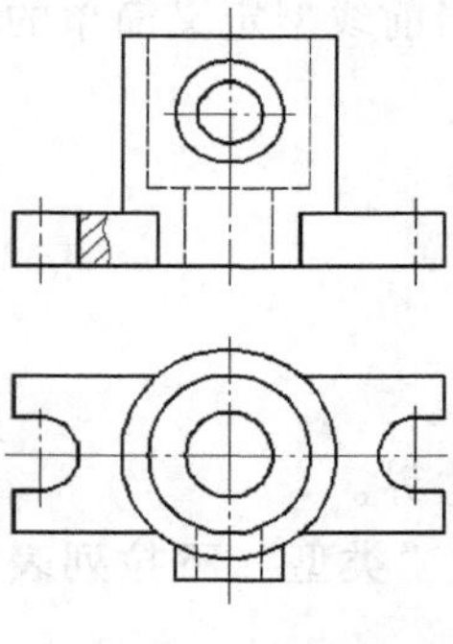

图5-30　绘制剖面线

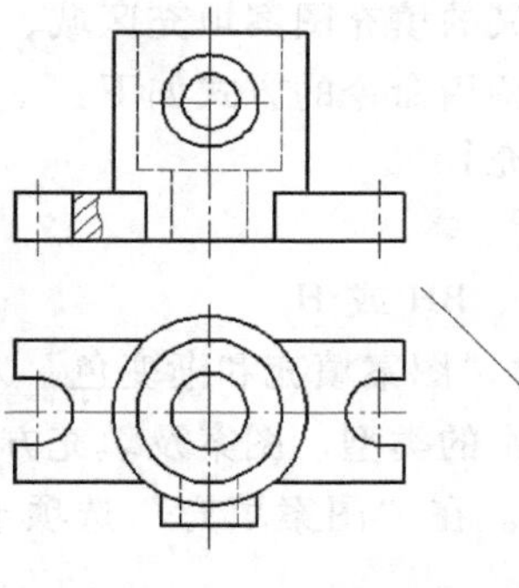

图5-31　绘制45°辅助线

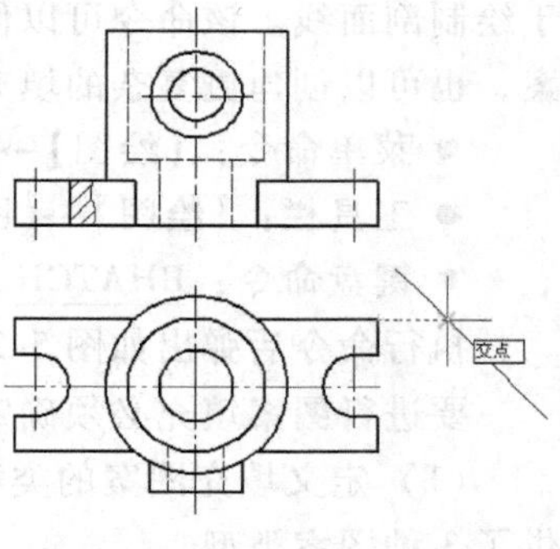

图5-32　指定临时追踪点

（3）利用对象捕捉追踪确定底板左视图的位置，如图5-33所示。

（4）采用同样操作，利用对象捕捉追踪得到各点，完成左视图，如图5-34所示。

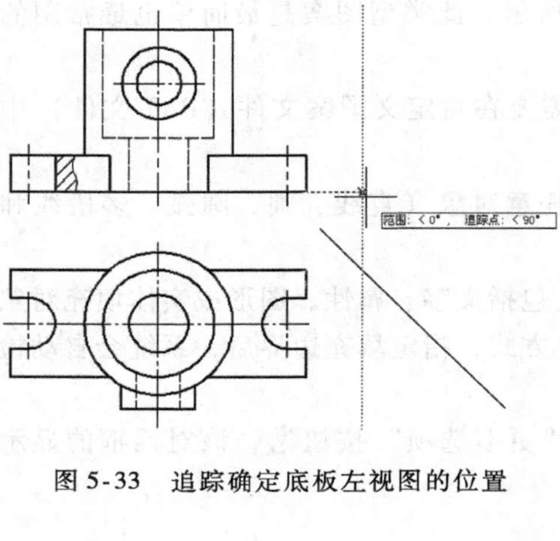

图5-33　追踪确定底板左视图的位置

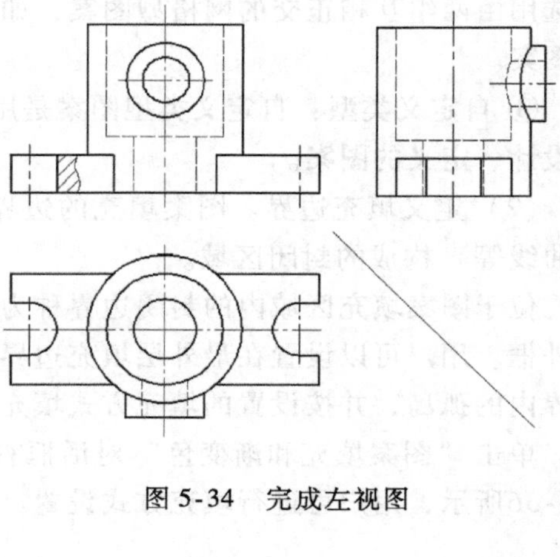

图5-34　完成左视图

第 4 步：删除 45°辅助线。

第 5 步：标注三视图尺寸，完成后如图 5-24 所示。

第 6 步：保存图形文件。

知识点一　样条曲线

样条曲线是经过或接近一系列给定点的光滑曲线，样条曲线通过首末两点，其形状受拟合点控制，但并不一定通过中间点，曲线与点的拟合程度受拟合公差控制。机械制图中常用“样条曲线”命令绘制波浪线。调用命令的方式如下：

- 菜单命令：【绘图】→【样条曲线】
- 工具栏：〖绘图〗→〖样条曲线〗
- 键盘命令：SPLINE

启动命令后通过指定若干个点并指定起点、终点的切线方向完成样条曲线的绘制。

知识点二　图案填充及编辑图案填充

1. 图案填充

利用“图案填充”命令，可以将选定的图案填入指定的封闭区域内。机械制图时常用于绘制剖面线。该命令可以使用预定义的填充图案填充区域、使用当前线型定义简单的线图案，也可以创建更复杂的填充图案。调用命令的方式如下：

- 菜单命令：【绘图】→【图案填充】
- 工具栏：〖绘图〗→〖图案填充〗
- 键盘命令：BHATCH、HATCH、BH 或 H

执行命令后弹出如图 5-28 所示的“图案填充和渐变色”对话框。

要进行图案填充必须确定填充图案的类型、图案及填充方式和边界。

(1) 定义填充图案的类型和图案。在“图案填充”选项卡中的“类型”下拉列表中提供了 3 种图案类型。

① 预定义类型：AutoCAD 系统预先定义命名的填充图案，其中包括实体填充与 50 多种行业标准规定的填充图案和 14 种符合 ISO 标准的填充图案，如图 5-35 所示。

② 用户定义（ANSI）类型：图案由一组平行线组成，可由用户定义其间隔与倾角，并可选用由两组互相正交的网格型图案，如图 5-29 所示。此类型图案是最简单也最常用的填充图案。

③ 自定义类型：自定义类型图案是用户根据需要在自定义图案文件（PAT 文件）中自行设计、定义的图案。

(2) 定义填充边界。图案填充的边界可以是任意对象（直线、圆、圆弧、多段线和样条曲线等）构成的封闭区域。

位于图案填充区域内的封闭边界称为孤岛，它包括文字、属性、图形或实体填充对象等的外框。用户可以设置在最外层填充边界内的填充方式，指定填充边界后，系统会自动检测边界内的孤岛，并按设置的填充方式填充图案。

单击“图案填充和渐变色”对话框右下角的“更多选项”按钮，该对话框的显示如图5-36所示，用户可进行填充方式设置。

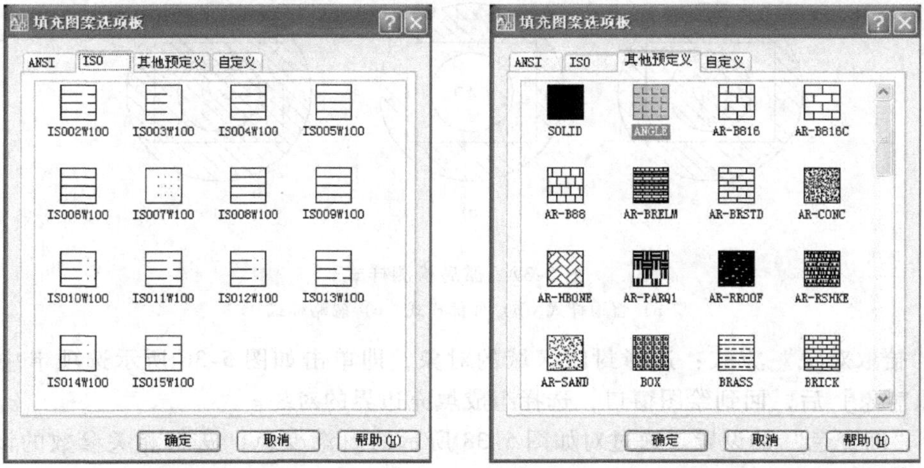

a)　　b)

图 5-35　预定义类型填充图案

a）ISO 类型　b）其他预定义类型

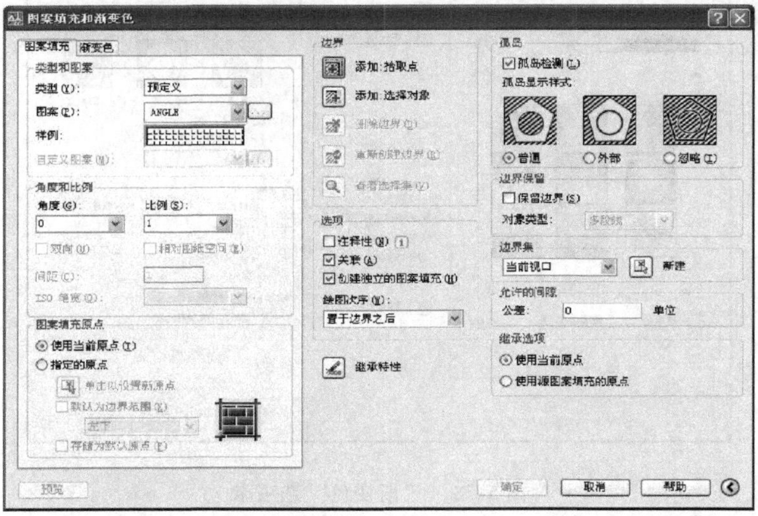

图 5-36　“图案填充和渐变色”选项卡的“更多选项”

① 填充方式：当选择“孤岛检测”复选框后，“孤岛显示样式”选项组亮显。有 3 种填充方式：

a. 普通样式：为默认的填充方式，即从外部边界向内隔层填充图案，如图 5-37a 所示。

b. 外部样式：只在最外层区域内填充图案，如图 5-37b 所示。

c. 忽略样式：指忽略填充边界内部的所有对象（孤岛），最外层所围边界内部全部填充，如图 5-37c 所示。

② 指定填充边界的方式：

a. “拾取点”方式：指定封闭区域中的点，即单击如图 5-36 所示选项卡中的［添加：拾取点］后，回到绘图窗口，在图案填充区域内单击。

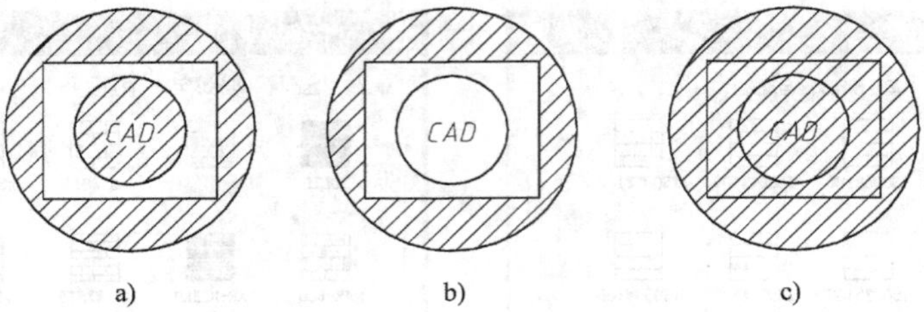

a) b) c)

图 5-37 孤岛检测样式

a）普通样式 b）外部样式 c）忽略样式

b. “拾取对象”方式：选择封闭区域的对象，即单击如图 5-36 所示选项卡中的［添加：拾取对象］后，回到绘图窗口，选择组成填充边界的对象。

（3）“渐变色”的设置。通过对如图 5-38 所示的｛渐变色｝进行相关参数的设置，能实现对象的渐变色填充，即实现填充图案在一种颜色的不同灰度之间或两种颜色之间平滑过渡，并呈现光在对象上的反射效果。其操作方法与图案填充方法相似，在此不再赘述。

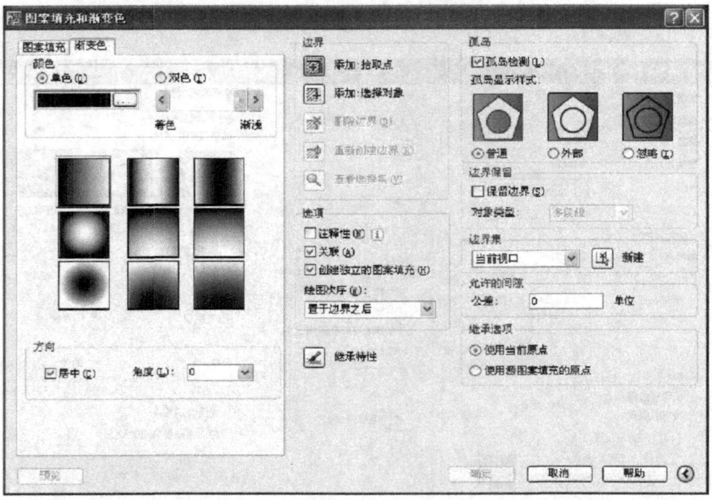

图 5-38 “渐变色”选项卡

2. 图案填充的编辑

创建图案填充后，如需修改填充图案或修改填充边界，可利用“图案填充编辑”对话框进行编辑修改。调用命令的方式如下：

● 菜单命令：【修改】→【对象】→【图案填充】

● 工具栏：〖修改Ⅱ〗→〖编辑图案填充〗

● 命令：HATCHEDIT

执行上述命令后，单击需修改的填充图案，弹出如图 5-39 所示的“图案填充编辑”对话框（直接双击需编辑的填充图案，也能打开该对话框）。

“图案填充编辑”对话框与“图案填充和渐变色”对话框的内容基本一样，在此不再详细介绍。

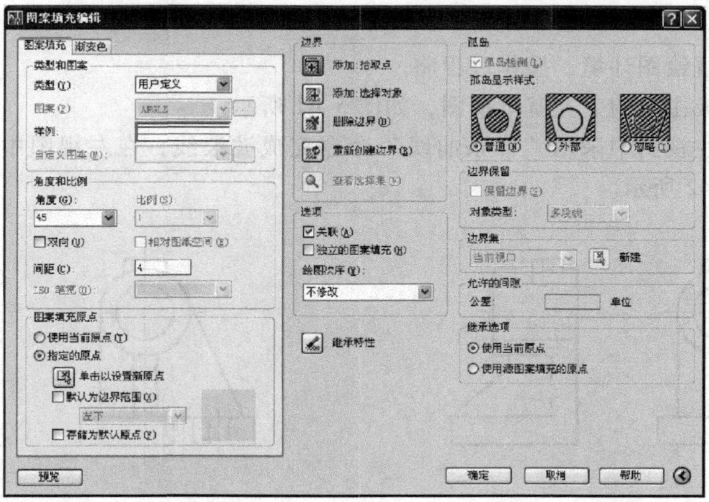

图 5-39　“图案填充编辑”对话框

任务三　组合体三视图的绘制（三）

操作实例（图 5-40）

本例介绍如图 5-40 所示组合体三视图的绘制方法和步骤，新增“多段线”命令。

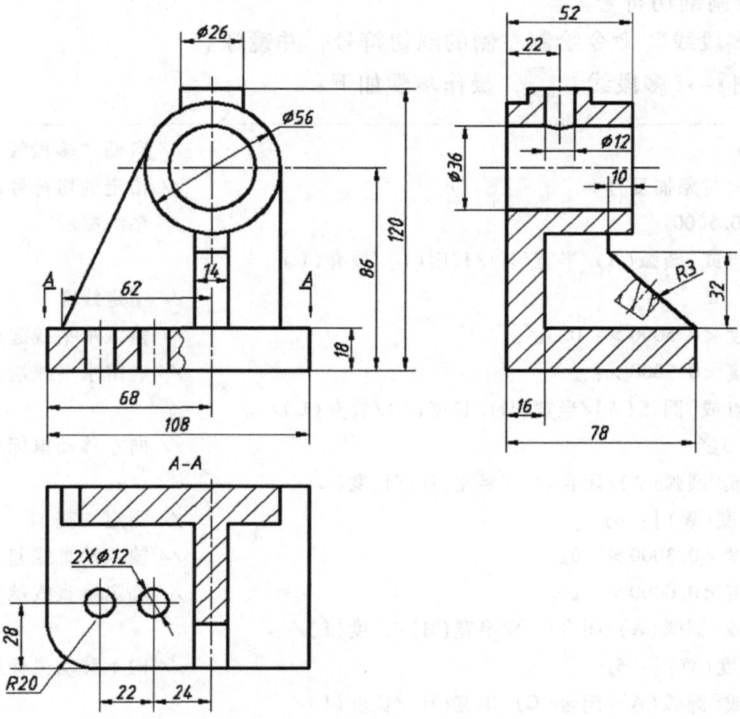

图 5-40　组合体三视图（三）

绘制过程

第 1 步：设置绘图环境，操作过程略。

第 2 步：完成主、俯、左基本视图，如图 5-41 所示。

第 3 步：在主视图中采用“样条曲线”命令完成波浪线，在左视图中完成重合断面图的绘制，如图 5-42 所示。

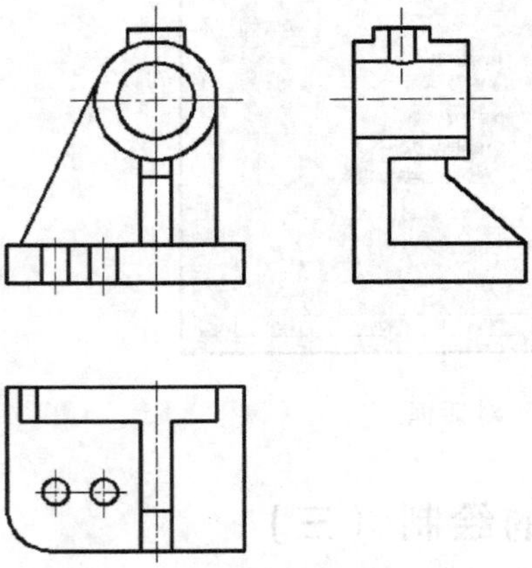

图 5-41　绘制基本图形

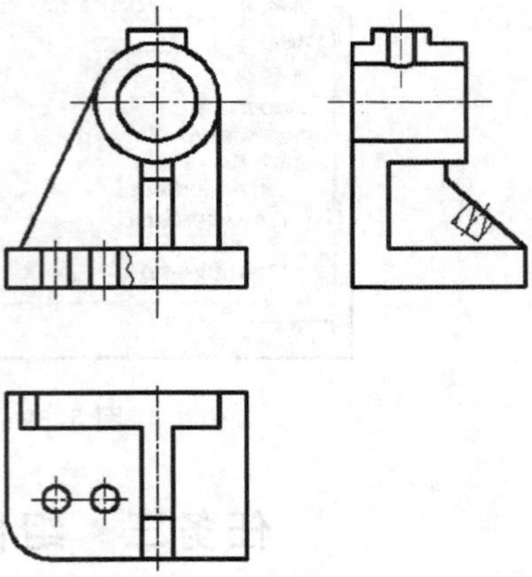

图 5-42　绘制波浪线及重合断面图

第 4 步：用“图案填充”命令填充剖面线，如图 5-43 所示。

第 5 步：绘制剖切符号。

(1) 用“多段线”命令绘制左侧的剖切符号，并镜像。

单击〖绘图〗→〖多段线〗，操作步骤如下：

```
命令：_pline                                          // 启动“多段线”命令
指定起点：<对象捕捉开>                                // 指定剖切符号水平线的右起点
当前线宽为 0.5000                                     // 系统提示
指定下一个点或[圆弧(A)/半宽(H)/长度(L)/放弃(U)
/宽度(W)]：w                                          // 指定线宽
指定起点宽度<0.5000>：0.3↙                            // 输入水平线起点宽度
指定端点宽度<0.3000>：↙                               // 确定水平线端点宽度
指定下一个点或[圆弧(A)/半宽(H)/长度(L)/放弃(U)/
宽度(W)]：3↙                                          // 向左移动鼠标后输入水平线长度
指定下一点或[圆弧(A)/闭合(C)/半宽(H)/长度(L)/
放弃(U)/宽度(W)]：w↙                                  // 指定线宽
指定起点宽度<0.3000>：0↙                              // 输入垂直线起点宽度
指定端点宽度<0.0000>：↙                               // 确定垂直线端点宽度
指定下一点或[圆弧(A)/闭合(C)/半宽(H)/长度(L)/
放弃(U)/宽度(W)]：5↙                                  // 向下移动鼠标后输入垂直线长度
指定下一点或[圆弧(A)/闭合(C)/半宽(H)/长度(L)/
放弃(U)/宽度(W)]：w↙                                  // 指定线宽
指定起点宽度<0.0000>：0.5↙                            // 输入箭头起点宽度
```

指定端点宽度＜0.5000＞：0↙	// 输入箭头端点宽度
指定下一点或[圆弧(A)/闭合(C)/半宽(H)/长度(L)/放弃(U)/宽度(W)]：3↙	// 向下移动鼠标后输入箭头长度
指定下一点或[圆弧(A)/闭合(C)/半宽(H)/长度(L)/放弃(U)/宽度(W)]：↙	// 回车确认

绘制完成后镜像得到左侧的剖切符号，如图 5-44 所示。

(2) 用“多行文字”命令或“单行文字”命令，注写剖视图的名称，如图 5-44 所示。

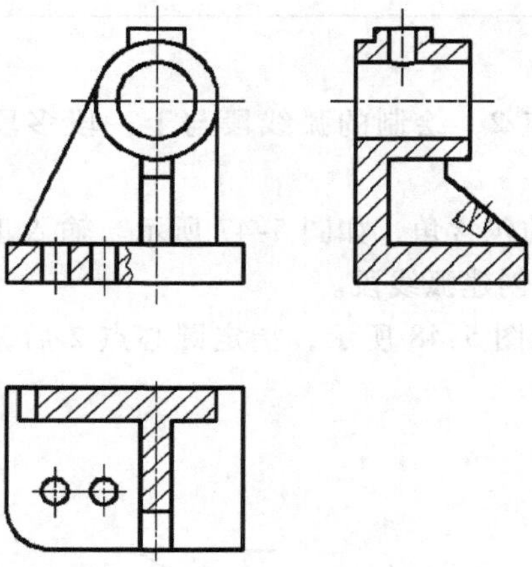

图 5-43　填充剖面线

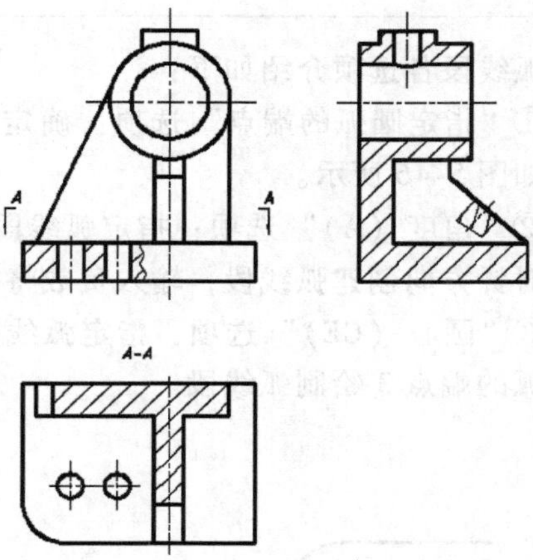

图 5-44　绘制剖切符号及剖视图名称

第 6 步：标注三视图尺寸，完成后如图 5-40 所示。

第 7 步：保存图形文件。

知识点　多段线

多段线是作为单个对象创建的相互连接的序列线段，可以由直线段、弧线段或两者的组合线段组成，是一个组合对象。它可以定义线宽，每段起点、端点的线宽可变，如图 5-45 所示。

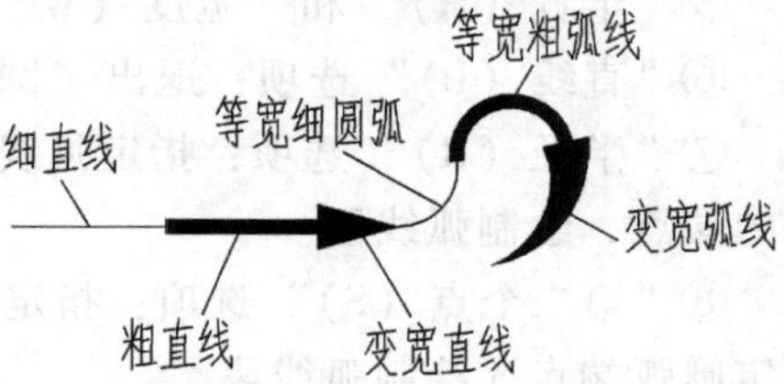

图 5-45　多段线

1. 绘制多段线

调用命令的方式如下：

- 菜单命令：【绘图】→【多段线】
- 工具栏：〖绘图〗→〖多段线〗
- 键盘命令：PLINE 或 PL

执行该命令后，命令行提示：

指定起点：	// 给出多段线的起点
当前线宽为 0.0000	// 多段线的线宽为 0
指定下一个点或[圆弧(A)/半宽(H)/长度(L)/放弃(U)/宽度(W)]：	// 系统提示

各选项介绍如下：

(1)“指定下一个点”选项：用定点方式指定多段线的下一点，绘制一条直线段。

(2)“半宽（H）”和“宽度（W）”选项：定义多段线的线宽。其中半宽是指从多段线的中心到其一边的宽度。

(3)“长度（L）”选项：确定直线段的长度。

(4)“放弃（U）”选项：放弃一次操作。

(5)“圆弧（A）”选项：将弧线段添加到多段线中，命令行转换成画圆弧段的提示。

指定圆弧的端点或[角度(A)/圆心(CE)/方向(D)/半宽(H)/直线(L)/半径(R)/第二个点(S)/放弃(U)/宽度(W)]:

弧线段各选项介绍如下：

①“指定圆弧的端点”选项：确定弧线段的端点 2，绘制的弧线段与上一段多段线相切，如图 5-46 所示。

②“角度（A）”选项：指定弧线段从起点开始的包含角，如图 5-47 所示。输入正数将按逆时针方向创建弧线段，输入负数将按顺时针方向创建弧线段。

③“圆心（CE）”选项：指定弧线段的圆心。如图 5-48 所示，指定圆心点 2 后，再指定圆弧的端点 3 绘制弧线段。

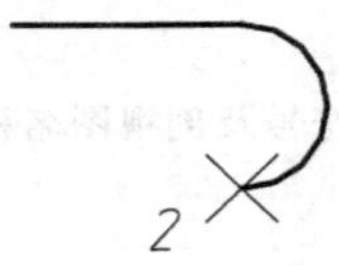

图 5-46　圆弧端点

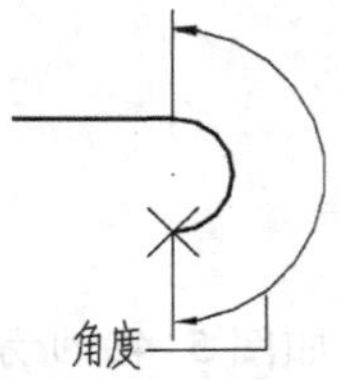

图 5-47　圆弧包含角

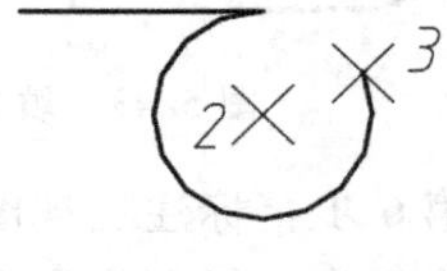

图 5-48　圆弧中心

④“方向（D）”选项：指定弧线段的起始切线方向。如图 5-49 所示，在指定切向后，再指定圆弧的端点 3 绘制弧线段。

⑤“半宽（H）”和“宽度（W）”选项：定义多段线的线宽。

⑥“直线（L）”选项：退出“圆弧”选项转换为画直线段的提示。

⑦“半径（R）”选项：指定弧线段的半径。如图 5-50 所示，在指定半径后，再指定圆弧的端点，绘制弧线段。

⑧“第二个点（S）”选项：指定圆弧上的第二点。如图 5-51 所示，指定第二点后，再指定圆弧端点 3 绘制弧线段。

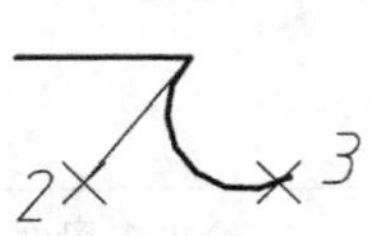

图 5-49　弧线方向

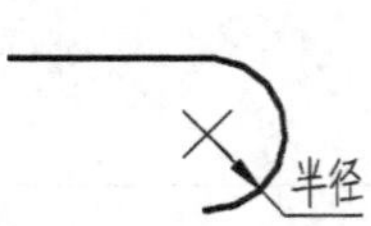

图 5-50　弧线半径

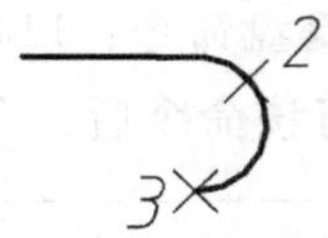

图 5-51　第二个点和端点

⑨“放弃（U）”选项：放弃一次操作。

例 5-3　用“多段线”命令绘制如图 5-52 所示的图形。

单击〖绘图〗→〖多段线〗，操作步骤如下：

```
命令：_pline                                          // 启动命令
指定起点：                                            // 给出起点 1
当前线宽为 0.0000                                     // 系统提示
指定下一个点或[圆弧(A)/半宽(H)/长度(L)/
放弃(U)/宽度(W)]：20↙                                // 鼠标右移确定第 2 点
指定下一点或[圆弧(A)/闭合(C)/半宽(H)/
长度(L)/放弃(U)/宽度(W)]：w↙                         // 选择“宽度”选项
指定起点宽度<0.0000>：10↙                            // 指定三角形起点线宽
指定端点宽度<10.0000>：0↙                            // 指定三角形终点线宽
指定下一点或[圆弧(A)/闭合(C)/半宽(H)/
长度(L)/放弃(U)/宽度(W)]：12↙                        // 鼠标右移确定第 3 点
指定下一点或[圆弧(A)/闭合(C)/半宽(H)/
长度(L)/放弃(U)/宽度(W)]：h↙                         // 选择“半宽”选项
指定起点半宽<0.0000>：5↙                             // 指定起点半宽
指定端点半宽<5.0000>：↙                              // 指定终点半宽
指定下一点或[圆弧(A)/闭合(C)/半宽(H)/
长度(L)/放弃(U)/宽度(W)]：1↙                         // 鼠标右移确定第 4 点
指定下一点或[圆弧(A)/闭合(C)/半宽(H)/
长度(L)/放弃(U)/宽度(W)]：w↙                         // 选择“宽度”选项
指定起点宽度<10.0000>：0↙                            // 指定起点线宽
指定端点宽度<0.0000>：↙                              // 指定终点线宽
指定下一点或[圆弧(A)/闭合(C)/半宽(H)/
长度(L)/放弃(U)/宽度(W)]：20↙                        // 鼠标右移确定第 5 点
指定下一点或[圆弧(A)/闭合(C)/半宽(H)/
长度(L)/放弃(U)/宽度(W)]：↙                          // 结束多段线命令
```

2. 多段线编辑

利用“多段线编辑”命令可以对多段线进行编辑，改变其线宽，将其打开或闭合，增减或移动顶点、样条化、直线化。调用命令的方式如下：

● 菜单命令：【修改】→【对象】→【多段线】

● 工具栏：〖修改Ⅱ〗→〖编辑多段线〗

● 键盘命令：PEDIT 或 PE

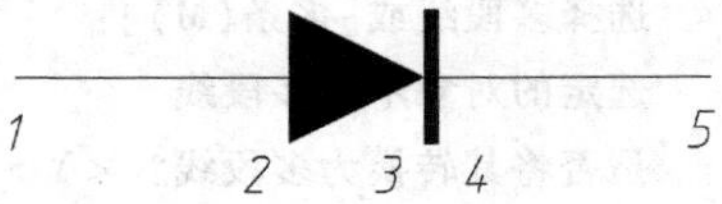

图 5-52　多段线图形

输入命令后可进行如下操作：

(1) 闭合 (C)：如所选的多段线是打开的，则出现该选项。使用该选项可生成一条多段线连接始末点，形成闭合多段线。

(2) 合并 (J)：将直线、圆弧或多段线连接到已有并打开的多段线，合并成一条多段线。

(3) 宽度 (W)：为整条多段线重新指定统一的宽度。

(4) 编辑顶点 (E)：增加、删除、移动多段线的顶点、改变某段线宽等。

(5) 拟合 (F)：用圆弧拟合二维多段线，生成一条平滑曲线，如图 5-53b 所示。

（6）样条曲线（S）：生成近似样条曲线，如图 5-53c 所示。

（7）非曲线化（D）：取消经过“拟合”或“样条曲线”拟合的效果，回到直线状态。

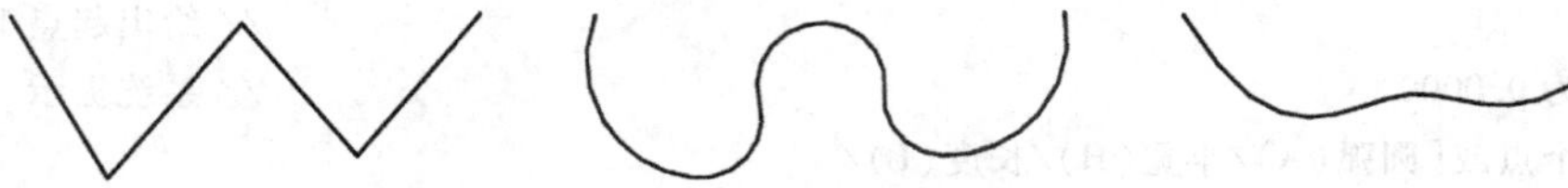

a)　　b)　　c)

图 5-53　拟合多段线

a）拟合前的多段线　b）用圆弧拟合　c）用样条曲线拟合

> 执行“多段线编辑”命令后，若选择的不是多段线，系统会提示“选定的对象不是多段线，是否将其转换为多段线？＜Y＞”，回车即可将所选对象转换成可编辑的多段线。

例 5-4　如图 5-54a 所示，*AB*、*CD*、*DE* 为用“直线”命令绘制的线段，*BC* 为用“多段线”命令绘制线宽为 0.3mm 的多段线，使用“多段线编辑”命令将它们合并成一条线宽为 0.6mm 并闭合的多段线，如图 5-54b 所示。

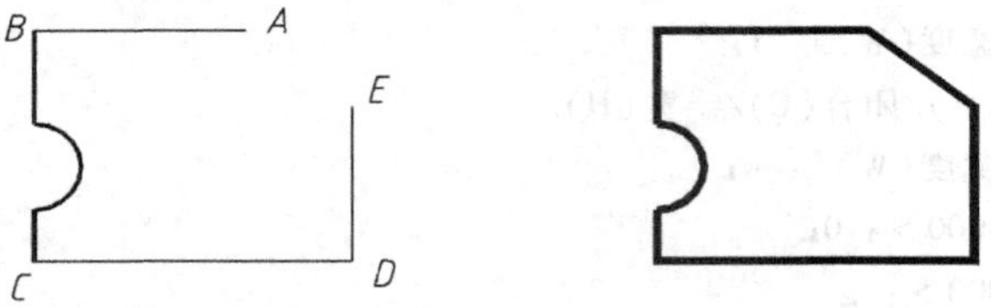

a)　　b)

图 5-54　编辑多段线

a）编辑前　b）编辑后

单击【修改】→【对象】→【多段线】，操作步骤如下：

```
命令：PEDIT                                                  // 启动命令
选择多段线或[多条(M)]：                                      // 选择直线 AB
选定的对象不是多段线                                         // 系统提示
是否将其转换为多段线？<Y>↙                                   // 回车，将直线 AB 转换为多段线
输入选项[闭合(C)/合并(J)/宽度(W)/编辑顶点(E)/拟合(F)
/样条曲线(S)/非曲线化(D)/线型生成(L)/放弃(U)]：j↙            // 选择“合并”选项
选择对象：找到 1 个                                          // 选择直线 CD
选择对象：找到 1 个，总计 2 个                               // 选择直线 DE
选择对象：找到 1 个，总计 3 个                               // 选择多段线 BC
选择对象：↙                                                  // 结束对象选择
5 条线段已添加到多段线                                       // 系统提示
输入选项[闭合(C)/合并(J)/宽度(W)/编辑顶点(E)/拟合(F)
/样条曲线(S)/非曲线化(D)/线型生成(L)/放弃(U)]：c↙            // 选择“闭合”选项
输入选项[打开(O)/合并(J)/宽度(W)/编辑顶点(E)/拟合(F)
```

/样条曲线(S)/非曲线化(D)/线型生成(L)/放弃(U)]：w↙ // 选择“宽度”选项
指定所有线段的新宽度：0.6↙ // 设置宽度
输入选项[打开(O)/合并(J)/宽度(W)/编辑顶点(E)/拟合(F)
/样条曲线(S)/非曲线化(D)/线型：↙ // 回车，结束命令

同类练习

绘制如图5-55至图5-61所示的三视图，并标注尺寸。

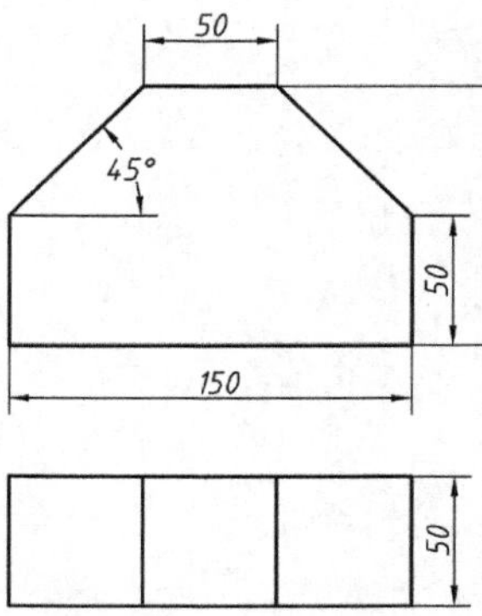

图5-55 练习5-1图

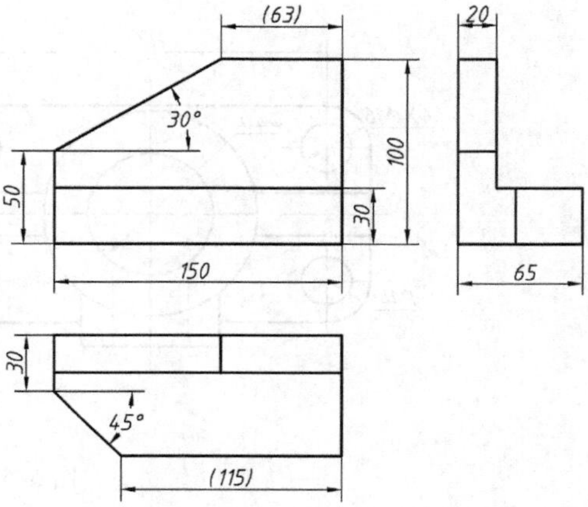

图5-56 练习5-2图

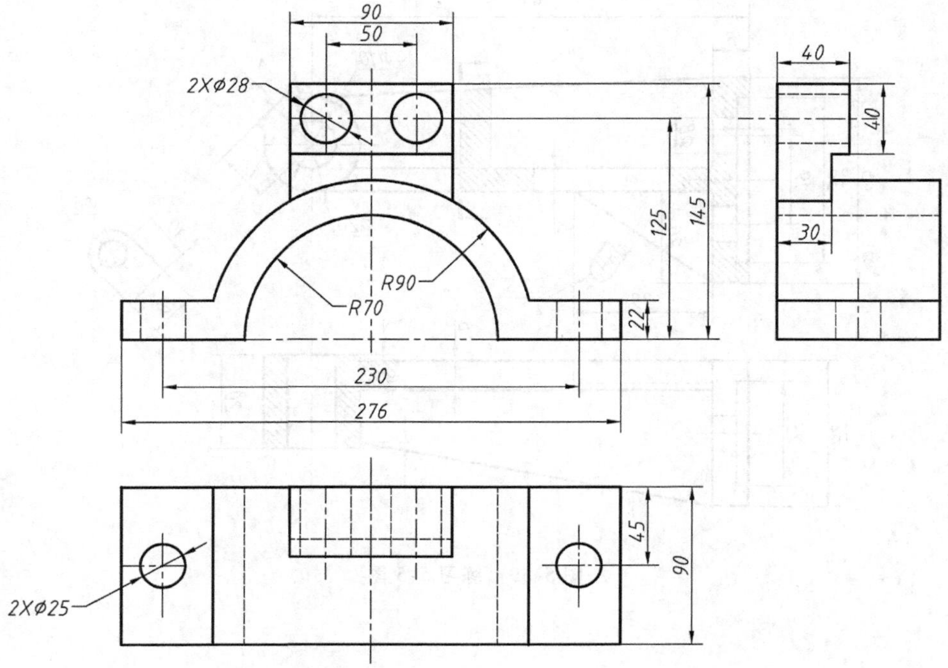

图5-57 练习5-3图

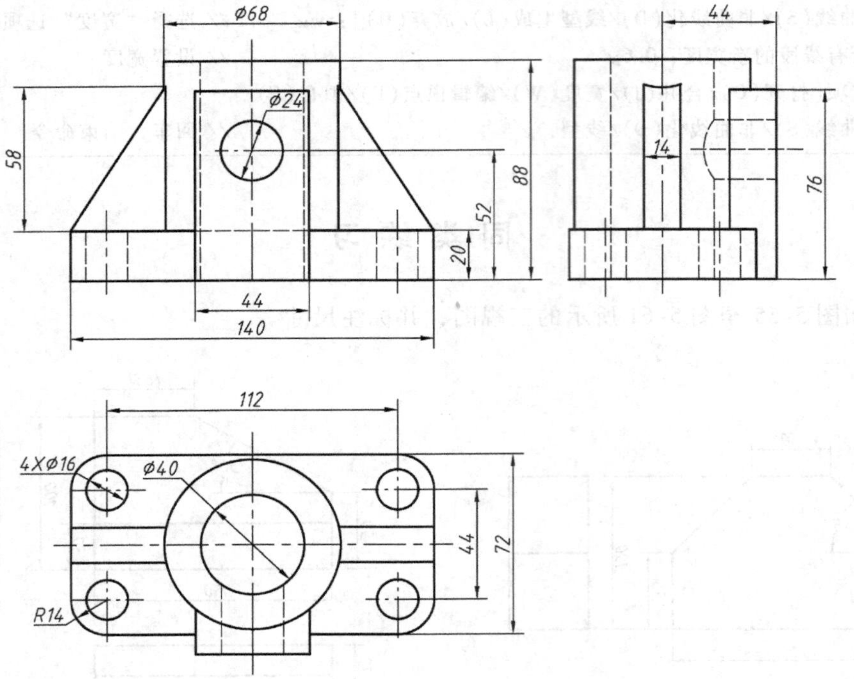

图 5-58 练习 5-4 图

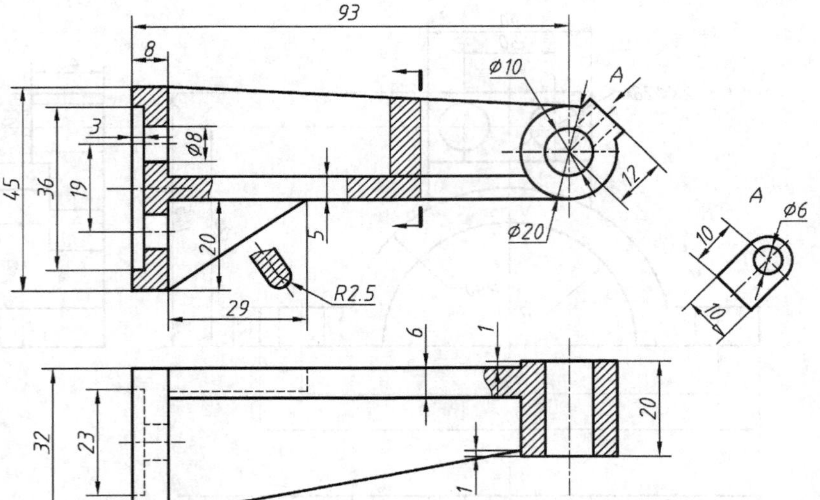

图 5-59 练习 5-5 图

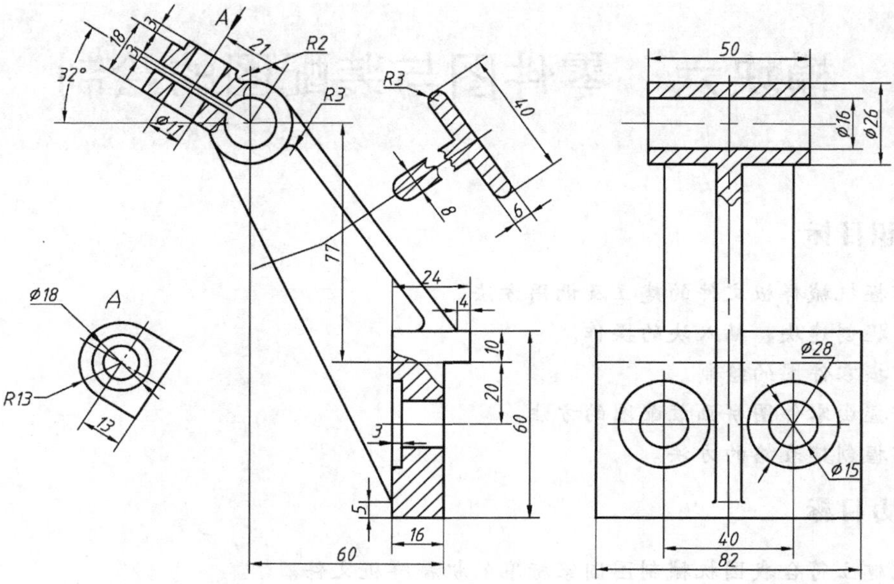

图 5-60　练习 5-6 图

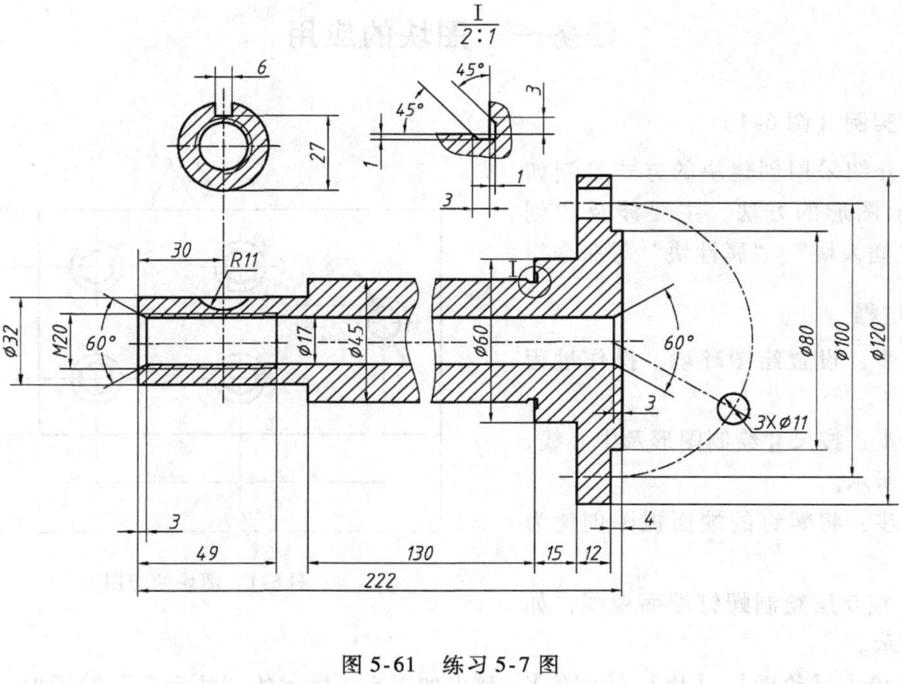

图 5-61　练习 5-7 图

模块六　零件图与装配图的绘制

知识目标

1. 掌握机械样板文件的建立及调用方法。
2. 掌握创建块、插入块的操作。
3. 掌握零件图的绘制。
4. 掌握由零件图拼画装配图的方法。
5. 掌握创建表格的方法。

能力目标

1. 能建立符合我国机械制图国家标准的机械样板文件。
2. 能根据绘图需要创建各类块。
3. 能绘制中等复杂程度的零件图。
4. 能由已有的零件图拼画装配图。

任务一　图块的应用

操作实例（图 6-1）

本例介绍采用创建块的方式绘制如图6-1所示图形的方法，主要涉及“创建块”、“插入块”、“属性块”等命令。

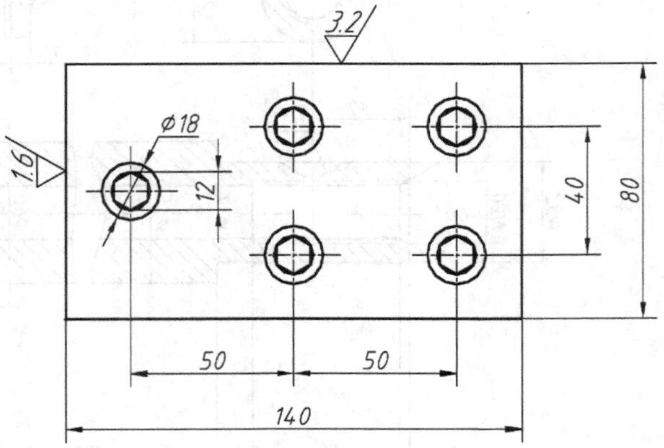

图 6-1　图块的应用

操作过程

第 1 步：设置绘图环境，操作过程略。

第 2 步：按尺寸绘制图形及中心线，如图 6-2 所示。

第 3 步：将螺钉的端面视图创建为内部块。

（1）在 0 层绘制螺钉端面视图，如图 6-3 所示。

（2）单击【绘图】→【块】→【创建】，弹出如图 6-4 所示的“块定义”对话框。

（3）在“名称”下拉列表中输入“内六角螺钉－M12（端面视图）”。

（4）单击“对象”选项区域的［选择对象］，返回绘图区域，选择螺钉端面视图，回车，返回对话框。

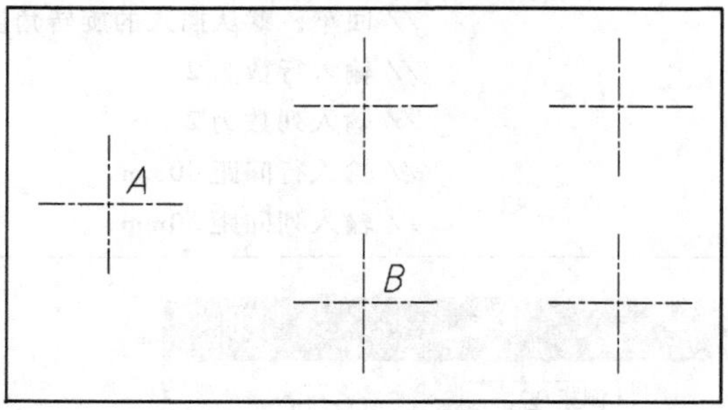

图 6-2　绘矩形板及中心线

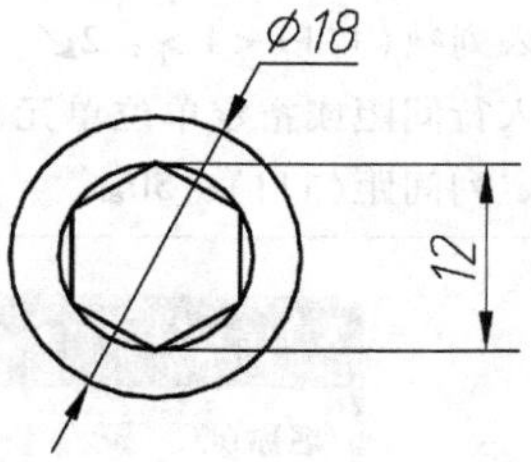

图 6-3　螺钉端面视图

(5) 单击“基点”选项区域的［拾取点］，返回绘图区域，拾取螺钉的中心点（ϕ18mm 圆的圆心）作为块的插入点，拾取后返回对话框。

(6) 选中“按统一比例缩放”，其余参数的设置如图 6-4 所示。

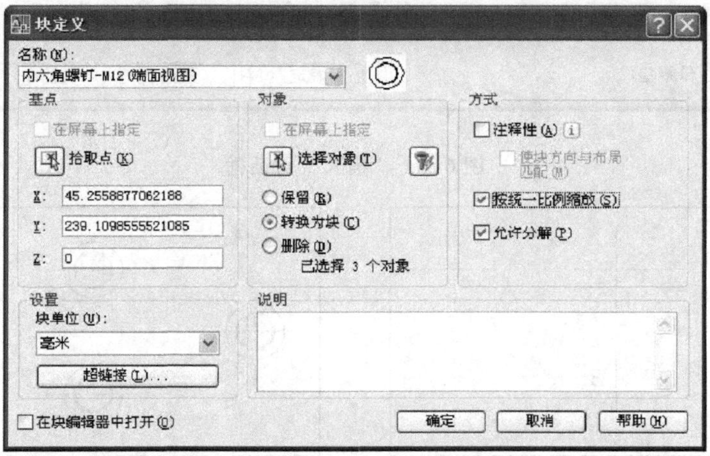

图 6-4　“块定义”对话框

(7) 单击［确定］，完成块的创建。

第 4 步：插入一个“螺钉”块。

(1) 单击【插入】→【块】，弹出“插入”对话框，在“名称”下拉列表中选择“内六角螺钉－M12（端面视图）”，设置比例值为 1，旋转角度为 0°，如图 6-5 所示。

(2) 单击［确定］，返回绘图区，拾取点 *A*，确定块的插入位置，如图 6-6a 所示。

第 5 步：插入矩形阵列块，如图 6-6b 所示。

键入MINSERT 命令，插入矩形阵列块，操作步骤如下：

命令：MINSERT↙	// 启动命令
输入块名或[?]：内六角螺钉－M12（端面视图）↙	// 输入块名称
单位：毫米 转换：1.0000	// 系统提示
指定插入点或[基点(B)/比例(S)/旋转(R)]：	// 捕捉点 B
指定比例因子 <1>：↙	// 回车，默认插入比例为 1

指定旋转角度 <0>：↙	// 回车，默认插入的旋转角度为 0
输入行数(- - -) <1>：2↙	// 输入行数为 2
输入列数(‖‖) <1>：2↙	// 输入列数为 2
输入行间距或指定单位单元(- - -)：40↙	// 输入行间距 40mm
指定列间距(‖‖)：50↙	// 输入列间距 50mm

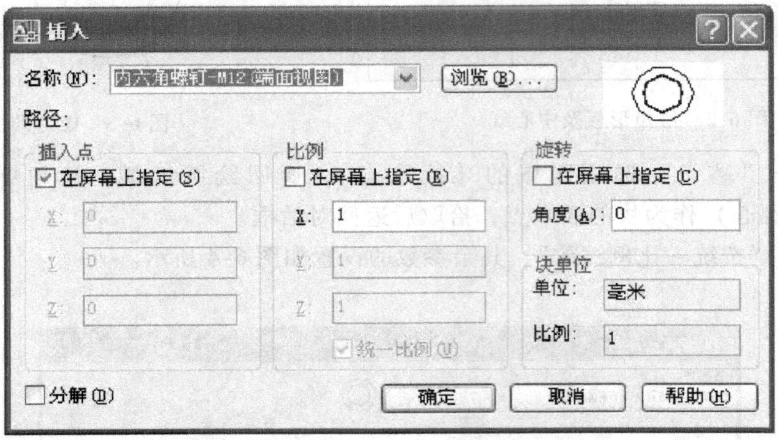

图 6-5 “插入”对话框

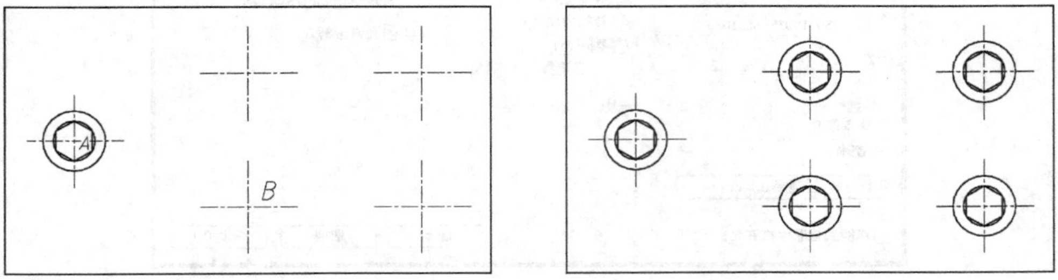

a) b)

图 6-6 插入块

a) 插入一个块 b) 插入矩形阵列块

> 如果创建块时没有选中“按统一比例缩放”，那么在插入阵列块时命令行中会分别提示“输入 X 比例因子”、“输入 Y 比例因子”，对本例而言，均输入“1”，回车即可。

第 6 步：将表面粗糙度符号创建为带属性的外部块。

(1) 在 0 层绘制表面粗糙度符号。当尺寸数字高度为“3.5”时，表面粗糙度符号各部分的尺寸如图 6-7a 所示。

(2) 定义表面粗糙度符号的属性。

① 单击【绘图】→【块】→【定义属性】，弹出如图 6-8 所示“属性定义”对话框，并按图示进行设置。

② 单击［确定］，返回绘图区，在表面粗糙度符号水平线的上方，如图 6-7b 所示位置

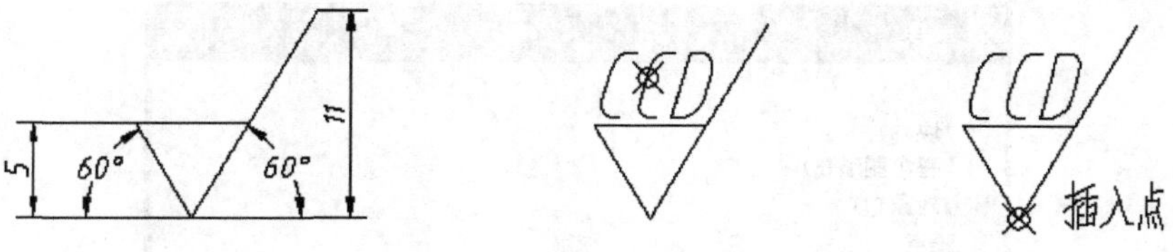

a)　b)　c)

图 6-7　创建表面粗糙度属性块

a）表面粗糙度尺寸　b）定义对齐点　c）定义插入点

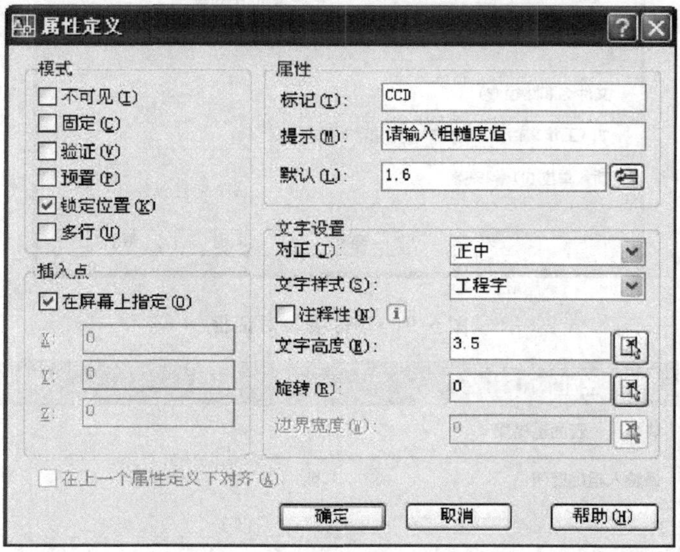

图 6-8　“属性定义”对话框

单击（本例采用的是文字对齐为正中），确定属性的位置。

（3）创建表面粗糙度符号外部块。

① 键入WBLOCK 命令，弹出如图 6-9 所示“写块”对话框。

② 在“源”选项区域选择“对象”，指定通过选择对象方式确定所要定义块的来源。

③ 单击“对象”选项区域的［选择对象］，返回绘图区域，选择已定义属性的表面粗糙度符号，回车，返回对话框。

④ 单击“基点”选项区域的［拾取点］，返回绘图区域，拾取如图 6-7c 所示表面粗糙度符号最下方的点，作为块插入时的基点。

⑤ 在“文件名和路径”下拉列表中（或单击其右方[...]）选择块的保存路径、确定块名，本例中块的保存路径为“F：\ 工作文档 \ 机械图块”，块名为“表面粗糙度”。

⑥ 单击［确定］，弹出如图 6-10 所示的“编辑属性”对话框，输入表面粗糙度值。

⑦ 单击［确定］，关闭对话框，完成外部块的定义。

第 7 步：插入表面粗糙度符号。

（1）单击【插入】→【块】，弹出如图 6-5 所示对话框，在“名称”下拉列表中选择“表面粗糙度”。

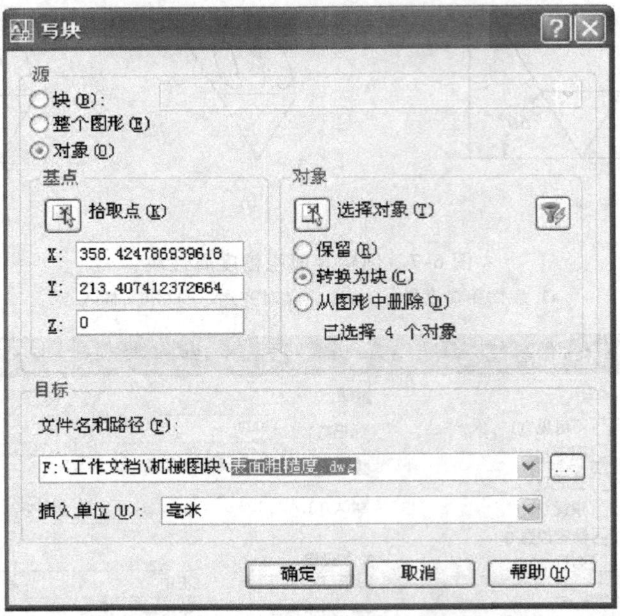

图 6-9 “写块”对话框

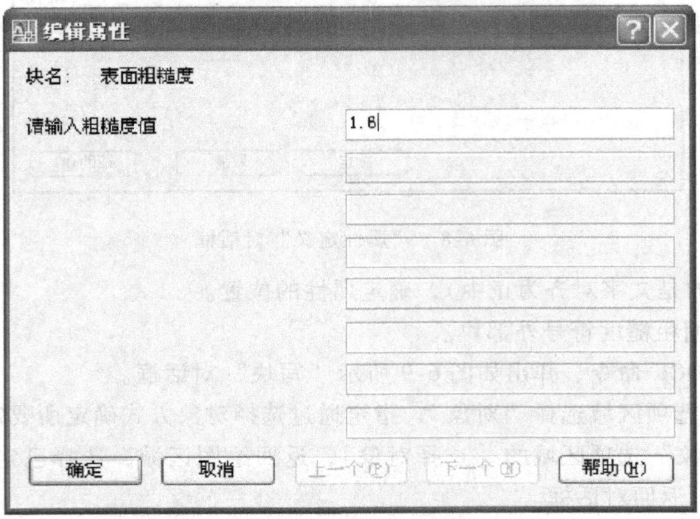

图 6-10 “编辑属性”对话框

若下拉列表中没有所需的块文件，可单击右边的［浏览］，在定义外部块时所指定的保存目录（如本例中的“F:\工作文档\机械图块”）下找到块文件并打开。

(2) 选中“统一比例”，比例值为 1.8，旋转角度为 0°。

(3) 单击［确定］，返回绘图区，在矩形板上表面适当位置单击，确定插入块的位置。

(4) 在命令栏中输入所需表面粗糙度值“3.2”，回车，完成块的插入。

(5) 采用同样方法，在矩形板左侧面插入另一个表面粗糙度符号，旋转角度为 90°，表面粗糙度值为“1.6”。

第 8 步：保存图形文件。

> 应根据图的大小设置表面粗糙度符号的缩放比例，比例值大于 1 时放大，小于 1 时缩小。

知识点一　图块的概念

图块是多个图形对象的组合。对于绘图过程中相同的图形，不必重复地绘制，只需将它们创建为一个块，在需要的位置插入即可。用户还可以给块定义属性，在插入时填写可变信息。

知识点二　创建内部块

利用创建内部块命令可以将一个或多个图形对象定义为新的单个对象，并保存在当前图形文件中，如图 6-11 所示。调用命令的方式如下：

- 菜单命令：【绘图】→【块】→【创建】
- 工具栏：〖绘图〗→〖创建块〗
- 键盘命令：BLOCK 或 B

执行上述命令后，弹出如图 6-4 所示的“块定义”对话框，通过设置该对话框各参数可进行块的创建。

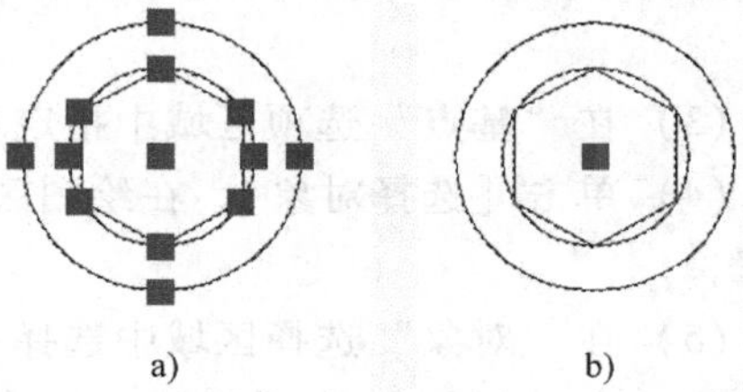

图 6-11　创建为块前与创建块后的比较

a）创建为块前有多个对象

b）创建为块后是一个对象

创建内部块的操作步骤如下：

(1) 画出块定义所需的图形。

(2) 调用 BLOCK 命令，弹出“定义块”对话框。

(3) 在“名称”输入框中指定块名。

(4) 在“基点”选项中指定块的插入点，有两种方法：第一种是单击［拾取点］，在绘图区上拾取插入点，本操作实例采用的就是此种方法；另一种是直接输入插入点的 X、Y、Z 坐标。

(5) 单击［选择对象］，在绘图区上拾取构成块的对象，回车，完成对象选择，返回对话框。

(6) 在“对象”下选择一种对原选定对象的处理方式，有三种方式：保留、删除和转换为块。

(7) 单击［确定］，完成内部块的创建。

> 采用“分解”命令分解块，能将块恢复到创建前的状态。

> 创建块时，其组成对象所处的图层非常重要。若处在 0 层，则块插入后其组成对象的颜色和线型与插入当前层的颜色和线型一致；若处在非 0 层，则块插入后其组成对象的颜色和线型仍保持原特性，与插入当前层的颜色和线型无关。

知识点三　创建外部块

外部块又称写块或块存盘。利用创建外部块命令可以将当前图形中的块或图形对象保存为独立的 AutoCAD 图形文件，以便在其他图形文件中调用。调用命令的方式如下：

- 键盘命令：WBLOCK 或 W

执行上述命令后，弹出如图 6-9 所示的“写块”对话框，通过设置该对话框各参数可进行外部块的创建。

创建外部块的操作步骤如下：

（1）调用“写块”命令，弹出“写块”对话框。

（2）在“源”选项区域中指定外部块的来源，有 3 种方式：

① 块：在“块”下拉列表中选择现有的内部块来创建外部块。

② 整个图形：选择当前整个图形来创建外部块。

③ 对象：从屏幕上选择对象并指定插入点来创建外部块。

在实际使用中，用户可根据实际情况选择其中一种方式，本操作实例中选择的是“对象”。

（3）在“基点”选项区域中指定块的插入点。

（4）单击［选择对象］，在绘图区上拾取构成块的对象，回车，完成对象选择，返回对话框。

（5）在“对象”选择区域中选择一种对原选定对象的处理方式。

（6）在“目标”选项区域中，输入新图形的路径和文件名称，或单击下拉列表框后的…，以显示“选择文件”对话框，对新图形的路径和文件名称进行设定。

（7）单击［确定］，完成外部块的创建。

创建外部块与创建内部块的过程非常相似，不同之处在于内部块只能在当前图形文件中使用，而外部块是以文件的形式保存在硬盘中的，因此使用得更为广泛。

知识点四　插入块

图形被定义为块后，可通过“插入块”命令直接调用。插入到图形中的块称为块参照。插入块时可以一次插入一个，也可一次插入呈矩形阵列排列的多个块参照。

1. 插入单个块

插入单个块调用命令的方式如下：

- 菜单命令：【插入】→【块】
- 工具栏：〖绘图〗→〖插入块〗
- 键盘命令：INSERT 或 I

执行上述命令后弹出如图 6-5 所示的“插入”对话框。

插入单个块的操作步骤如下：

（1）调用“插入块”命令。

（2）在“名称”下拉列表框中选择要插入的块名，或者单击［浏览］，在弹出的“选择文件”对话框中选择要插入的外部块或其他图形文件。

（3）指定插入点、比例和旋转角度。

（4）单击［确定］，完成块的插入。

2. 插入矩形阵列块

插入矩形阵列块调用命令的方式如下：

● 键盘命令：MINSERT

插入矩形阵列块的操作步骤如下：

（1）调用“矩形阵列块”命令。

（2）根据命令提示，输入块的名称。

（3）根据命令提示，指定块的插入点。

（4）根据命令提示，指定插入块的缩放比例。

（5）根据命令提示，指定插入块的旋转角度。

（6）根据命令提示，输入阵列行数。

（7）根据命令提示，输入阵列列数。

（8）根据命令提示，输入行间距。

（9）根据命令提示，输入列间距。

用 MINSERT 命令插入的整个阵列块是一个对象，不能用“分解”命令分解。

知识点五　属性块

属性块由图形对象和属性对象组成。对块增加属性，就是使块中的指定内容可以变化。用户要创建带属性的块应首先定义属性，调用命令的方式如下：

● 菜单命令：【绘图】→【块】→【定义属性】

● 键盘命令：ATTDEF 或 ATT

例 6-1　创建如图 6-12a 所示的带属性的基准符号外部块。

操作步骤如下：

（1）在 0 层绘制基准符号，尺寸如图 6-12b 所示。

（2）将基准符号中的字母定义为属性。

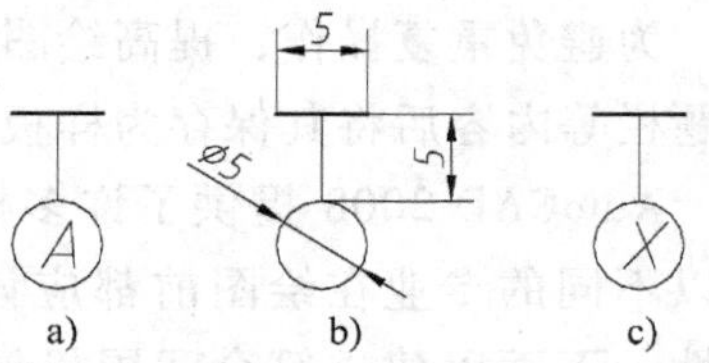

图 6-12　基准符号样式的创建

a）基准符号样式　b）基准符号的尺寸　c）属性的位置

① 单击【绘图】→【块】→【定义属性】，弹出如图 6-13 所示的“属性定义”对话框，并按图示进行设置。

② 单击［确定］，返回绘图区，拾取 ϕ5mm 圆的圆心，确定属性的位置，如图 6-12c 所示。

（3）创建为外部块。

① 键入WBLOCK 命令，弹出如图 6-9 所示的“写块”对话框。

② 在“源”选项区域中选择“对象”。

③ 单击［选择对象］，在屏幕上拾取如图 6-12c 所示的图形及属性，回车，返回对话框。

④ 单击［拾取点］，在屏幕上捕捉基准符号中水平线的中点。

⑤ 在“文件名和路径”下拉列表中指定保存路径，确定块名。

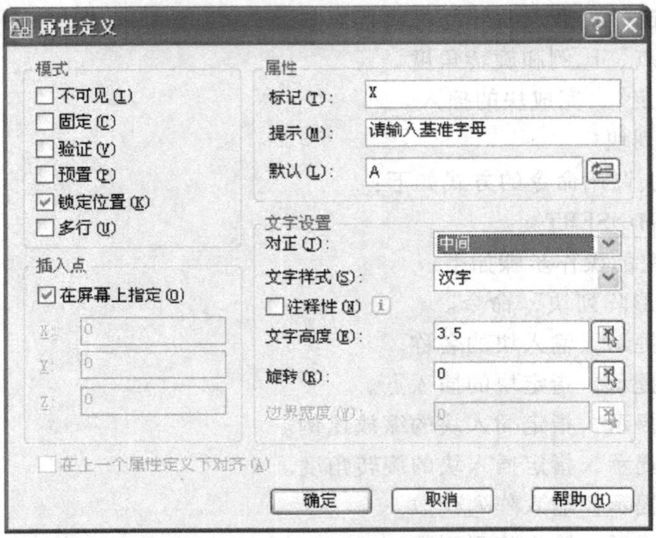

图 6-13 “属性定义”对话框

⑥ 单击［确定］，弹出“编辑属性”对话框，输入属性值。

⑦ 单击［确定］，关闭对话框，完成外部块的定义。

(4) 保存图形文件。

任务二 机械样板文件的建立与调用

为避免重复操作，提高绘图效率，可以在设置图层、文字样式、尺寸标注样式、图框和标题栏等内容后将其保存为样板文件，使用时直接调用即可。

AutoCAD 2008 提供了许多样板文件，但这些样板文件和我国的国家标准不完全符合，所以不同的专业在绘图前都应该建立符合各自专业国家标准的样板文件，保证图纸的规范性。下面以建立符合我国机械制图国家标准的样板文件为例，介绍创建机械样板文件的方法和步骤。

操作实例

本例介绍符合我国国家标准的 A3 图纸横装机械样板文件的建立与调用，主要涉及“设计中心”等命令。

操作过程

1. 样板文件的建立

第 1 步：设置绘图环境。

(1) 创建新图形文件。单击〖标准〗→〖新建〗，弹出如图 6-14 所示的“选择样板”对话框，选择“acadiso. dwt”样板文件，单击［打开］，以此为基础建立样板文件。

(2) 设置绘图单位。单击【格式】→【单位】，弹出如图 6-15 所示“图形单位”对话框，设置长度“类型”为“小数”，“精度”为“0.0000”。设置角度“类型”为“十进制度数”，“精度”为“0.0”。

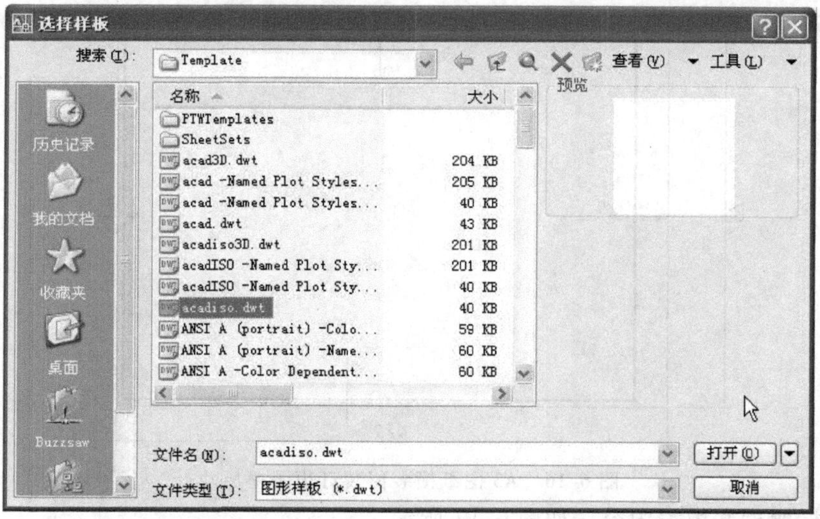

图 6-14 “选择样板”对话框

通常绘图单位的设置可以省略，直接使用默认的设置。

(3) 设置 A3 图纸的图形界限。单击【格式】→【图形界限】，操作步骤如下：

命令：limits	// 启动命令
重新设置模型空间界限：	// 系统提示
指定左下角点或［开(ON)/关(OFF)］<0.0000,0.0000>：↙	// 回车，确定默认的左下角点坐标
指定右上角点 <420.0000,297.0000>：↙	// 回车，确定默认的右上角点坐标

(4) 使绘图界限充满显示区。键入ZOOM，回车，键入A，回车。

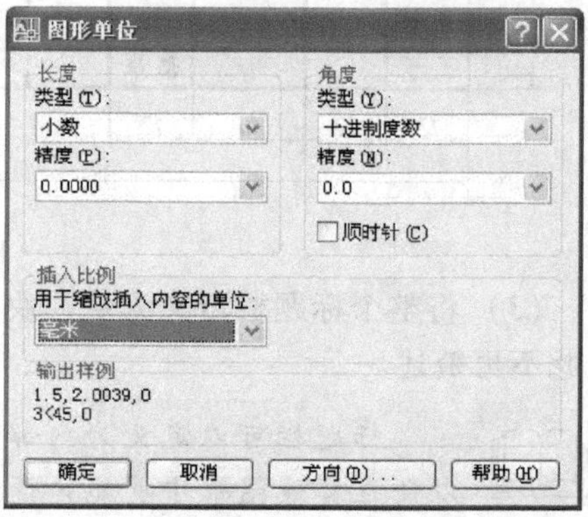

图 6-15 “图形单位”对话框

第 2 步：设置文字样式。

创建“工程字”、“长仿宋字”两种文字样式。“工程字”样式选用“gbeitc.shx”字体及“gbcbig.shx”大字体；“长仿宋字”样式选用“仿宋_ GB2312”字体，宽度比例为 0.7。其创建方法已在模块四任务一讲述，在此不再赘述。

第 3 步：设置图层。

创建粗实线、细实线、点画线等 7 个常用图层，其要求及各参数设置见模块一任务三。

第 4 步：设置尺寸标注样式。

创建“机械标注”尺寸标注样式，其要求及各参数设置见模块四任务三。

第 5 步：绘制图框。

本例绘制 A3 图纸的图框，横装，留装订边，其尺寸如图 6-16 所示。

第 6 步：绘标题栏并将标题栏定义为属性块。

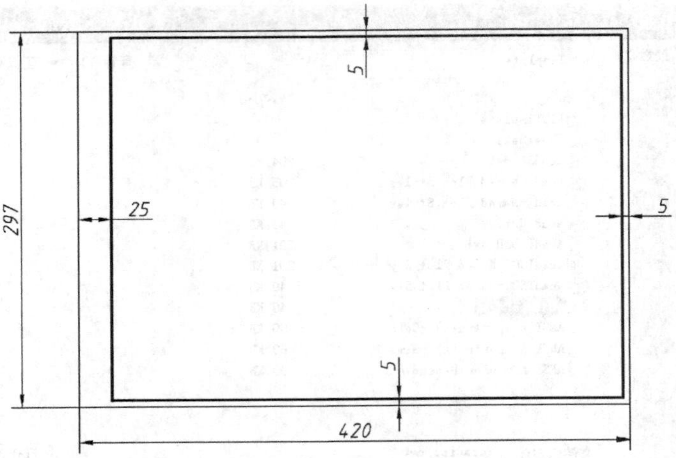

图 6-16 A3 图纸横装留装订边图框尺寸

(1) 绘标题栏并填写内容，如图 6-17 所示。

(2) 将如图 6-17 所示标题栏中带括号的文字定义为属性。定义属性的方法在本模块的任务一中已述，在此不再赘述。

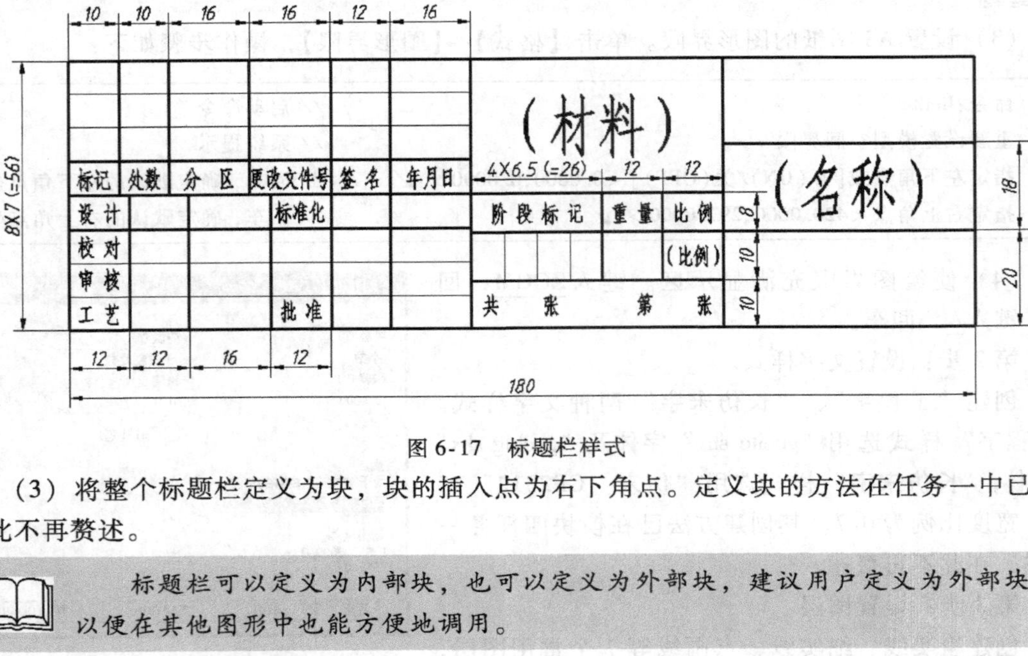

图 6-17 标题栏样式

(3) 将整个标题栏定义为块，块的插入点为右下角点。定义块的方法在任务一中已述，在此不再赘述。

> 标题栏可以定义为内部块，也可以定义为外部块，建议用户定义为外部块，以便在其他图形中也能方便地调用。

第 7 步：定义常用符号图块。

用户可以通过创建属性块的方法，自定义表面粗糙度、基准符号等图块，也可以通过设计中心，将已有的符号的图形添加进来。前一种方法在任务一中已述，在此不再赘述。本例介绍通过设计中心添加的方法。

(1) 单击〖标准〗→〖设计中心〗，弹出如图 6-18 所示的“设计中心”窗口。

(2) 在“设计中心”树状视图窗口中，找到含有图形符号的文件（本例中为“组合体三视图”），如图 6-19 所示。

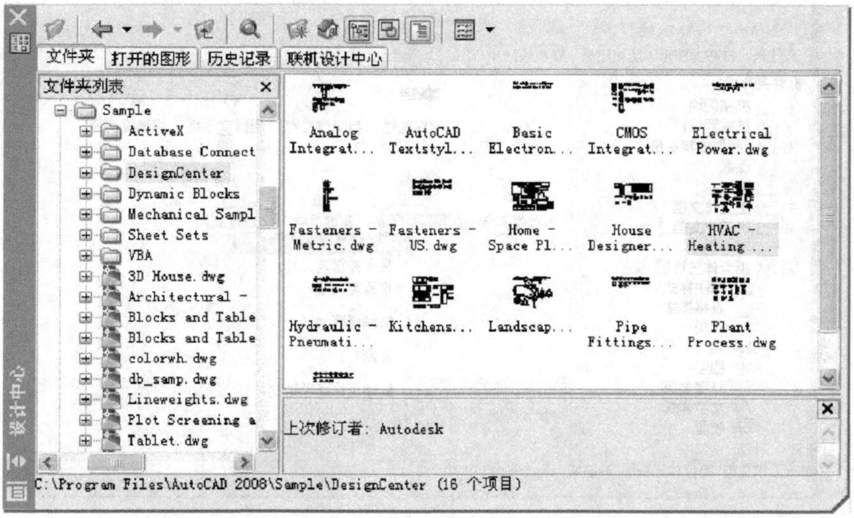

图 6-18　“设计中心”窗口

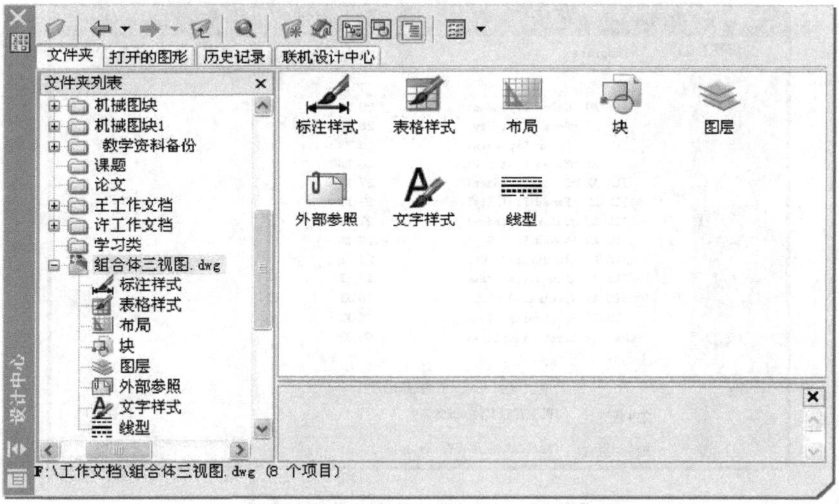

图 6-19　显示图形文件内容的“设计中心”窗口

(3) 双击内容区中的“块”，则显示该文件中所有的图块，如图 6-20 所示。

(4) 直接拖动所需块到绘图区或右击后在弹出的菜单中选择【插入块】，以插入块的方式将所需图块添加到当前图形中。

通过“设计中心”还可以调用图形文件的图层、标注样式、文字样式、线型等（如图6-19所示内容区显示的部分），调用方法与调用块的方法相同。

第 8 步：保存为样板文件。

(1) 单击【文件】→【另存为】，弹出如图 6-21 所示的“图形另存为”对话框，在“文件类型”下拉列表框中选择“AutoCAD 图形样板（*.dwt）”，输入文件名为“机械样板文件（A3 横装）”。

(2) 单击［保存］，弹出如图 6-22 所示的“样板选项”对话框，在“说明”中输入“国标横装机械样板图”，单击［确定］，完成样板文件的建立。

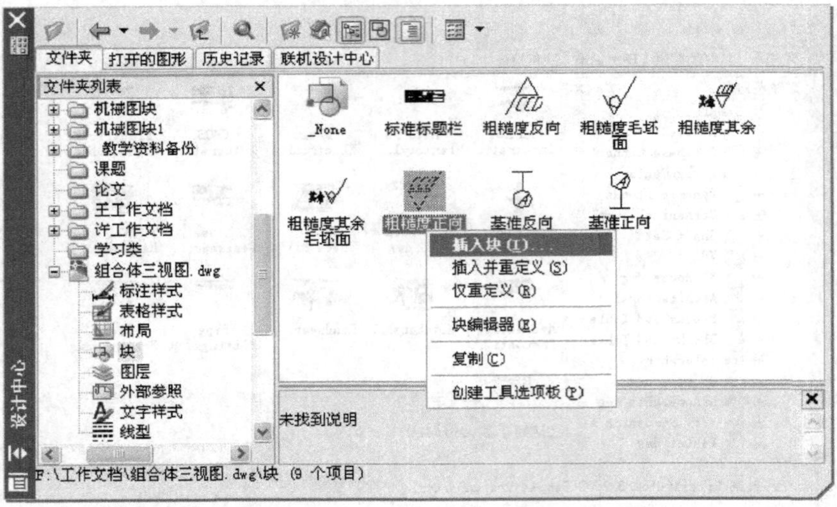

图 6-20 通过“设计中心”调用符号块

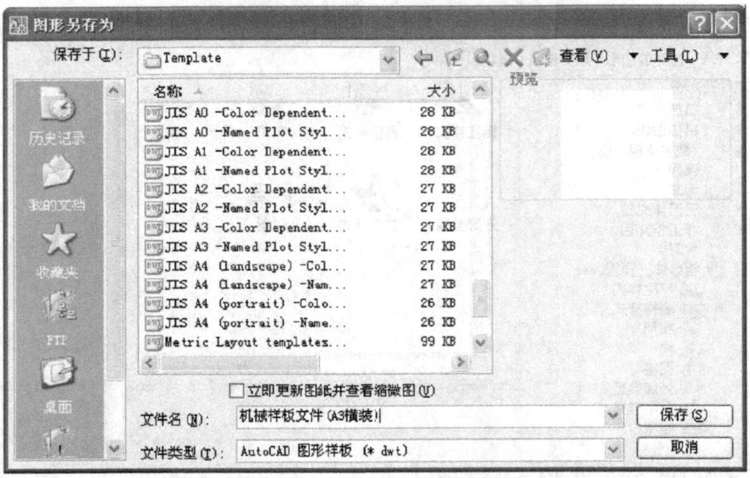

图 6-21 “图形另存为”对话框

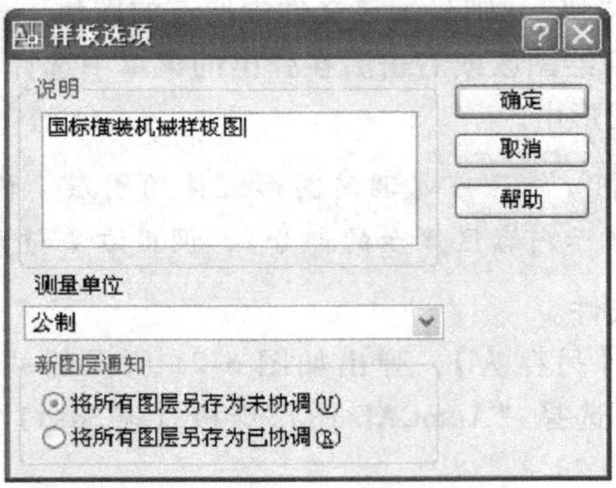

图 6-22 “样板选项”对话框

2. 样板文件的调用

样板文件建好后，每次绘图都可以调用样板文件开始绘制新图。

第 1 步：单击【文件】→【新建】，弹出如图 6-23 所示对话框。

第 2 步：在“名称”下拉列表中选择“机械样板文件（A3 横装）”，双击打开即可。

用户也可以将各类图框和标题栏分别定义为外部块后再建一个不带图框和标题栏的样板文件，使用时先调用样板文件，再插入图框和标题栏。

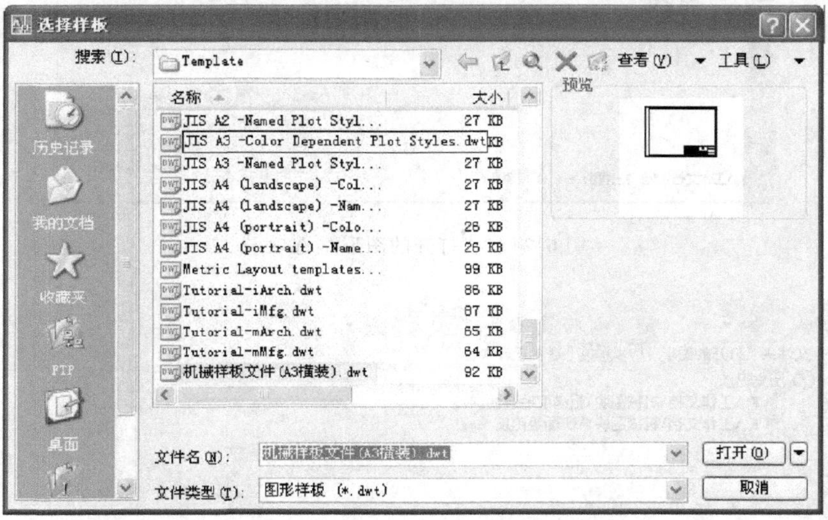

图 6-23　“选择样板”对话框

知识点　设计中心

通过设计中心，用户可以浏览、查找、预览、管理、利用和共享 AutoCAD 图形，还可以使用其他图形文件中的图层定义、块、文字样式、尺寸标注样式、布局等信息，提高图形管理和图形设计的效率。调用命令的方式如下：

- 菜单命令：【工具】→【选项板】→【设计中心】
- 工具栏：〖标准〗→〖设计中心〗
- 键盘命令：ADCENTER 或 ADC

执行上述命令后，弹出如图 6-18 所示的“设计中心”窗口，其上有 4 个选项卡。

（1）“文件夹”选项卡：显示设计中心的资源，如图 6-18 所示。

（2）“打开的图形”选项卡：显示当前已打开的所有图形文件的列表，如图 6-24 所示。单击某个图形文件，可以将图形文件的内容加载到内容区中。

（3）“历史记录”选项卡：列出最近 2 个通过设计中心访问过的图形文件列表，如图 6-25所示。双击列表中的某个图形文件，可以在“文件夹”选项卡中的树状视图中定位此图形文件，并将其内容加载到内容区中。

（4）“联机设计中心”选项卡：提供联机设计中心 Web 页中的内容，包括块、符号库、制造商内容和联机目录。

例 6-2　利用“设计中心”的查找功能查找 AutoCAD 提供的有关“十字槽半圆头螺钉”

图块，并将其插入至当前图形文件。

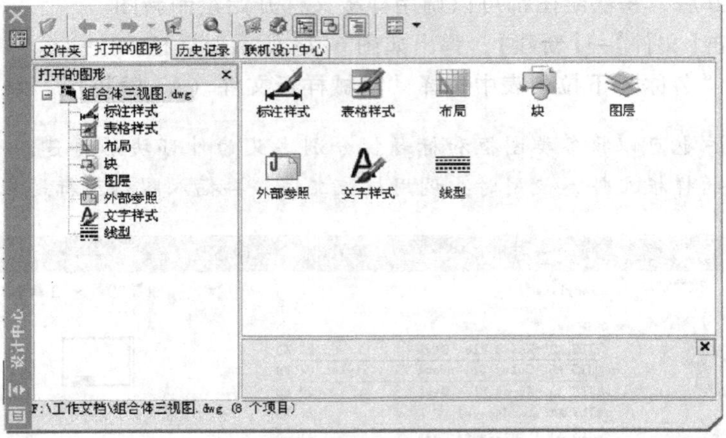

图 6-24 “打开的图形”选项卡

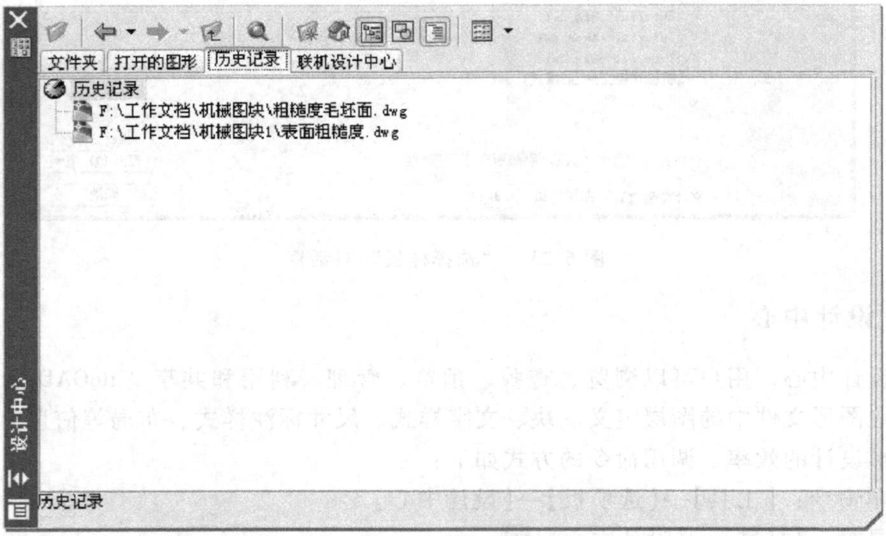

图 6-25 “历史记录”选项卡

操作步骤如下：

第 1 步：单击〖标准〗→〖设计中心〗，弹出“设计中心”窗口。

第 2 步：单击［搜索］，弹出“搜索”对话框，如图 6-26 所示。

第 3 步：在对话框的“搜索”下拉列表框中选中“图形和块”选项。

第 4 步：在“于”下拉列表框中选择查找的路径。

第 5 步：在“搜索名称”文本框中输入“＊螺钉＊”（＊表示通配符，即可代表一个或若干个字符）。

第 6 步：单击［立即搜索］开始搜索，搜索结果显示在对话框下部的列表框中，如图 6-26 所示。

图 6-26　“搜索”对话框

第 7 步：将图块插入至当前图形中。选择“十字槽半圆头螺钉 - 10 × 20 毫米（侧视）”，直接拖动至绘图区或右击后在弹出的菜单中选择【插入块】，插入至当前图形中，如图 6-27 所示。

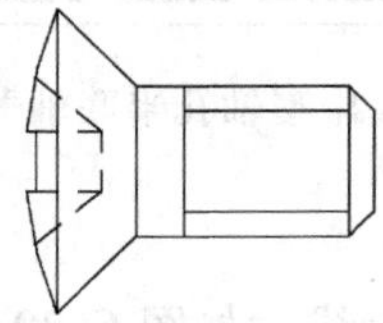

图 6-27　插入的十字槽半圆头螺钉

任务三　零件图的绘制

操作实例（图 6-28）

本例介绍如图 6-28 所示的 J_1 型轴孔半联轴器的绘制，主要涉及绘制零件图的一般步骤及绘制零件图时需注意的问题等内容。

操作过程

第 1 步：根据零件的结构形状和大小确定表达方法、比例和图幅。本例采用 1∶1 比例，A3 图纸，横装。

第 2 步：打开相应的样板文件。打开任务二中创建的“机械样板文件（A3 横装）”。

第 3 步：设置作图环境。

在状态行设置“极轴角”为 30°；设置“对象捕捉”为端点、中点、圆心、象限点及交点；依次单击激活状态行上的［极轴］、［对象捕捉］及［对象追踪］，关闭［捕捉］、［栅格］及［正交］。

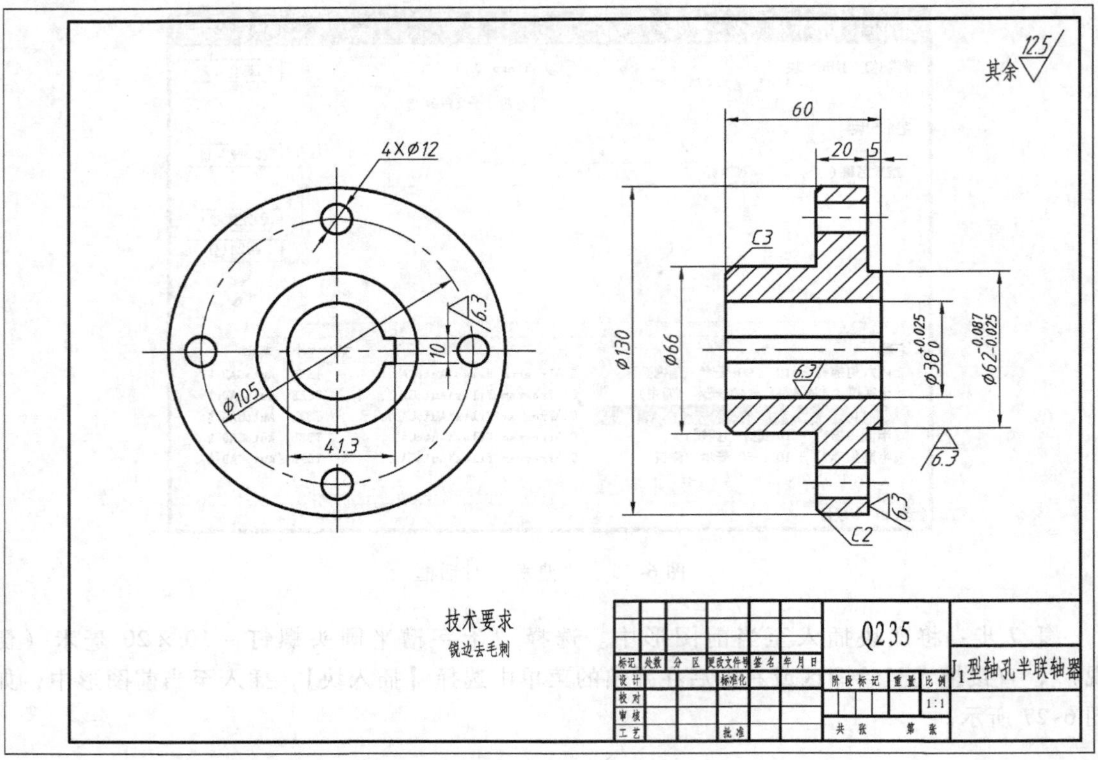

图 6-28 J_1 型轴孔半联轴器零件图

第 4 步：绘制视图。

（1）绘制半联轴器的中心线及定位线，如图 6-29 所示。

（2）绘制半联轴器基本部分的积聚性投影，再用对象追踪方法绘制其他投影，如图 6-30所示。

图 6-29 绘制中心线及定位线

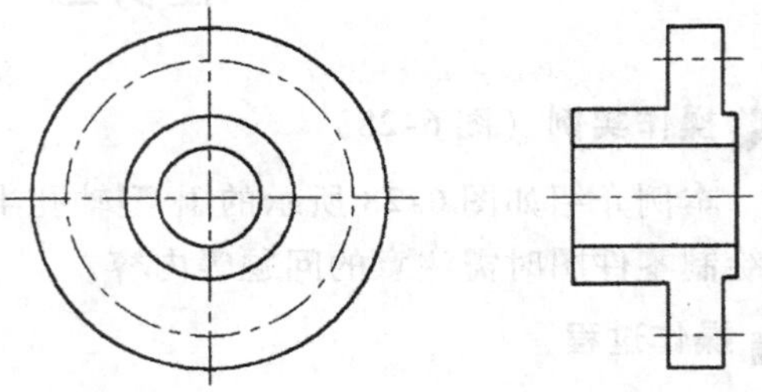

图 6-30 绘制基本部分的投影

（3）使用绘图命令及“镜像”、“阵列”、“倒角”等编辑命令补齐所有对象的投影，如图 6-31 所示。

（4）对左视图进行剖切，绘制剖面线，如图 6-32 所示。

第 5 步：标注尺寸，如图 6-33 所示。

第 6 步：标注表面粗糙度代号。表面粗糙度代号采用插入块（属性块）方式标注。

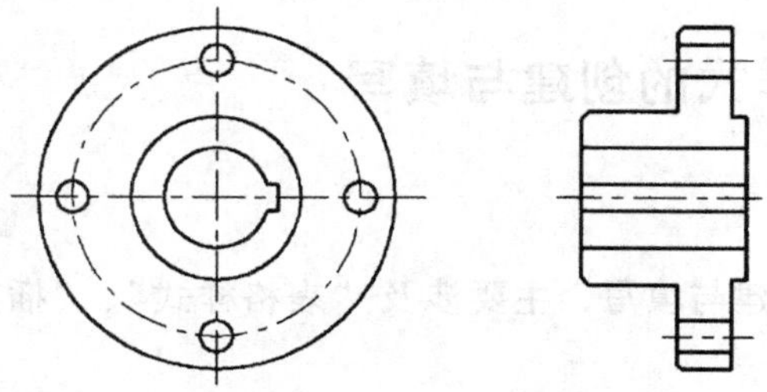

图 6-31　补齐所有对象的投影

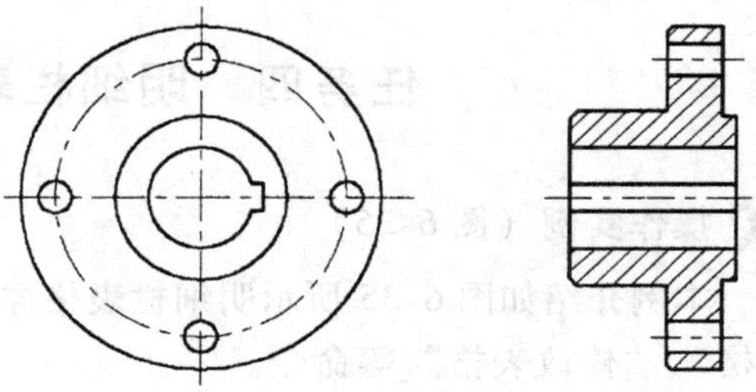

图 6-32　绘制剖面线

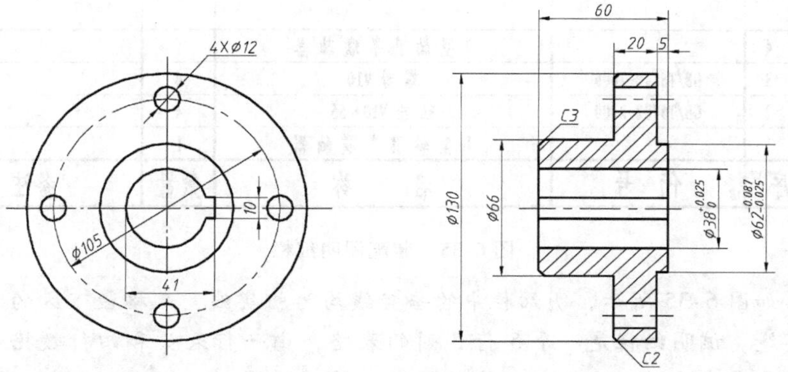

图 6-33　标注尺寸

第 7 步：编写技术要求及填写标题栏。

（1）采用“多行文字”编写技术要求，“技术要求”的字高为“7”，各项具体要求字高为“5”。

（2）双击标题栏中需要更改属性的位置，在弹出的“增强属性编辑器”中填写属性值，如图 6-34 所示。

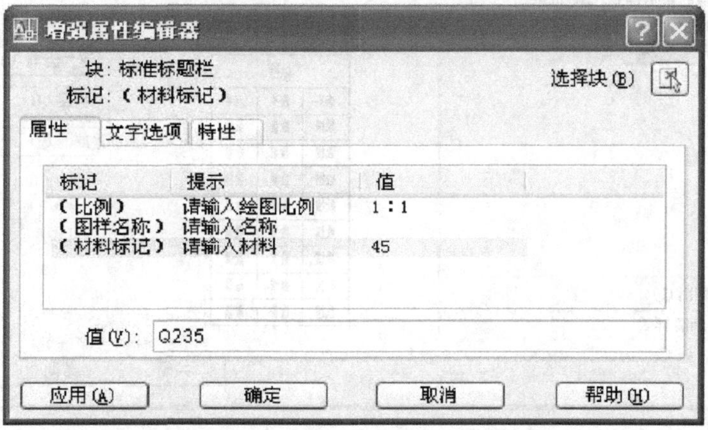

图 6-34　“增强属性编辑器”对话框

如果用户创建的标题栏是不带属性的块，则可采用“单行文字”命令来填写标题栏。标题栏中材料和零件名称等的字高为“10”，其余字高为“5”。

任务四　明细栏表格样式的创建与填写

操作实例（图 6-35）

本例介绍如图 6-35 所示明细栏表格样式的创建与填写，主要涉及“表格样式”、“插入表格”、“修改表格”等命令。

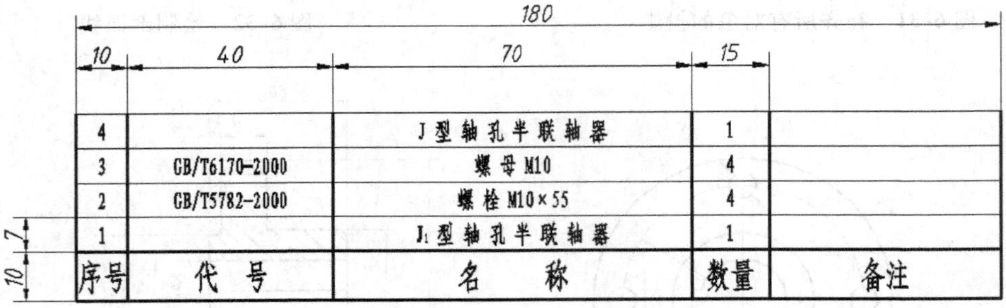
180
10
40
70
15
4
J型轴孔半联轴器
1
3
GB/T6170-2000
螺母M10
4
2
GB/T5782-2000
螺栓M10×55
4
1
J₁型轴孔半联轴器
1
7
10
序号
代号
名称
数量
备注

图 6-35　装配图明细栏

如图 6-35 所示，明细栏中的垂直线均为粗实线，表格最下方的水平线也是粗实线。该明细栏是一个 5 行 5 列的表格，由一行表头和四行数据组成，表头中文字高度为“5”，数据行中文字高度为“3.5”。

操作过程

第 1 步：创建明细栏表格样式。

（1）单击【格式】→【表格样式】，弹出如图 6-36 所示的“表格样式”对话框。

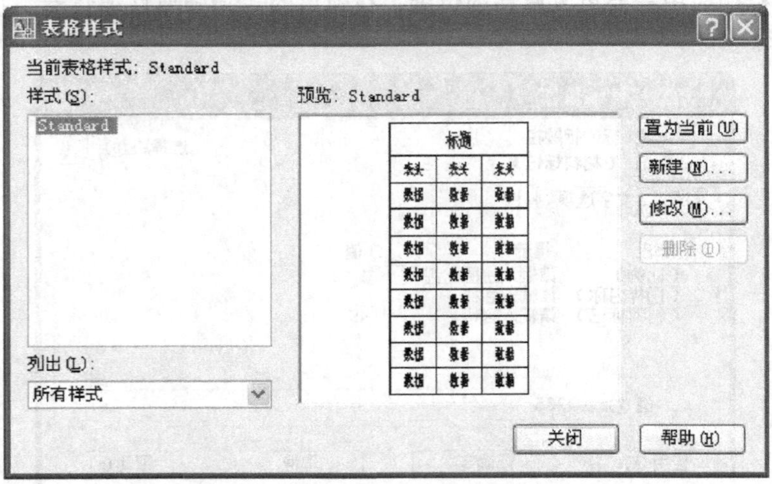

图 6-36　“表格样式”对话框

（2）单击［新建］，弹出如图 6-37 所示的“创建新的表格样式”对话框，在“新样式名”文本框中输入“明细栏”。

（3）单击［继续］，弹出如图6-38所示的“新建表格样式：明细栏”对话框，在“单元样式”下拉列表中选择“数据”，设置明细栏数据的特性。

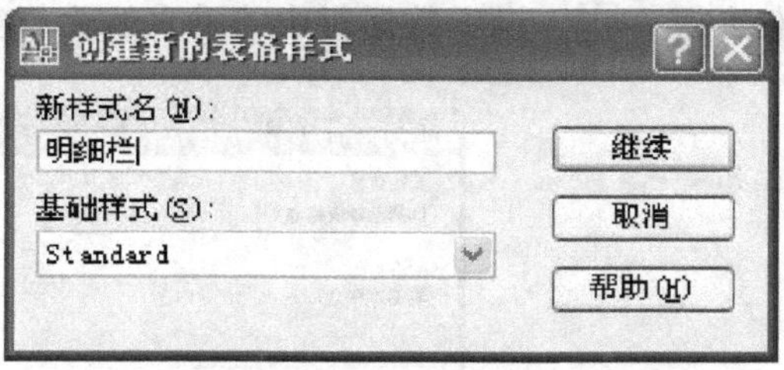

图6-37　“创建新的表格样式”对话框

（4）在“表格方向”下拉列表中，选择“向上”，即明细栏的数据由下向上填写。

（5）在｛基本｝中，“对齐”下拉列表中选择“正中”，指定明细栏中的数据书写在表格的正中间；在“页边距”的“垂直”、“水平”文本框中均输入“0.1”，指定单元格中的文字与上下左右单元边距之间的距离，如图6-38所示。

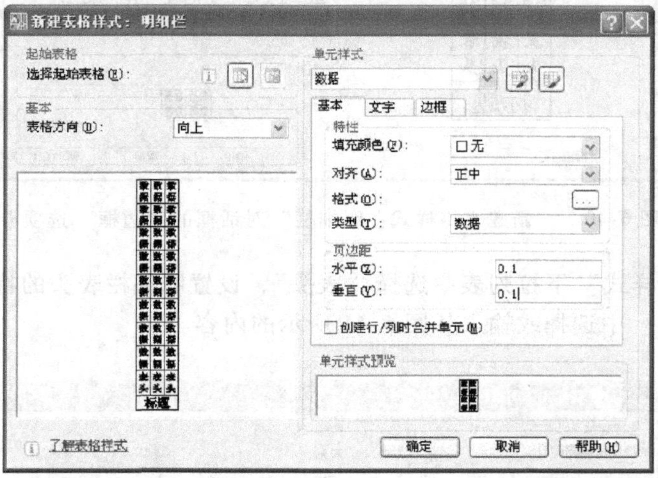

图6-38　“新建表格样式：明细栏”对话框

（6）单击｛文字｝，在“文字样式”下拉列表中选择“长仿宋字”，“文字高度”文本框中输入“3.5”，确定数据行中文字的样式及高度，如图6-39所示。

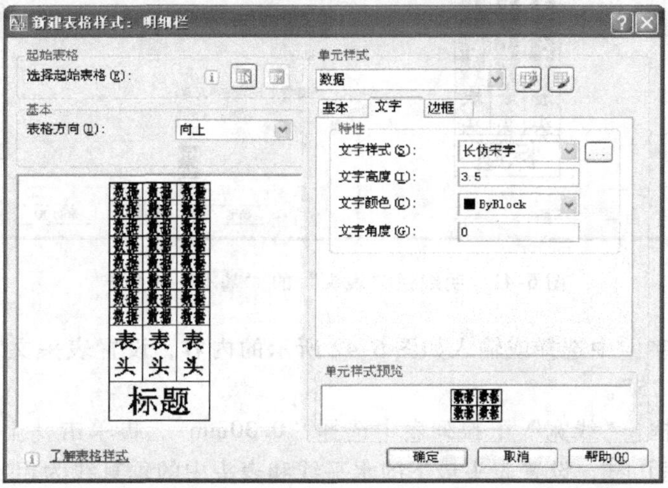

图6-39　“新建表格样式：明细栏”对话框的“文字”选项卡

(7) 单击{边框}，在“线宽”下拉列表中选择“0.30mm”，再单击［左边框］和［右边框］，设置数据行中的垂直线为粗实线，如图6-40所示。

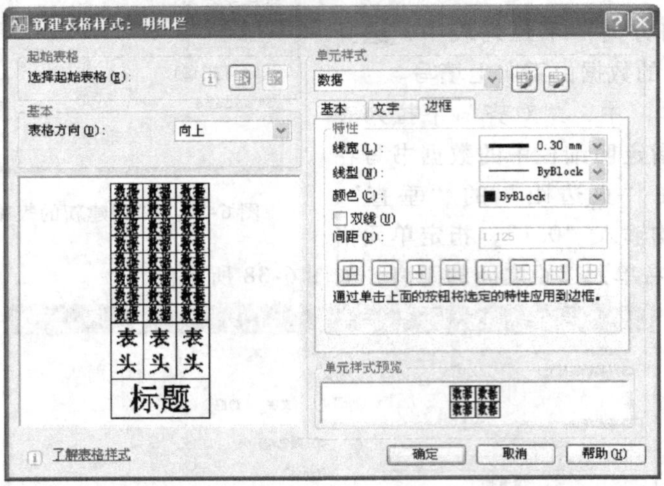

图6-40　“新建表格样式：明细栏”对话框的“边框”选项卡

(8) 在“单元样式”下拉列表中选择“表头”，设置明细栏表头的特性。

(9) 在{基本}中选择或输入如图6-41所示的内容。

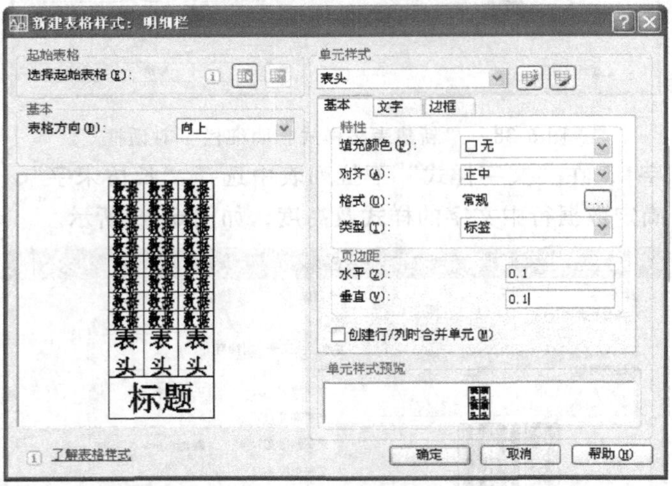

图6-41　明细栏“表头”的“基本”选项卡

(10) 在{文字}中选择或输入如图6-42所示的内容，设置表头文字样式为“长仿宋字”，文字高度为“5”。

(11) 在{边框}“线宽”下拉列表中选择“0.30mm”，再单击［上边框］、［左边框］和［右边框］，设置表头最下的水平线和表头中的垂直线为粗实线，如图6-43所示。

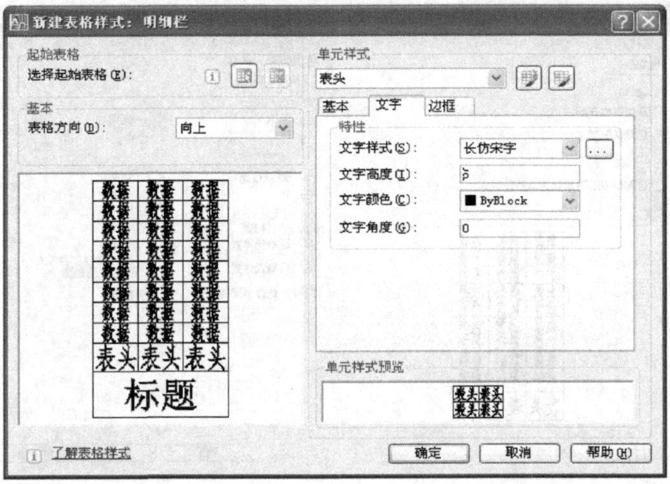

图 6-42　明细栏“表头”的“文字”选项卡

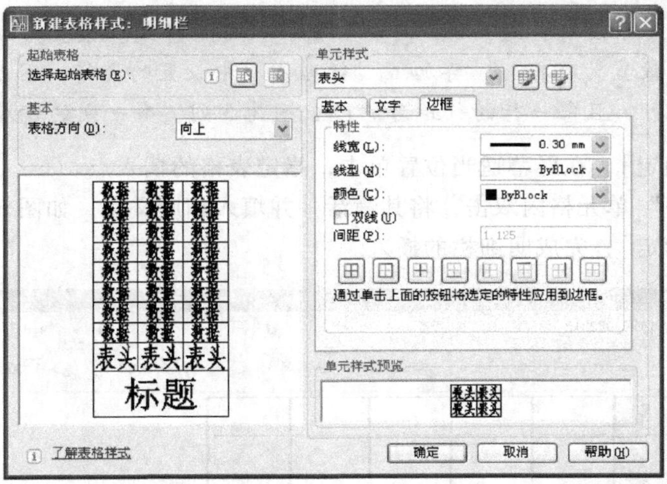

图 6-43　明细栏“表头”的“边框”选项卡

(12) 单击［确定］，返回到“表格样式”对话框，单击［置为当前］，将“明细栏”表格样式置为当前表格样式。

(13) 单击［关闭］，完成表格样式的创建。

第 2 步：插入表格。

(1) 单击〖绘图〗→〖表格〗，弹出“插入表格”对话框，在“表格样式”列表下选择“明细栏”，在“插入方式”选项组选择“指定插入点”方式后按图 6-44 所示设置各参数。

默认插入的表格由标题、表头和数据行组成，分别在“第一行单元样式”、“第二行单元样式”和“所有其他行单元样式”中进行设置。

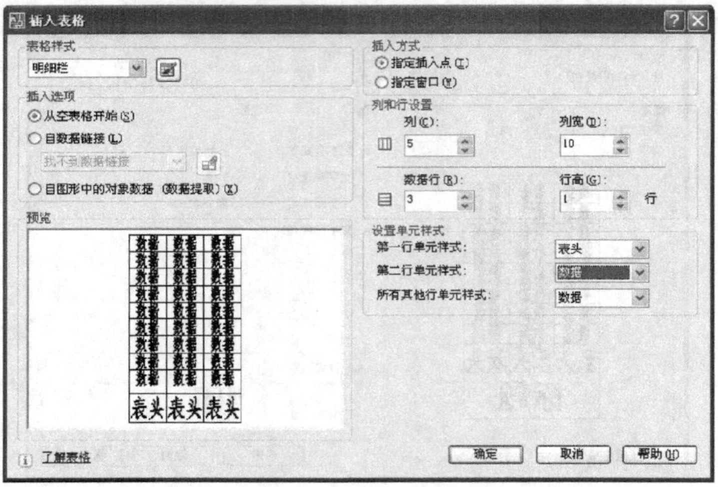

图 6-44 “插入表格”对话框

明细栏中没有标题，因此可将“第一行单元样式”设置为表头，“第二行单元样式”设置为数据行，再加上“数据行”中设置的 3 行，图 6-44 中所设明细栏共有 5 行，且每一行的行距为“1”，列为 5 列，每一列的宽度为“10”。

（2）单击［确定］，在屏幕适当位置单击，指定表格的插入点。

（3）在“表头”单元格内双击，将其激活，并填入相应文字，如图 6-45 所示。

（4）单击［确定］，完成明细栏的插入。

图 6-45 填写表头内容

第 3 步：修改表格的列宽、行高。

（1）单击〖标准〗→〖特性〗，弹出“特性”选项板。

（2）用窗口方式（或按SHIFT 并在另一个单元格内单击）选择所有“表头”单元格，在“特性”选项板的“单元高度”文本框中输入“10”，回车，如图 6-46 所示。

（3）再选择所有数据单元格，在“特性”选项板的“单元高度”文本框中输入“7”，回车，如图 6-47 所示。

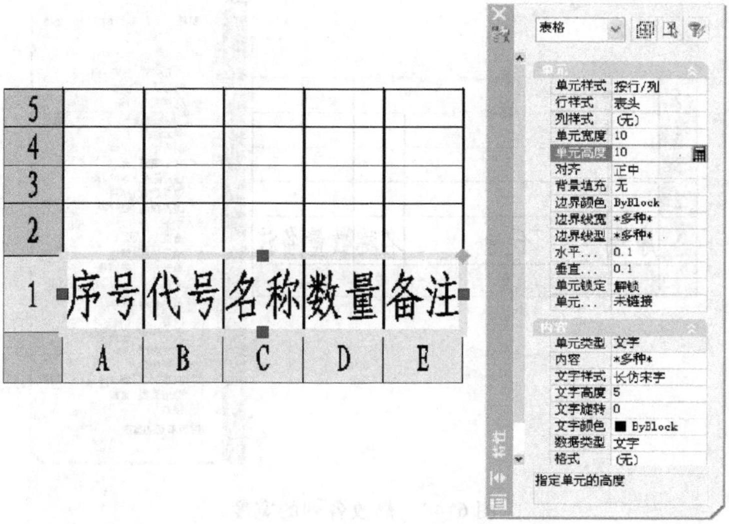

图 6-46　修改“表头”单元格行高

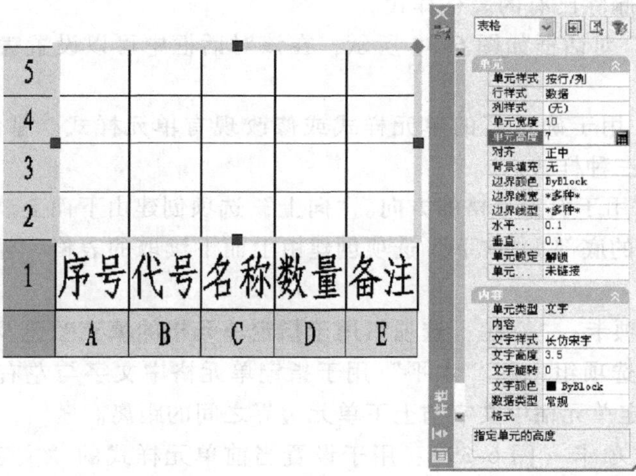

图 6-47　修改“数据”单元格行高

(4) 依次在每一列单元格内单击，在“特性”选项板的“单元宽度”文本框中输入每一列的宽度值（图 6-48 所示为第二列的列宽“40”）。

(5) 按ESC，退出选择，完成行高列宽的修改。

第 4 步：填写明细栏。

在“数据”单元格中双击，自下而上填写明细栏内容，如图 6-35 所示。

知识点一　创建表格样式

表格是一个在行和列中包含数据的对象。表格的外观由表格样式控制，用户可以使用默认表格样式——Standard，也可以创建自己的表格样式。调用命令的方式如下：

- 菜单命令：【格式】→【表格样式】
- 键盘命令：TABLESTYLE

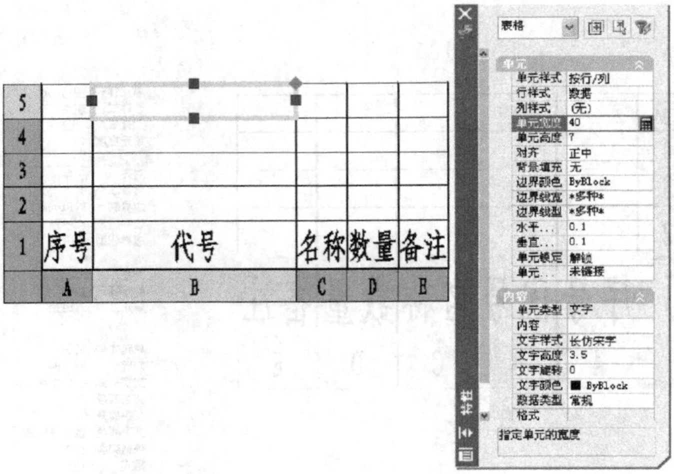

图 6-48 修改各列的宽度

执行上述命令后，弹出如图 6-36 所示的“表格样式”对话框，在该对话框中可以新建表格样式或者修改、删除已有的表格样式。

“新建表格样式”对话框如图 6-38 所示，在该对话框中可以设置表格的特性。对话框中各项的含义如下：

（1）单元样式：用于确定新的单元样式或修改现有单元样式。系统默认有“标题”、“表头”和“数据”三种样式。

（2）表格方向：用于设置表格的方向。“向上”选项创建由下而上读取的表格，标题行和列标题行都在表格的底部。“向下”选项创建由上而下读取的表格，标题行和列标题行都在表格的顶部。

（3）“基本”选项卡：“特性”选项组用于指定单元格的填充颜色及单元格内容的对齐方式等。“页边距”选项组中的“水平”用于指定单元格中文字与左右单元边界之间的距离；“垂直”用于指定单元格中文字与上下单元边界之间的距离。

（4）“文字”选项卡（图 6-39）：用于设置当前单元样式的“文字样式”、“文字高度”、“文字颜色”和“文字角度”。

（5）“边框”选项卡（图 6-40）：用于设置表格边框的线宽、线型、颜色等。设置后需单击其下方的按钮，将选定的特性应用到所选的边框。

创建表格样式的方法及步骤已在操作实例中讲述，在此不再赘述。

知识点二　插入表格

利用“插入表格”命令可以将空白的表格插入到图形的指定位置，调用命令的方式如下：

- 菜单命令：【绘图】→【表格】
- 工具栏：〖绘图〗→〖表格〗
- 键盘命令：TABLE 或 TB

执行上述命令后，弹出如图 6-44 所示的“插入表格”对话框，各项含义如下：

（1）表格样式：用于指定要插入表格的样式。

（2）插入方式：用于指定插入表格的方式。“从空表格开始”表示插入一个空白表格，需手动填充表格数据（操作实例中插入的就是此类表格）；“自数据链接”表示插入一个含有电子表格中的数据的表格。

（3）插入方式：用于指定插入表格的位置。“指定插入点”用于指定表格左上角或左下角的位置；“指定窗口”通过在绘图区指定两点来确定表格的大小和位置。

（4）列和行设置：用于指定插入表格的行列数目及大小。

（5）设置单元样式：

① 第一行单元样式：用于指定表格中第一行的单元样式。默认情况下使用“标题”单元样式，即将表格的第一行作为标题行。

② 第二行单元样式：用于指定表格中第二行的单元样式。默认情况下使用“表头”单元样式，即将表格的第二行作为表头。

③ 所有其他行单元样式：用于指定表格中所有其他行的单元样式。默认情况下，使用“数据”单元样式，即从表格的第三行开始都是数据行。

插入空白表格的方法及步骤已在操作实例中讲述，在此不再赘述。下面以一实例介绍使用“自数据链接”创建一个含有电子表格中的数据的表格。

例 6-3　将 Excel 文件“明细表”中的内容，作为创建表格的数据插入到图形中，并按国家标准修改表格大小。

第 1 步：单击〖绘图〗→〖表格〗，弹出如图 6-44 所示的“插入表格”对话框，在“表格样式”下拉列表中选择“明细表”表格样式，将“列宽”置为“70”。

第 2 步：在“输入选项”选择框选择“自数据链接”选项，单击〖启动“数据链接管理器”对话框〗，弹出如图 6-49 所示的“选择数据链接”对话框。

第 3 步：单击“创建新的 Excel 数据链接”选项，弹出如图 6-50 所示的“输入数据链接名称”对话框，输入数据链接名称“明细表”。

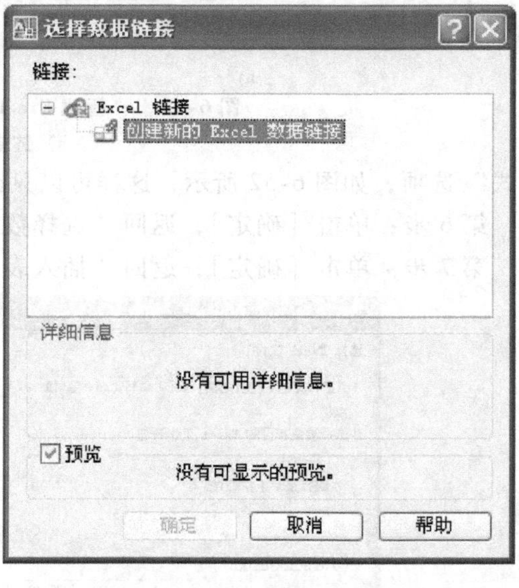

图 6-49　“选择数据链接”对话框

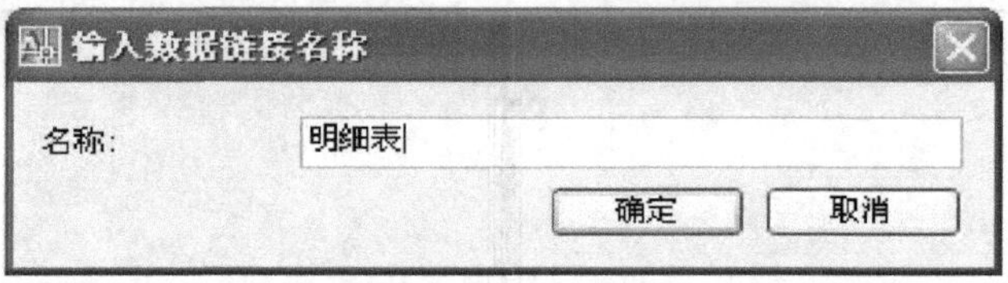

图 6-50　“输入数据链接名称”对话框

第 4 步：单击［确定］，在弹出如图 6-51a 所示的对话框中单击，选择“明细表”文件，再单击［打开］，返回如图 6-51b 所示的对话框。

第 5 步：单击右下角的，在展开的对话框“单元格式”选项区域中不选择“使用Excel

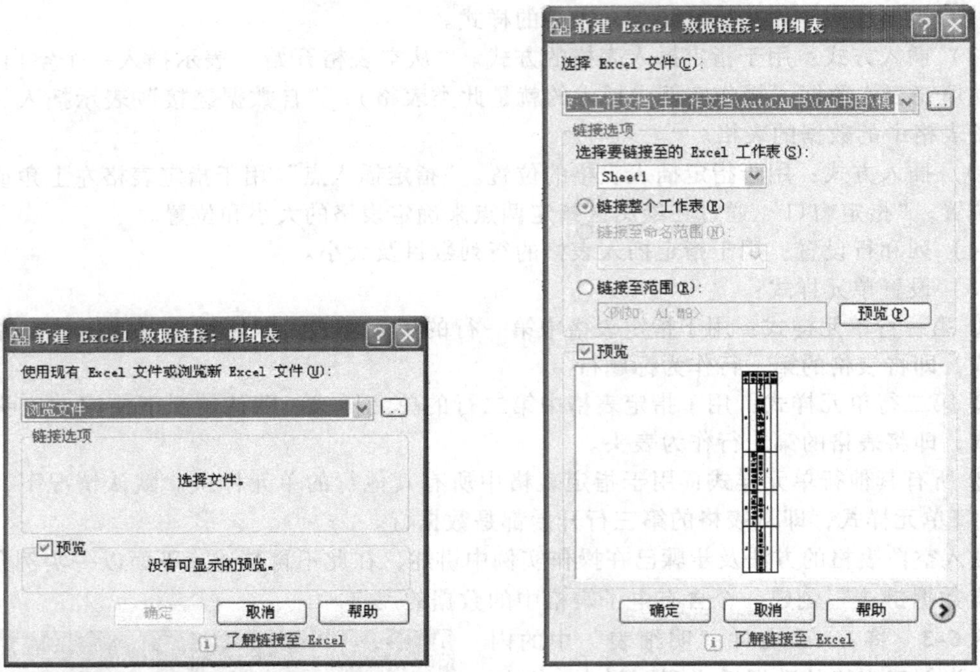

a)　　　　b)

图 6-51　“新建 Excel 数据链接：明细表”对话框

a）链接　b）链接后

格式”选项，如图 6-52 所示，这样可以只链接 Excel 的表格数据而不引入的 Excel 格式。

第 6 步：单击［确定］，返回“选择数据链接”对话框。

第 7 步：单击［确定］，返回“插入表格”对话框。

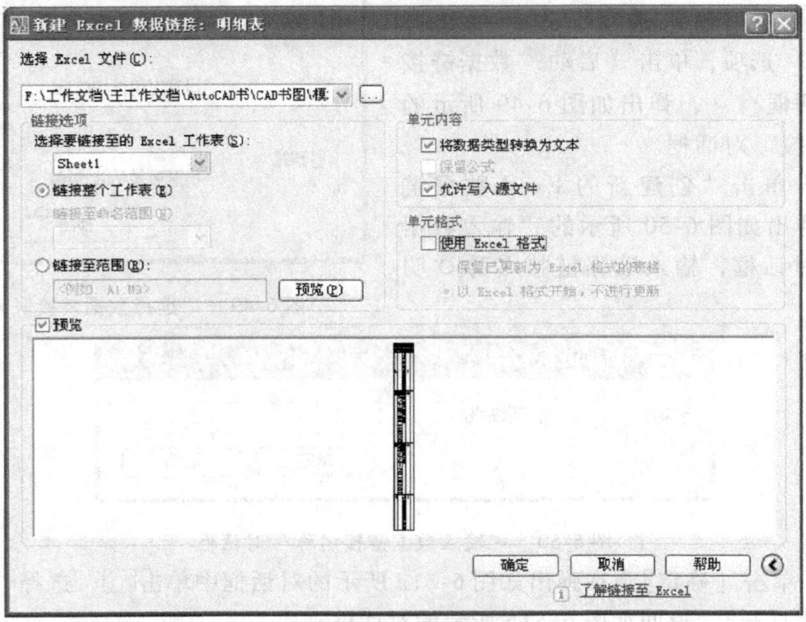

图 6-52　展开的“新建 Excel 数据链接：明细表”对话框

第 8 步：单击［确定］，在绘图区拾取插入点插入“明细表”的初步表格，如图 6-53 所示。

4		J型轴孔半联轴器	1	
3	GB/T6170-2000	螺母M10	4	
2	GB/T5782-2000	螺栓M10×55	4	
1		J_1型轴孔半联轴器	1	
序号	代号	名称	数量	备注

图 6-53　“明细表”初步表格

第 9 步：修改插入表格的列宽和行高，最终结果如图 6-35 所示。

知识点三　修改表格

1. 修改表格的列宽与行高

（1）使用表格的夹点或表格单元的夹点进行修改。该方式通过拖动夹点（如图 6-54 所示）更改表格的列宽和行高。

① 左上夹点：移动表格。

② 右上夹点：均匀修改表格宽度。

③ 左下夹点：均匀修改表格高度。

④ 右下夹点：均匀修改表高和表宽。

⑤ 列夹点：更改列宽而不拉伸表格。

⑥ Ctrl + 列夹点：加宽或缩小相邻列，与此同时加宽或缩小表格以适应此修改。

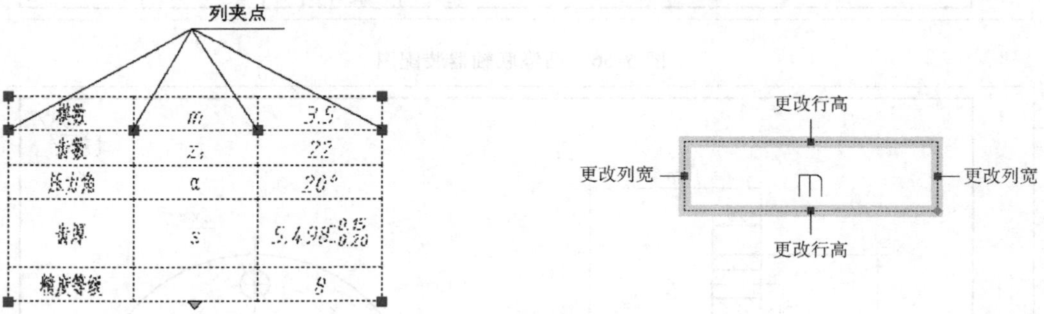

图 6-54　表格的夹点

（2）使用“特性”选项板进行修改。该方式通过更改行高列宽值进行修改，其操作方法在操作实例中已述，在此不再赘述。

2. 修改列数与行数

在要添加列或行的表格单元内单击后右击，弹出如图 6-55 所示的快捷菜单，根据需要选择即可。

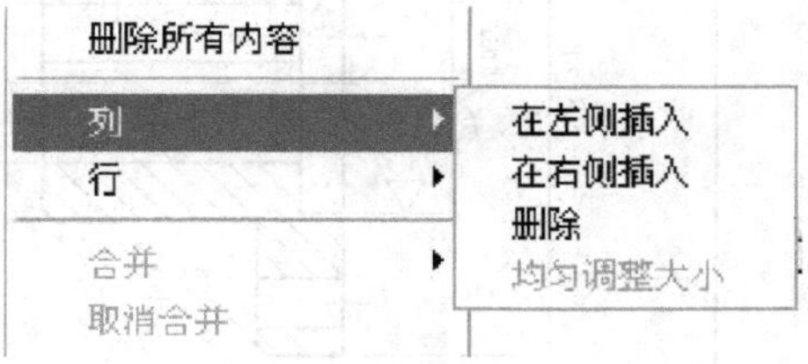

图 6-55　修改列数、行数快捷菜单

任务五　装配图的绘制

操作实例（图 6-56）

本例通过介绍用如图 6-28 所示的零件图和如图 6-57 所示的零件图拼画如图 6-56 所示

的凸缘联轴器装配图的过程，详修讲述装配图的绘制方法和步骤。

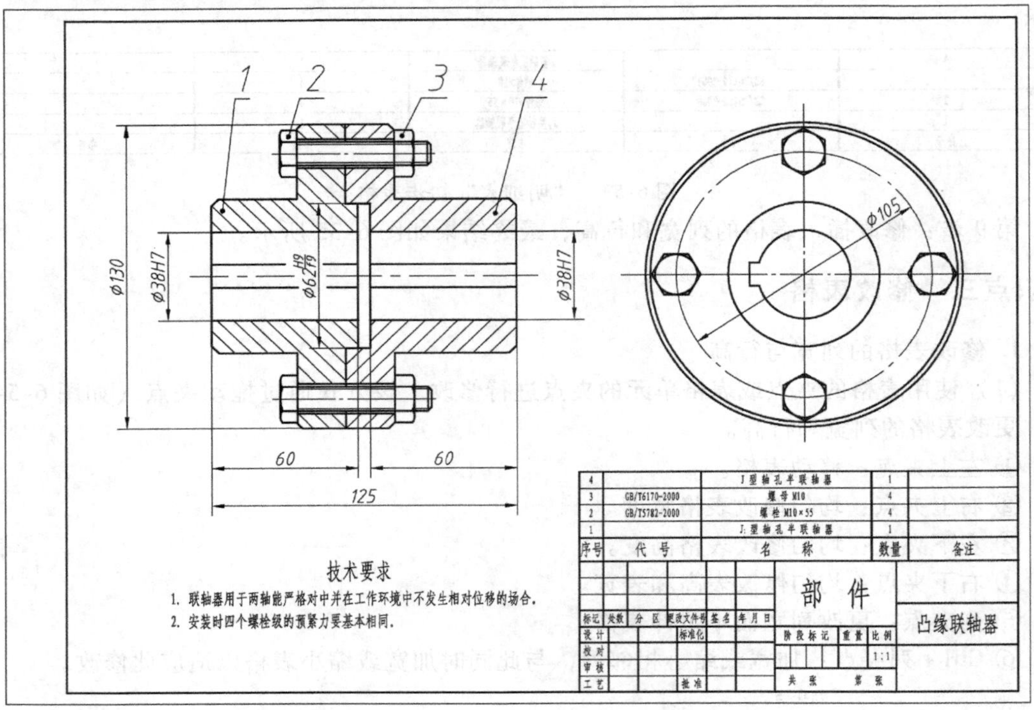

图 6-56　凸缘联轴器装配图

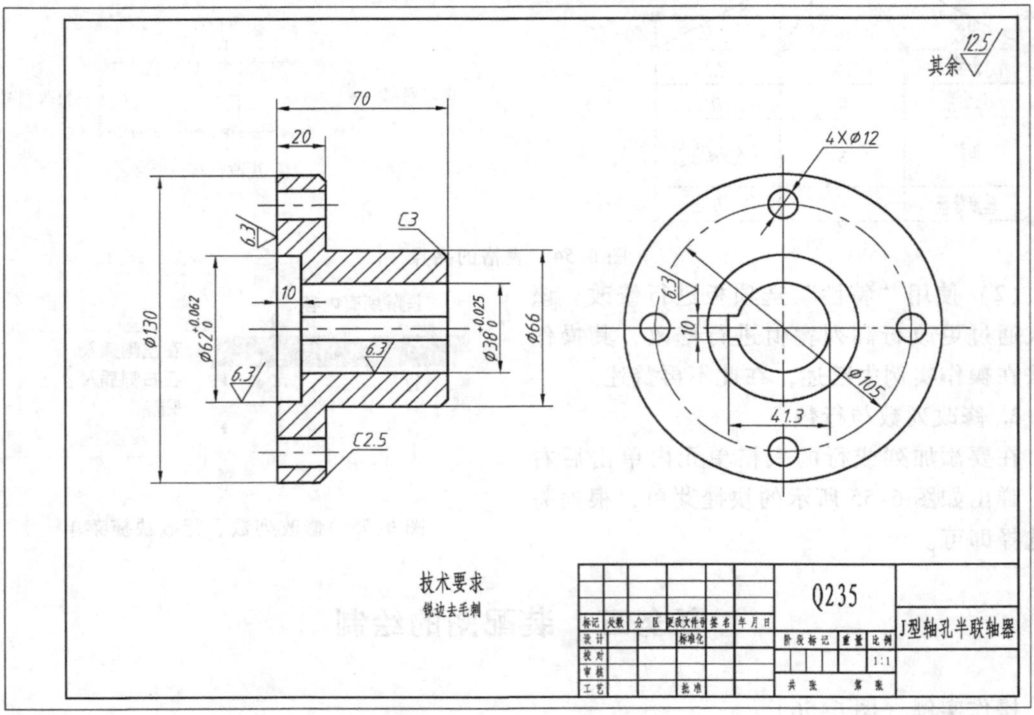

图 6-57　J 型轴孔半联轴器零件图

在 AutoCAD 中根据零件图拼画装配图主要采用的方法有 3 种：

（1）零件图块插入法：将零件图上的各个图形创建为图块，然后在装配图中插入所需的图块。

（2）零件图形文件插入法：用户可使用“INSERT”命令将零件的整个图形文件作为块，直接插入当前装配图中，也可通过“设计中心”将多个零件图形文件作为块，插入当前装配图中。

（3）剪贴板交换数据法：利用 AutoCAD 的“复制”命令，将零件图中所需图形复制到剪贴板上，然后使用“粘贴”命令，将剪贴板上的图形粘贴到装配图所需的位置上。

本例采用第 3 种方法。

绘制过程

第 1 步：确定表达方法、比例和图幅。凸缘联轴器是连接两轴的一种装置。此联轴器由 4 种零件组成，其中螺栓和螺母为标准件，在简化画法中其尺寸如图 6-58 所示。在表达方法上选择主、左两个视图，主视图采用全剖，主要表达联轴器的结构特征和各部分的装配关系；左视图主要表达 4 个螺栓的分布情况。采用 1∶1 比例，A3 图纸，横装。

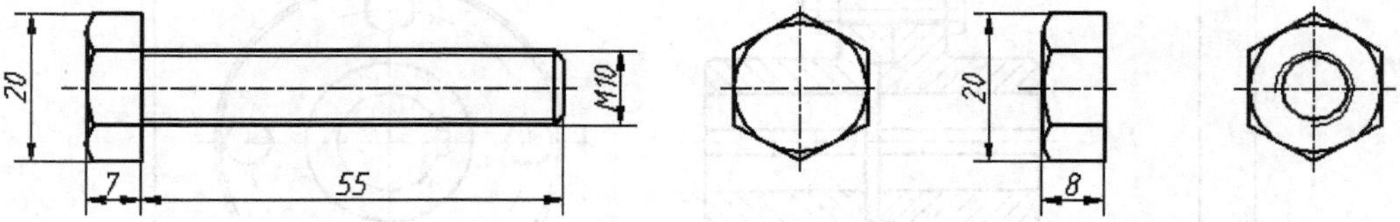

a)　　　　b)

图 6-58　简化画法中螺栓螺母各部分尺寸

a）螺栓 M10×55 螺栓　b）螺母 M10

第 2 步：打开相应的样板图。本例打开任务二中创建的“机械样板文件（A3 横装）”。

第 3 步：设置作图环境。

在状态行设置极轴角为 30°，依次单击激活状态行上［极轴］、［对象捕捉］及［对象追踪］。

第 4 步：绘制一组视图。

（1）依次打开相应的零件图。

（2）选中零件图中所需图形，右击，在弹出如图 6-59 所示的快捷菜单中选择【带基点复制】，捕捉图形上的某个点作为复制的基准点。

（3）打开装配图，在绘图区右击，选择【粘贴】，将剪贴板上的图形粘贴到装配图上，如图 6-60 所示。

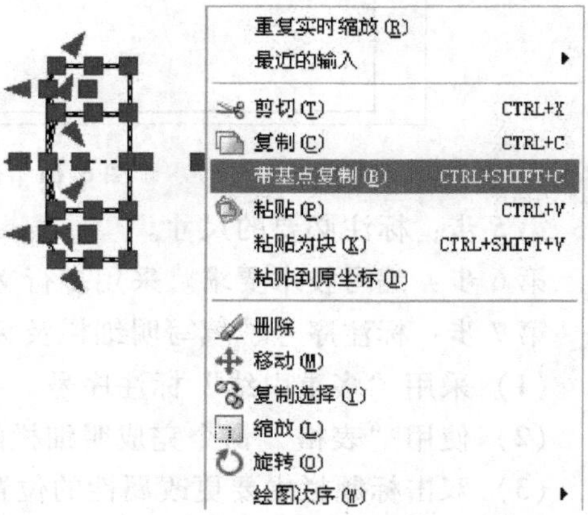

图 6-59　“带基点复制”快捷菜单

（4）按照装配关系，依次将图框右侧的图形移到图框内，位置不符合装配关系的图形先旋转再移动，删除和修剪被遮住的线条。

（5）使用“特性”选项板修改剖面符号方向，使相邻零件的剖面符号方向相反，完成图如图 6-61 所示。

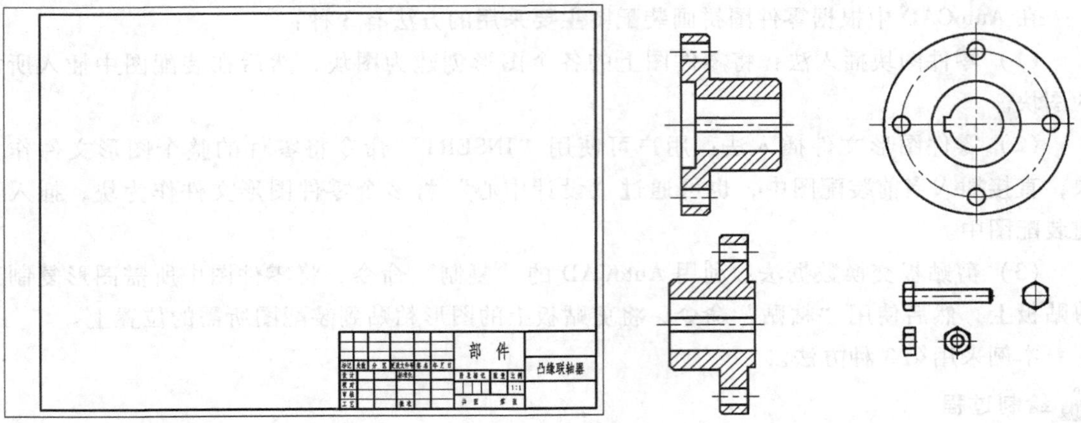

图 6-60 凸缘联轴器装配图视图的绘制过程

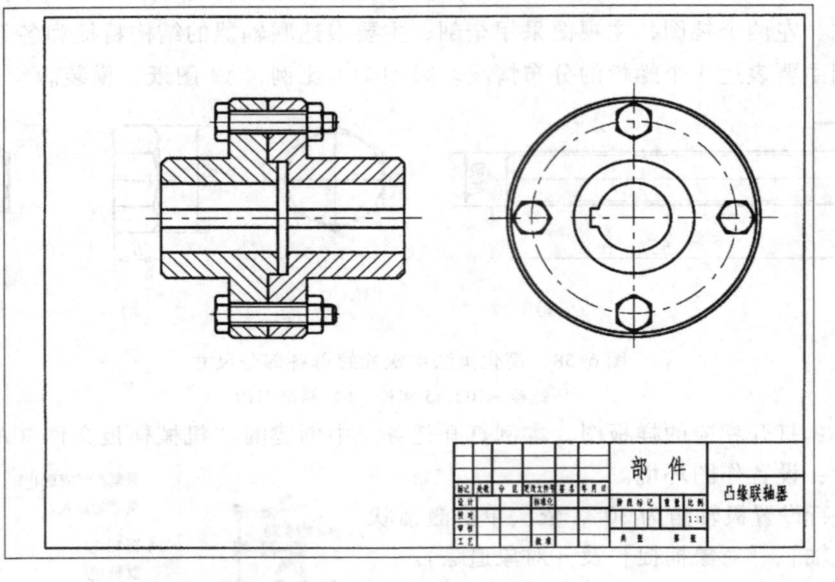

图 6-61 凸缘联轴器装配图视图

第 5 步：标注必要的尺寸。

第 6 步：编写技术要求。采用多行文字编辑器填写技术要求。

第 7 步：标注序号、填写明细栏及标题栏。

（1）采用“多重引线”标注序号。

（2）使用“表格”命令完成明细栏的创建与填写。具体操作见本模块任务四。

（3）双击标题栏中要更改属性的位置，在弹出的“增强属性编辑器”中填写属性值。

第 8 步：保存图形文件。

同 类 练 习

1. 将如图 6-62 所示的左侧 4 个图形创建为带属性的外部块，右侧 2 个图形创建为外部块。

2. 创建符合我国机械制图国家标准规定的 A4 竖装、A2、A1 横装带标题栏的样板文件，图框格式如图 6-63 所示，图幅尺寸见表 6-1，标题栏格式及尺寸如图 6-17 所示。

3. 绘制如图 6-64、图 6-65 所示零件图。

4. 根据如图 6-66 至图 6-69 所示的零件图拼画如图 6-70所示的装配图。

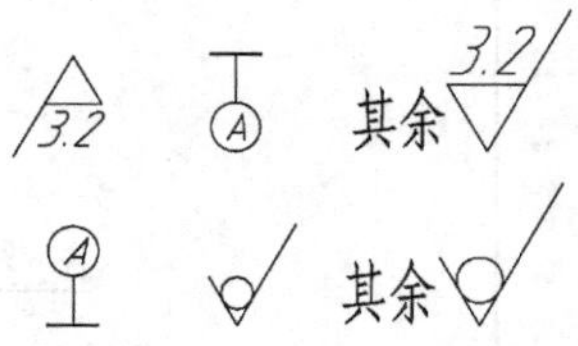

图 6-62　练习 6-1 图

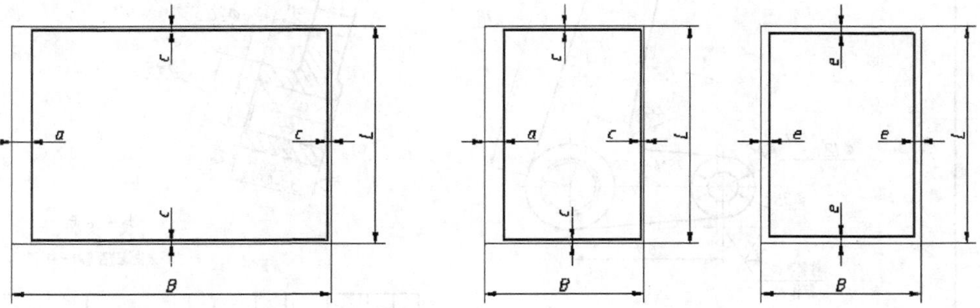

a)　　b)　　c)

图 6-63　练习 6-2 图（图框格式）

a）横装留装订边　b）竖装留装订边　c）竖装不留装订边

表 6-1　机械制图国家标准图幅尺寸　　（单位：mm）

幅面代号	A0	A1	A2	A3	A4
$B \times L$	841 × 1189	594 × 841	420 × 594	297 × 420	210 × 297
a	25				
c	10			5	
e	20		10		

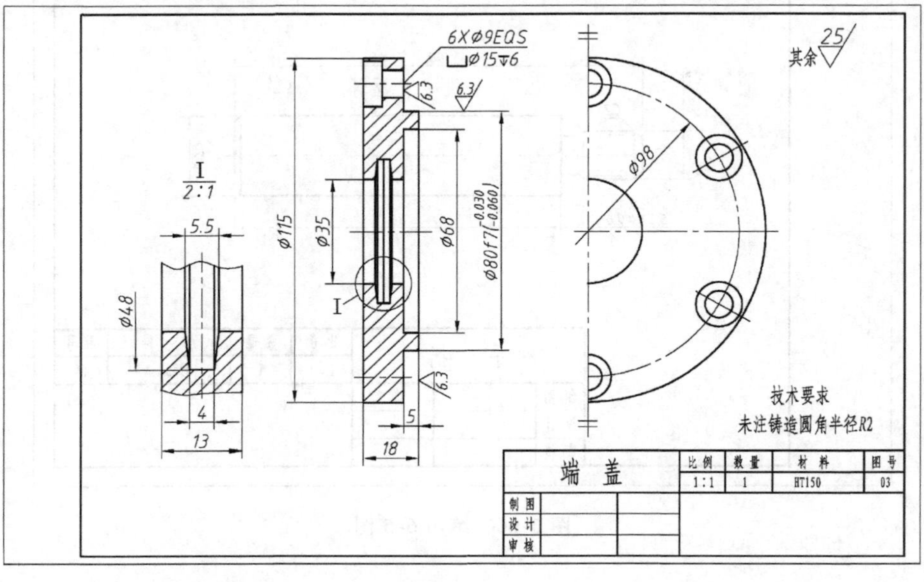

图 6-64　练习 6-3 图

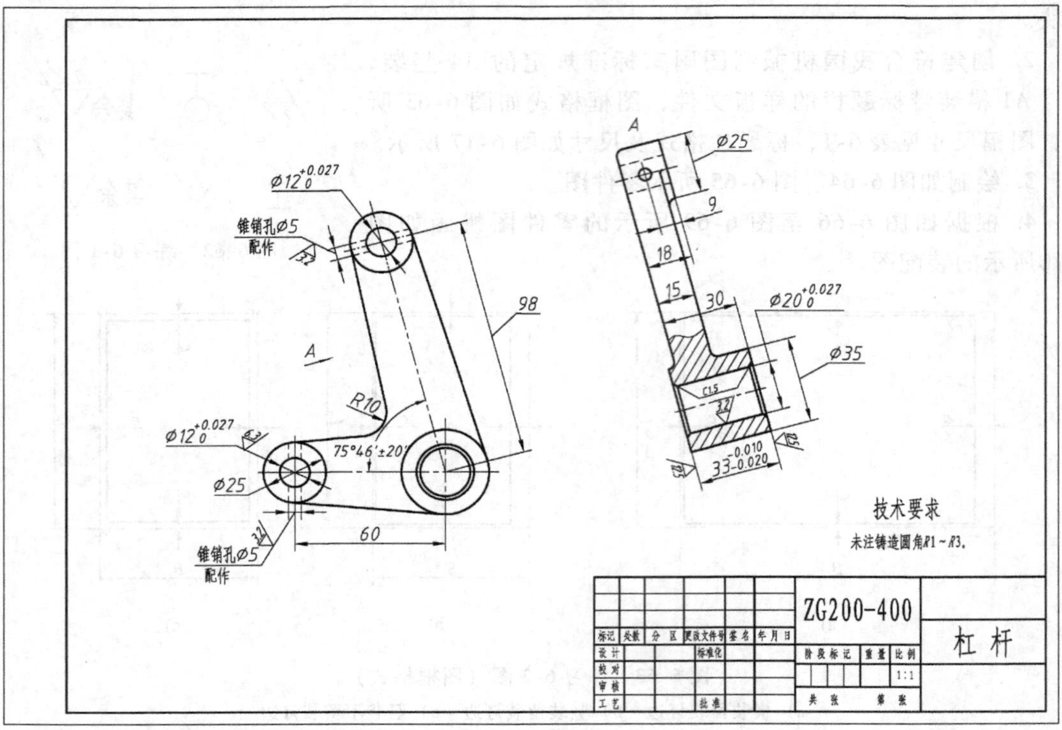

图 6-65 练习 6-4 图

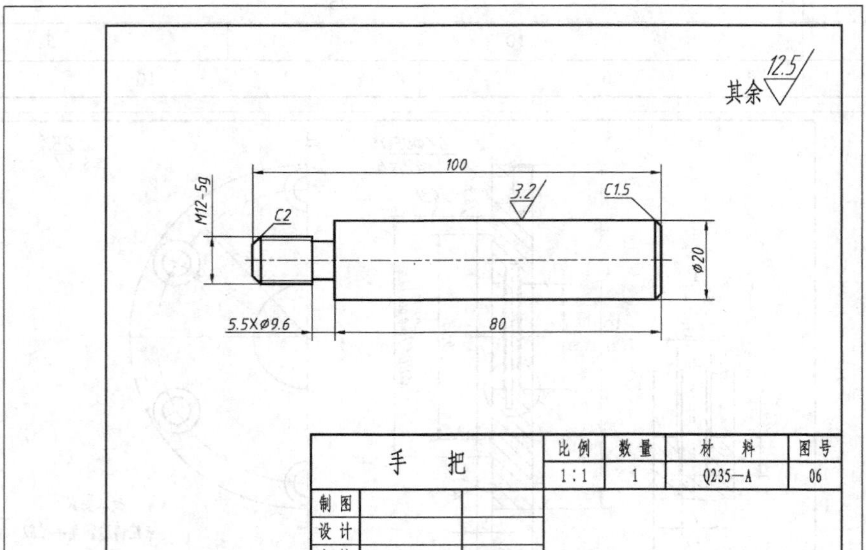

图 6-66 练习 6-5 图

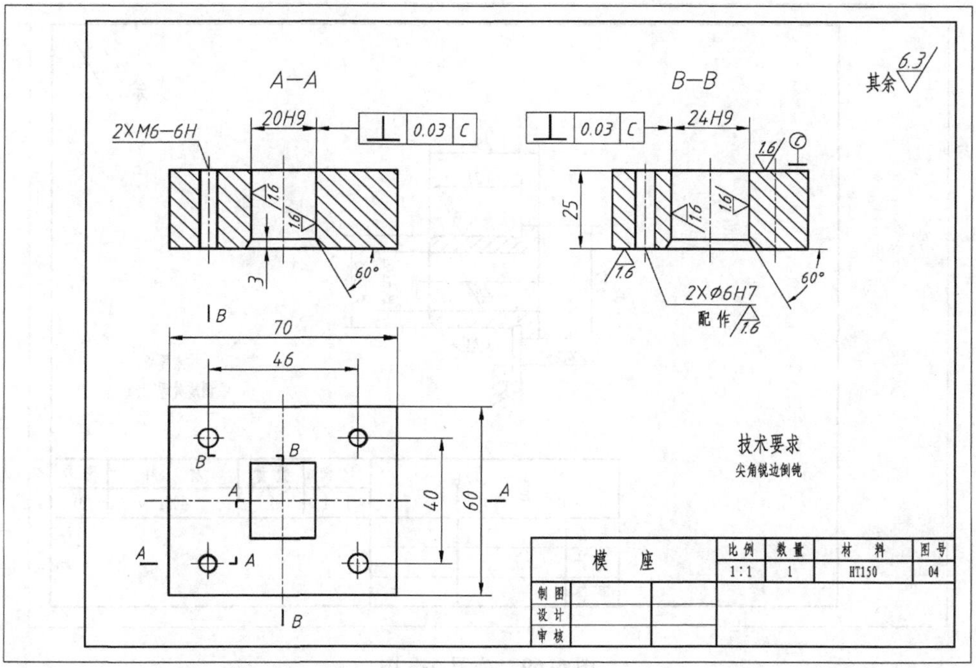

图 6-67　练习 6-6 图

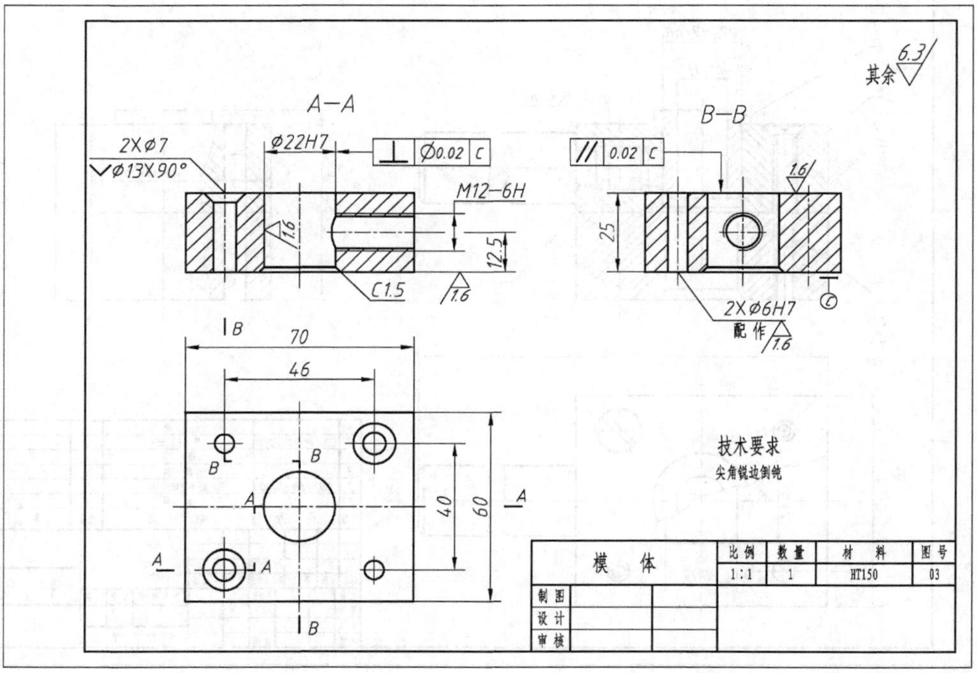

图 6-68　练习 6-7 图

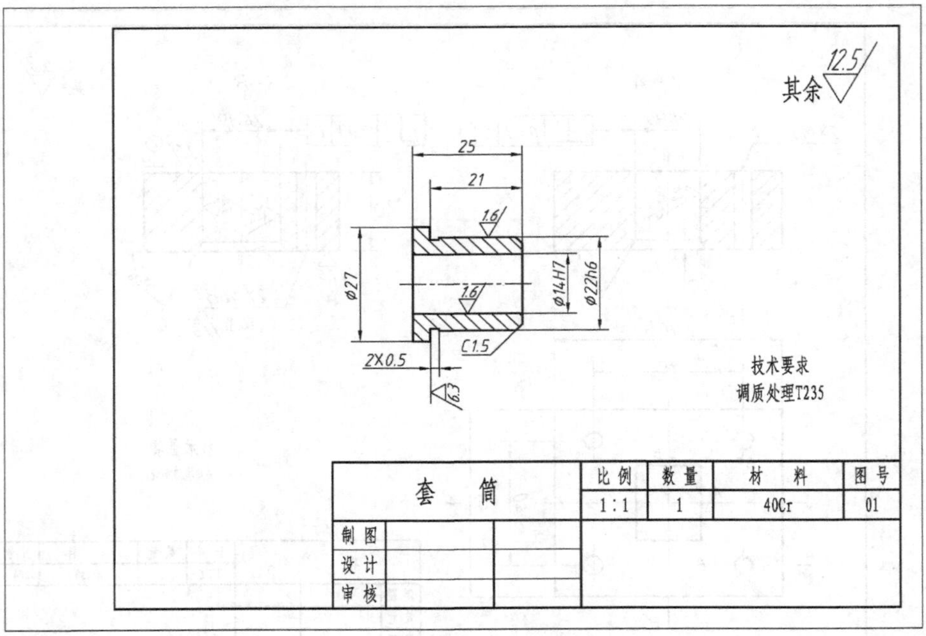

图 6-69　练习 6-8 图

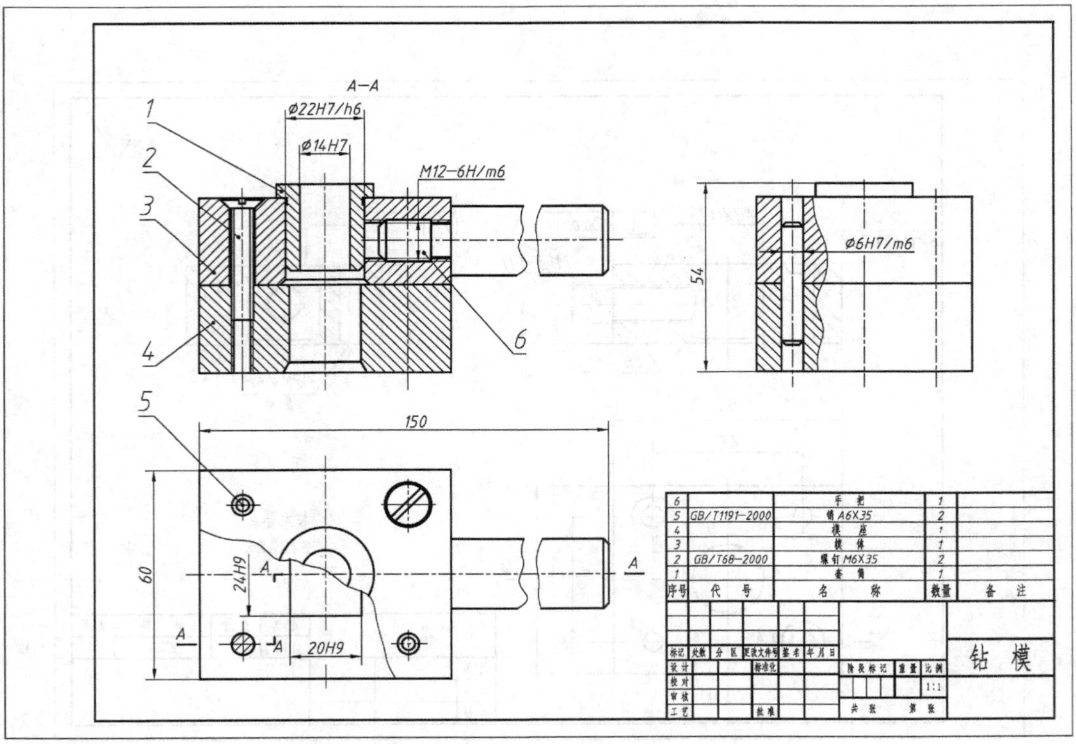

图 6-70　练习 6-9 图

模块七　三维实体的创建与编辑

知识目标

1. 掌握观察三维图形的基本方法。
2. 掌握用户坐标系的基本创建方法。
3. 掌握创建基本三维实体的方法及基本参数的设置。
4. 掌握通过二维图形创建三维实体的方法。
5. 掌握通过布尔运算创建复杂三维实体的方法。
6. 掌握三维图形的编辑。

能力目标

1. 能配合三维实体观察方法灵活地进行 UCS 的创建。
2. 能绘制由基本体组合的三维实体。
3. 能将三维基本体、拉伸实体和旋转实体三种方法结合起来创建较复杂的三维模型。
4. 能灵活运用布尔运算进行三维绘图。
5. 能熟练运用三维编辑命令。

任务一　三维观察及 UCS 的创建

操作实例（图 7-1、图 7-2）

本例介绍如图 7-1、图 7-2 所示三维实体的观察及绘制，主要涉及三维观察及 UCS 的创建。由于 AutoCAD 中视图生成的方法与机械制图中的投影法有所不同，故仰视图会存在差别，本书针对 AutoCAD 的方法讲解，但应用中仍以投影法为准。

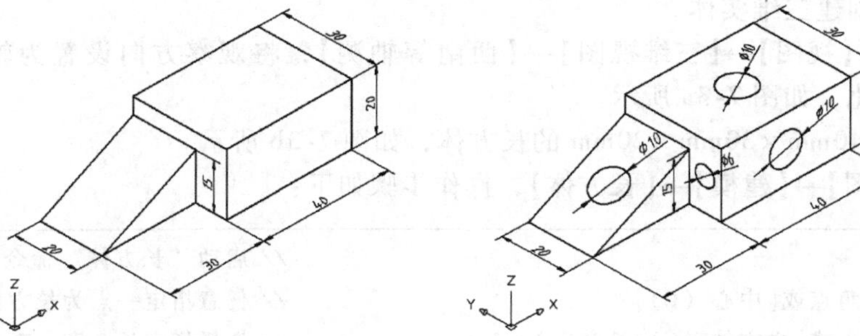

a)　　　　　　　　b)

图 7-1　简单实体

a）三维实体　b）在实体表面绘二维图形

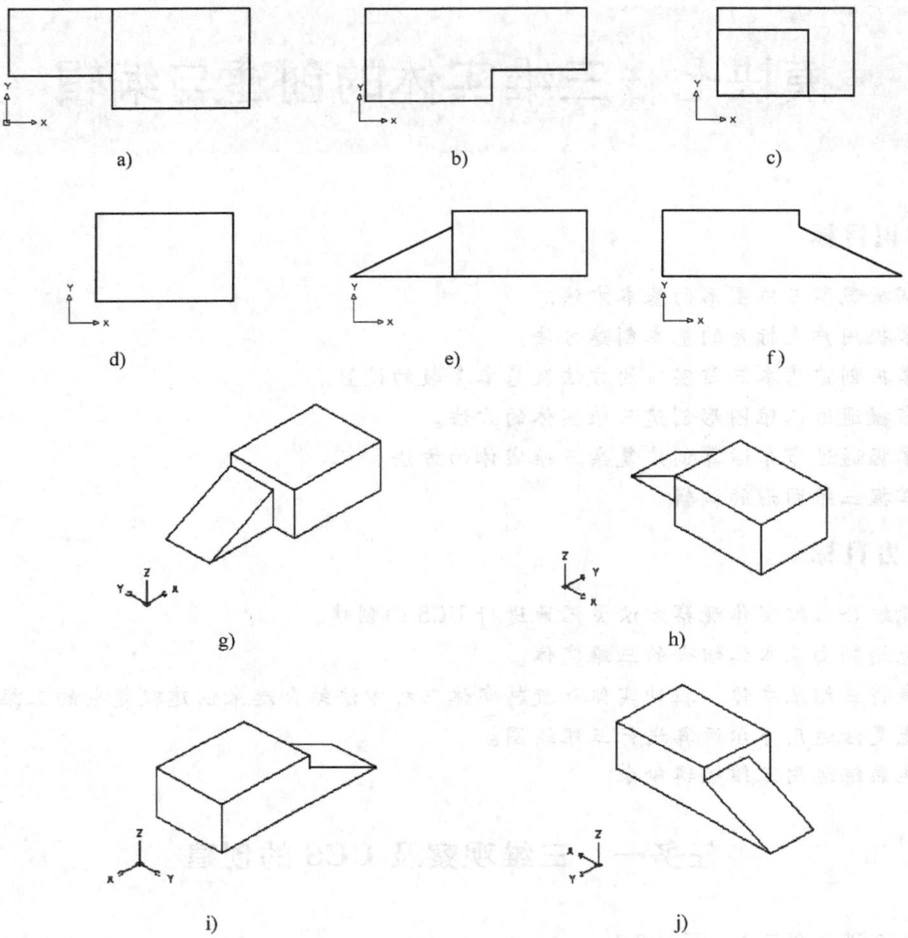

图 7-2 从 10 个方向观察实体

a) 俯视图 b) 仰视图 c) 左视图 d) 右视图 e) 主视图 f) 后视图
g) 西南等轴测图 h) 东南等轴测图 i) 东北等轴测图 j) 西北等轴测图

操作过程

第 1 步：创建三维实体。

(1) 单击【视图】→【三维视图】→【西南等轴测】，将观察方向设置为轴测观察方向，坐标系发生变化，如图 7-3a 所示。

(2) 创建 40mm × 30mm × 20mm 的长方体，如图 7-3b 所示。

单击【绘图】→【建模】→【长方体】，操作步骤如下：

命令：_ box	// 启动“长方体”命令
指定第一个角点或[中心（C）]：	// 任意指定一点为长方体的角点
指定其他角点或[立方体（C）/长度(L)]:1↙	// 选择指定长、宽、高方式创建长方体
指定长度：40↙	// 输入长方体长度
指定宽度：30↙	// 输入长方体宽度
指定高度或［两点(2P)]：20↙	// 输入长方体高度

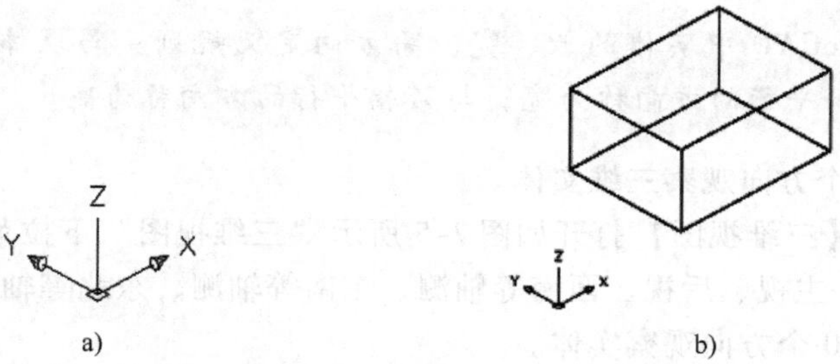

图 7-3　设置轴测观察方向并创建长方体

a）轴测观察方向的坐标系　b）创建长方体

（3）创建 30mm × 20mm × 15mm 的楔体。

① 转换坐标系。设置坐标系绕 Z 轴旋转 180°，旋转后的坐标系如图 7-4a 所示。

单击【工具】→【新建 UCS】→【Z】，操作步骤如下：

命令：_ ucs	// 系统提示
当前 UCS 名称：* 没有名称 *	// 系统提示
指定 UCS 的原点或［面（F）/命名（NA）/对象（OB）/上一个（P）/	
视图（V）/世界（W）/X/Y/Z/Z 轴（ZA）］<世界>：_ z	// 系统提示
指定绕 Z 轴的旋转角度 <90>：180↙	// 设置坐标系绕 Z 轴旋转 180°

② 创建楔体，如图 7-4b 所示。

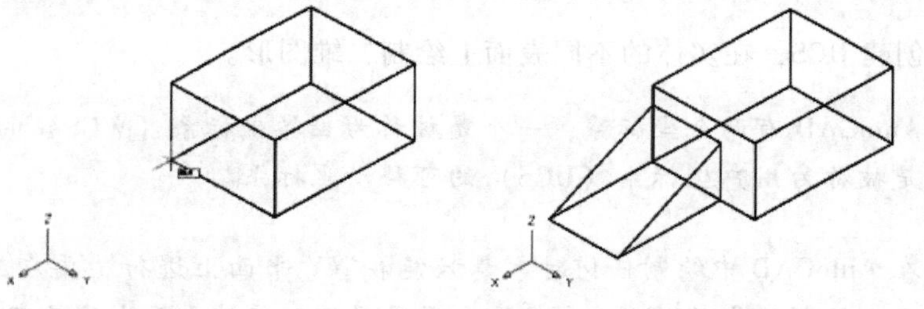

图 7-4　转换坐标系并创建楔体

a）转换坐标系　b）创建楔体

单击【绘图】→【建模】→【楔体】，操作步骤如下：

命令：_ wedge	// 启动"楔体"命令
指定第一个角点或［中心（C）］：	// 在长方体的左下后角点单击，如图 7-4a 所示
指定其他角点或［立方体（C）/长度（L）］：1↙	// 选择指定长、宽、高方式创建楔体
指定长度 <40.0000>：30↙	// 输入楔体长度
指定宽度 <30.0000>：20↙	// 输入楔体宽度
指定高度或［两点（2P）］<20.0000>：15↙	// 输入楔体高度

③ 将长方体和楔体用并集合并，合并后如图 7-1a 所示。

在 AutoCAD 中实体的长、宽、高方向定义规则：与 X 轴平行的方向称为长，与 Y 轴平行的方向称为宽，与 Z 轴平行的方向称为高。

第 2 步：从 10 个方向观察三维实体。

单击【视图】→【三维视图】打开如图 7-5 所示“三维视图”下拉菜单，依次选择俯视、仰视、左视、右视、主视、后视、西南等轴测、东南等轴测、东北等轴测、西北等轴测，可从如图 7-2 所示的 10 个方向观察实体。

也可以单击如图 7-6 所示“视图”工具栏中相应按钮，从 10 个方向观察实体。

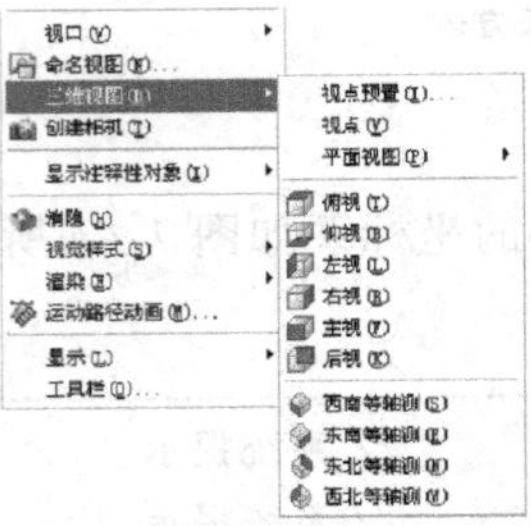

图 7-5 “三维视图”下拉菜单

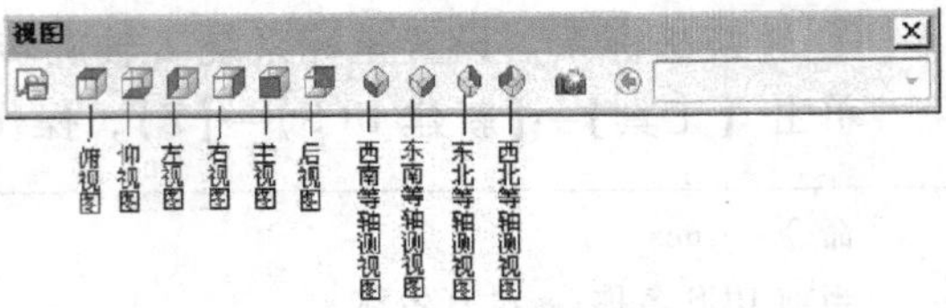

图 7-6 “视图”工具栏

观察实体时如要使看不见的线条不显示以增强立体感，可单击【视图】→【消隐】或在命令行键入“HIDE”，则消隐显示实体，图 7-2g、图 7-2h、图 7-2i、图 7-2j 便采用了该方式显示。

第 3 步：创建 UCS，在实体的不同表面上绘制二维图形。

AutoCAD 有两个坐标系：一个是被称为世界坐标系（WCS）的固定坐标系，一个是被称为用户坐标系（UCS）的可移动坐标系。

在 AutoCAD 中绘制任何对象都只能在 XY 平面上进行，要在三维实体的某个表面上绘制对象就必须先将 XY 平面设置到对应的平面上。改变 XY 平面的位置就是设置用户坐标系——UCS。

设置用户坐标系时常调用如图 7-7 所示的“UCS”工具栏，通过单击相应按钮完成 UCS 的设置。

图 7-7 “UCS”工具栏

(1) 在长方体的上表面绘制 ϕ10mm 的圆。

① 通过指定新的原点平移坐标系，将 XY 平面设置到长方体的上表面。

单击〖UCS〗→〖原点〗，操作步骤如下：

命令:_ ucs　// 系统提示
当前 UCS 名称: * 没有名称 *　// 系统提示
指定 UCS 的原点或[面(F)/命名(NA)/对象(OB)/上一个(P)/
视图(V)/世界(W)/X/Y/Z/Z 轴(ZA)] < 世界 >:_ o　// 系统提示
指定新原点 <0,0,0 >:　// 在如图 7-8a 所示点 1 处单击

执行上述操作后 XY 平面与长方体上表面重合，如图 7-8a 所示。

② 调用“圆”命令，捕捉长方体上表面的中心点，绘制 ϕ10mm 的圆，如图 7-8b 所示。

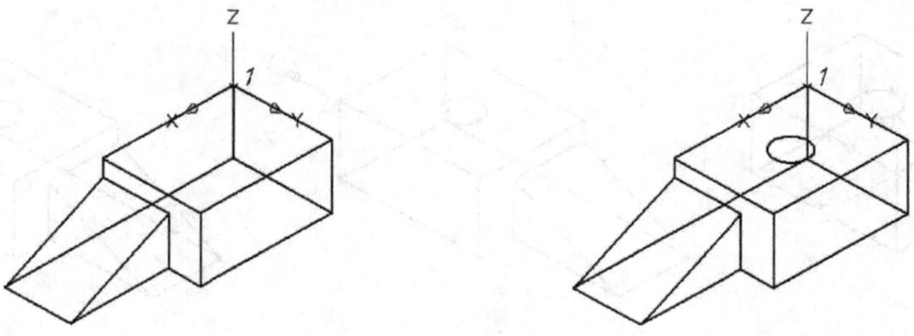

a)　b)

图 7-8　在长方体的上表面绘圆
a) 设置 UCS 至长方体上表面　b) 捕捉上表面中心点后绘圆

(2) 在长方体的前表面上绘制 ϕ10mm 的圆。

① 通过选择已有的实体表面，将 XY 平面设置到长方体的前表面。

单击〖UCS〗→〖面 UCS〗，操作步骤如下:

命令: _ ucs　// 系统提示
当前 UCS 名称: * 没有名称 *　// 系统提示
指定 UCS 的原点或 [面 (F)/命名 (NA)/对象 (OB)/上一个 (P)/
视图 (V)/世界 (W)/X/Y/Z/Z 轴 (ZA)] < 世界 >: _ fa　// 系统提示
选择实体对象的面:　// 在长方体前表面左下角附近单击
输入选项 [下一个(N)/X 轴反向(X)/Y 轴反向(Y)] < 接受 >: ↙　// 回车确定，接受所选表面为 XY 平面

执行上述操作后，XY 平面与长方体前表面重合，如图 7-9a 所示。

② 调用“圆”命令，捕捉长方体前表面的中心点绘制 ϕ10mm 的圆，如图 7-9b 所示。

> 采用选择已有实体表面的方法来设置 UCS 时，在实体表面不同位置单击所得 UCS 的 X、Y 轴的方向及位置会有所不同，如图 7-10 所示。

(3) 在长方体的左侧面上绘制 ϕ6mm 的圆。

① 把如图 7-9 所示的坐标系绕 X 轴旋转 -90°，将 XY 平面设置到长方体的左侧面。

单击〖UCS〗→〖X〗，操作步骤如下:

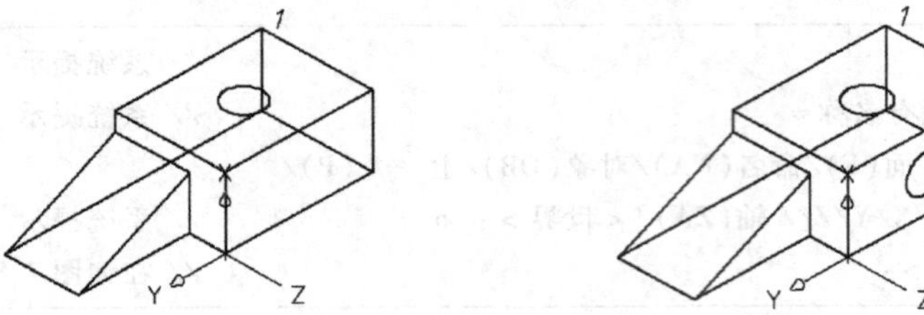

a) b)

图 7-9 在长方体的前表面绘圆

a）设置 UCS 至长方体前表面 b）捕捉前表面中心点后绘圆

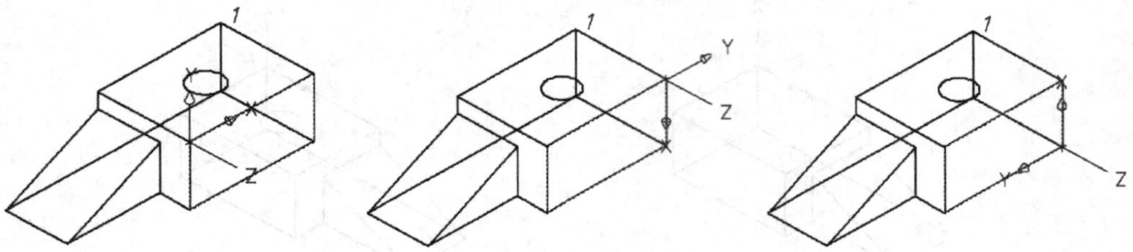

a) b) c)

图 7-10 在长方体前表面不同位置单击时的几种 UCS

a）在左上角附近单击 b）在右上角附近单击 c）在右下角附近单击

```
命令：_ucs                                                        // 系统提示
当前 UCS 名称：*没有名称*                                          // 系统提示
指定 UCS 的原点或 [面(F)/命名(NA)/对象(OB)/上一个(P)/
视图(V)/世界(W)/X/Y/Z/Z 轴(ZA)] <世界>：_X                         // 系统提示
指定绕 X 轴的旋转角度 <90>：-90↙                                  // 将 X 轴旋转 -90°
```

执行上述操作后 XY 平面与长方体左侧面重合，如图 7-11a 所示。

② 调用“圆”命令，在长方体左侧面适当位置绘制 ϕ6mm 的圆，如图 7-11b 所示。

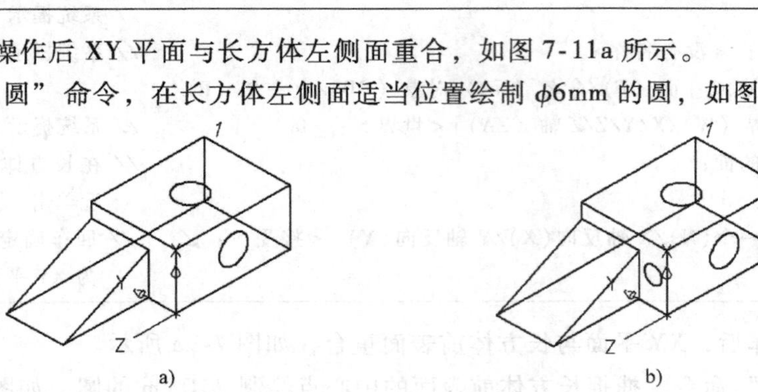

a) b)

图 7-11 在长方体的左侧面绘圆

a）设置 UCS 至长方体左侧面 b）在左侧面适当位置绘圆

在 AutoCAD 中，旋转角度的正负由右手螺旋法则判断：右手大拇指指向旋转轴的正向，若旋转方向与弯曲四指的方向相同，旋转角度为正，反之为负。

(4) 在楔体的斜面上绘制 ϕ10mm 的圆。

① 采用指定 3 点的方式将 XY 平面设置到楔体的斜面。

单击〖UCS〗→〖3 点〗，操作步骤如下：

命令：_ ucs	// 系统提示
当前 UCS 名称：* 没有名称 *	// 系统提示
指定 UCS 的原点或[面(F)/命名(NA)/对象(OB)/上一个(P)/视图(V)/世界(W)/X/Y/Z/Z 轴(ZA)]<世界>:_3	// 系统提示
指定新原点<0,0,0>:	// 捕捉点 2 为坐标原点
在正 X 轴范围上指定点<1.0000,0.0000,0.0000>:	// 捕捉点 3,指定直线 23 方向为 X 轴方向
在 UCS XY 平面的正 Y 轴范围上指定点<0.0000,1.0000,0.0000>:	// 捕捉点 4,指定直线 24 方向为 Y 轴方向

执行上述操作后 XY 平面与楔体的斜面重合，如图 7-12a 所示。

② 调用"圆"命令，捕捉楔体斜面的中心点绘制 ϕ10mm 的圆，如图 7-12b 所示。

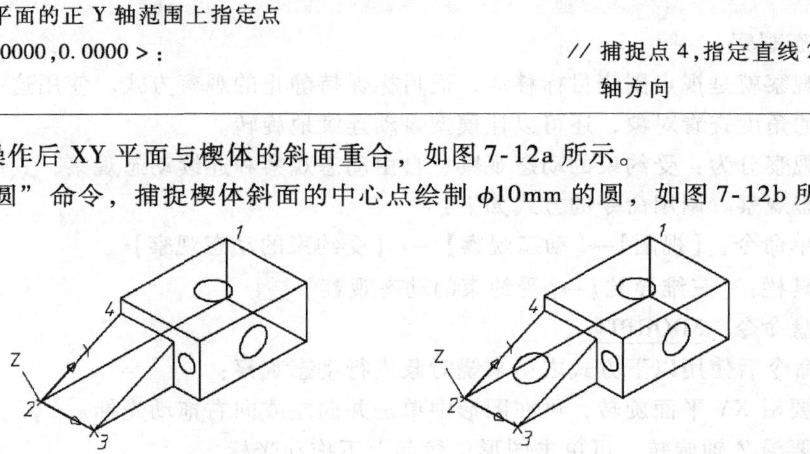

a) b)

图 7-12 在楔体斜面上绘圆

a) 设置 UCS 至楔体斜面 b) 捕捉斜面中心点后绘圆

知识点一 三维观察

三维观察有四种常用的视点定义方式："视点预置"命令（DDVPOINT）、"视点"命令（VPOINT）、三维动态观察器和标准视点定义的常用标准视图。

1. 旋转角定义的视点

通过输入两个旋转角度定义三维模型的观察方向，这种视点的预置方式可以通过"视点预置"命令来实现。调用命令的方式如下：

● 菜单命令：【视图】→【三维视图】→【视点预置】

● 键盘命令：DDVPOINT 或 VP

启动命令后弹出如图 7-13 所示的"视点预置"对话框。

可通过设置"观察角度"、"自：X 轴"、"自：XY 平面"来确定观察方向。

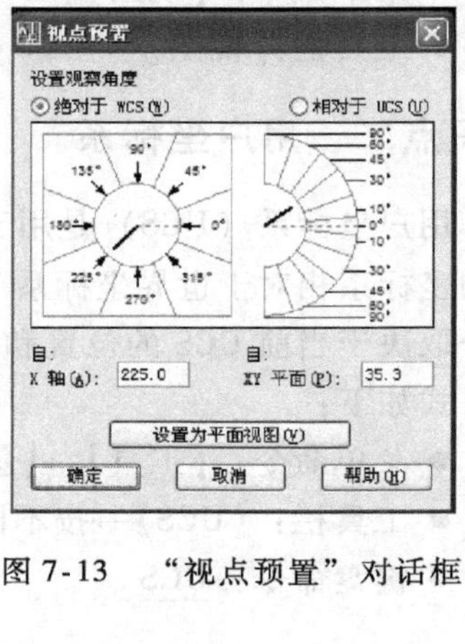

图 7-13 "视点预置"对话框

2. 坐标定义的视点

通过输入一个点的坐标值可以定义三维模型的观察方向，这种视点的预置方式可以通过“视点”命令来实现。“视点”命令将观察者置于空间中的一个指定点，向原点（0，0，0）方向观察三维模型。调用命令的方式如下：

- 菜单命令：【视图】→【三维视图】→【视点】
- 键盘命令：VPOINT 或 -VP

启动命令后显示坐标球和三轴架，输入所需视点坐标，按回车确定。

> 使用“视点”命令设置标准视图（机械制图规定）的视点坐标如下：输入“0，1，0”为俯视图；输入“0，0，1”为主视图；输入“-1，0，0”为左视图；输入“1，1，1”为等轴测视图。

3. 动态观察

动态观察就是视点围绕目标移动，而目标保持静止的观察方式。使用这一功能，用户可以从不同的角度查看对象，还可以让模型自动连续地旋转。

动态观察分为：受约束的动态观察、自由动态观察和连续动态观察，其中最常用的是受约束的动态观察。调用命令的方式如下：

- 菜单命令：【视图】→【动态观察】→【受约束的动态观察】
- 工具栏：〖三维导航〗→〖受约束的动态观察〗
- 键盘命令：3DORBIT

调用命令后使用以下方式之一来绕对象进行动态观察：

（1）要沿XY平面旋转，可在图形中单击并向左或向右拖动光标。

（2）要沿Z轴旋转，可单击图形，然后上下拖动光标。

（3）要沿XY平面和Z轴进行不受约束的动态观察，可按住SHIFT不放并拖动光标，此时将出现导航球，相当于使用“三维自由动态观察”命令（3DORBIT）。

4. 常用标准视图

快速设置观察方向的方法是选择预定义的标准正交视图和等轴测视图。这些视图为：俯视、仰视、主视、左视、右视、后视、SW（西南）等轴测、SE（东南）等轴测、NE（东北）等轴测和NW（西北）等轴测。调用命令的方式如下：

- 菜单命令：【视图】→【三维视图】→【受约束的动态观察】
- 工具栏：〖视图〗→在10个标准视点所定义的视图中切换（图7-6）

知识点二　用户坐标系

用户坐标系（UCS）是用于坐标输入、平面操作和查看对象的一种可移动坐标系。移动后的坐标系相对于世界坐标系（WCS）而言，就是创建的用户坐标系（UCS）。大多数编辑命令取决于当前UCS的位置和方向，二维对象将绘制在当前UCS的XY平面上。调用命令的方式如下：

- 菜单命令：【工具】→【新建UCS】
- 工具栏：〖UCS〗→按不同方式建立用户坐标系（图7-7）
- 键盘命令：UCS

用 UCS 命令重新定位用户坐标系的方法主要有以下几种：

1. 通过定义新原点移动 UCS

(1) 调用“UCS”命令。

(2) 命令提示为“指定 UCS 的原点或[面(F)/命名(NA)/对象(OB)/上一个(P)/视图(V)/世界(W) /X/Y/Z/Z 轴(ZA)]＜世界＞：指定新的 UCS 原点”时，指定 UCS 原点的新位置。

(3) 命令提示为“指定 X 轴上的点或＜接受＞”时，按回车确定。

2. 通过指定新原点和新 X 轴上的一点旋转 UCS

(1) 调用“UCS”命令。

(2) 命令提示为“指定 UCS 的原点或[面(F)/命名(NA)/对象(OB)/上一个(P)/视图(V)/世界(W)/X/Y/Z/Z 轴(ZA)]＜世界＞：指定新的 UCS 原点”时，指定 UCS 原点的新位置。

(3) 命令提示为“指定 X 轴上的点或＜接受＞”时，指定 X 轴上的点。

(4) 命令提示为“指定 XY 平面上的点或＜接受＞”时，按回车确定。

3. 通过指定的 Z 轴正半轴旋转 UCS

(1) 调用“UCS”命令。

(2) 命令提示为“指定 UCS 的原点或[面(F)/命名(NA)/对象(OB)/上一个(P)/视图(V)/世界(W)/X/Y/Z/Z 轴 (ZA)] ＜世界＞：指定新的 UCS 原点”时，键入 ZA。

(3) 命令提示为“指定新原点或 [对象 (O)] ＜0，0，0＞”时，指定 UCS 原点的新位置。

(4) 命令提示为“在正 Z 轴范围上指定点＜当前＞”时，在新的正 Z 轴范围上指定一点。

4. 恢复到上一个 UCS

(1) 调用“UCS”命令。

(2) 命令提示为“指定 UCS 的原点或[面(F)/命名(NA)/对象(OB)/上一个(P)/视图(V)/世界(W)/X/Y/Z/Z 轴 (ZA)]＜世界＞：指定新的 UCS 原点”时，键入P，按回车确定。

5. 恢复 UCS 以与 WCS 重合

(1) 调用“UCS”命令。

(2) 命令提示为“指定 UCS 的原点或[面(F)/命名(NA)/对象(OB)/上一个(P)/视图(V)/世界(W)/X/Y/Z/Z 轴(ZA)]＜世界＞：指定新的 UCS 原点”时，键入W，回车确定。

6. 动态 UCS

从 AutoCAD 2007 开始新增的动态 UCS 功能可用于：简单几何图形、文字、参照、实体编辑及 UCS、区域、夹点工具操作等。

动态 UCS 的启动或关闭可以通过单击状态栏上的 [DUCS] 或按F6 键来转换。

动态 UCS 的使用使得三维建模变得更为灵活和方便，主要体现在以下几个方面：

(1) 动态 UCS 在已有三维实体的平面上创建对象时，无需手动更改 UCS 方向。在执行命令的过程中，当将光标移动到某个面上时，动态 UCS 会临时将 UCS 的 XY 平面与三维实体的平面对齐。

（2）对三维实体使用“动态 UCS”和“3DALIGN”命令，可以快速有效地重新定位对象并重新确定对象相对于平面的方向。

例 7-1 启动动态 UCS 将如图 7-14 所示的原有 UCS 的 XY 平面重新指定到模型的斜面上。

操作步骤如下：

第 1 步：单击状态栏上的［DUCS］或按F6键，启动动态 UCS。

第 2 步：单击〖UCS〗→〖UCS〗。

第 3 步：光标移至三维模型的斜面上使之亮显，如图 7-15 所示。

第 4 步：将光标移至斜面端点上单击，确定新的坐标原点，如图 7-16 所示。

第 5 步：指定 X 轴及 Y 轴上的点，确定新的 UCS，如图 7-17 所示。

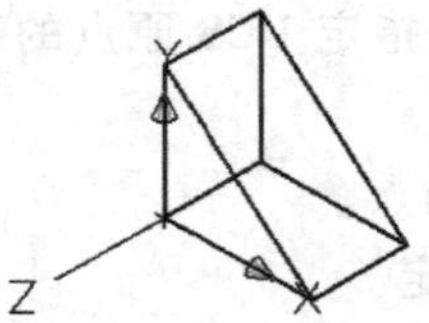

图 7-14 原有 UCS

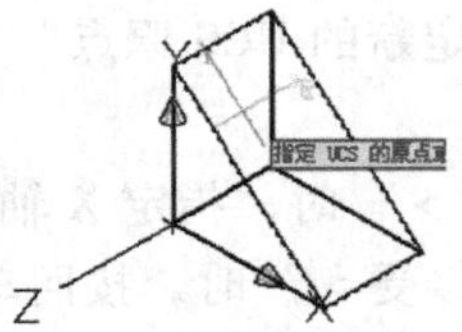

图 7-15 新的 XY 面

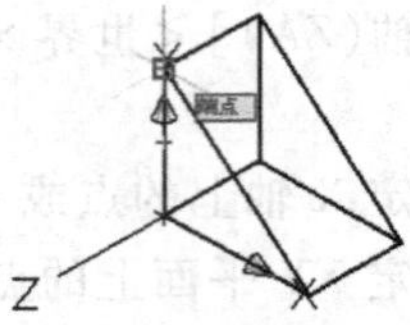

图 7-16 新的坐标原点

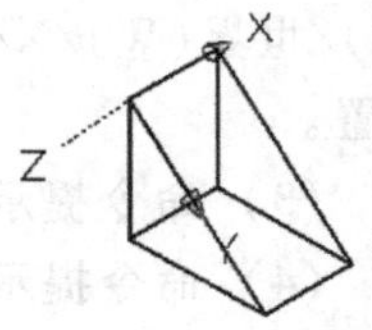

图 7-17 新的 UCS

任务二 创建基本几何体

操作实例（图 7-18）

本例介绍如图 7-18 所示三维组合体的绘制方法和步骤，新增命令主要有“长方体”、“圆柱体”、“多段体”。另外本任务中还将介绍楔体、圆锥体、螺旋的创建。

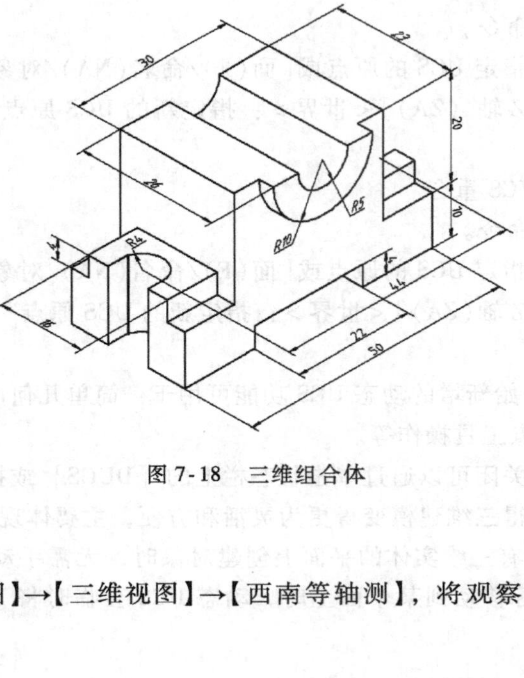

图 7-18 三维组合体

操作过程

第 1 步：单击【视图】→【三维视图】→【西南等轴测】，将观察方向设置为轴测观察方向。

第 2 步：创建如图 7-19 所示的底板长方体。

单击〖建模〗→〖长方体〗，操作步骤如下：

命令：_ box	// 启动“长方体”命令
指定第一个角点或[中心(C)]：	// 任意指定一点为下底板的角点
指定其他角点或[立方体(C)/长度(L)]：@50,23↙	// 输入长方形对角点
指定高度或[两点(2P)]<-3.0000>：10↙	// 输入长方体高度

第 3 步：创建如图 7-20 所示的上方长方体。

单击〖UCS〗→〖原点〗，操作步骤如下：

命令：_ ucs	// 启动“原点”命令
当前 UCS 名称：*没有名称*	// 系统提示
指定 UCS 的原点或[面(F)/命名(NA)/对象(OB)/上一个(P)/视图(V)/世界(W)/X/Y/Z/Z 轴(ZA)]<世界>:_ o	// 系统提示
指定新原点<0,0,0>：	// 使用“对象捕捉”指定距顶点 2 距离为 10mm 的点 1 为新原点位置
命令：_ box	// 单击图标按钮，启动“长方体”命令
指定第一个角点或[中心(C)]:0,0↙	// 指定长方体底面的第一个角点
指定其他角点或[立方体(C)/长度(L)]:@30,23↙	// 输入底面长方形对角点
指定高度或[两点(2P)]<10.0000>:20↙	// 输入长方体高度

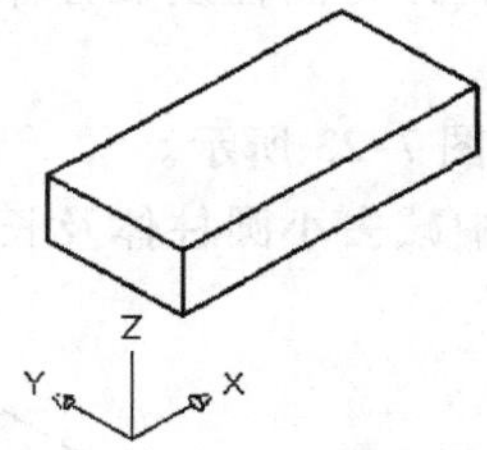

图 7-19　创建底板长方体

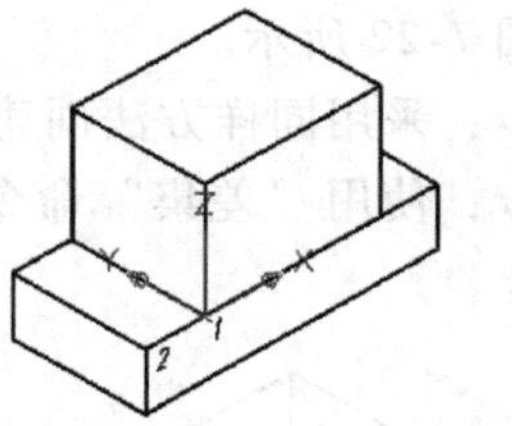

图 7-20　创建上方长方体

第 4 步：创建如图 7-21a 所示中间的长方体。

单击〖建模〗→〖长方体〗，操作步骤如下：

命令：_ box	// 启动“长方体”命令
指定第一个角点或[中心(C)]：	// 任意指定一点为长方体的角点
指定其他角点或[立方体(C)/长度(L)]:1↙	// 选择指定长、宽、高方式创建长方体
指定长度：50↙	// 输入长方体长度
指定宽度：16↙	// 输入长方体宽度
指定高度或[两点(2P)]:4↙	// 输入长方体高度

第 5 步：将中间的长方体移动到底板的正上方，用“并集”命令将上述三个基本体合

并，合并后如图 7-21b 所示。

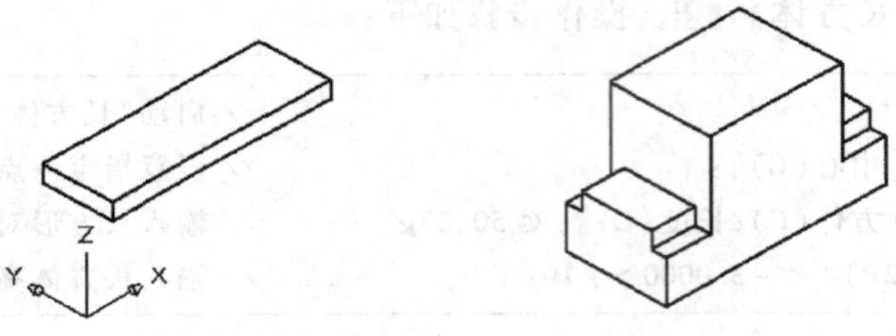

a)　　　　b)

图 7-21　创建中间的长方体并合并

a) 创建中间的长方体　b) 合并三个长方体

第 6 步：创建一个半径为 4mm，高为 14mm 的圆柱体及一个 3mm × 8mm × 14mm 的长方体。

单击〖建模〗→〖圆柱体〗，操作步骤如下：

命令：_ cylinder	// 启动“圆柱体”命令
指定底面的中心点或[三点(3P)/两点(2P)/相切、相切、半径(T)/椭圆(E)]:	// 任意指定一点为圆柱底面中心点
指定底面半径或[直径(D)] <4.0000>: 4↙	// 输入圆柱体半径值
指定高度或[两点(2P)/轴端点(A)] <14.0000>: 14↙	// 输入圆柱体高度值

采用前面介绍的方法创建 3mm × 8mm × 14mm 的长方体，并将圆柱及长方体移动到相应位置，如图 7-22 所示。

第 7 步：采用同样方法创建另一侧圆柱体及长方体，如图 7-23 所示。

第 8 步：使用“差集”命令从如图 7-21 所示的几何体中减去小圆柱体及长方体，如图 7-24 所示。

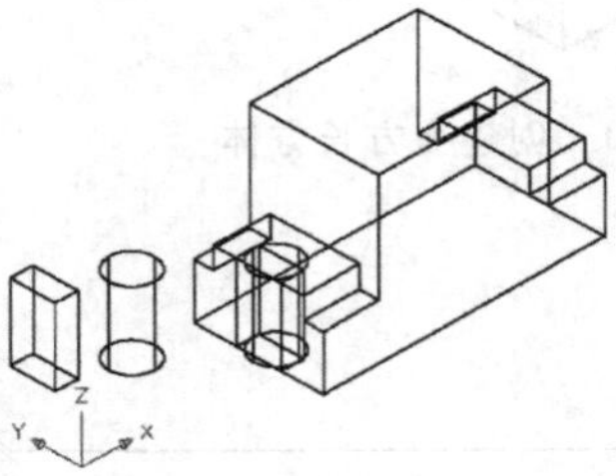

图 7-22　创建圆柱体

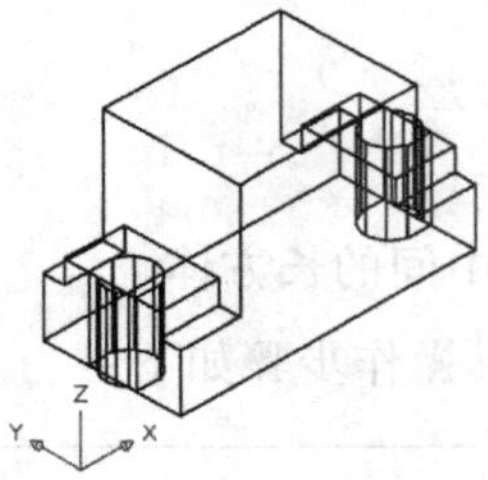

图 7-23　创建另一侧圆柱体

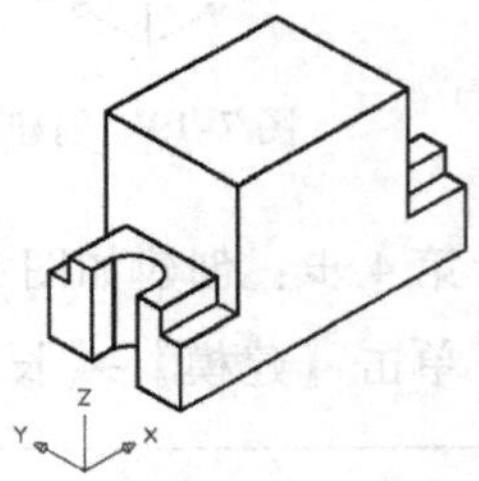

图 7-24　差集

第 9 步：创建半径为 5mm 的圆柱，使用“差集”命令将其从如图 7-24 所示的几何体中减去，如图 7-25 所示。

第 10 步：创建多段体。

(1) 绘制半径为 7.5mm 的平面半圆弧，如图 7-26 所示。

(2) 创建半圆筒。

单击〖建模〗→〖多段体〗，操作步骤如下：

```
命令：_ Polysolid                                                   // 启动"多段体"命令
高度 = 26.0000，宽度 = 5.0000，对正 = 居中                             // 系统提示
指定起点或[对象(O)/高度(H)/宽度(W)/对正(J)]<对象>：h↙                // 设置多段体高度
指定高度<26.0000>：3↙                                              // 输入高度值
指定起点或[对象(O)/高度(H)/宽度(W)/对正(J)]<对象>：o↙                // 选择对象设置多段体
选择对象：                                                           // 选择半圆弧
```

第 11 步：将半圆多段体移至如图 7-25 所示的立体前，作并集。

第 12 步：在立体底部创建一个 22mm × 23mm × 4mm 的长方体，作差集，完成三维图，如图 7-27 所示。

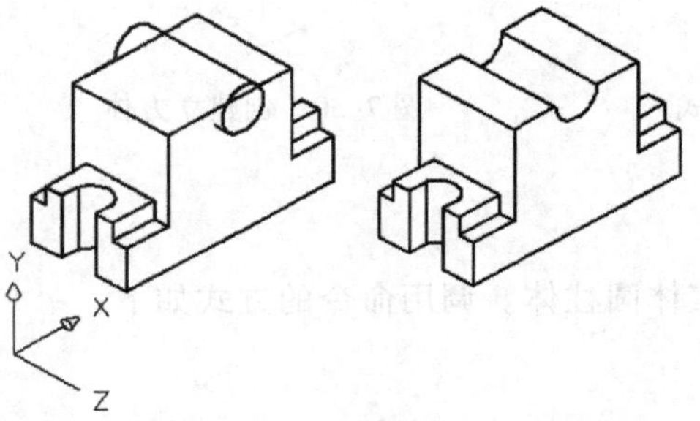

图 7-25　创建上部圆柱并作差集

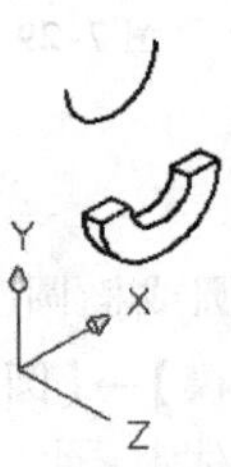

图 7-26　创建多段体

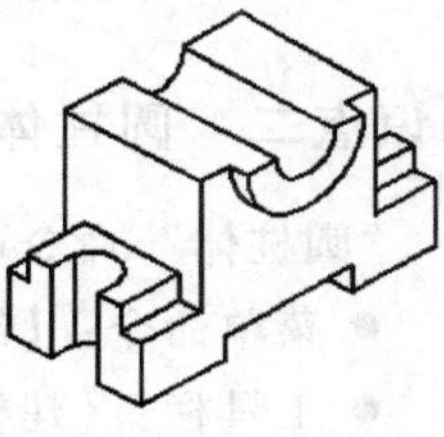
图 7-27　完成三维图

第 13 步：保存图形文件。

在创建各种基本几何体时，应注意根据需要经常变换 UCS。本例中各图均显示了 UCS 的位置供用户参考。

知识点一　长方体

"长方体"命令可以创建实体长方体，且所创建的长方体的底面始终与当前 UCS 的 *XY* 平面（工作平面）平行。调用命令的方式如下：

- 菜单命令：【绘图】→【建模】→【长方体】
- 工具栏：〖建模〗→〖长方体〗
- 键盘命令：BOX

1. 指定角点方式创建长方体

该方式通过先指定的两个角点，确定一矩形作为长方体的长和宽，再指定高度的方法创建长方体。任务二中前两个长方体的绘制采用的就是这种方法。

2. 指定长度方式创建长方体

该方式通过指定长方体的长、宽、高来创建长方体，如图 7-28 所示。任务二中第三个长方体的绘制采用的就是这种方法。

3. 指定中心点方式创建长方体

该方式通过先指定长方体的中心，再指定角点和高度（或再指定长、宽、高）的方法创建长方体，如图 7-29 所示。

4. 创建立方体

创建长方体时选择“立方体”选项，可创建一个长、宽、高相同的长方体，如图 7-30 所示。

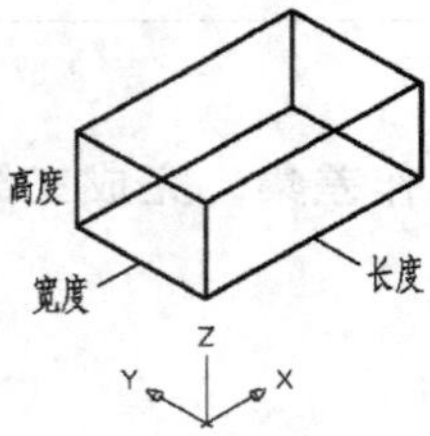

图 7-28　长度方式

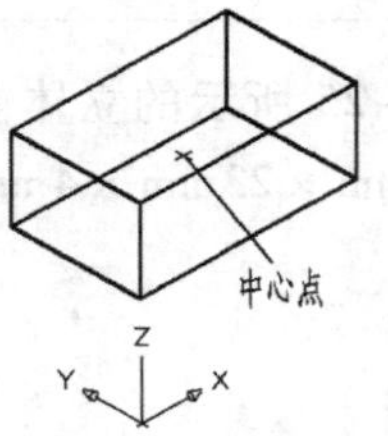

图 7-29　中心点方式

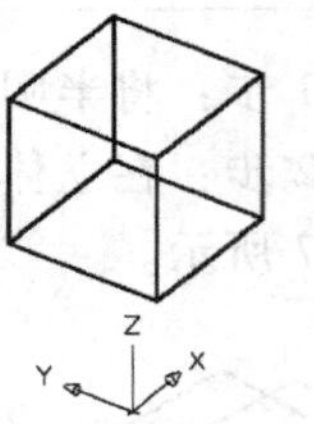

图 7-30　创建立方体

知识点二　圆柱体

“圆柱体”命令可以创建以圆或椭圆为底面的实体圆柱体。调用命令的方式如下：

- 菜单命令：【绘图】→【建模】→【圆柱体】
- 工具栏：〖建模〗→〖圆柱体〗
- 键盘命令：CYLINDER

1. 以圆为底面创建圆柱体

该方式通过指定圆柱直径及高度创建圆柱体。任务二中圆柱体的绘制采用就是这种方法。

2. 以椭圆为底面创建椭圆柱体

该方式通过先创建一椭圆，再指定高度的方法创建椭圆柱体，如图 7-31 所示。

例 7-2　创建如图 7-31 所示的椭圆柱体。

单击〖建模〗→〖圆柱体〗，操作步骤如下：

命令：_cylinder	// 启动“圆柱体”命令
指定底面的中心点或[三点(3P)/两点(2P)/	
相切、相切、半径(T)/椭圆(E)]：e↙	// 画椭圆柱
指定第一个轴的端点或[中心(C)]：	// 指定一点作为第一条轴的起点
指定第一个轴的其他端点：	// 指定一点作为第一条轴的终点
指定第二个轴的端点：	// 指定一点作为另一轴的端点
指定高度或[两点(2P)/轴端点(A)< -100.3908>：50↙	// 指定圆柱体的高度

3. 由轴端点指定高度和方向创建圆柱体

该方式通过先指定圆柱直径，再指定轴端点的方法创建圆柱体，如图 7-32 所示，此时圆柱的高度与方向由轴端点 2 所处位置决定。

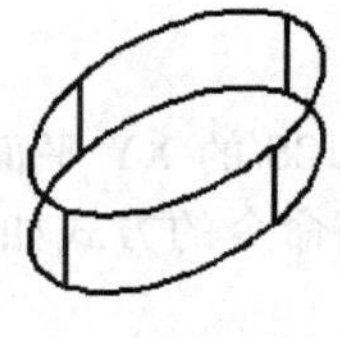

图 7-31　椭圆为底面创建椭圆柱

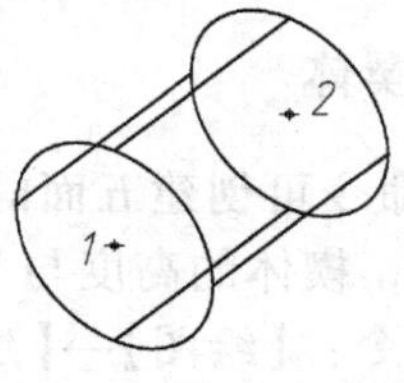

图 7-32　指定轴端点创建圆柱

例 7-3　创建如图 7-32 所示的圆柱体。

单击〖建模〗→〖圆柱体〗，操作步骤如下：

命令：_ cylinder　　// 启动“圆柱体”命令
指定底面的中心点或[三点(3P)/两点(2P)/
相切、相切、半径(T)/椭圆(E)]：　　// 指定底面的中心点 1
指定底面半径或[直径(D)]<34.9590>:70↙　　// 输入底面半径值
指定高度或[两点(2P)/轴端点(A)]<-50.0000>:a↙　　// 指定轴端点创建实体圆柱
指定轴端点：　　// 此端点可以位于三维空间的任意位置，如点 2

知识点三　圆锥体

“圆锥体命令”可以圆或椭圆为底面，创建实体圆锥体或圆台，如图 7-33 所示。默认情况下，圆锥体的底面位于当前 UCS 的 XY 平面上，圆锥体的高度与 Z 轴平行，如图 7-34 所示。调用命令的方式如下：

- 菜单命令：【绘图】→【建模】→【圆锥体】
- 工具栏：〖建模〗→〖圆锥体〗。
- 键盘命令：CONE

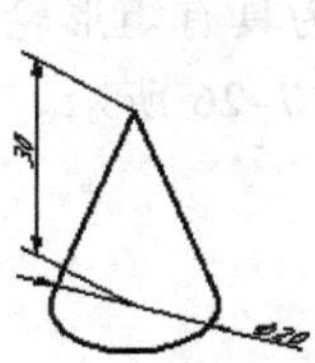

图 7-33　创建圆锥体

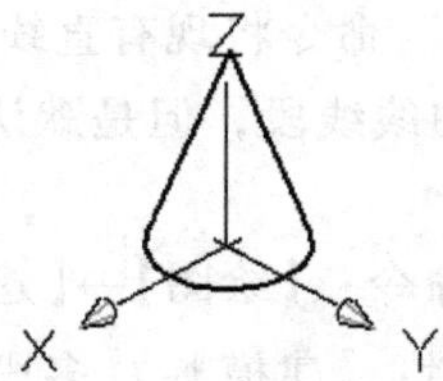

图 7-34　圆锥体底面与 XY 平面平行、高与 Z 轴平行

例 7-4　创建图 7-33 的圆锥体。

单击〖建模〗→〖圆锥体〗，操作步骤如下：

命令：_ cone　　// 启动“圆锥体”命令
指定底面的中心点或[三点(3P)/两点(2P)/
相切、相切、半径(T)/椭圆(E)]：　　// 单击一点作为圆锥底面的中心点
指定底面半径或[直径(D)]:10↙　　// 输入半径值
指定高度或[两点(2P)/轴端点(A)/顶面
半径(T)]<40.0000>:30↙　　// 输入高度值

知识点四 楔体

“楔体”命令可创建五面的三维实体，楔体的底面与当前 UCS 的 XY 平面平行，斜面正对第一个角点，楔体的高度与 Z 轴平行，如图 7-35 所示。调用命令的方式如下：

- 菜单命令：【绘图】→【建模】→【楔体】
- 工具栏：〖建模〗→〖楔体〗
- 键盘命令：WEDGE

例 7-5 创建如图 7-36 所示的楔体。

单击〖建模〗→〖楔体〗，操作步骤如下：

命令：_ wedge	//启动“楔体”命令
指定第一个角点或[中心(C)]:0,0(或任意指定一点)	//指定底面第一点
指定其他角点或[立方体(C)/长度(L)]:@30,10↙	//指定底面另一点
指定高度或[两点(2P)]<90.0000>:40↙	//输入高度值

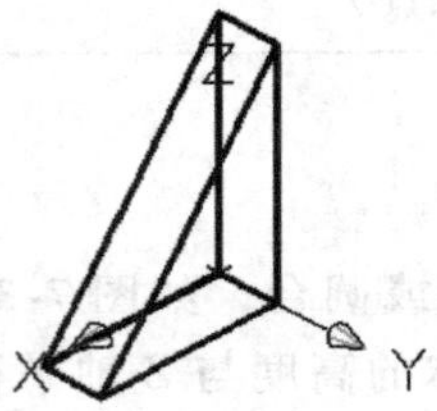

图 7-35 楔体底面与 XY 平面平行、高与 Z 轴平行

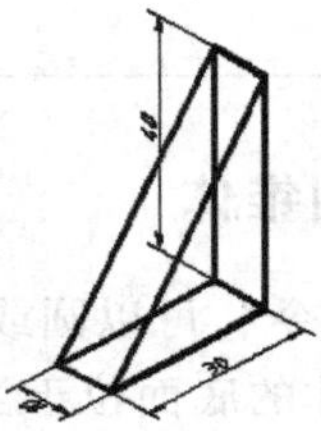

图 7-36 创建楔体

知识点五 多段体

“多段线”命令将现有直线、二维多段线、圆弧或圆转换为具有矩形轮廓的实体。多段体可以包含曲线线段，但是默认情况下轮廓始终为矩形，如图 7-26 所示。调用命令的方式如下：

- 菜单命令：【绘图】→【建模】→【多段体】
- 工具栏：〖建模〗→〖多段体〗
- 键盘命令：POLYSOLID

启动命令后命令行提示：

指定起点或[对象(O)/高度(H)/宽度(W)/对正(J)]<对象>:	//指定实体轮廓的起点，按回车指定要转换为实体的对象，或输入选项
指定下一点或[圆弧(A)/放弃(U)]:	//指定实体轮廓的下一点，或输入选项

1. 对象

指定要转换为实体的对象，可以转换直线、圆弧、二维多段线、圆。

2. 高度

指定实体的高度。

3. 宽度

指定实体的宽度。

知识点六　螺旋

创建二维螺旋或三维螺旋线，该螺旋线可作为扫掠的路径，用于创建弹簧。调用命令的方式如下：

- 菜单命令：【绘图】→【建模】→【螺旋】
- 工具栏：〖建模〗→〖螺旋〗
- 键盘命令：HELIX

例 7-6　绘制如图 7-37 所示的螺旋。

单击〖建模〗→〖螺旋〗，操作步骤如下：

```
命令:_Helix                                                 // 启动"螺旋"命令
圈数=5.0000  扭曲=CCW                                        // 系统提示
指定底面的中心点:0,0↙                                        // 指定底面中心
指定底面半径或[直径(D)]<15.0000>:20↙                         // 输入底面半径
指定顶面半径或[直径(D)]<20.0000>:10↙                         // 输入顶面半径
指定螺旋高度或[轴端点(A)/圈数(T)/圈高(H)/
扭曲(W)]<30.0000>:t↙                                         // 设置圈数
输入圈数<5.0000>:4↙                                          // 输入圈数值
指定螺旋高度或[轴端点(A)/圈数(T)/圈高(H)/
扭曲(W)]<30.0000>:30↙                                        // 输入螺旋高度
```

通过以上操作，得到如图 7-38 所示图形。

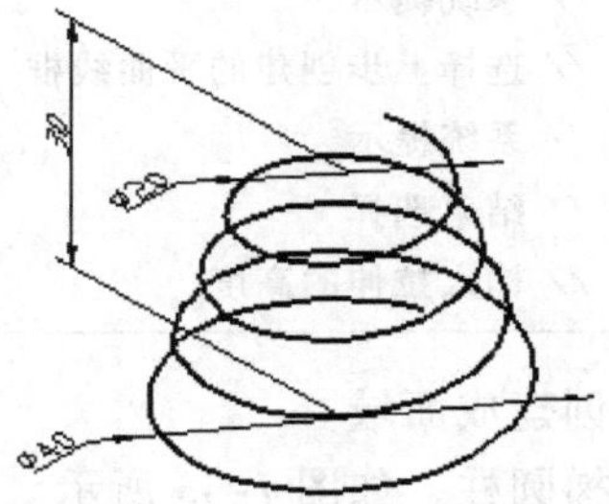

图 7-37　创建螺旋

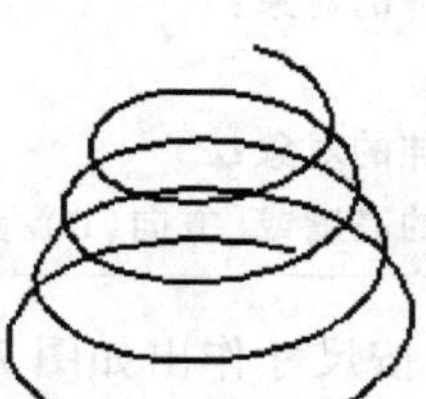

图 7-38　螺旋

任务三　创建三维实体

操作实例（图 7-39）

本例介绍如图 7-39 所示三维实体的创建方法和步骤，新增命令主要有“拉伸”、“旋转”。另外本任务中还将介绍“扫掠”、“放样”命令。

操作过程

第 1 步：按尺寸作出如图 7-40 所示的平面图形，并创建成面域。

第 2 步：将如图 7-40 所示的平面图形拉伸为三维实体，如图 7-41 所示。

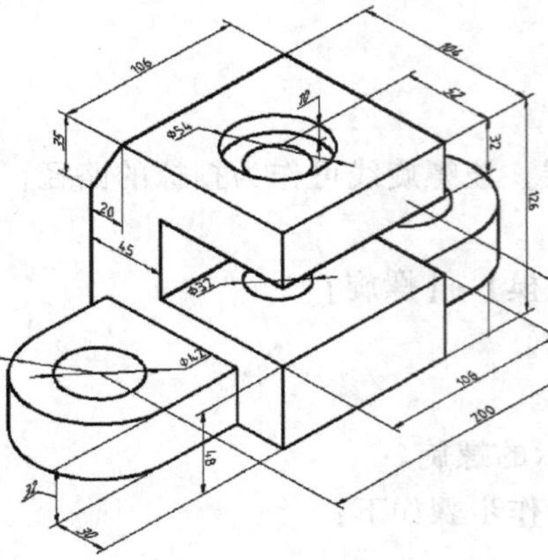

图 7-39　三维实体

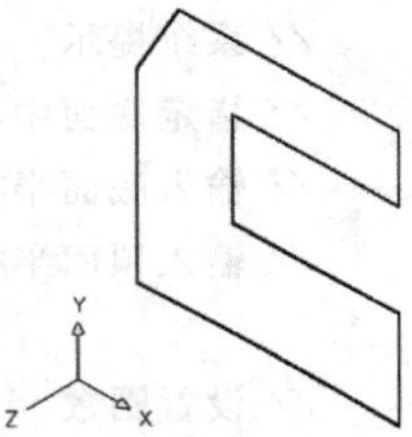

图 7-40　作用于拉伸的平面图

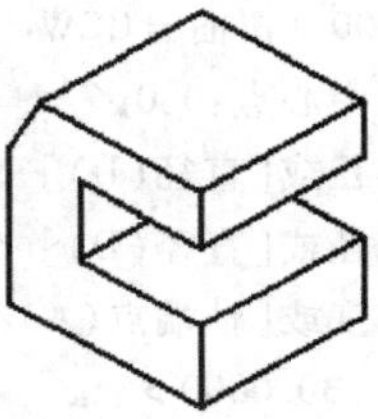

图 7-41　将平面图拉伸为三维实体

单击〖建模〗→〖拉伸〗，操作步骤如下：

```
命令：_ extrude                                      // 启动"拉伸"命令
当前线框密度：ISOLINES = 4                            // 系统提示
选择要拉伸的对象：                                    // 选择上步创建的平面线框
找到 1 个                                             // 系统提示
选择要拉伸的对象：↙                                   // 结束选择
指定拉伸的高度或[方向(D)/路径(P)/倾斜角(T)]：106↙     // 输入拉伸的高度
```

第 3 步：按尺寸作出如图 7-42 所示的平面图形，并创建成面域。

第 4 步：将如图 7-42 所示的平面图形旋转，创建阶梯圆柱，如图 7-43 所示。

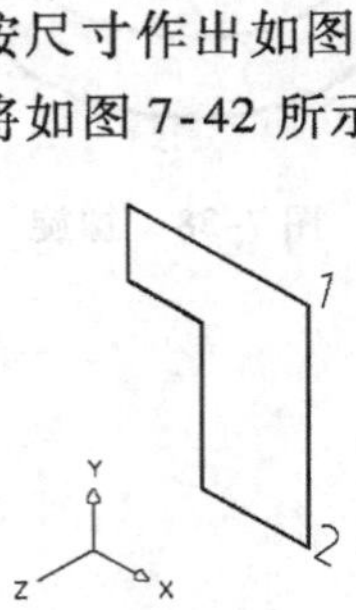

图 7-42　作用于旋转的平面图形

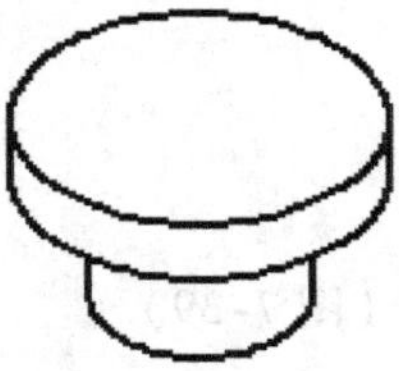

图 7-43　将平面图形旋转为三维实体

单击〖建模〗→〖旋转〗，操作步骤如下：

命令：_ revolve	// 启动"旋转"命令
当前线框密度：ISOLINES = 4	// 系统提示
选择要旋转的对象：	// 选择上步创建的平面线框
找到 1 个	// 系统提示
选择要旋转的对象：↙	// 结束选择
指定轴起点或根据以下选项之一定义轴	
[对象(O)/X/Y/Z] <对象>：	// 选取如图 7-42 所示的点 1
指定轴端点：	// 选取如图 7-42 所示的点 2
指定旋转角度或[起点角度(ST)] <360>：↙	// 回车确认

第 5 步：按尺寸作出如图 7-44 所示的平面图形，并创建成面域。

第 6 步：将如图 7-44 所示的平面图形拉伸为三维实体，如图 7-45 所示。

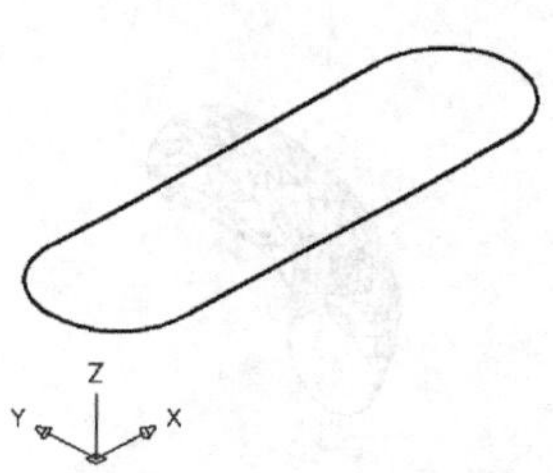

图 7-44　作用于拉伸的平面图形

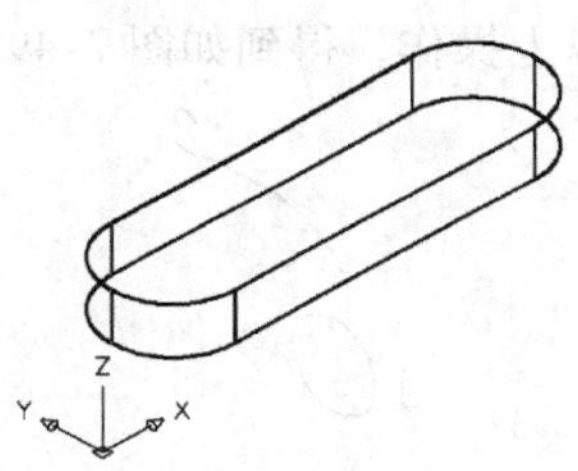

图 7-45　将平面图形拉伸为三维实体

第 7 步：将如图 7-41、图 7-43、图 7-45 所示的三个部分组合。将如图 7-41 所示对象和如图 7-43 所示对象作差集、如图 7-41 所示对象和如图 7-45 所示对象作并集，结果如图 7-46 所示。

第 8 步：在两侧及底板上作出三个圆柱体，作差集完成三维立体图，如图 7-47 所示。

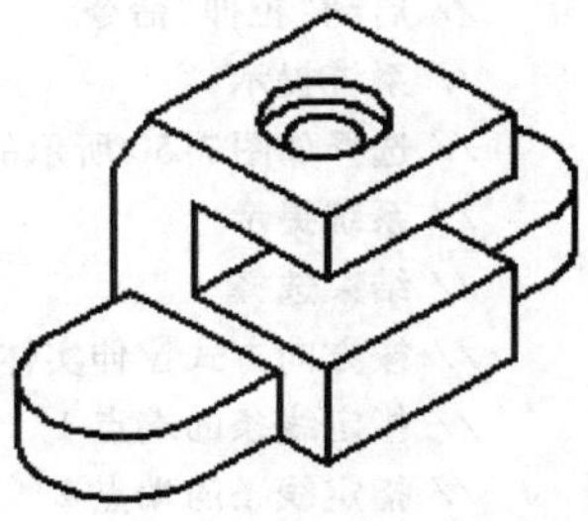
图 7-46　将三个基本立体组合

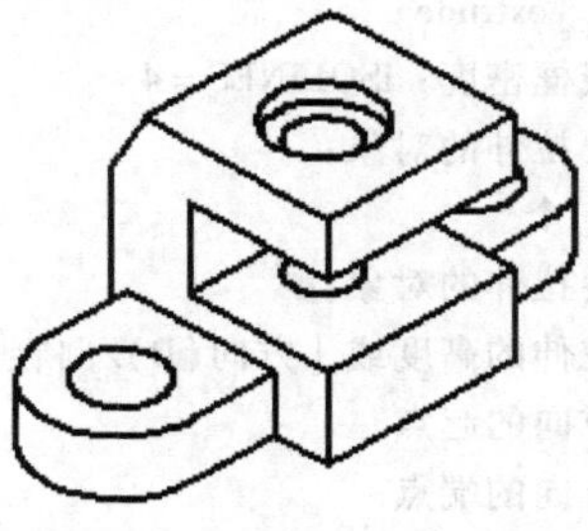
图 7-47　完成三维立体图

第 9 步：保存图形文件。

知识点一　拉伸

拉伸是通过沿指定的方向将对象或平面拉伸出指定距离来创建三维实体或曲面的方法。调用命令的方式如下：

- 菜单命令:【绘图】→【建模】→【拉伸】
- 工具栏:〖建模〗→〖拉伸〗
- 键盘命令: EXTRUDE

如果拉伸闭合对象，则生成的对象为实体；如果拉伸开放对象，则生成的对象为曲面。

例 7-7 沿路径拉伸封闭对象生成实体。

单击〖建模〗→〖拉伸〗，操作步骤如下：

命令：_ extrude	// 启动“拉伸”命令
当前线框密度：ISOLINES = 4	//系统提示
选择要拉伸的对象：	// 选择如图 7-48 所示的小圆 1
找到 1 个	// 系统提示
选择要拉伸的对象：↙	// 结束选择
指定拉伸的高度或[方向(D)/路径(P)/倾斜角(T)]:p↙	// 按路径方式拉伸实体
选择拉伸路径或 [倾斜角(T)]:	// 选择如图 7-48 所示的曲线 2

通过以上操作，得到如图 7-49 所示的图形。

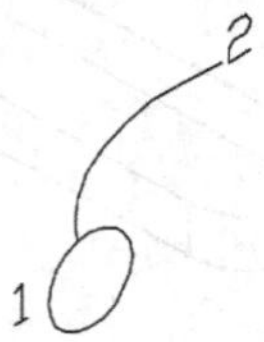

图 7-48 选择拉伸对象及路径

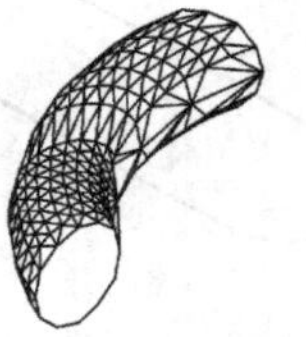

图 7-49 拉伸结果

沿路径拉伸对象时，路径不能与拉伸对象处于同一平面，而应与拉伸对象垂直。

例 7-8 按方向拉伸开放对象，生成的对象为曲面。

单击〖建模〗→〖拉伸〗，操作步骤如下：

命令：_ extrude	// 启动“拉伸”命令
当前线框密度：ISOLINES = 4	// 系统提示
选择要拉伸的对象：	// 选择如图 7-50 所示的开放线框 *A*
找到 1 个	// 系统提示
选择要拉伸的对象：↙	// 结束选择
指定拉伸的高度或 [方向(D)/路径(P)/倾斜角(T)]:d↙	// 按方向方式拉伸实体
指定方向的起点	// 指定线条的端点 1
指定方向的端点	// 指定线条的端点 2

通过以上操作，得到如图 7-51 所示的图形。

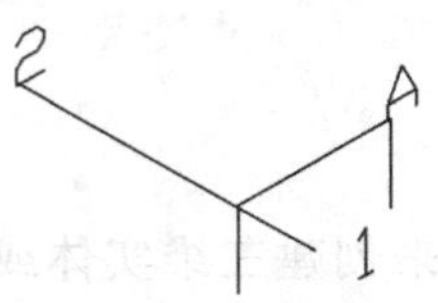

图 7-50 选择拉伸对象及方向

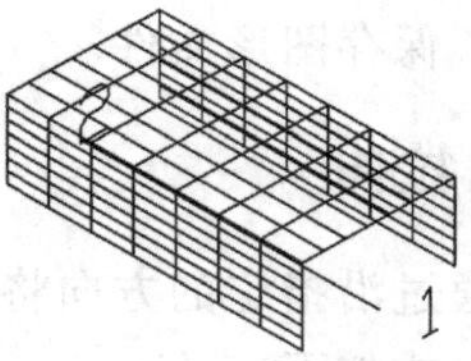

图 7-51 拉伸结果

例 7-9　按倾斜角拉伸对象。

单击〖建模〗→〖拉伸〗，操作步骤如下：

命令：_ extrude	// 启动“拉伸”命令
当前线框密度：ISOLINES = 4	// 系统提示
选择要拉伸的对象：	// 选择如图 7-52 所示的方形线框
找到 1 个	// 系统提示
选择要拉伸的对象：↙	// 结束选择
指定拉伸的高度或[方向(D)/路径(P)/倾斜角(T)]：t↙	// 按倾斜角方式拉伸实体
指定拉伸的倾斜角度 <15>：20↙	// 输入倾斜角度
指定拉伸的高度或[方向(D)/路径(P)/倾斜角(T)]：50↙	// 输入拉伸高度值

通过以上操作，得到如图 7-53 所示图形。

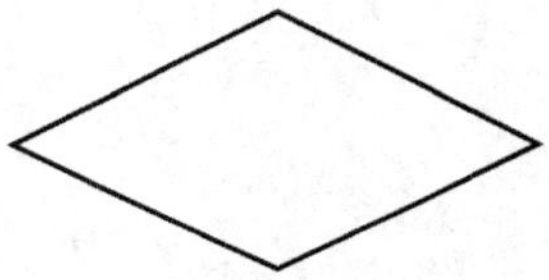

图 7-52　选择拉伸对象

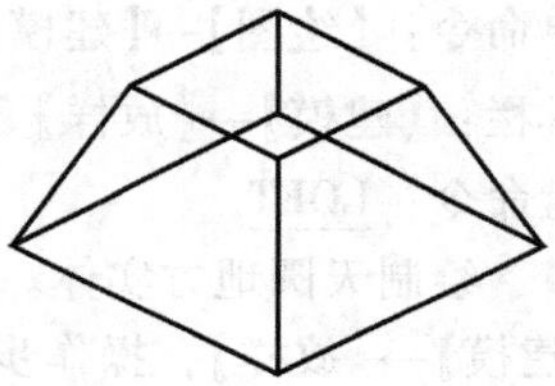

图 7-53　拉伸结果

知识点二　旋转

旋转是通过绕轴旋转二维对象来创建三维实体或曲面的方法。调用命令的方式如下：

- 菜单命令：【绘图】→【建模】→【旋转】
- 工具栏：〖建模〗→〖旋转〗
- 键盘命令：REVOLVE

如果旋转闭合对象，则生成实体；如果旋转开放对象，则生成曲面。一次可以旋转多个对象。任务三中采用了旋转方法创建阶梯圆柱。

知识点三　扫掠

扫掠是通过沿路径扫掠二维曲线来创建三维实体或曲面的方法。调用命令的方式如下：

- 菜单命令：【绘图】→【建模】→【扫掠】
- 工具栏：〖建模〗→〖扫掠〗
- 键盘命令：SWEEP

例 7-10　绘制蜗卷弹簧。

单击〖建模〗→〖扫掠〗，操作步骤如下：

命令：_ sweep	// 启动“扫掠”命令
当前线框密度：ISOLINES = 4	// 系统提示
选择要扫掠的对象：	// 选择如图 7-54 所示小圆 1
选择要扫掠的对象：↙	// 结束选择
选择扫掠路径或[对齐(A)/基点(B)/比例(S)/扭曲(T)]：	// 选择如图 7-54 所示螺旋 2

通过以上操作，得到如图 7-55 所示的图形。

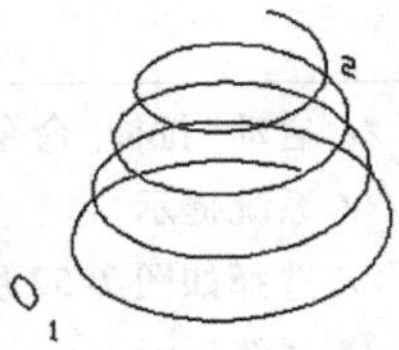

图 7-54　扫掠的对象及路径

图 7-55　蜗卷弹簧

知识点四　放样

放样是通过对包含两条或两条以上横截面曲线的一组曲线进行放样（绘制实体或曲面）来创建三维实体或曲面的方法。调用命令的方式如下：

- 菜单命令：【绘图】→【建模】→【放样】
- 工具栏：〖建模〗→〖放样〗
- 键盘命令：LOFT

例 7-11　绘制天圆地方实体。

单击〖建模〗→〖放样〗，操作步骤如下：

命令：_ loft	// 启动“扫掠”命令
按放样次序选择横截面：	// 选择如图 7-56 所示上方小圆
找到 1 个	// 系统提示
按放样次序选择横截面：	// 选择如图 7-56 所示中间圆
找到 1 个，总计 2 个	// 系统提示
按放样次序选择横截面：	// 选择如图 7-56 所示下方正方形
找到 1 个，总计 3 个	// 系统提示
按放样次序选择横截面：↙	// 结束选择
输入选项［导向(G)/路径(P)/仅横截面(C)］<仅横截面>：↙	// 回车确认

通过以上操作，得到如图 7-57 所示图形。

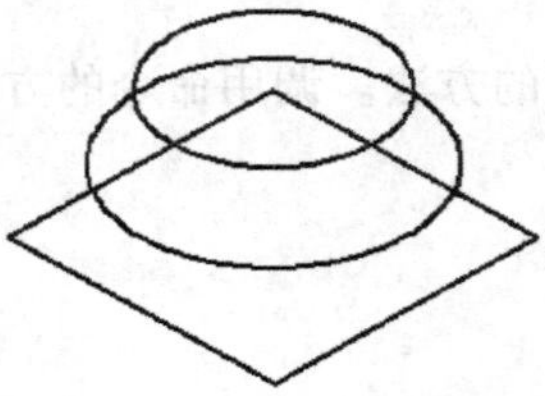

图 7-56　放样横截面

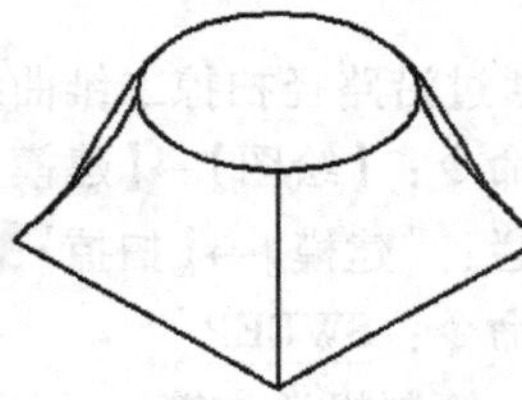

图 7-57　天圆地方

任务四　三维实体编辑

操作实例（图 7-58）

本例介绍如图 7-58 所示三维实体的绘制及编辑方法和步骤，新增命令主要有“圆角”、

"倒角"、"镜像"。

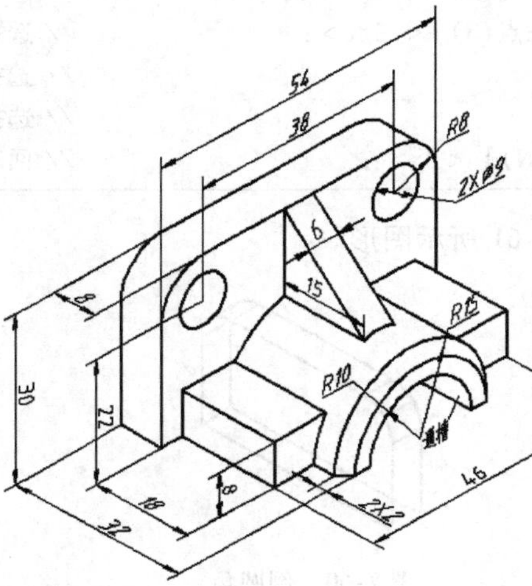

图 7-58　三维实体的创建与编辑

操作过程

第 1 步：调用"长方体"命令，创建长方体，如图 7-59 所示。

第 2 步：调用"圆角"命令，倒圆角。

单击〖修改〗→〖圆角〗，操作步骤如下：

命令：_ fillet　　// 启动"圆角"命令
当前设置：模式 = 修剪，半径 = 0.0000　　// 系统提示
选择第一个对象或[放弃(U)/多段线(P)/
半径(R)/修剪(T)/多个(M)]：　　// 选择如图 7-59 所示的边 A
输入圆角半径：8↙　　// 输入圆角半径
选择边或[链(C)/半径(R)]：　　// 选择如图 7-59 所示的边 B
选择边或[链(C)/半径(R)]：↙　　// 回车确认
已选定 2 个边用于圆角　　// 系统提示

通过以上操作，得到如图 7-60 所示图形。

在执行三维实体的"圆角"命令时，直接选择要倒圆角的棱边，而不需要像二维图形的"圆角"命令那样选择两个对象。

第 3 步：调用"圆柱体"命令，创建左侧圆柱体，调用"三维镜像"命令，镜像得到右侧圆柱体，与如图 7-60 所示的长方体做差集。

单击【修改】→【三维操作】→【三维镜像】，操作步骤如下：

命令：_ mirror3d　　// 启动"三维镜像"命令
选择对象：找到 1 个　　// 选择左侧圆柱体
选择对象：↙　　// 结束选择

指定镜像平面（三点）的第一个点或	
[对象(O)/最近的(L)/Z 轴(Z)/视图(V)/XY 平面(XY)/	
YZ 平面(YZ)/ZX 平面(ZX)/三点(3)] <三点>:	// 选择长方体对称面上的点 1
在镜像平面上指定第二点:	// 选择长方体对称面上的点 2
在镜像平面上指定第三点:	// 选择长方体对称面上的点 3
是否删除源对象？[是(Y)/否(N)] <否>:↙	// 回车确认

通过以上操作，得到如图 7-61 所示图形。

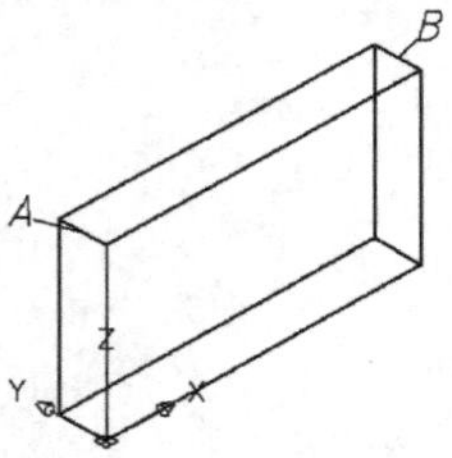

图 7-59　创建长方体

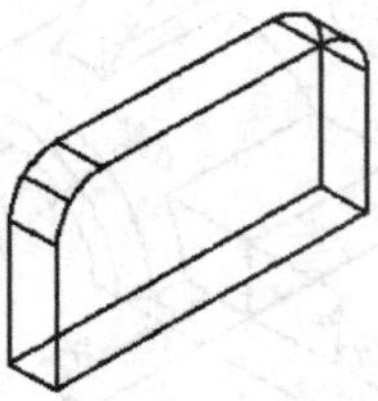

图 7-60　倒圆角

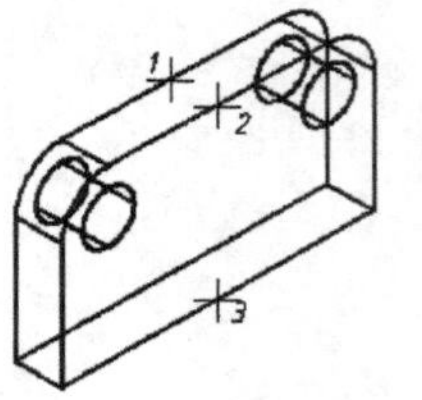

图 7-61　创建圆柱孔

第 4 步：绘制 *R*15mm 的半圆并创建为面域，调用“拉伸”命令，创建半圆柱，如图 7-62 所示。

第 5 步：调用“长方体”命令，创建长方体，如图 7-63 所示。

第 6 步：调用“并集”命令，合并以上创建的三个形体，如图 7-64 所示。

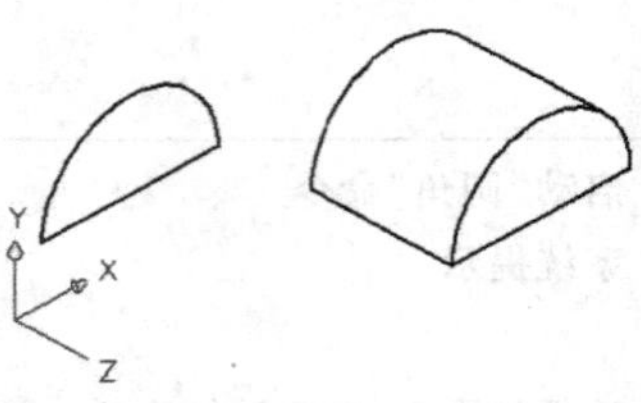

图 7-62　创建半圆柱

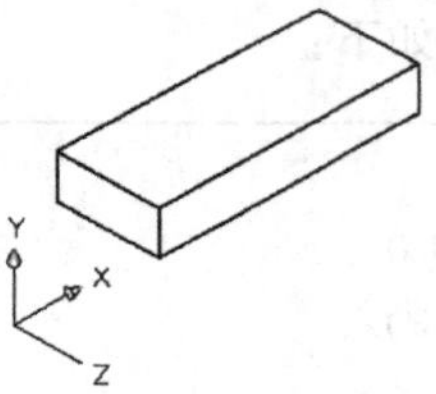

图 7-63　创建长方体

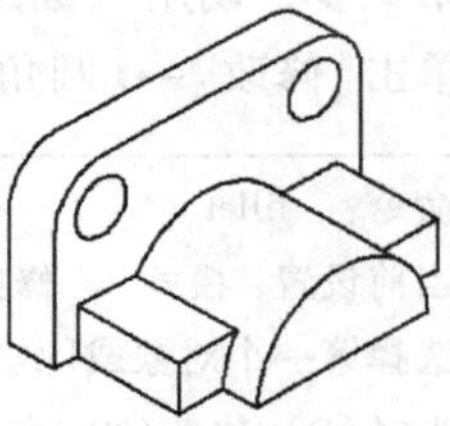

图 7-64　合并三个实体

第 7 步：调用“圆柱体”命令，创建圆柱体，如图 7-65 所示。

第 8 步：调用“差集”命令，挖出半圆柱孔，如图 7-66 所示。

第 9 步：倒角。

单击〖修改〗→〖倒角〗，操作步骤如下：

命令: _chamfer	// 启动“倒角”命令
(“修剪”模式) 当前倒角距离 1 = 0.0000,	
距离 2 = 0.0000	// 系统提示
选择第一条直线或[放弃(U)/多段线(P)/距离(D)/	
角度(A)/修剪(T)/方式(E)/多个(M)]:	// 选择如图 7-66 所示的边 4
基面选择...	// 系统提示
输入曲面选择选项[下一个(N)/当前(OK)] <当前(OK)>:↙	// 回车确认
指定基面的倒角距离 <1.0000>:2↙	// 输入倒角距离
指定其他曲面的倒角距离 <2.0000>:↙	// 回车确认
选择边或[环(L)]: 选择边或[环(L)]:	// 选择如图 7-66 所示的边 4

通过以上操作，得到如图 7-67 所示的图形。

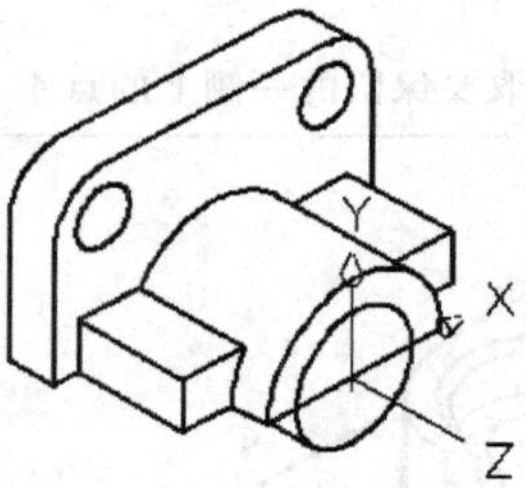

图 7-65　创建圆柱体

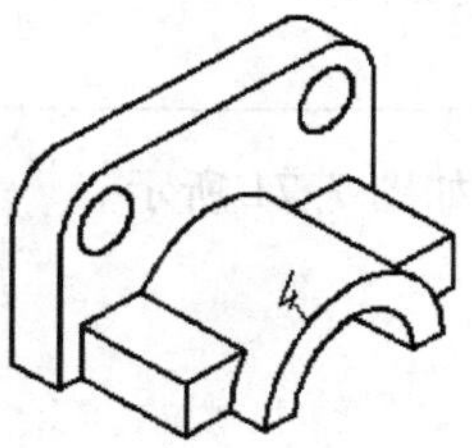

图 7-66　差集运算

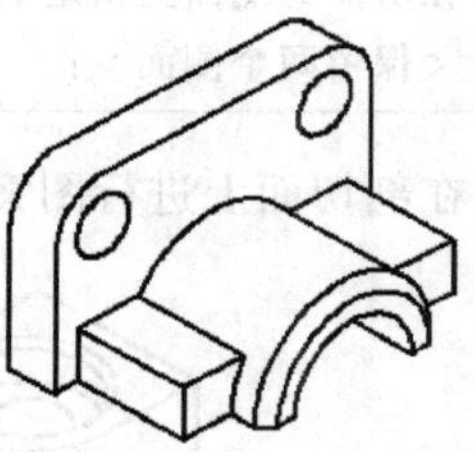

图 7-67　倒角后

第 10 步：创建肋板。

(1) 在距偏移挖孔后的长方形的中心 3mm 的地方画一封闭的三角形 *A*，并创建面域，如图 7-68 所示。

(2) 调用“拉伸”命令，将创建的面域拉伸为宽度为 6mm 的实体，如图 7-69 所示。

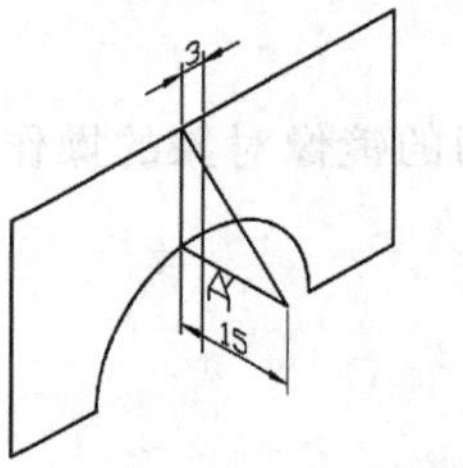

图 7-68　创建封闭图形

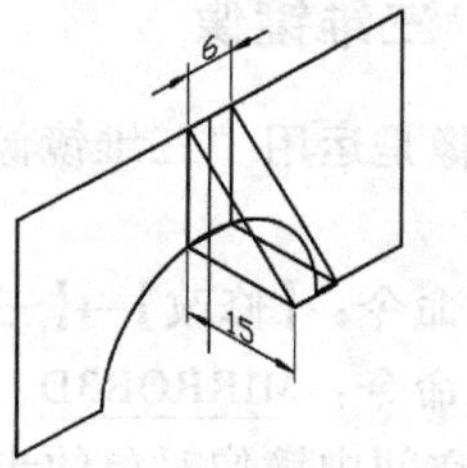

图 7-69　拉伸后的实体

第 11 步：将肋板与如图 7-67 所示对象合并，完成三维实体图。

第 12 步：保存图形文件。

知识点一　剖切

剖切是通过指定剖切平面对三维实体进行剖切的操作。调用命令的方式如下：

● 菜单命令：【修改】→【三维操作】→【剖切】

● 工具栏：〖三维制作〗→〖剖切〗（要使用该按钮，必须在 AutoCAD“三维建模”的典型界面下，单击“三维制作”控制台左侧的下拉图标将其展开）

● 键盘命令：<u>SLICE</u>

例 7-12　对如图 7-70 所示的三维实体进行剖切。

单击〖三维制作〗→〖剖切〗，操作步骤如下：

```
命令：_ slice                                                    // 启动“剖切”命令
选择要剖切的对象：                                               // 选中如图 7-70 所示的实体
找到 1 个                                                        // 系统提示
选择要剖切的对象：↙                                              // 回车结束选择
指定切面的起点或[平面对象(O)/曲面(S)/Z 轴(Z)/
视图(V)/XY(XY)/YZ(YZ)/ZX(ZX)/三点(3)] <三点>:3 ↙                // 用三点方式确定剖切平面
指定平面上的第一个点：                                           // 拾取剖切平面上的点 1
指定平面上的第二个点：                                           // 拾取剖切平面上的点 2
```

```
指定平面上的第三个点:                              // 拾取剖切平面上的点 3
在所需的侧面上指定点或[保留两个侧面(B)]
<保留两个侧面>:                                   // 拾取要保留的一侧上的点 4
```

在剖切面上进行图案填充，结果如图 7-71 所示。

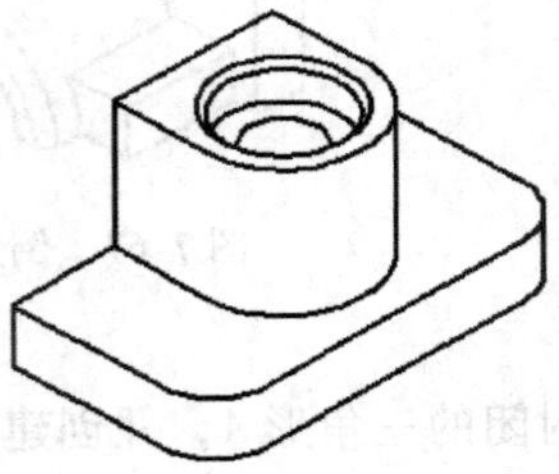

图 7-70　剖切三维实体

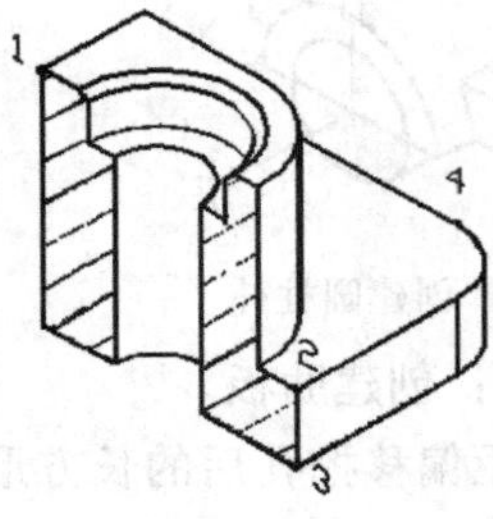

图 7-71　剖切结果

知识点二　三维镜像

三维镜像是运用“三维镜像”命令创建相对于某一平面的镜像对象的操作。调用命令的方式如下：

- 菜单命令：【修改】→【三维操作】→【三维镜像】
- 键盘命令：MIRROR3D

在三维空间中镜像对象的步骤：

第 1 步：单击【修改】→【三维操作】→【三维镜像】。

第 2 步：选择要镜像的对象。

第 3 步：指定三点以定义镜像平面。

第 4 步：按回车保留原始对象，或者键入Y 将其删除。

知识点三　三维旋转

三维旋转是运用“三维旋转”命令将三维对象绕三维轴旋转的操作。调用命令的方式如下：

- 菜单命令：【修改】→【三维操作】→【三维旋转】
- 工具栏：〖建模〗→〖三维旋转〗
- 键盘命令：3DROTATE 或3R

例 7-13　将如图 7-72 所示的三维实体进行旋转。

单击〖建模〗→〖三维旋转〗，操作步骤如下：

```
命令: 3r                                          // 启动命令
UCS 当前的正角方向: ANGDIR = 逆时针 ANGBASE = 0     // 系统提示
选择对象:                                          // 选择如图 7-72 所示的楔体
选择对象:↙                                         // 回车结束选择
指定基点:                                          // 指定楔体左下角
拾取旋转轴:                                        // 拾取 Z 轴
指定角的起点或键入角度: -90↙                        // 键入旋转角度
```

通过以上操作（旋转过程如图 7-73 所示），得到如图 7-74 所示的图形。

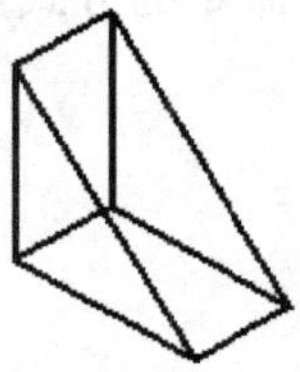

图 7-72 旋转前

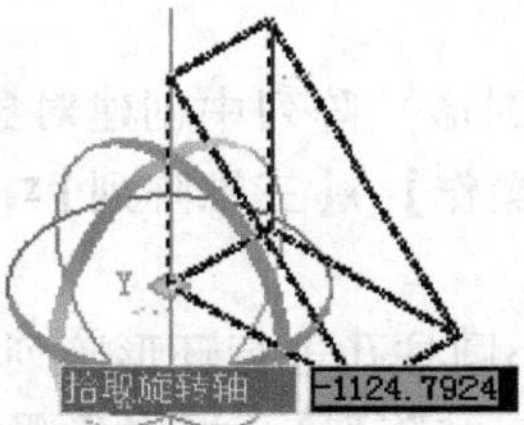

图 7-73 旋转中

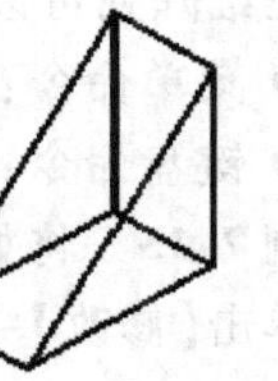

图 7-74 旋转后

知识点四 三维对齐

在三维绘图中，使用“三维对齐”命令可以指定至多三个点以定义源平面，然后指定至多三个点以定义目标平面，并将源平面对齐到目标平面上。调用命令的方式如下：

- 菜单命令：【修改】→【三维操作】→【三维对齐】
- 工具栏：〖建模〗→〖三维对齐〗
- 键盘命令：3DALIGN 或3A

例 7-14 将如图 7-75 所示的楔体与三维底座对齐。

单击〖建模〗→〖三维对齐〗，操作步骤如下：

命令：_3dalign	// 启动命令
选择对象：	// 选择如图 7-75 所示的楔体
找到 1 个	// 系统提示
选择对象：↙	// 结束选择
指定源平面和方向 ...	// 系统提示
指定基点或[复制(C)]：	// 选择楔体上的 1 点
指定第二个点或[继续(C)] <C>：	// 选择楔体上的 2 点
指定第三个点或[继续(C)] <C>：	// 选择楔体上的 3 点
指定目标平面和方向 ...	// 系统提示
指定第一个目标点：	// 选择底座上的 1′点
指定第二个目标点或[退出(X)] <X>：	// 选择底座上的 2′点
指定第三个目标点或[退出(X)] <X>：	// 选择底座上的 3′点

通过以上操作，得到如图 7-76 所示的图形。

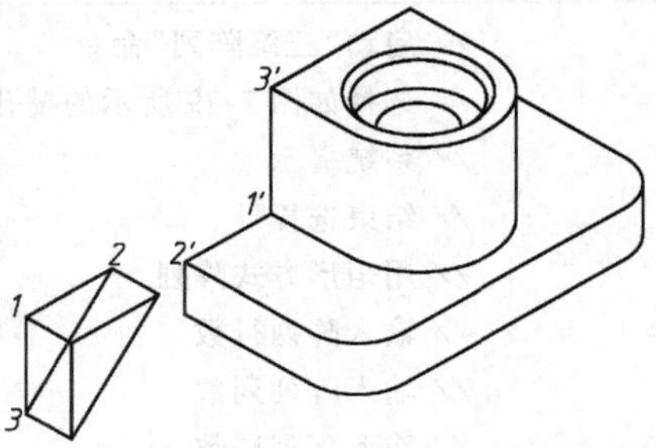

图 7-75 对齐前

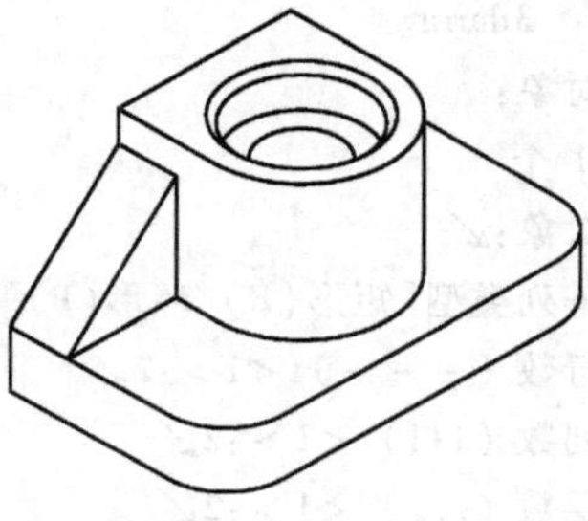

图 7-76 对齐后

知识点五　三维阵列

三维阵列可以在矩形或环形（圆形）阵列中创建对象的副本。调用命令的方式如下：

- 菜单命令：【修改】→【三维操作】→【三维阵列】
- 键盘命令：3DARRAY

例 7-15　将如图 7-77 所示的小圆柱孔进行环形阵列。

单击【修改】→【三维操作】→【三维阵列】，操作步骤如下：

命令：_3darray	// 启动“三维阵列”命令
正在初始化... 已加载 3DARRAY。	// 系统提示
选择对象：	// 选择如图 7-77 所示的小圆柱孔
找到 1 个	// 系统提示
选择对象：↙	// 结束选择
输入阵列类型[矩形(R)/环形(P)]<矩形>:p↙	// 用环形方式阵列
输入阵列中的项目数目:6	// 输入阵列数目
指定要填充的角度（+=逆时针，-=顺时针）<360>:↙	// 指定要填充的角度
旋转阵列对象？[是(Y)/否(N)]<Y>：Y	// 旋转阵列对象
指定阵列的中心点：	// 将圆 *A* 的圆心指定为阵列中心的第一点
指定旋转轴上的第二点：	// 将圆 *B* 的圆心指定为阵列中心的第二点

通过以上操作，得到如图 7-78 所示的图形。

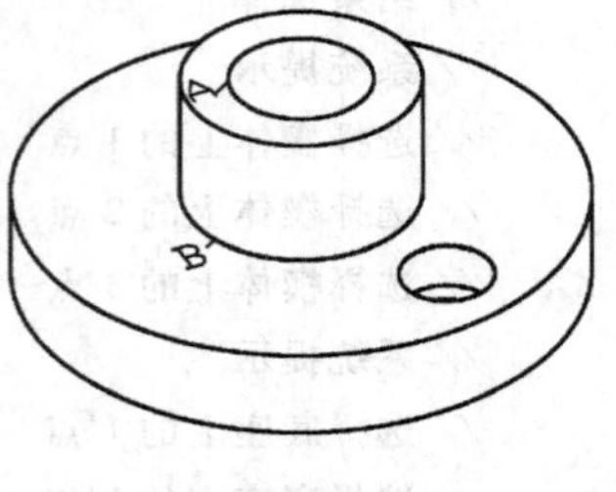

图 7-77　阵列前

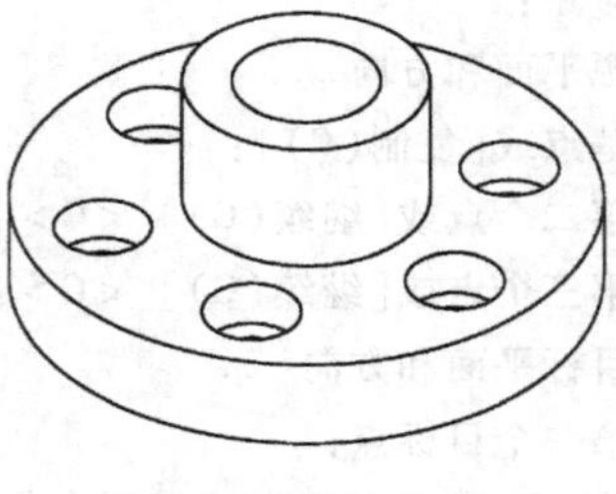

图 7-78　阵列后

例 7-16　将如图 7-79 所示的槽孔进行矩形阵列。

单击【修改】→【三维操作】→【三维阵列】，操作步骤如下：

命令：_3darray	// 启动“三维阵列”命令
选择对象：	// 选择如图 7-79 所示的槽孔 *A*
找到 1 个	// 系统提示
选择对象：↙	// 结束选择
输入阵列类型[矩形(R)/环形(P)]<矩形>:r↙	// 用矩形方式阵列
输入行数（---）<1>:2↙	// 输入阵列行数
输入列数（|||）<1>:2↙	// 输入阵列列数
输入层数（...）<1>:2↙	// 输入阵列层数
指定行间距（---）:40↙	// 输入阵列行间距

指定列间距（|||）:30↙	// 输入阵列列间距
指定层间距（...）:8↙	// 输入层间距

通过以上操作，得到如图 7-80 所示的图形。

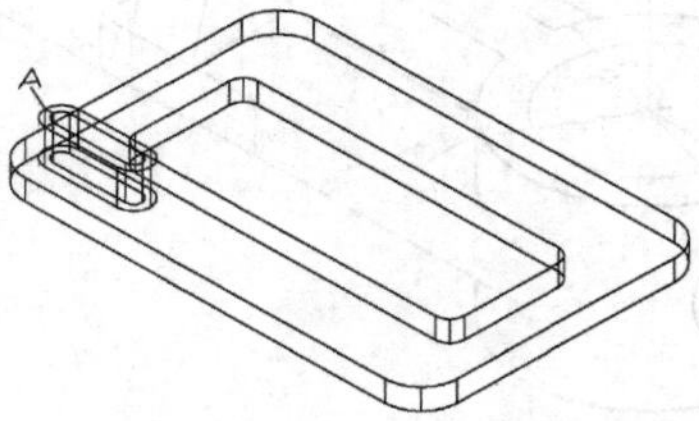

图 7-79　阵列前

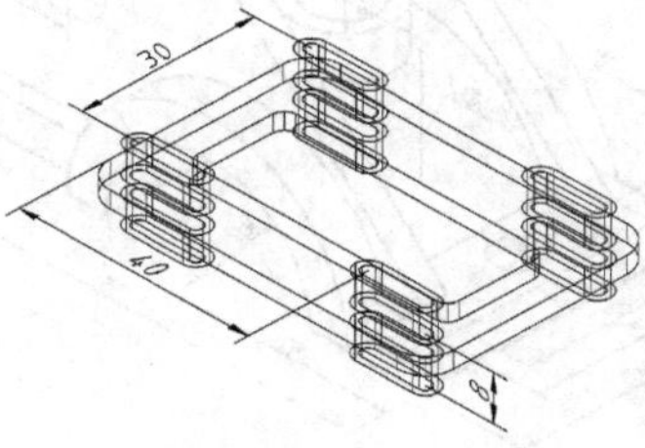

图 7-80　阵列后

同 类 练 习

灵活运用各种方法创建下列实体。

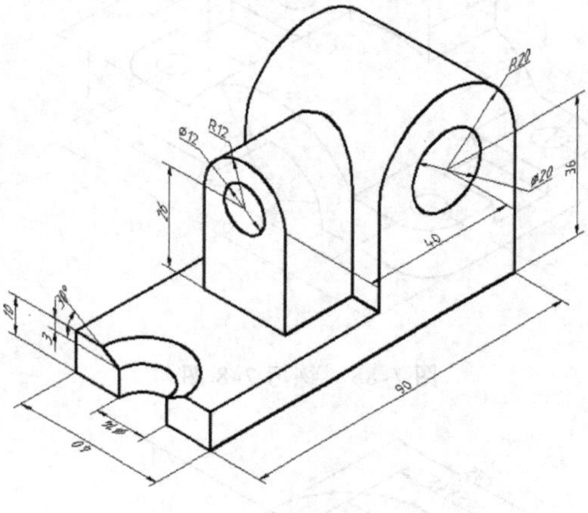

图 7-81　练习 7-1 图

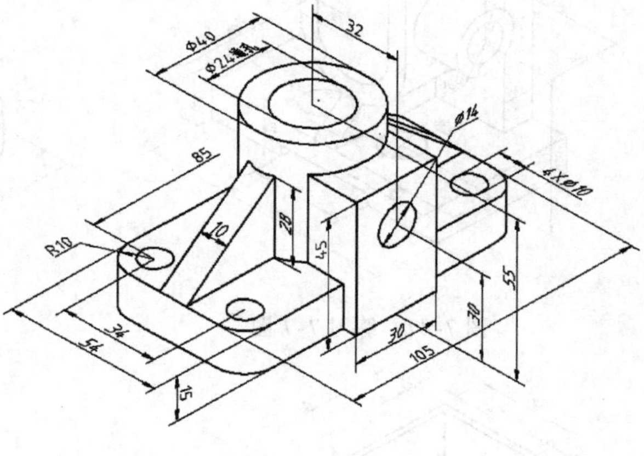

图 7-82　练习 7-2 图

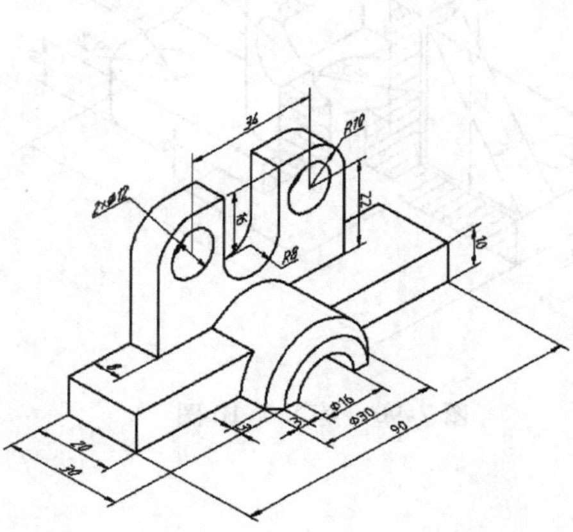

图 7-83　练习 7-3 图

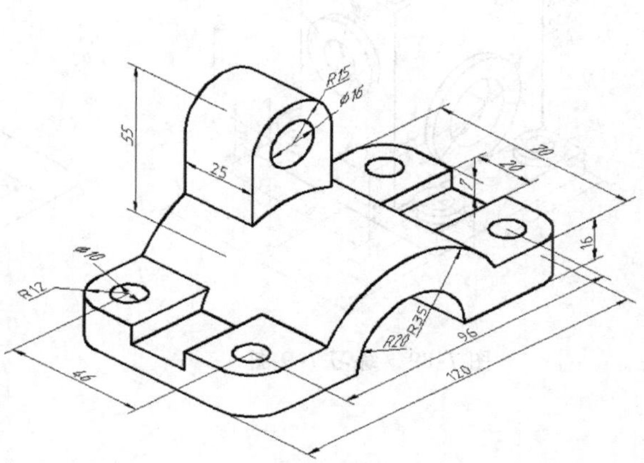

图 7-84　练习 7-4 图

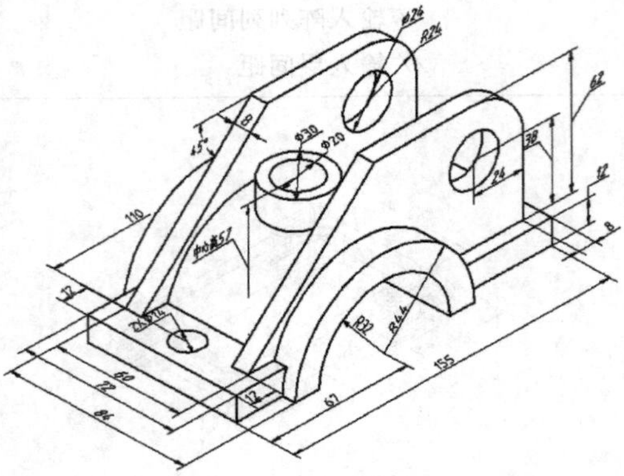

图 7-85 练习 7-5 图

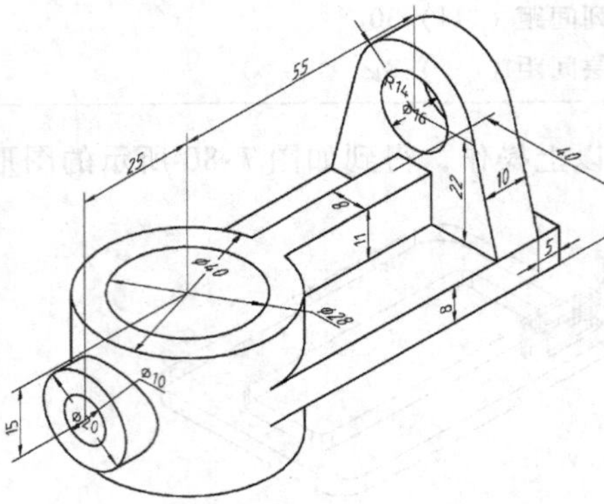

图 7-86 练习 7-6 图

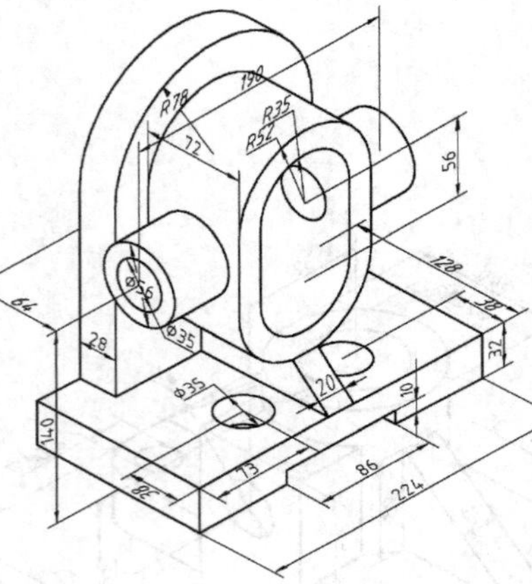

图 7-87 练习 7-7 图

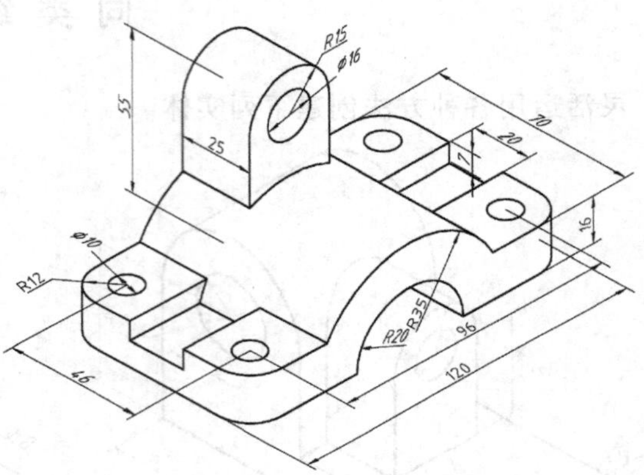

图 7-88 练习 7-8 图

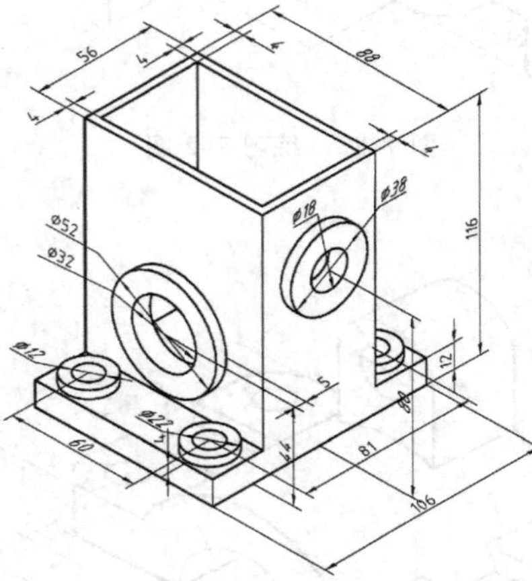

图 7-89 练习 7-9 图

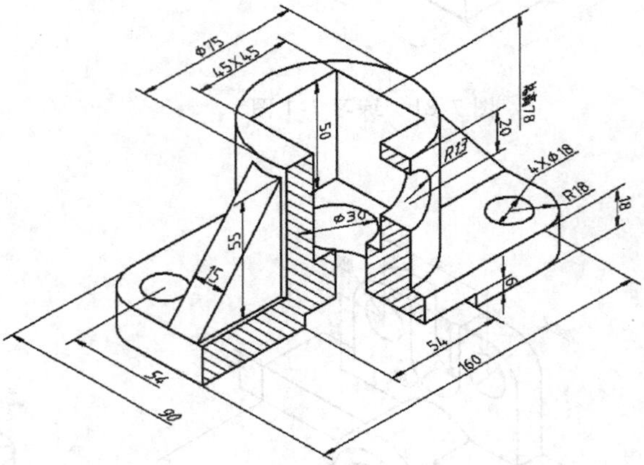

图 7-90 练习 7-10 图

模块八　三维实体生成工程图

知识目标

1. 了解视口、设置轮廓的概念。
2. 掌握创建视口的方法。
3. 掌握由三维实体生成工程图的方法。

能力目标

1. 能根据需要创建多个视口。
2. 能由三维实体生成对应的二维工程图。

任务　生成轴承盖的三视图

操作实例（图 8-1、图 8-2）

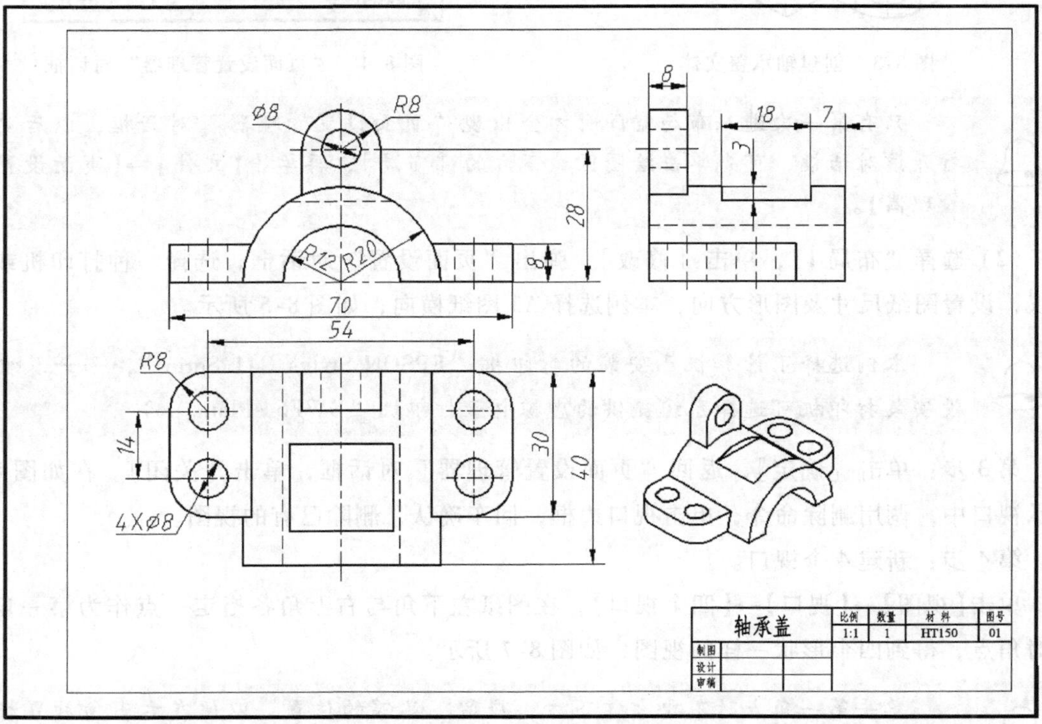

图 8-1　生成的三视图

本例介绍由轴承盖的实体（图 8-2）生成三视图（图 8-1）的方法，主要涉及“视口的创建”、“设置轮廓”等操作。

操作过程

第 1 步：创建实体。

在 0 层（当然也可在其他图层）创建轴承盖的实体，如图 8-3 所示。

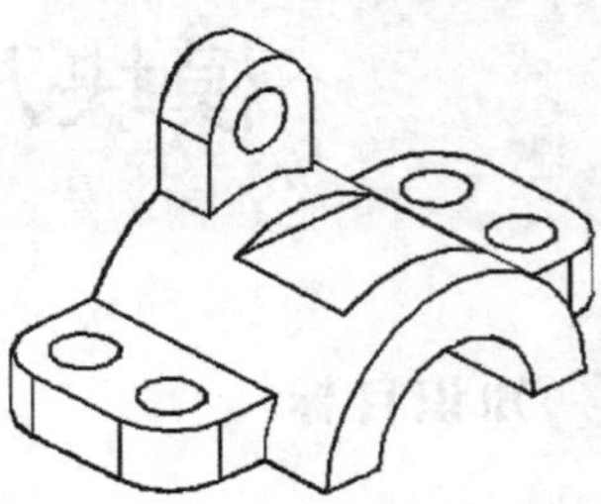

图 8-2 轴承盖实体

第 2 步：设置输出设备及图纸。

(1) 单击绘图区域下方的 [布局 1]（或 [布局 2]，本例选择 [布局 1]），弹出如图 8-4 所示的“页面设置管理器”对话框。

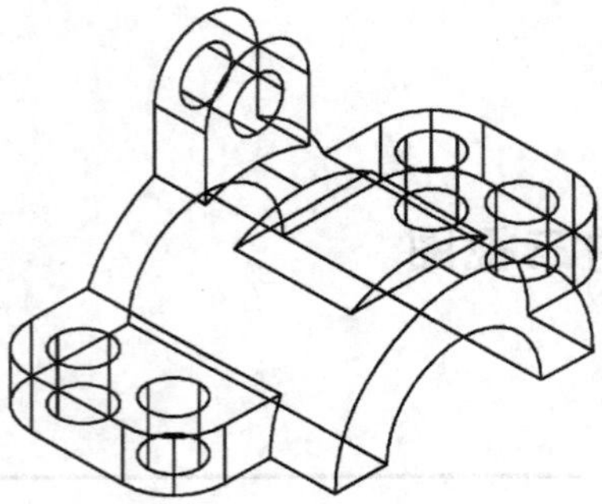

图 8-3 创建轴承盖实体

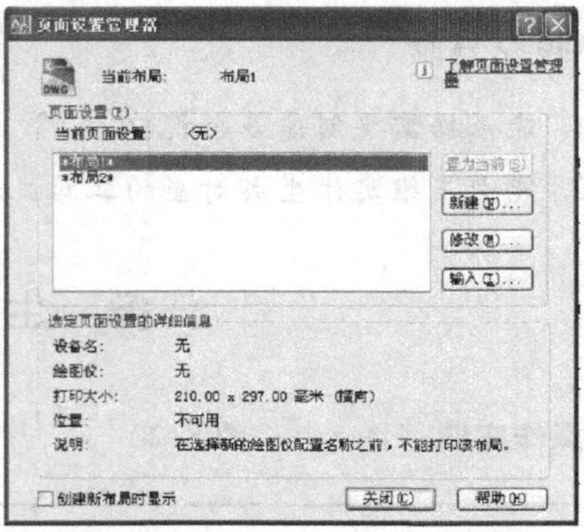

图 8-4 “页面设置管理器”对话框

> 只有第一次进入布局空间时才会出现“页面设置管理器”对话框，以后要打开该对话框，可先单击绘图区域下方的 [布局]，再单击【文件】→【页面设置管理器】。

(2) 选择“布局 1”，单击 [修改]，弹出“页面设置”对话框，选择一种打印机或绘图仪，设置图纸尺寸及图形方向，本例选择 A3 图纸横向，如图 8-5 所示。

> 本例选择了计算机已安装的打印机“EPSON Stylus C41 Series”，如计算机没安装打印机可选择系统提供的虚拟电子打印机“DWF6 ePlot. pc3”。

第 3 步：单击 [确定]，返回“页面设置管理器”对话框，单击 [关闭]。在如图 8-6 所示视口中，调用删除命令，单击视口边框，回车确认，删除已有的视图。

第 4 步：新建 4 个视口。

单击【视图】→【视口】→【四个视口】，在图纸左下角与右上角各指定一点作为第一角点和对角点，得到四个形状一样的视图，如图 8-7 所示。

> 单击第一角点时不要太靠下方，应留下足够的位置，以便在右下角放置标题栏。

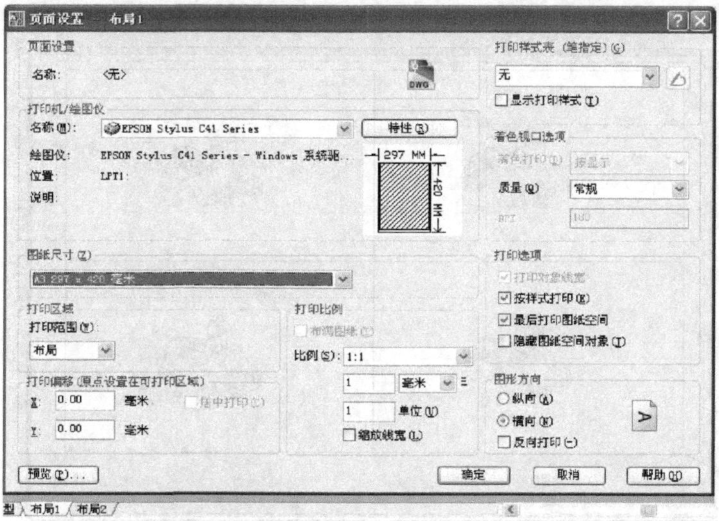

图 8-5　“页面设置”对话框

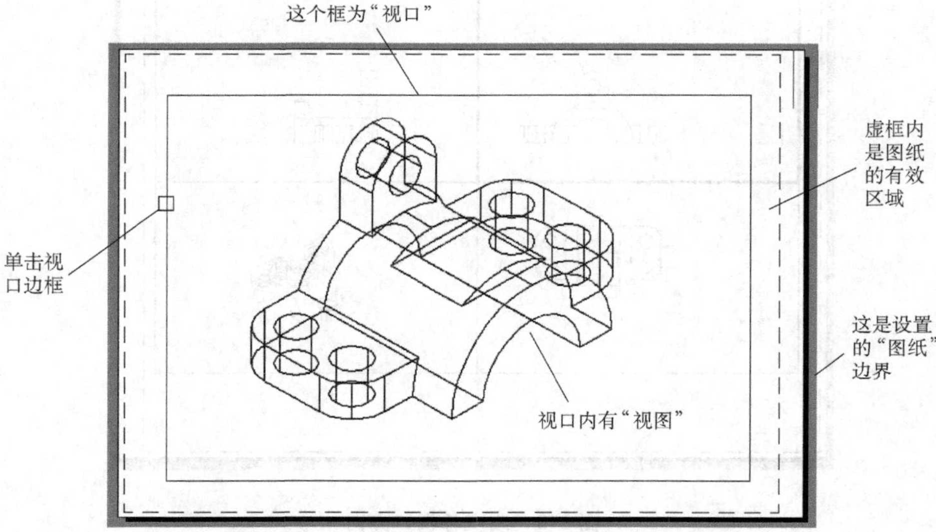

图 8-6　视口

第 5 步：改变各视口的方向。

（1）在左上视口内单击，激活该视口（激活的视口，视图边框变粗）。

（2）单击【视图】→【三维视图】→【主视】，将左上视口转变为主视方向。

（3）采用同样操作，将右上视口转变为左视方向；将左下视口转变为俯视方向；将右下视口转变为西南等轴测观察方向，如图 8-8 所示。

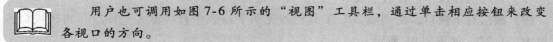

> 用户也可调用如图 7-6 所示的“视图”工具栏，通过单击相应按钮来改变各视口的方向。

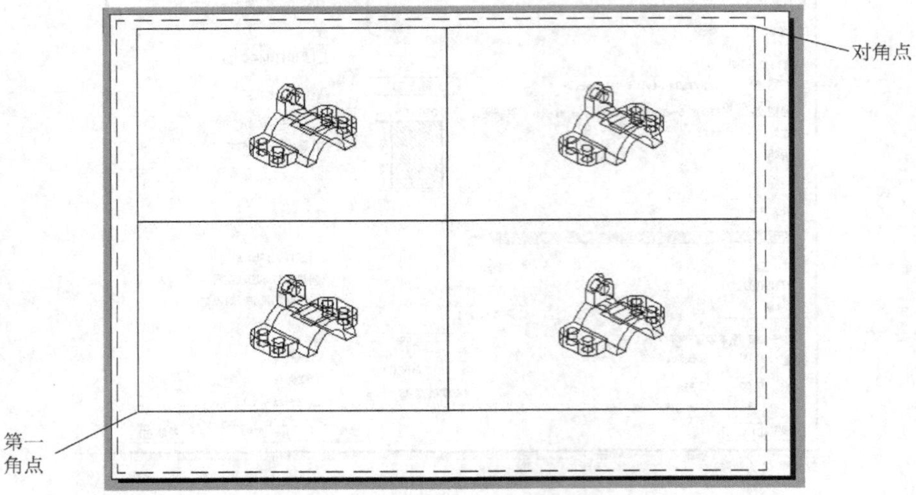

图 8-7 新建四个视口

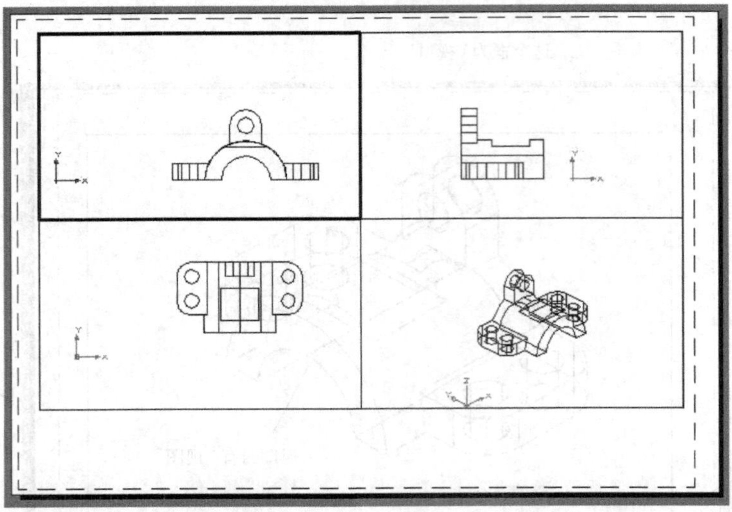

图 8-8 改变各视口方向

完成以上操作后会发现图形太小了，这是因为该轴承盖尺寸不大，而设置的是 A3 图纸，根据此情况将绘图比例定为 2:1，首先将观察比例改为 2:1。

第 6 步：改变各视口比例。

(1) 在左上视口内单击，激活该视口。

(2) 调用“视口”工具栏，在其比例下拉表中选择“2:1”，如图 8-9a 所示。

(3) 采用同样操作，将右上视口、左下视口比例均设为“2:1”。

(4) 激活右下视口，在“视口”工具栏的比例下拉表中直接输入“1.2”，将该视口比例设为“1.2”，如图 8-9b 所示。

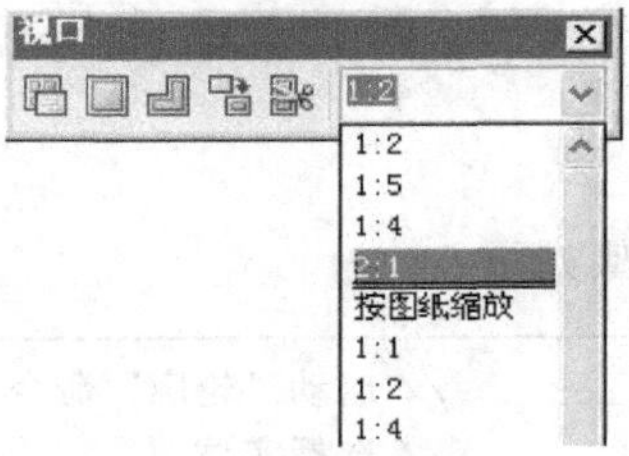

a)

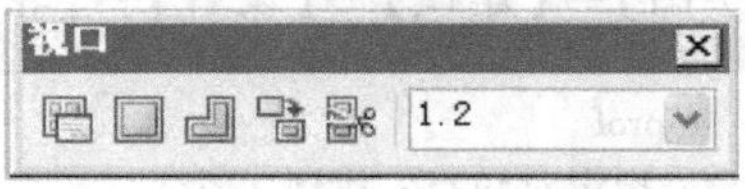

b)

图 8-9　利用“视口”工具栏设置视口比例

a) 视口比例 2:1　b) 视口比例 1.2

右下视口放置的是轴测图，起到直观示意的作用，所占区域较平面视图要小一些，因此将其比例设置为 1.2，当然用户也可设置其他比例。

如果在“视口”工具栏的比例列表中没有所需的比值，可以在“视口”工具栏比值编辑框内输入所需比值。若在视口中直接使用“按图纸缩放”命令，则视口中的图形与模型空间中的图形比例关系由系统确定。

各视口比例设好后，如图 8-10 所示。

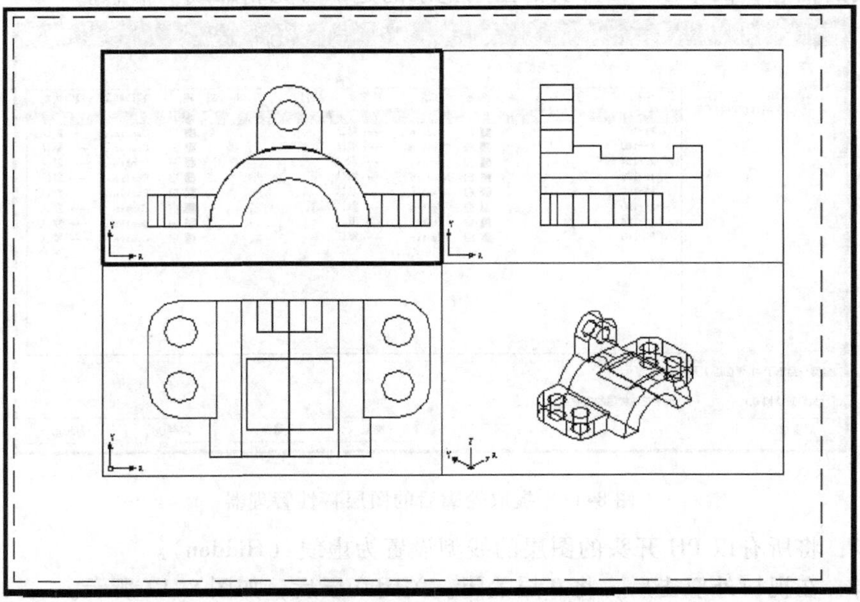

图 8-10　改变各视口的比例

虽然图 8-10 看上去像是三视图，但此时还仅仅是在“图样”上摆了四张“照片”而已。除了能对每一张照片做移动、删除等操作外，对其中的图形只能“观赏”，不能标尺寸、做修改。要进行这些操作，需先从实体上提取轮廓，形成其三视图。

第 7 步：提取轮廓。

(1) 在左上视口内单击，激活该视口。

(2) 提取主视图轮廓。

单击【绘图】→【建模】→【设置】→【轮廓】，操作步骤如下：

命令：_ solprof	// 启动"轮廓"命令
选择对象：指定对角点：找到 1 个	// 选择实体
选择对象：↙	// 回车，结束选择
是否在单独的图层中显示隐藏的轮廓线？	
[是(Y)/否(N)] <是>：↙	// 回车，选择默认选项
是否将轮廓线投影到平面？[是(Y)/否(N)] <是>：↙	// 回车，选择默认选项
是否删除相切的边？[是(Y)/否(N)] <是>：↙	// 回车，选择默认选项，结束命令

(3) 依次激活其他视口，重复同样操作。

提取了四个轮廓后，图形好像没什么改变，但实际上已有"质"的变化，只是轮廓与实体重叠，暂时看不到罢了。

单击〖图层〗→〖图层特性管理器〗，打开如图 8-11 所示的"图层特性管理器"对话框，在该对话框中多了 8 个图层，而且很有规律，其中四个以 PV 开头的图层记录的是四个视口可见轮廓线的信息，四个以 PH 开头的图层记录的是不可见轮廓线的信息。

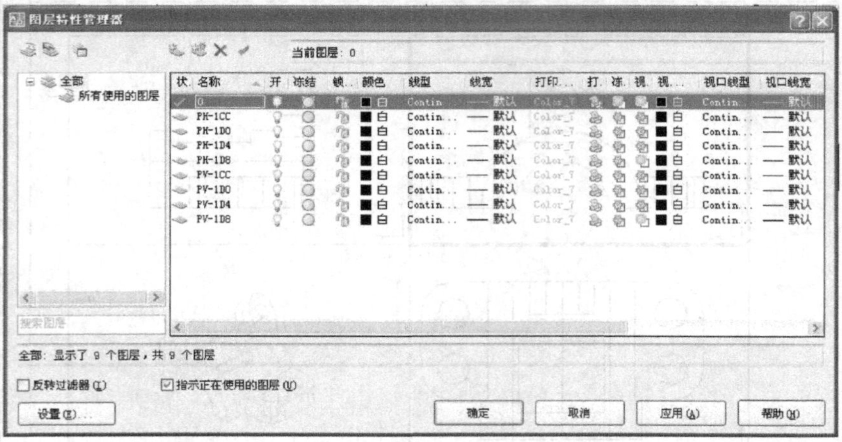

图 8-11　提取轮廓后的图层特性管理器

第 8 步：将所有以 PH 开头的图层的线型设置为虚线 (Hidden)。

第 9 步：在视口外双击后，将 0 层关闭。关闭 0 层后，如图 8-12 所示。

实体及每个视口的边框都在 0 层，关闭 0 层后，这几项不可见，看到的是从实体上提取轮廓生成的三视图。

如果实体没有创建在 0 层，那么除了关闭 0 层外，还应关闭实体所在的层。

如果关闭 0 层后，虚线没有显示出来，可用"LTSCALE"命令修改线型比例。

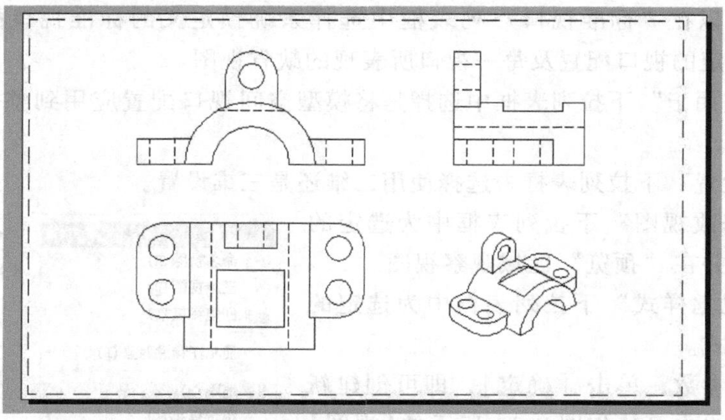

图 8-12　关闭 0 层后

第 10 步：新建“点画线”、“尺寸线”层，绘制中心线及进行尺寸标注，操作过程略。

> 绘制中心线或标注尺寸时不能在视口中进行（即应在视口外单击，在图 8-12 所示状态下进行），否则中心线或所标尺寸将会显示在所有视口中。

第 11 步：以插入块的方式插入 A3 图框及标题栏，完成全图，如图 8-1 所示。

第 12 步：保存图形文件。

知识点一　创建视口

视口是 AutoCAD 图形屏幕上用于绘制、显示图形的一个区域。默认情况下 AutoCAD 把整个作图区域作为单一的视口，用户可以根据需要在作图区域创建多个视口，使每个视口中显示图形的不同部分或不同视图，以便于更全面、清晰地显示物体的形状和结构。调用命令的方式如下：

- 菜单命令：【视图】→【视口】→【新建视口】或【命名视口】
- 图标命令：〖视口〗→〖显示“视口”对话框〗
- 键盘命令：VPORTS

执行该命令后，弹出如图 8-13 所示的“视口”对话框。在该对话框中用户可作如下操作：

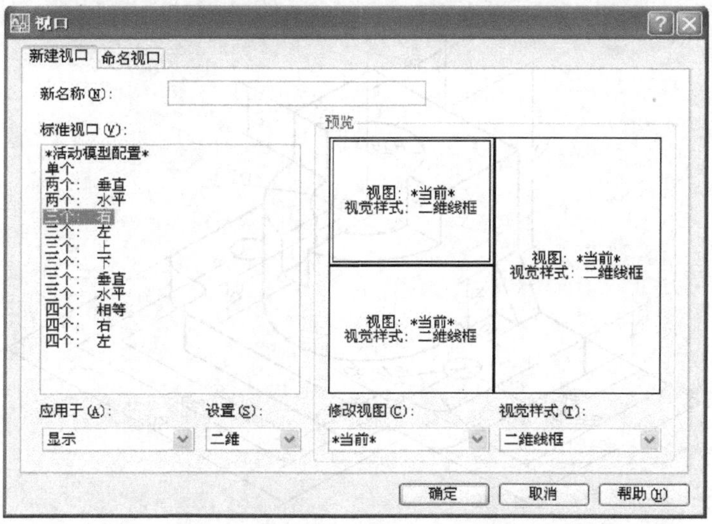

图 8-13　“视口”对话框

(1) 用户可以在“标准视口”列表框中选择系统预定义的标准视口配置，并在“预览”区域观察选定的视口配置及每一视口所表现的缺省视图。

(2) 在“应用于”下拉列表框中选择是将模型空间视口配置应用到整个显示窗口还是应用到当前视口。

(3) 在“设置”下拉列表框中选择使用二维还是三维设置。

(4) 在“修改视图”下拉列表框中为选定的视口选择视图，并在“预览”区域观察视图。

(5) 在“视觉样式”下拉列表框中为选定的视口选择视觉样式。

设置好以上参数，单击［确定］，即可创建新的视口。当然用户也可从如图 8-14 所示的【视图】→【视口】中选择所要创建的视口。

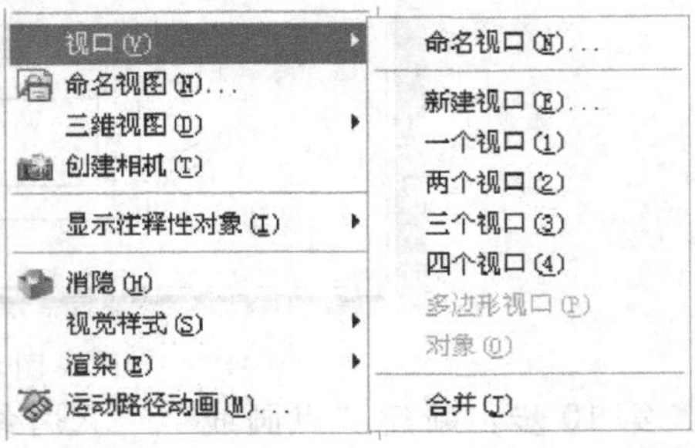

图 8-14　“视口”下拉菜单

知识点二　设置轮廓

利用“轮廓”命令可以在布局中创建三维实体的轮廓线。调用命令的方式如下：

- 菜单命令：【绘图】→【建模】→【设置】→【轮廓】
- 键盘命令：SOLPROF

命令执行完成后，系统生成可见轮廓线和不可见轮廓线两个块，且在当前视口中自动生成放置可见轮廓线的图层 PV – XXX 及放置不可见轮廓线的图层 PH – XXX，同时会自动冻结其他视口中的 PV – XXX 和 PH – XXX 层。

同类练习

创建如图 8-15 至图 8-17 所示的实体，并用提取轮廓的方法生成其三视图。

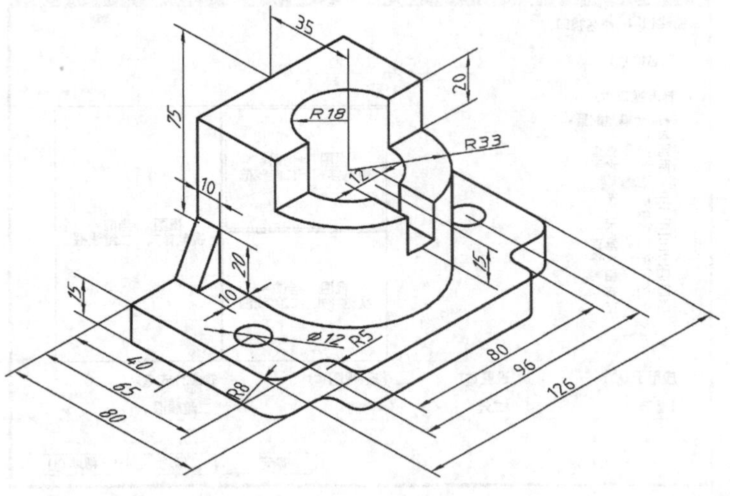

图 8-15　练习 8-1 图

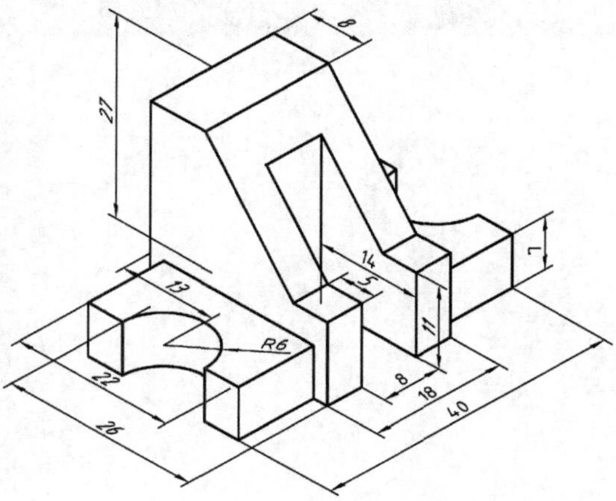

图 8-16　练习 8-2 图

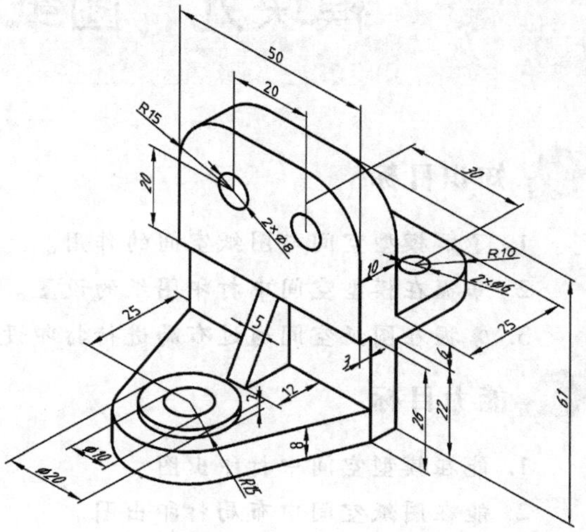

图 8-17　练习 8-3 图

模块九　图纸布局与打印输出

知识目标

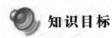

1. 了解模型空间与图纸空间的作用。
2. 掌握在模型空间中打印图纸的设置。
3. 掌握在图纸空间通过布局进行打印设置。

能力目标

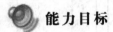

1. 能在模型空间中打印出图。
2. 能在图纸空间中布局打印出图。

任务一　在模型空间中打印出图

操作实例（图 9-1）

本例介绍输出如图 9-1 所示轴承座三视图的方法，主要涉及“模型空间”及在“模型空间打印出图”的操作。

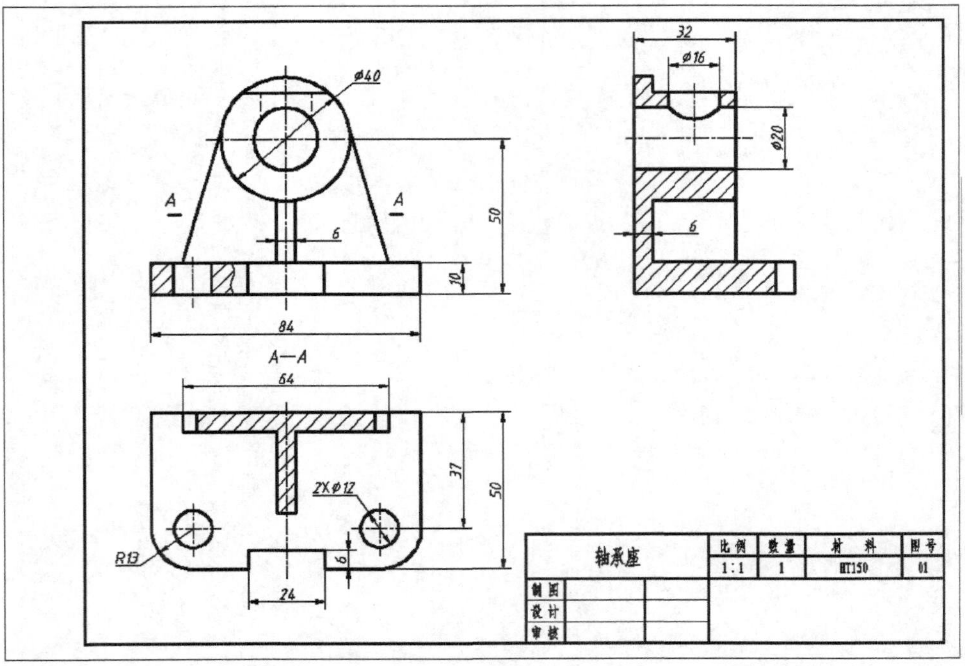

图 9-1　轴承座

操作过程

第 1 步：在模型空间绘制轴承座的三视图，如图 9-1 所示。

第 2 步：在模型空间中进行打印设置。

（1）单击〖标准〗→〖打印〗，启动打印命令，弹出如图 9-2 所示的“打印-模型”对话框。

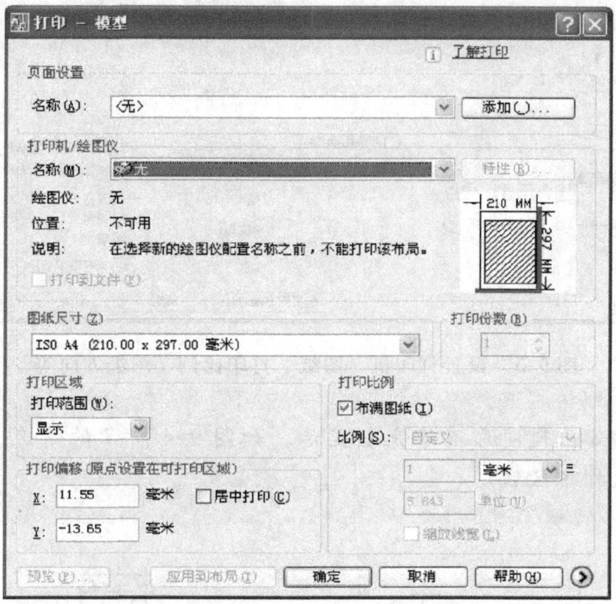

图 9-2　“打印-模型”对话框

（2）单击该对话框右下角的［更多选项］，展开该对话框，如图 9-3 所示。

（3）在“打印机/绘图仪”选项组的“名称”下拉列表中选择打印机，如果计算机上已经安装了打印机，可以选择已安装的打印机，否则可选择由系统提供的一个虚拟的电子打印机“DWF6 ePlot. pc3”。

（4）在“图纸尺寸”选项组中选择图纸，本例选择“ISO A4（297.00 × 210.00 毫米）”，这些图纸都是根据打印机的硬件信息列出的。

（5）在“打印区域”选项组的“打印范围”下拉列表中选择“窗口”，系统切换到绘图窗口（模型空间中），选择图形的左上角点和右下角点以确定要打印的图纸范围。

（6）去掉“打印比例”选项组的“布满图纸”的选择，在“比例”选项中选择1:1，以保证打印出来的图纸是 1:1 的工程图。

（7）在“打印偏移”选项组中选择“居中打印”。

（8）在“图纸方向”选项组中选择“横向”。

（9）单击［预览］，显示即将要打印的图样，如符合要求，可在预览图中右击，在弹出菜单中选择【打印】，开始打印；若不满意，选择【退出】，返回到对话框，再重新调整设置。

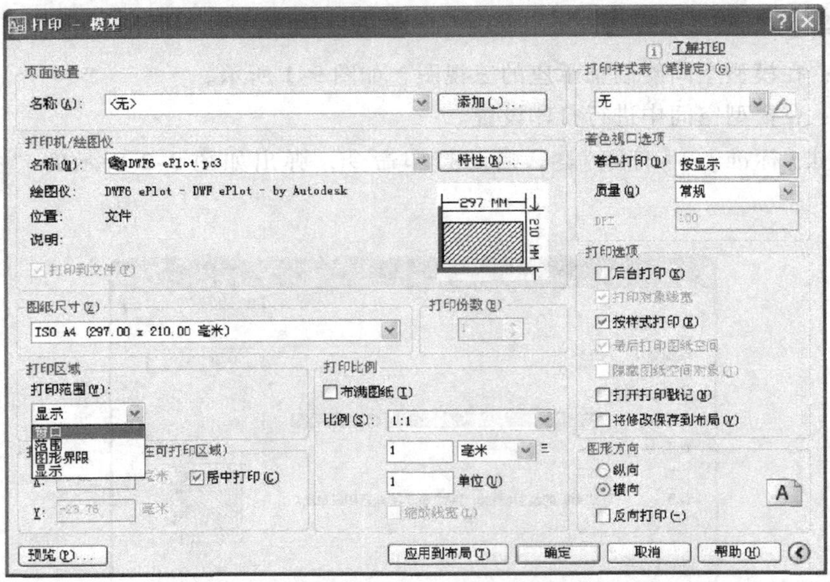

图 9-3 设置打印机、图纸、打印比例、图纸方向等

预览时如出现图形不能完全显示，如图 9-4 所示的情况，则需要更改所选图纸的有效打印区域。

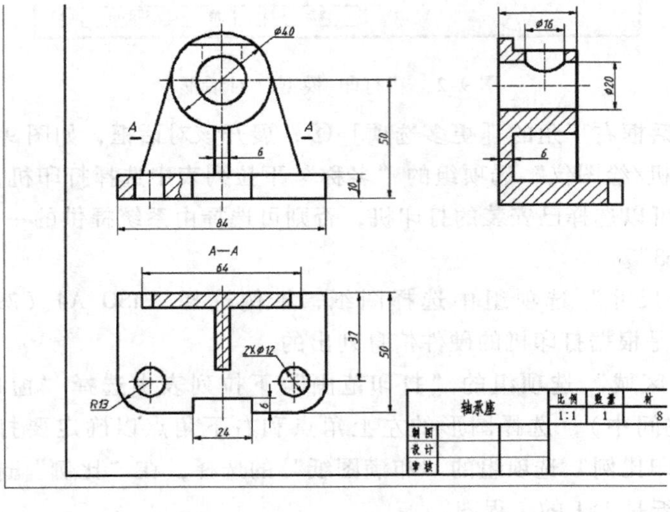

图 9-4 打印预览时出现的图形不能完全显示的情况

(10) 当出现预览时图形不能完全显示的情况，可按以下步骤更改所选图纸的有效打印区域，以增大打印的有效区域。

① 在如图 9-3 所示“打印-模型”对话框中单击“打印机/绘图仪”选项组右方的［特性］，打开如图 9-5 所示的“绘图仪配置编辑器”对话框。

② 在｛设备和文档设置｝中选择“用户定义图纸尺寸与校准”下的“修改标准图纸尺寸（可打印区域）”；在“修改标准图纸尺寸”下拉列表中找到要修改的图纸，本例为“ISO A4（297×210 毫米）”，单击［修改］，打开如图 9-6 所示的“自定义图纸尺寸-可打印区域”对话框。

③ 将图纸打印边界均设为“0”，单击［下一步］，弹出如图 9-7 所示的“自定义图纸尺寸-文件名”对话框。

④ 采用系统默认的文件名或自定义一个文件名，单击［下一步］，弹出如图 9-8 所示“自定义图纸尺寸-完成”对话框。

⑤ 单击［完成］，返回到如图 9-5 所示对话框；单击［确定］，返回到如图 9-3 所示的对话框，至此完成图纸有效打印区域的设置。

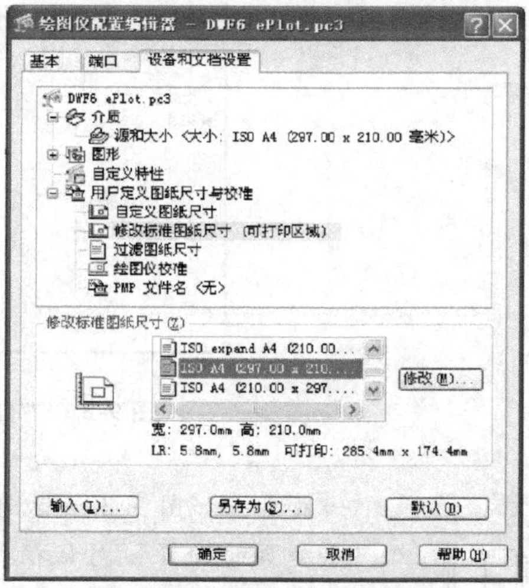

图 9-5　“绘图仪配置编辑器”对话框

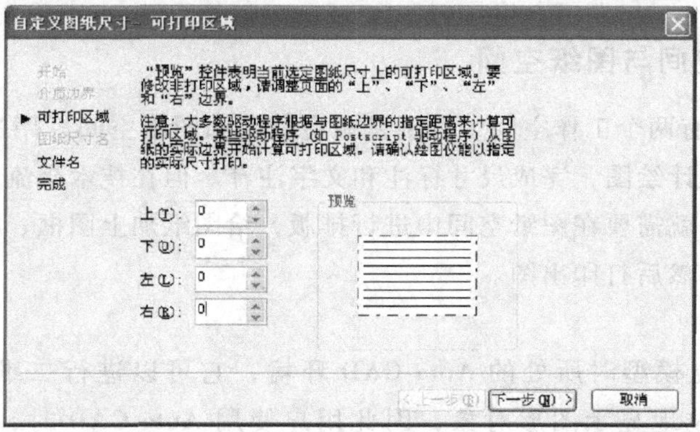

图 9-6　“自定义图纸尺寸-可打印区域”对话框

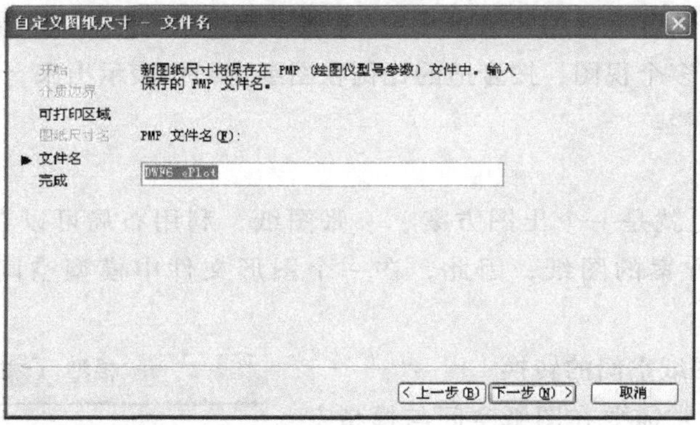

图 9-7　“自定义图纸尺寸-文件名”对话框

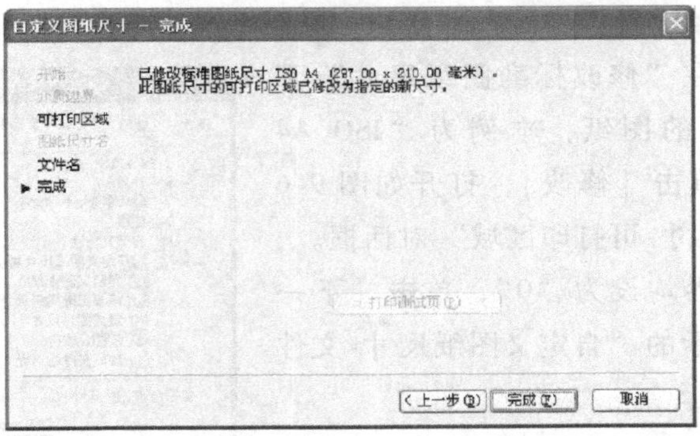

图 9-8 “自定义图纸尺寸-完成”对话框

如果单击如图 9-3 所示对话框“页面设置”选项组的［添加］按钮，将弹出“添加页面设置”对话框，输入一个名字，就可以将这些设置保存到一个页面设置文件中，以后打印时只要在“页面设置”的“名称”下拉列表中选择该文件，就不必再逐一设置了。

知识点一 模型空间与图纸空间

在 Auto CAD 中有两个工作空间，分别是模型空间和图纸空间，用户通常是在模型空间进行比例为 1:1 的设计绘图，完成尺寸标注和文字注释。但在技术交流、产品加工中都需要图纸来作为媒介，这就需要在图纸空间中进行排版，给图纸加上图框、标题栏或进行必要的文字、尺寸标注等，然后打印出图。

1. 模型空间

模型空间是建立模型时所处的 Auto CAD 环境，它可以进行二维图形的绘制、三维实体的造型，全方位地显示图形对象，因此用户使用 Auto CAD 时，首先是在模型空间中工作。

2. 图纸空间

图纸空间是设置和管理视图的 Auto CAD 环境，是一个二维环境。在图纸空间可以按模型对象不同方位显示多个视图，按合适的比例在图纸空间中表示出来，还可以定义图纸的大小，生成图框和标题栏。

3. 布局

一个布局实际上就是一个出图方案、一张图纸，利用布局可以在图纸空间中方便快捷地创建多张不同方案的图纸，因此，在一个图形文件中模型空间只有一个，而布局可以设置多个。

4. 模型空间与图纸空间的转换

图 9-9 模型空间与图纸空间的按钮

在实际工作中，常需要在图纸空间与模型空间之间进行相互切换，切换方法很简单，单击绘图区域下方的［模型］或［布局］即可，如图 9-9 所示。

知识点二　打印

利用“打印”命令可以将图形输出到纸张或其他介质上，调用命令的方式如下：

- 菜单命令：【文件】→【打印】
- 工具栏：〖标准〗→〖打印〗
- 键盘命令：PLOT

在模型空间中打印图纸比较简单，但不支持多视口、多比例视图打印，如果要进行非 1:1 比例的出图及缩放标注、文字等，如大型的装配图或建筑图在模型空间中以 1:1 的比例绘图，但要以 1:20 的比例出图，在标注尺寸和文字时就必须放大 20 倍，在图纸空间中解决这样的问题是很容易的。

任务二　在图纸空间用布局打印出图

操作实例（图 9-10）

本例介绍输出如图 9-10 所示的泵盖工程图的方法，主要涉及在“图纸空间打印出图”的操作。

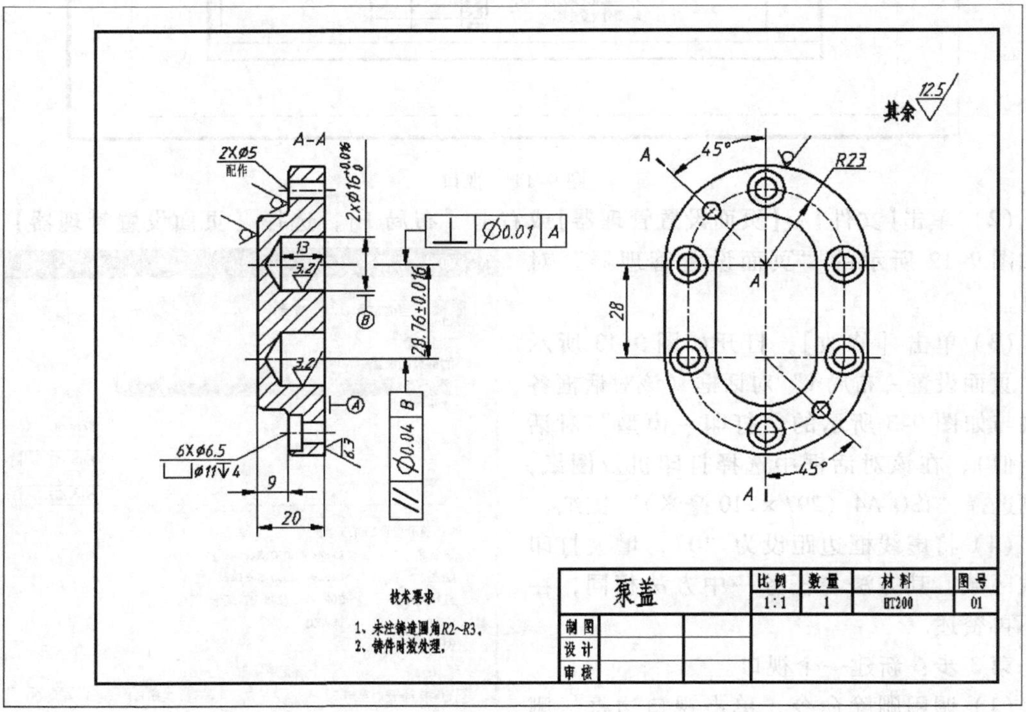

图 9-10　泵盖

操作过程

在图纸空间出图，实际上就是先布局再打印出图。有两种方法：一种是直接在布局中打印图形；另一种是利用布局向导来创建布局并打印出图。分别介绍如下：

1. 直接在布局中打印图形

第 1 步：新建“视口”图层并置为当前层。

第 2 步：创建一个布局。

(1) 单击绘图区域下方的［布局 1］或［布局 2］，弹出如图 9-11 所示的视口，虚线框内为图形打印的有效区域，打印时虚线框不会被打印。

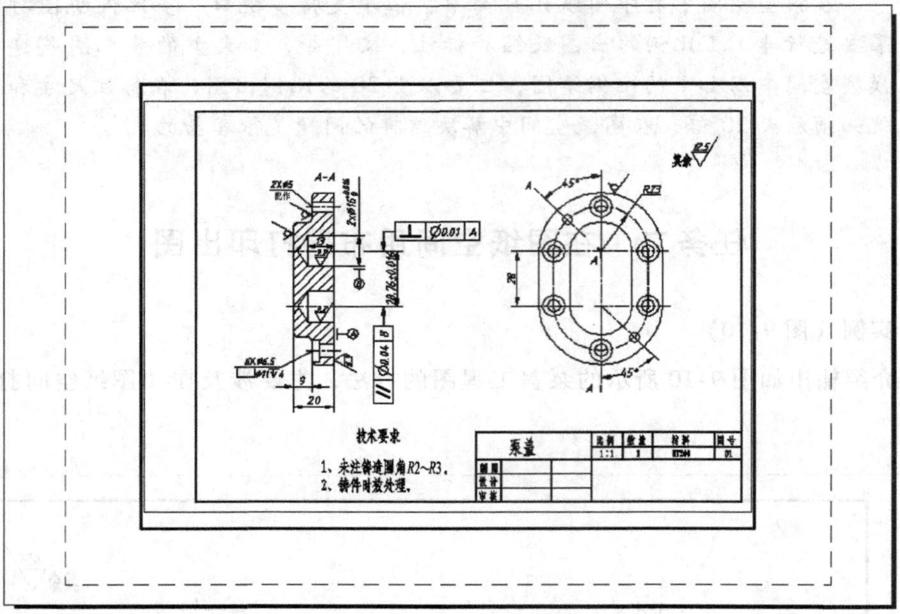

图 9-11　视口

(2) 单击【文件】→【页面设置管理器】或右击［布局 1］，选择【页面设置管理器】，弹出如图 9-12 所示的“页面设置管理器”对话框。

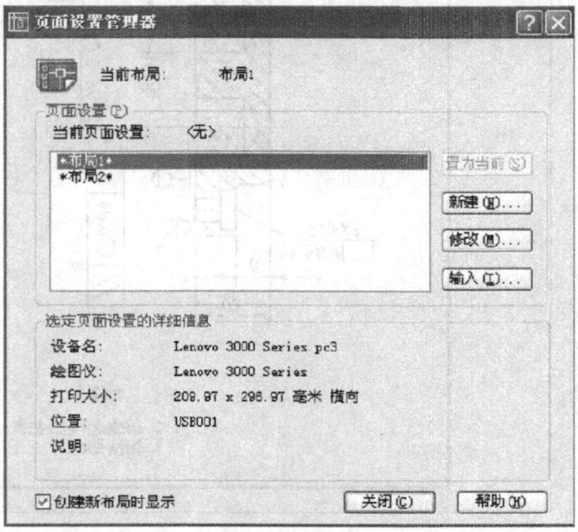

图 9-12　“页面设置管理器”对话框

(3) 单击［修改］，打开如图 9-13 所示的“页面设置 - 布局 1”对话框（该对话框各选项与如图 9-3 所示的“打印 - 模型”对话框相似），在该对话框中选择打印机及图纸，本例选择“ISO A4（297 × 210 毫米）”图纸。

(4) 将虚线框边距设为“0”，增大打印有效区域，其方法与任务一中方法相同，在此不再赘述。

第 3 步：新建一个视口。

(1) 调用删除命令，单击视口边框，删除已有的视口。

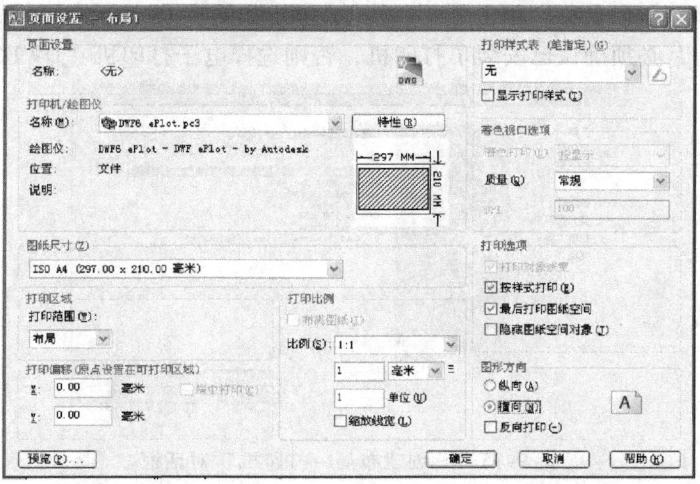

图 9-13　“页面设置 - 布局 1” 对话框

（2）单击【视图】→【视口】→【一个视口】或单击〖视口〗→〖单个视口〗，选择“布满”方式，新建一个视口。新建视口后效果如图 9-10 所示。

第 4 步：打印出图。

（1）关闭“视口”图层，并将其设为不打印状态（设置后，打印时便不会出现视口边框）。

（2）单击〖标准〗→〖打印〗，弹出打印对话框，根据需要设置各参数。

（3）单击［预览］，在屏幕上预览即将要打印的图样，如符合要求，可在预览图中右击，在弹出菜单中选择【打印】开始打印；若不满意，选择［退出］，返回再重新调整设置。

> 根据图纸需要，还可以利用视口工具条，向图形中增加所需视图，如放大图、局部视图等。

2. 利用布局向导来创建布局并打印出图

第 1 步：新建“视口”图层并置为当前层。

第 2 步：单击【插入】→【布局】→【创建布局向导】，弹出如图 9-14 所示的对话框。

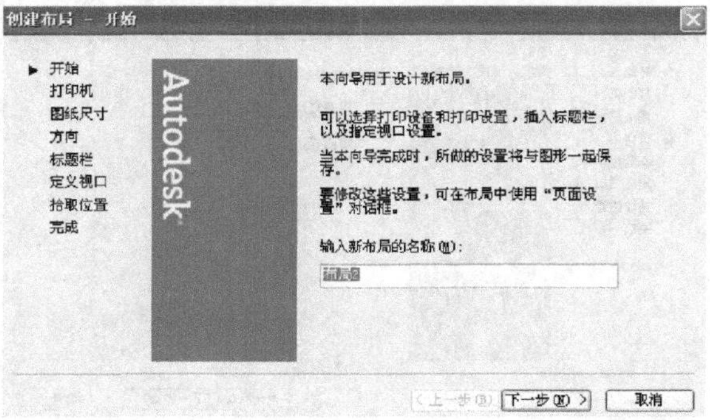

图 9-14　“创建布局 - 开始” 对话框

第 3 步：输入新布局名称，单击［下一步］，弹出如图 9-15 所示对话框，进行打印机的设置。在创建布局前，必须确认已安装了打印机，否则选择电子打印机“DWF6 ePlot. pc3”。

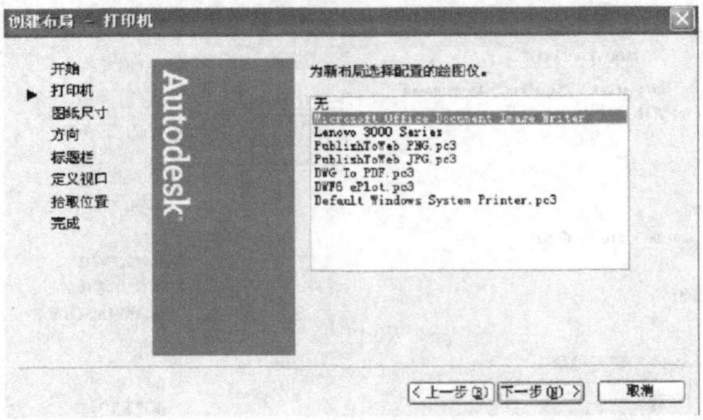

图 9-15 “创建布局 - 打印机”对话框

第 4 步：单击［下一步］，弹出如图 9-16 所示对话框，设置图形单位和图纸尺寸大小。

第 5 步：单击［下一步］，弹出如图 9-17 所示对话框，设置图纸方向。

第 6 步：单击［下一步］，弹出如图 9-18 所示对话框，指定所选择的标题栏文件是作为块插入的。用户也可以自已创建块，用 wblock 命令写入到：

“X:\Documents and Settings\windows 登录用户名\Local Settings\Application Data\Autodesk\AutoCAD2008\R17.0\chs\Template”中(其中“X”代表 AutoCAD 的安装驱动器名)。

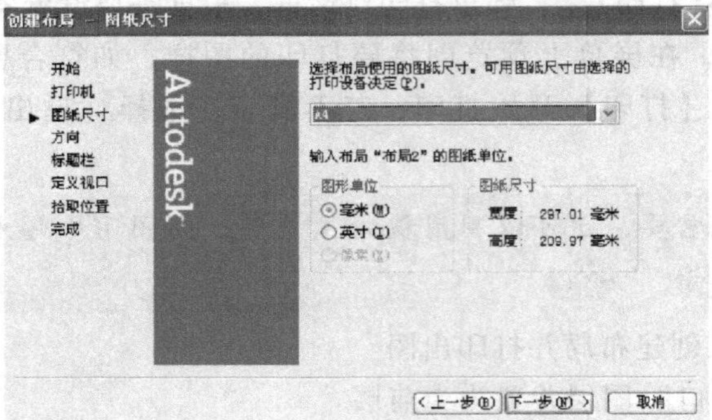

图 9-16 “创建布局 - 图纸尺寸”对话框

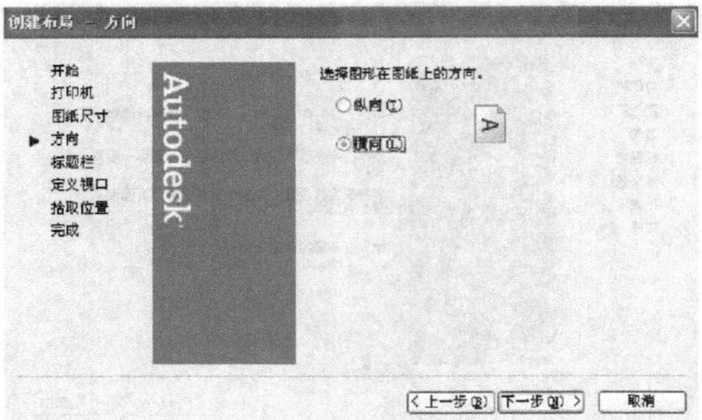

图 9-17 “创建布局 - 方向”对话框

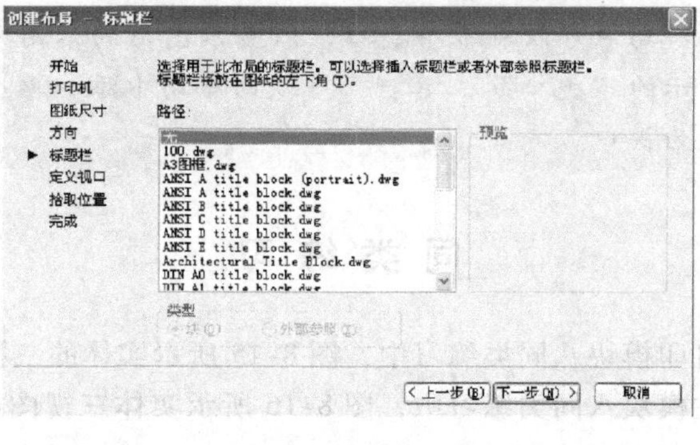

图 9-18　“创建布局 - 标题栏”对话框

第 7 步：单击［下一步］，弹出如图 9-19 所示的对话框，确定布局中视口的个数和方式及视口中的视图与模型中图的比例关系。

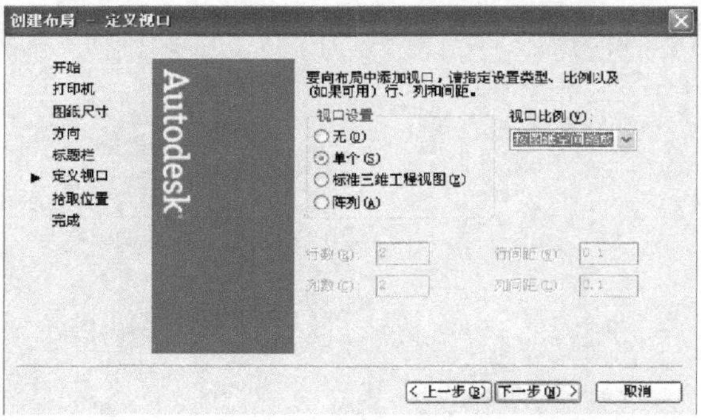

图 9-19　“创建布局 - 定义视口”对话框

第 8 步：单击［下一步］，弹出如图 9-20 所示的对话框，单击［选择位置］，系统切换到绘图窗口，通过指定对角两点确定合适的视口大小和位置。指定后返回对话框，单击［完成］。

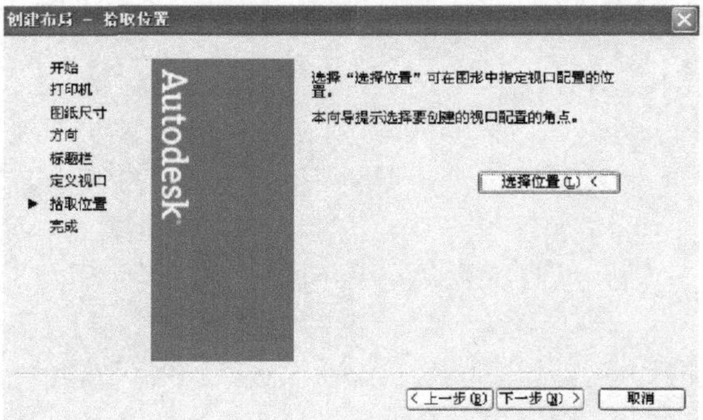

图 9-20　“创建布局 - 拾取位置”对话框

第 9 步：调整视口的显示比例及显示方位。

第 10 步：单击〖标准〗→〖打印〗，在弹出的“打印”对话框中，根据需要设置各参数，单击［确定］，打印图形。

在同一个布局中可以有多个视口，以显示图形的不同方位及比例大小，利用如图 8-9 所示的“视口”工具栏，可以向布局中添加单个视口、多边形视口或将对象转换为视口。

同类练习

1. 在模型空间中打印模块八同类练习中，图 8-15 所示实体的三视图。

2. 在布局空间标注模块八同类练习中，图 8-16 所示实体三视图的尺寸，并在布局空间打印出图。

附录　常见问题解答

1. 光标为什么是跳动的？

用户可能打开了光标捕捉（状态栏上的［捕捉］呈按下状态），关掉光标捕捉即可。

2. 为什么光标有时不能在绘图区正常操作，而在绘图区外又是正常的？

用户可能打开了光标捕捉，而且捕捉间距设置得太大（绘图范围又设置得相对较小），关掉光标捕捉或减小其间距值即可。

3. 为什么设置了线宽，但画出的线条宽度没有变化？

设置了线宽后，还需按下状态栏中的［线宽］才能看到线宽的变化。

4. 设置了中心线、虚线等非连续线的线型，为什么画出来的线看起来还是像连续的实线一样？

这是因为线型比例设置不当，在命令行键入LTSCALE（缩写名为“LTS”），修改比例因子即可。不一定一次就能达到满意的程度，可能需要多次尝试。

5. 输入的汉字怎么全是竖写或横放的？

用户在设置字形时，选中了带“@”的字体，如“@仿宋_ GB2312”，如用户不需要此方向的文字，可选择不带“@”的字体，如“仿宋_ GB2312”。

6. 图形放大后，图中的圆或圆弧怎么变得不光滑甚至变成了多边形？

在Auto CAD图形中的圆或圆弧都是用极短的直线来表示的，当图形放大后这些直线也被放大，致使曲线不光滑。这时可以选择【视图】→【重生成】（或【全部重生成】），系统会重新进行计算，圆或圆弧又会变得光滑了。

也可以选择【工具】→【选项】→{显示}（如附图1所示），在“显示精度”选项组下增大“圆弧和圆的平滑度”值（取值范围1~20000），单击［确定］。

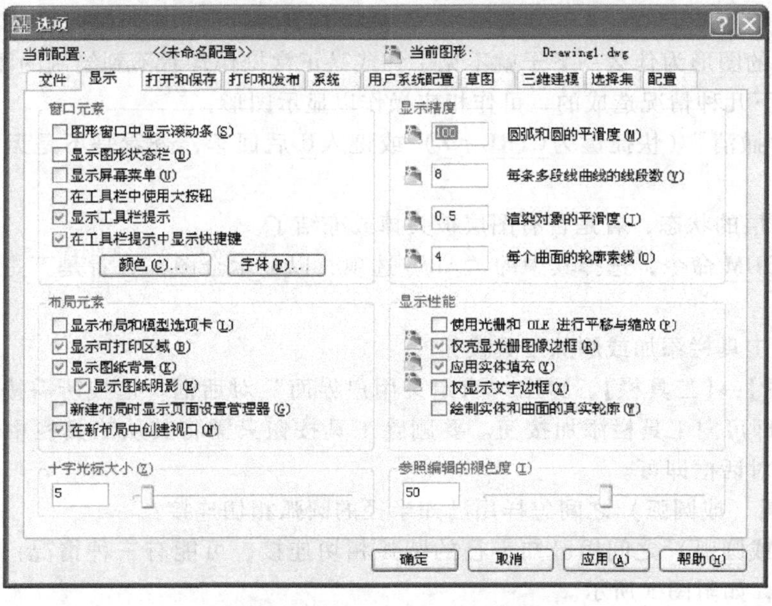

附图1　“选项”对话框

7. 为什么不能删除图层？

有四种图层不能删除：①0 层和 Defpoints 层（自动出现，称为标注层）；②当前层；③被外部引用的层；④包含有对象的层（即已在该层上绘制了对象，或者做了块等的定义）。

当遇到图层不能删除时，可按上述四种情况逐个进行判断。第四种情况有时比较隐蔽，如在该层上定义了块，但又没有使用它（插入到图中），在图上将看不到任何东西，这时可选择【文件】→【绘图实用程序】→【清理】，弹出如附图 2 所示的“清理”对话框，选择“块”后，单击［清理］，将块清理掉后就可删除该图层了。

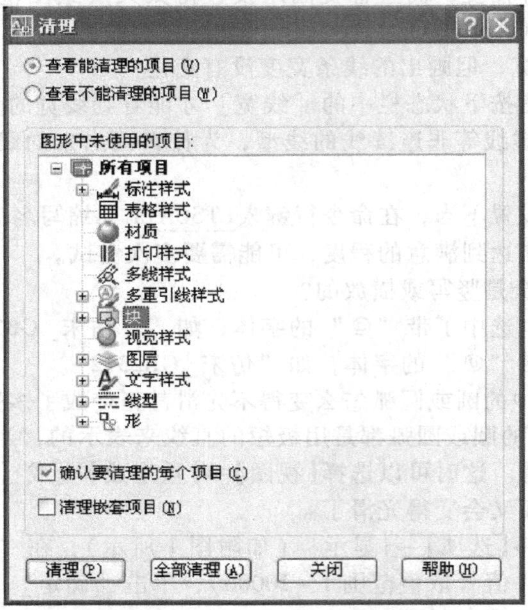

附图 2　“清理”对话框

8. 刚绘制的图形为什么一下子就不见了？或是正常操作却看不到绘制的图形？

可能是以下几种情况造成的，可作相应操作以显示图形：

① 单击［撤消］（快捷键为CTRL + Z）或键入U 后回车，查看是不是无意中做了“删除”操作。

② 查看图层的状态，看是否有图层被关掉或冻结了。

③ 键入ZOOM 命令，选择其中的“All”选项，以显示全图，查看是不是绘制到屏幕显示区之外了。

9. 怎样向工具栏添加或删除工具按钮？

单击【视图】→【工具栏】，弹出“自定义用户界面”对话框，拖拽所需按钮至相应工具栏后松开鼠标即可向工具栏添加按钮。要删除工具按钮只需将其从工具栏中拖拽到“自定义用户界面”对话框即可。

10. 两个圆（或圆弧）之间怎样用已知半径的圆弧相切连接？

两个圆（或圆弧）之间用已知半径的圆弧相切连接，可能有三种情况：外连接、内连接和混合连接，如附图 3 所示。

① 外连接一般可用“倒圆角”命令直接绘出。

② 内连接与混合连接常需用“圆”命令中的“相切、相切、半径”选项进行绘制，然后用修剪命令剪去多余的线条。

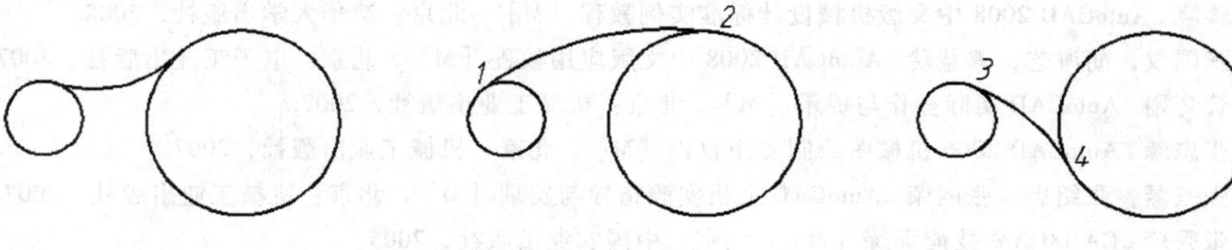

a)　　b)　　c)

附图 3　圆弧相切连接

a）外连接　b）内连接　c）混合连接

11. 在两圆（或圆弧）间采用“圆”命令中的“相切、相切、半径”方式作圆弧相切连接时为什么不能达到预期效果？

这是因为采用该方式作圆弧连接，系统会根据所指定切点的位置来判断作哪种连接，因此当系统要求指定切点时应尽量靠近所要绘制切弧的切点位置进行拾取。如要作如附图 3b 所示的内连接，在系统提示指定第一切点、第二切点时，应尽量靠近切点 1 和切点 2 进行选取。要作如附图 3c 所示的混合连接，在系统提示指定第一切点、第二切点时，应尽量靠近切点 3 和切点 4 进行选取。

12. 三维绘图中坐标轴随着所设原点位置的不同在屏幕上频繁移动，怎样让其只显示在屏幕左下角？

默认情况下坐标轴是显示在坐标原点的。如想要其不在坐标原点显示，键入UCSICON 命令，选择其中的“N”选项，坐标轴就会只显示在屏幕左下角。

参考文献

[1] 蒋晓．AutoCAD 2008 中文版机械设计标准实例教程［M］．北京：清华大学出版社，2008.

[2] 张国权，胡海芝，郭慧玲．AutoCAD 2008 中文版应用教程［M］．北京：电子工业出版社，2007.

[3] 管巧娟．AutoCAD 实际操作与提示［M］．北京：机械工业出版社，2007.

[4] 张忠蓉．AutoCAD 2006 机械图绘制实用教程［M］．北京：机械工业出版社，2007.

[5] 张玉琴，张绍忠，张丽荣．AutoCAD 上机实验指导与实训［M］．北京：机械工业出版社，2007.

[6] 张秀玲．CAD/CAM 技能训练［M］．北京：中国农业出版社，2005.

[7] 管文华，梁旭坤．计算机绘图——AutoCAD 2004 中文版教程［M］．长沙：中南大学出版社，2007.

[8] 胡述印，许小荣，郜珍，等．AutoCAD 2005 中文版实训教程［M］．北京：电子工业出版社，2007.

[9] 伊启中，殷铖．模具 CAD/CAM［M］．北京：机械工业出版社，2007.

[10] 东方人华．AutoCAD 2004 中文版入门与提高［M］．北京：清华大学出版社，2006.

[11] 国家职业技能鉴定专家委员会计算机专业委员会．计算机辅助设计（AutoCAD 平台）Auto CAD 2002 试题汇编（绘图员级）［M］．北京：北京希望电子出版社，1999.

[12] 国家职业技能鉴定专家委员会计算机专业委员会．计算机辅助设计（AutoCAD 平台）Auto CAD 2002/2004 试题汇编（高级绘图员级）［M］．北京：北京希望电子出版社，2004.

[13] 龙马工作室．新编 AutoCAD 2004 中文版入门与提高［M］．北京：人民邮电出版社，2004.

[14] 北京洪恩电脑有限公司．AutoCAD 2004 机械设计［M］．天津：天津电子出版社，2003.

[15] 张忠蓉．AutoCAD 2005 绘图技能实用教程［M］．北京：机械工业出版社，2006.

[16] 任晓耕．AutoCAD 上机操作指导与练习［M］．北京：化学工业出版社，2006.

[17] 李国琴．AutoCAD 2006 绘制机械图训练指导［M］．北京：中国电力出版社，2006.

[18] 曾令宜．AutoCAD 2004 工程绘图技能训练教程［M］．北京：高等教育出版社，2004.

[19] 潘苏蓉，黄晓光．AutoCAD 2006 应用教程与实例详解［M］．北京：机械工业出版社，2006.

[20] 姜勇．AutoCAD 机械制图习题精解［M］．北京：人民邮电出版社，2006.

[21] 赵红，马慧．机械制图习题册［M］．2 版．北京：机械工业出版社，2004.

[22] 吴长德．计算机绘图实例导航［M］．北京：机械工业出版社，2002.